Überordnung Myrtanae: Ordnung 6–8
S. 56–58

6. Ord. Myrtales Tfl. 14, S. 57
Fam. Sonneratiaceae – Fam. Rhiziphoraceae – Fam. Melastomataceae, größte Fam. der Ordnung (4000 Arten in 200 Gattungen; besonders im trop. u. subtrop. Amerika) – Mangrove-Familien: Fam. Onagraceae, Nachtkerzengewächse S. 56 – Fam. Wassernußgewächse, Trapaceae S. 58

7. Ord. Haloragales S. 58
Fam. Haloragaceae (Tausenblatt, Myriophyllum) – Fam. Gunneraceae – Fam. Hippuridaceae (Tannenwedel Hippuris vulgaris) S. 58

8. Ord. Elaeagnales (syst. Stellung umstritten) S. 58
Einzige Fam. Elaeagnaceae, Ölweiden S. 58

Überordnung Rutanae: Ordnung 9–12
S. 59–65

9. Ord. Rutales (= Terebinthales zum Teil) Tfl. 15, S. 59
Fam. Rutaceae, Rautengewächse S. 59
Fam. Anacardiaceae (Pistacia; Rhus)
Fam. Burseraceae (Myrrhe; Weihrauch)
Fam. Simaroubaceae (Quassia; ostasiat. Götterbaum Ailanthus)

10. Ord. Sapindales (Terebinthales z.Tl.) Tfl. 16, S. 61
Fam. Sapindaceae, vorwiegend trop.
Fam. Hippocastanaceae, Roßkastaniengewächse S. 60 – Fam. Aceraceae, Ahorngewächse S. 60 – Fam. Staphyleaceae (Pimpernuß)

11. Ord. Geraniales (= Gruinales) Tfl. 17, S. 63
Fam. Oxalidaceae, Sauerkleegewächse S. 62 – Geraniaceae, Strochschnabelgewächse S. 62 – Fam. Linaceae, Leingewächse S. 64 – Fam. Kapuzinerkressengewächse S. 64 – Fam. Balsaminaceae, Balsaminengewächse S. 64

12. Ord. Polygalales, Abb. 22, S. 65
Fam. Polygalaceae, Kreuzblumengewächse S. 65

Überordnung Celastranae: Ordnung 13–16
S. 67–73

13. Ord. Celastrales Tfl. 18, S. 67
Fam. Aquifoliaceae, Stechpalmengewächse S. 66 – Fam. Celastraceae, Spindelbaumgewächse S. 66

14. Ord. Rhamnales Tfl. 18, S. 67
Fam. Rhamnaceae, Kreuzdorngewächse S. 66 – Fam. Vitaceae, Weinrebengewächse S. 66

15. Ord. Euphorbiales Tfl. 19, S. 69
Fam. Euphorbiaceae, Wolfsmilchgewächse S. 68 – Fam. Buxaceae, Buchsbaumgewächse S. 71, Abb. 23

16. Ord. Santalales Tfl. 20, S. 73
Fam. Santalaceae, Sandelholzgewächse S. 72 – Fam. Loranthaceae, Mistelgewächse S. 72 – Fam. Balanophoraceae (trop. Ganzschmarotzer) S. 72

Überordnung Proteanae: Ordnung 17

17. Ord. Proteales (Hartlaubgehölze d. Tropen und Subtropen)
Fam. Proteaceae bes. Australien u. Südafrika, von Vögeln oder Beuteltieren bestäubt)

Überordnung Aralianae: Ordnungen 18 und 19 (= Umbelliflorae) S. 74

18. Ord. Cornales Abb. 24, S. 74
Fam. Cornaceae, Hartriegelgewächse S. 74 – Fam. Garryaceae (N.Am.)

19. Ord. Araliales Tfl. 21, S. 75
Fam. Araliaceae, Efeugewächse S. 74 – Fam. Apiaceae (Umbelliferae), Doldengewächse S. 74

**4. Unterklasse Dilleniidae**
Überordnung Dillenianae (Cistiflorae, Parietales i. weiteren Sinn) Ord. 1–7
S. 77–85

1. Ord. Dilleniales Abb. 26, S. 77
Fam. Paeoniaceae, Pfingstrosen S. 77 – Fam. Dilleniaceae (subtrop.)

2. Ord. Theales (= Guttiferales) S. 77
Fam. Hypericaceae (= Guttiferae), Johanniskrautgewächse S. 77 – Fam. Theaceae (Teestrauch u. Kamelie)

3. Ord. Violales (= Cistales, Parietales i. eng. Sinn) Tfl. 22, S. 79
Fam. Violaceae, Veilchengewächse S. 78 – Fam. Cistaceae, Cistrosengewächse S. 78 – Fam. Passifloraceae, Passionsblumen S. 78

4. Ord. Capparales (= Rhoeadales z.T.) Tfl. 23, S. 81

Fortsetzung Seite 162!

Dr. Jakob Graf
unter Mitarbeit von H. und A. Weber und I. Kristen

# Tafelwerk zur Pflanzensystematik

Einführung in das natürliche System
der Blütenpflanzen
durch neuartige Bildmethode

56 Tafeln mit über 1400 Einzelfiguren,
weitere 31 Abbildungen im Text

Springer-Verlag Berlin Heidelberg GmbH

Ursprünglich erschienen bei J. F. Lehmanns Verlag, München 1975



Reproduktion: Repro GmbH, Landshut
Satz und Druck: Karl M. Lipp, München
Einband: Simon Wappes, München

ISBN 978-3-540-79804-0 ISBN 978-3-642-47679-2 (eBook)
DOI 10.1007/978-3-642-47679-2

Meiner Frau in Liebe und Dankbarkeit

**Tafelregister**

Inhalt

# Vorwort

Was den Titel betrifft, so sei über die Bezeichnungen „Blüte" und „Blütenpflanzen" folgendes gesagt: Der Ausdruck „Blüte" wird zu einer rein biologischen Bezeichnung, wenn man nur die Ausbildung von Geschlechtsorganen als das Charakteristische ansieht und die Gestaltung dieser Organe ganz außer Acht läßt. Dies ist der Fall, wenn man z.B. von „Moosblüten" spricht. Wird aber auch die Gestalt der Blüte berücksichtigt, so ergibt sich folgende Definition: Die Blüte ist allgemein ein Sproß begrenzten Wachstums, dessen Organe im Dienste der Fortpflanzung stehen. Worüber keine einheitliche Auffassung besteht, das ist die Frage, für welche Pflanzengruppen man die Bezeichnung „Blütenpflanzen" anwenden kann? Im Sinne obiger Definition finden wir aber auch schon „Blüten" einfachster Art bei Bärlapp, Moosfarn und Schachtelhalm. Da demnach die Bezeichnung „Blütenpflanzen" auch außerhalb der Abteilung der Samenpflanzen gebraucht wird, schlagen manche Autoren vor, den Namen „Samenpflanzen" der Bezeichnung „Blütenpflanzen" vorzuziehen. Andere verwenden den Begriff „Blütenpflanzen" nur für die Bedecktsamigen. Diesem Standpunkt schließen wir uns an, und zwar deshalb, weil bei dieser Pflanzengruppe im typischen Falle eine besonders auffällige Blütenhülle vorhanden ist, die den Decksamern den Namen Blütenpflanzen eingetragen hat.

Das Werk will vor allem Interesse und Freude an der Pflanzensystematik wecken. Ferner will das Tafelwerk eine leicht verständliche und gut merkbare Übersicht über den neuesten Stand des natürlichen Systems der Blütenpflanzen geben. Schließlich soll es auch zum Studium der weiterführenden und umfangreicheren Literatur über Systematik, Morphologie und Stammesgeschichte der Pflanzen anregen.

Für jeden, der sich mit dem natürlichen Pflanzensystem beschäftigt, ergeben sich große Schwierigkeiten. Dies gilt vor allem für den Studierenden der Naturwissenschaft, dem zeitraubende Fächer gar nicht Zeit genug lassen, in das natürliche Pflanzensystem erfolgreich einzudringen. Aber auch für jeden anderen botanisch Interessierten ist es nicht leicht, an Hand der einschlägigen Literatur sich ein klares Bild über die verwandtschaftlichen Beziehungen der Pflanzen zu verschaffen. Die Pflanzensystematik wird immer noch als schwerverständlich, trocken und langweilig angesehen. Das Tafelwerk möchte dazu beitragen, diesen Zustand mit einer verbesserten Methode zu überwinden. Dies geschieht durch folgende Sachverhalte:

1. Das Tafelwerk beschränkt sich auf die bekannteste Gruppe des Pflanzenreiches, nämlich auf die Blütenpflanzen, und zwar nur auf die Blüte, worunter alle Entwicklungsstufen von der Blütenanlage bis zur reifen Frucht zu verstehen sind.

2. Der typische Blütenbau der verschiedenen Verwandtschaftsgruppen wird mit Hilfe einer erst- und einmaligen Bildmethode gefunden. Wie in der Einleitung näher erläutert, geschieht dies durch überschauende Betrachtung homologer Merkmalsreihen.

3. Um das Auffinden der Baupläne zu erleichtern, wurde großer Wert auf eine geordnete Anschauung gelegt. Diese besteht darin, daß erstens die homologen Blütengebilde durch Übereinstimmung in ihrer zeichnerischen Besonderheit sowie durch ihre örtliche Unterbringung (Platzierung) leicht ins Auge fallen. Hinzu kommt auch die übereinstimmende Benennung der Teilfiguren.

Durch diese Art der Darstellung werden die Homologien der einzelnen Verwandtschaftsgruppen augenscheinlich, so daß die Blütentypen und ihre Abwandlungen durch Vergleich leicht erfaßt und eingeprägt werden können, ohne die einzelnen Figuren erst ergänzen und zusammensuchen zu müssen.

Zur Charakterisierung einer Familie oder einer Unterfamilie bringen wir deren wichtigste Gattungen und von diesen typische Arten zur Anschauung, während wir die Ordnung durch die bildliche Darstellung ihrer wichtigsten Unterfamilien bzw. Familien charakterisieren.

Die Blüten und einzelnen Blütenbildungen werden an geeigneten Beispielen in bestimmter Reihenfolge mit fortlaufender Bezifferung nebeneinander so dargestellt, daß, soweit dies der Raum und die Eigenart der Blüte gestatten, die homologen Organe der einzelnen Gruppen möglichst senkrecht übereinander zu stehen kommen.

Die vergleichende Betrachtung des Generationswechsels am Ende des Buches zeigt die Homologien im Generationswechsel der Sporen- und Samenpflanzen als Ausdruck der inneren oder stammesgeschichtlichen Verwandtschaft.

Wer im vorliegenden Buch die vegetativen Habitusbilder vermissen sollte, der sei auf das im gleichen Verlag erschienene „Pflanzenbestimmungsbuch" verwiesen, das von vielen der hier besprochenen Arten charakteristische Abbildungen enthält.

Bei den Tafeln und Text-Abbildungen wurde für die Einzelfiguren auf geeignet erscheinende Darstellungen in der Literatur zurückgegriffen. Diese Literatur ist am Schluß des Buches zusammengestellt und wird zur weiteren Vertiefung empfohlen.

Den Herren Verlegern Spatz und Schwartz danken wir für das große Verständnis, das sie unseren grundsätzlich neuen Vorschlägen und Ideen entgegenbrachten.

Wiesbaden, 1975
Die Verfasser

**Abb. 1 Blütenstände**

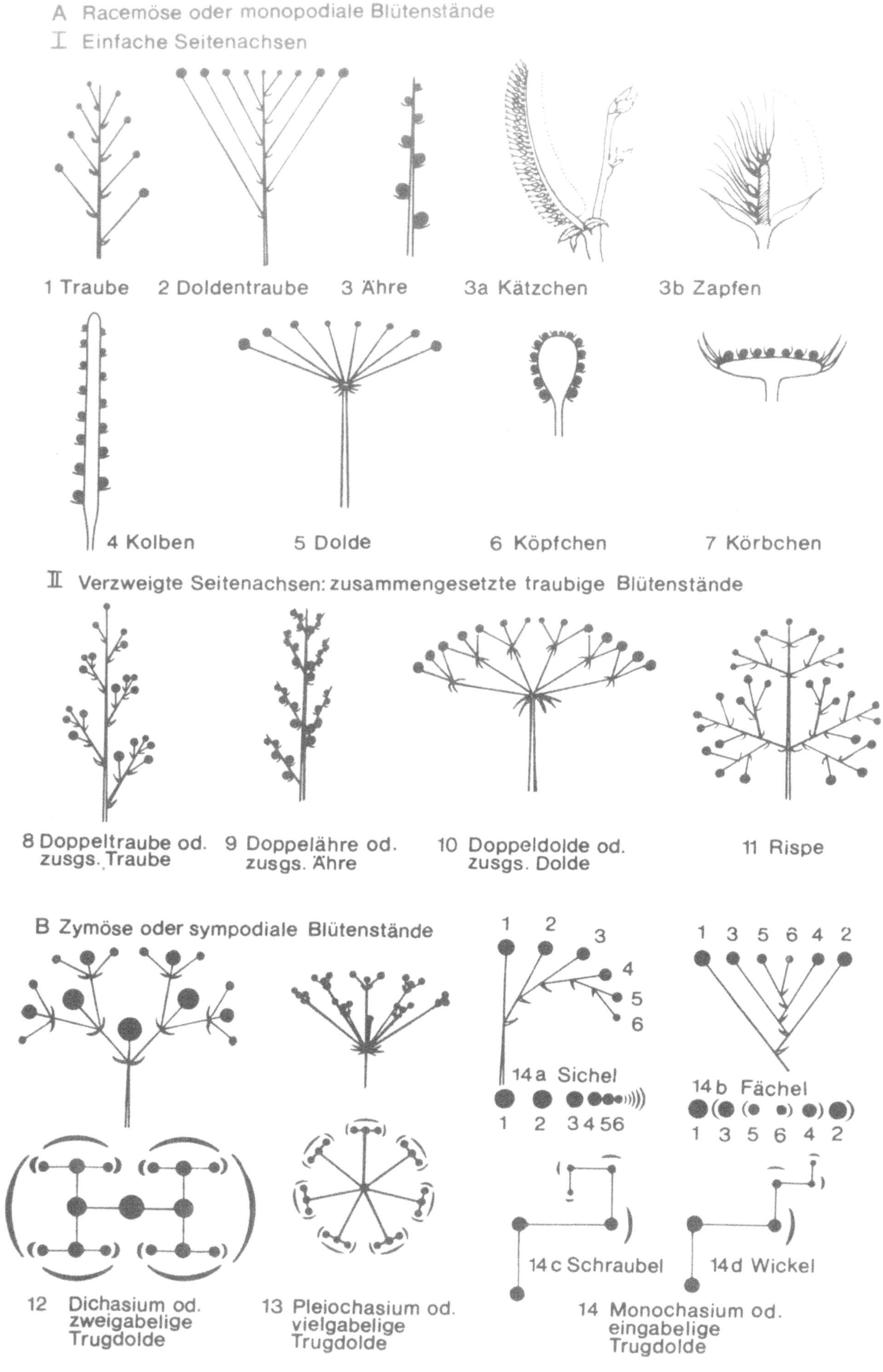

# Einleitung

## 1. Die Blütenstände der Decksamer (Abb. 1)

Blüten können bei einer Pflanze entweder in der Einzahl oder in einer Mehr- oder Vielzahl auftreten. Im ersteren Fall bildet die Blüte den Abschluß an der Spitze eines Triebes (Tulpe), oder sie entspringt seitlich am Trieb in der Achsel eines Hochblattes, das man als Trag- oder Deckblatt bezeichnet (Veilchen). Treten mehrere oder viele Blüten an einer einfachen oder verzweigten Sproßachse auf, dann spricht man von einem Blütenstand oder einer Infloreszenz. Der Blütenstand entwickelt sich vegetativ nicht weiter und trägt außer den Blüten nur kleine oder gar keine Blätter. Aus den Achseln der meist unscheinbaren Hochblätter treiben die Einzelblüten oder Teilblütenstände hervor, so daß sich oft ein dichtes Zweigsystem ergibt, das sich an der Pflanze deutlich hervorhebt. Man unterscheidet bei dem Blütenstand die Hauptachse und die Seitenachsen, die Seitenzweige bilden. Die Verzweigungen sind sehr verschieden, aber stets gesetzmäßig und für jede Pflanzenart, oft sogar für eine ganze Familie charakteristisch (Doldengewächse, Korbblütler usw.).

Wie im vegetativen Teil der Pflanze, so unterscheidet man auch bei den Blütenständen eine monopodiale und eine sympodiale Verzweigung. Monopodial verzweigte Blütenstände bezeichnet man als racemös, sympodiale als zymös.

### A. Racemöse oder monopodiale Blütenstände

Racemöse oder monopodiale Blütenstände haben eine durchgehend vorherrschende Achse, die Hauptachse.

#### I. Einfache Seitenachsen

1. Traube: an verlängerter Hauptachse gestielte Einzelblüten. Johannisbeere. Maiblume.
2. Doldentraube: Sonderform des traubigen Infloreszenztypus: eine Traube, die in ihrer Gesamterscheinung auf die Doldenform hinweist. Die Doldentraube kommt dadurch zustande, daß sich die einzelnen Blütenstiele stark verlängern, die Internodien der Traubenachse aber recht kurz bleiben. Dolden-Milchstern.
3. Ähre: an verlängerter Hauptachse sitzende Blüten. Wegerich.

Sonderfälle der Ähre:

3a. Kätzchen: nach dem Blühen oder bei der Fruchtreife als Ganzes abfallend. Pappeln u.a. Kätzchenträger.

3b. Zapfen des Hopfens

4. Kolben: Ähre mit fleischig verdickter Achse. Aronstab. Mais
5. Dolde: am Ende der verkürzten Hauptachse gestielte Einzelblüten in strahliger Anordnung und in einer Schirmfläche liegend. Efeu, Kirsche, Schlüsselblume.
6. Köpfchen: auf gestauchter, meist verdickter und ± verbreiterter Hauptachse stehen dichtgedrängt kurz- oder ungestielt viele Blüten, z.B. Klee.
7. Körbchen: Blütenboden tellerförmig, oft aber auch kegelförmig, z.B. Kamille, und stets das Ganze zum Unterschied vom Köpfchen von einer Hülle umgeben.

#### II. Verzweigte Seitenachsen: zusammengesetzte traubige Blütenstände

8. Doppeltraube oder zusammengesetzte Traube: traubenartige Teilblütenstände sind nach dem Muster einer Traube an der Traubenachse selbst angeordnet.
9. Doppelähre oder zusammengesetzte Ähre: an Stelle jeder Einzelblüte steht ein sog. Ährchen. Roggen u.a. Gräser.
10. Doppeldolde oder zusammengesetzte Dolde: an Stelle der Einzelblüten der einfachen Dolde stehen kleinere Dolden, sog. Döldchen. Doldenblütler.
11. Rispe: ein vielachsiges, geschlossenes Verzweigungssystem. Die Teilblütenstände an der Basis sind selbst mehrachsig. Nach dem Scheitel der Rispe zu sind die Teilblütenstände auf einfache Seitenblüten reduziert. Immer gestielte Einzelblüten und Ausbildung einer Endblüte an Hauptachse und Seitenachsen. Flieder, Weinstock, Rispengräser.

### B. Zymöse oder sympodiale Blütenstände (12, 13, 14)

Die Hauptachse stellt mit Ausbildung einer Blüte ihr Wachstum vorzeitig ein, während die Seitenachsen sich verzweigen und die Hauptachse übergipfeln. Da sich die Seitenzweige meist nicht, wie der Aufriß zeigt, in einer Ebene ausbreiten, sondern allseits im Raum, wird bei 12, 13, 14a und 14b unterhalb des Aufrisses auch der Grundriß gezeichnet.

Nach der Zahl der übergipfelnden Seitenzweige unterscheidet man:

12. Die Zweigabelige Trugdolde, das Dichasium: 2 Seitenzweige gleicher Ordnung, die ± genau einander gegenüberstehen, übergipfeln jeweils die Hauptachse; ist typisch für die Nelkengewächse, z.B. Hornkraut, Cerastium. Charakteristisch auch für Miere, Stellaria und Lichtnelke, Melandrium.
13. Die vielgabelige Trugdolde, das Pleiochasium: 3 oder mehr fast quirlig angeordnete Seitenachsen setzen das Wachstum der Hauptachse fort, z.B. Wolfsmilcharten, Euphorbia. Das Aufblühen erfolgt von innen nach außen. Ähnelt einer Dolde, daher die Bezeichnung Trugdolde.
14. Die eingabelige Trugdolde, das Monochasium (14a, 14b, 14c, 14d): nur 1 Seitenzweig setzt immer das Wachstum fort, der jeweils seinen Muttersproß übergipfelt und dessen Endblüte beiseitedrängt. So kommt eine Scheinachse zustande, ein Sympodium, das sich aus den Seitenzweigen verschiedener Ordnung zusammensetzt. Die monochasialen Blütenstände lassen sich aus dem Dichasium ableiten.

#### I. Alle Verzweigungen liegen in einer Ebene mit der Hauptachse bei:

14a Sichel: die neuen Achsen gehen stets nach der gleichen Seite. Verschiedene Simsen, z.B. Juncus bufonius. Sehr selten.

14b Fächel: die neuen Achsen abwechselnd nach vorn und nach hinten abgehend. Z.B. Iris-Arten; im übrigen sehr selten.

#### II. Alle Seitenzweige liegen in verschiedenen Transversalen bei:

14c Schraubel: die Abzweigungen erfolgen stets nach derselben Seite, wenn sich also immer nur der rechte oder immer nur der linke Seitenzweig entwickelt. Sie unterscheidet sich von der Sichel durch die räumlich-dreidimensionale Anordnung. Kommt selten vor. Johanniskraut, Laucharten, Taglilie.

14d Wickel: die Richtung der Abzweigung kehrt von Zweig zu Zweig um; unterscheidet sich vom Fächel durch die räumlich-dreidimensionale Anordnung der aufeinanderfolgenden Sproßgenerationen.

## Modifizierte Rispen

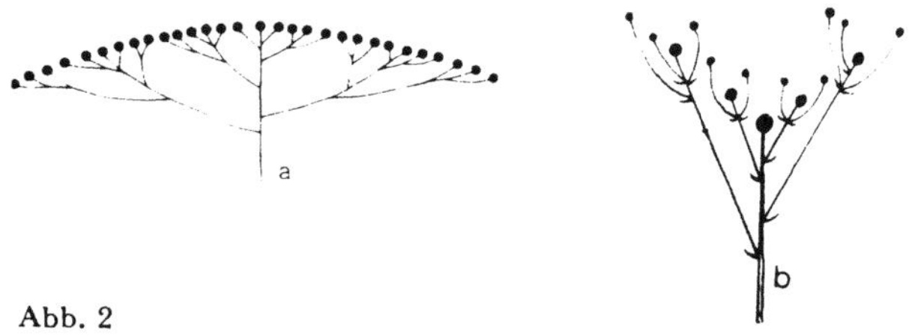


Abb. 2
a Schirmrispe, b Spirre.

Schirmrispe (Abb. 2a): wirkt auf den ersten Blick wie eine Doppeldolde, ist aber aus dem Rispentypus abzuleiten. Z.B. beim Holunder (Sambucus nigra) nimmt der Blütenstand eine schirmartige Form an. Dadurch, daß die 4 unteren Wirtel paarweise sehr dicht beieinander stehen, werden 2 vierzählige Scheinwirtel gebildet und es sieht aus, als baute sich der Blütenstand nur aus 3 Ast-Etagen und nicht aus 5 auf, wie es tatsächlich der Fall ist. Die schirmartige Form wird noch dadurch gesteigert, daß die basalen Äste weit nach der Peripherie hin ausgreifen, und daß sämtliche Verzweigungen eine aufstrebende Orientierung zeigen, so daß alle Blüten in gleiche Höhenlage mit der Endblüte kommen.

Spirre oder Trichterrispe (Abb. 2b). Es handelt sich um eine Rispe, bei der die basalen Äste infolge starker Verlängerung und aufstrebender Orientierung weit über die Endblüte und die dieser benachbarten Verzweigungen emporragen. Selten. Beispiel Spierstaude, Filipendula.

## Scheintrauben und Scheinähren

Scheintrauben und Scheinähren treten bevorzugt in der Familie der Rauhblättrigen auf, z.B. bei Boretsch, Natterkopf und Beinwell. Hier zeigt sich die Wickelachse oft geradlinig und erweckt so in erhöhtem Maße den Eindruck der Einheitlichkeit. Bei genauerer Untersuchung derartiger Blütenstände bleibt aber kein Zweifel an ihrer Wickelnatur bestehen. Die Unterdrückung eines Vorblattes sowie Konkauleszenz oder Rekauleszenz spielen dabei eine besondere Rolle. Bei Konkauleszenz bleibt ein Seitensproß, statt sich frei zu entwickeln, eine gewisse Strecke mit der Abstammungsachse vereinigt. Bei Rekauleszenz ist es das Tragblatt, das auf den zugehörigen Achselsproß verlagert wird.

## Schein- oder Trugdolden

Hierbei handelt es sich um Blütenstände, die mit cymösen Teilblütenständen von meist dichasialwickeliger Struktur ausgestattet sind, weshalb man sie auch als zymöse Dolden bezeichnet. Ein bekanntes Beispiel für Scheindoldigkeit sind die Blütenstände der Pelargonie, Pelargonium zonale. Hier ist die basipetale Aufblühfolge besonders auffallend, die an Scheindolden allgemein zu beobachten ist. Eine Scheindolde hat auch die Doldenspurre, Holosteum umbellatum, die wie Hornkraut und Vogelmiere zu den Nelkengewächsen gehört. Frühe Entwicklungsstadien lassen erkennen, daß der Blütenstand in seinen Verzweigungen dichasial gebaut ist, und daß durch Stauchung der Unterstiele der Blüten eine Dolde vorgetäuscht wird.

## Scheinblüten oder Pseudanthien (Anthodien)

Scheinblüten sind Blütenstände, die man nach ihrem äußeren Aussehen für eine einzige Blüte hält, z.B. die Körbchen der Korbblütler. Scheinblüten gibt es auch bei den Doldengewächsen (Große Sterndolde, Astrantia major); auch die Wolfsmilchgewächse gehören hierher.

# 2. Der Blütenbau der Decksamer

Die Decksamer (Angiospermae) stellen den am höchsten entwickelten und interessantesten Teil des gesamten Pflanzenreiches dar. Sie finden allgemein die größte Aufmerksamkeit und sind dem Anfänger von vornherein vertrauter als die übrigen Pflanzen. Eine andere große Pflanzengruppe, zu der die Nadelhölzer gehören, bezeichnet man im Gegensatz zu den Decksamern als Nacktsamer oder Gymnospermae, weil bei ihnen die Samenanlagen völlig frei und nackt auf einem schuppenförmigen Fruchtblatt stehen. Auch die Nacktsamer werden vielfach zu den „Blütenpflanzen" gerechnet. Bei den Decksamern tritt in der Blütenhülle (Perianth) eine neue Bildung hinzu. Das Perianth erlangt dadurch eine außerordentliche Bedeutung, daß es zusammen mit dem geschlossenen Gehäuse der Fruchtblätter die Gestalt der Blüte bestimmt und einen besonderen Blütentypus darstellt. Anordnung und Gestalt der Perianth-, Staub- und Fruchtblätter sind für die einzelnen Gruppen der Decksamer so charakteristisch, daß wir ihnen bestimmte Baupläne zugrundelegen können, die für die systematische Gliederung von entscheidender Bedeutung sind.

# 3. Grundsätzliches zur Systematik

„*Systematik* heißt jener Zweig der Biologie, der den sinnvollen Zusammenhang zwischen den verschiedenen Arten, Gattungen und höheren Gruppeneinheiten festzustellen, d.h. das Pflanzen- und Tierreich in ein System zu bringen sucht. Systematik ist somit Ordnungslehre. . . . Maßgebend für die Gruppierung ist heute allgemein der Begriff der natürlichen Verwandtschaft. Man spricht aus diesem Grunde auch von natürlichen Systemen und stellt diese den künstlichen Systemen der älteren Zeit gegenüber . . . Die natürlichen Systeme legen ihren Einteilungen die *Gesamtorganisation* zugrunde. Es entstanden so die morphologischen Systeme mit ihrer nach typologischen Gesichtspunkten durchgeführten Einteilung des Organismenreiches, das sich als *gestufte Ordnung von Formen oder Verwandtschaftskreisen* darstellt, deren kleinere jeweils von größeren, den höheren systematischen Einheiten entsprechenden eingeschlossen werden." W. Troll.

## 4. Die zweigliedrige Benennung (binäre Nomenklatur).

Die Blütenpflanzen treten uns in großer Mannigfaltigkeit entgegen. Trotzdem können wir bei näherer Betrachtung feststellen, daß besondere Pflanzengruppen in ganz bestimmten Merkmalen übereinstimmen. Diese Tatsache erlaubt es uns, bestimmte Pflanzengruppen als systematische Einheiten herauszustellen. Die wichtigste systematische Einheit ist die Art oder Spezies. Darunter versteht man alle Einzelpflanzen, die untereinander genau so übereinstimmen wie die Vorfahren und die Nachkommen einer Pflanze. So kann man z.B. alle Buschwindröschen oder Hain-Anemonen zu einer einheitlichen Pflanzengruppe zusammenfassen, die wir als Art „Buschwindröschen" oder „Hainanemone" bezeichnen. In der wissenschaftlichen Sprache hat sie die Bezeichnung Anemone nemorosa. Der zweite Name bedeutet „im Hain wachsend". Dieser zweite Name „nemorosa" ist der eigentliche Artname, der stets klein geschrieben wird. Der erste Name „Anemone" ist der Gattungsname, der immer mit großem Anfangsbuchstaben geschrieben wird. Außer dem Buschwindröschen oder der Hainanemone gibt es noch andere Anemonen, die sich vom Buschwindröschen in bestimmten Merkmalen unterscheiden, z.B. die folgenden Arten: Gelbblühendes Buschwindröschen Anemone ranunculoides, das dem Weißblühenden Buschwindröschen Anemone nemorosa sehr ähnlich ist; ferner das Großblühende weiße Buschwindröschen Anemone silvestris mit anderen Blättern, sowie die Kuhschelle, Anemone pulsatilla und das Leberblümchen, Anemone hepatica. Diese Arten, die sich in bestimmten Merkmalen unterscheiden, aber im Bau der Blüten, Früchte und Samen übereinstimmen, faßt man zu einer Gattung zusammen und gibt ihnen den gleichen Gattungsnamen Anemone.

Die zweigliedrige Benennung wurde von dem schwedischen Naturforscher Linné (* 1778) durchgeführt. Sie hat sich bewährt und ist heute noch üblich.

Verschiedene Benennungen derselben Art durch Synonyme. Leberblümchen (Anemone hepatica) und Kuhschelle (Anemone pulsatilla) werden nach diesen Benennungen zu derselben Gattung gestellt. Da aber diese beiden Arten im Bau ihrer Blüten oder Früchte gewisse Abweichungen zeigen, wurden sie von manchen Autoren besonderen Gattungen zugeordnet. Anemone hepatica wird deshalb auch unter dem Namen Hepatica triloba und Anemone pulsatilla als Pulsatilla vulgaris angegeben. Dies hängt damit zusammen, ob der betreffende Bearbeiter die Gattung Anemone weiter oder enger faßt. Sonst wird i.a. bei synonymen Namen demjenigen der Vorzug gegeben, unter dem eine Art zum ersten Male beschrieben wurde.

Bei schwer abzugrenzenden Arten kann es leicht vorkommen, daß zwei Autoren verschiedene Arten unter dem gleichen Namen beschreiben. Damit man genau weiß, welche Art gemeint ist, setzt man in solchen Fällen hinter den Artnamen den abgekürzten Namen des Autors, der der Art den Namen gegeben hat. So bedeutet z.B. L. = Linné, Lam. = Lamarck usw.

Bei der Kuhschelle z.B. sind die beiden Namen Anemone pulsatilla L. und Pulsatilla vulgaris Mill. richtig. Um die Verständigung der Wissenschaftler verschiedener Länder zu ermöglichen, hat man den Pflanzen und Tieren ganz bestimmte wissenschaftliche Namen gegeben, die zum größten Teil der lateinischen und griechischen Sprache entlehnt sind.

Die Art (Species) ist die Grundeinheit für die Systematik. Man kann die Art noch in Unterarten (Subspecies), Abarten, Spielarten, Formen, Varietäten, Rassen und Sorten einteilen. Verwandte Gattungen (Genus) faßt man zu einem Tribus zusammen, mit der Endung = eae. Mehrere Triben bilden eine Unterfamilie mit der Endung = oideae. Darüber steht die Familie, die meist nach einer typischen Gattung benannt wird und deren Namen die Endung = aceae erhält. So ist z.B. die Familie der Hahnenfußgewächse oder Ranunculaceae nach der Gattung Hahnenfuß = Ranunculus benannt. Nah verwandte Familien faßt man zu einer Ordnung zusammen, deren Bezeichnung die Endung = ales erhält. Bisweilen werden mehrere Ordnungen zu einer Überordnung zusammengefaßt, mit der Endung = anae. Die Ordnungen faßt man zu Unterklassen mit der Endung = idae, und diese weiterhin zu Klassen mit der Endung = atae zusammen. Darüber steht die Unterabteilung mit der Endung = phytina. Mehrere Unterabteilungen bilden eine Abteilung (= phyta), z.B. Spermatophyta = Samenpflanzen.

Bei der Anordnung der Decksamer werden von manchen Autoren die Familien und Ordnungen mit freien Kronblättern als Dialypetalae, d.h. Freikronblättrige, diejenigen mit verwachsenen Kronblättern als Sympetalae, d.h. Verwachsenblumenblättrige und die mit vorwiegend einfacher oder ganz fehlender Blütenhülle als Monochlamydeae oder Einfachblumenblättrige zusammengeschlossen. Diese Gruppen sind keine natürlichen, sondern künstliche, weisen doch viele sympetale Ordnungen untereinander keine verwandtschaftlichen Beziehungen auf, dagegen zu ganz verschiedenen Ordnungen mit freien Kronblättern.

## 5. Einige leitende Gesichtspunkte zur Aufstellung des natürlichen Systems

| *ursprüngliche* | *und* | *abgeleitete Merkmale* |
|---|---|---|
| *Blütenteile schraubig* | | *teilweise oder durchweg wirtelig* |
| *Blütenbau radiär* | | *dorsiventral* |
| *Fruchtknoten oberständig* | | *mittel- und unterständig* |
| *Fruchtblätter frei* | | *miteinander verwachsen* |
| *Zahl der Staub- u. Fruchtblätter groß* | | *Reduktion bis auf 1* |
| *Samenreiche Balgfrucht* | | *Verminderung der Samen im Nüßchen* |

## 6. Verschiedenartige Typen im Blütenbau

Beim Studium der Übersichtstafeln machen wir die Erfahrung, daß es Familien gibt, die sich im Bauplan ihrer Blüten durch außerordentliche Einheitlichkeit und Geschlossenheit auszeichnen, z.B. die einheimischen Fabaceae (= Leguminosen), Brassicaceae (=Cruciferae), Poaceae (= Gramineae), Orchidaceae. Die einzelnen Gattungen weisen hier kaum wesentliche Unterschiede vom Typus auf. Bei anderen Familien dagegen wie Ranunculaceae, Rosaceae, Euphorbiaceae und Scrophulariaceae beobachtet man, daß sie

nicht in sich geschlossen sind, sondern daß bei ihnen verschiedene Entwicklungsrichtungen zu beobachten sind. Deshalb ist es in solchen Fällen schwer, das den einzelnen Gattungen Gemeinsame, den Typus oder Bauplan herauszustellen, wie z.B. bei den Rachenblütlern, bei denen die Staubblattzahl nicht konstant bleibt, sondern von Gattung zu Gattung abnimmt und bei denen auch die Gestalt der Krone eine in bestimmter Richtung fortschreitende Abweichung zeigt. Die Familien der ersten Gruppe zeigen einen gewissen Abschluß der Entwicklung an, sind systematisch leicht abzugrenzen und zeigen oft eine weitgehende Spezialisierung, wie z.B. die Fabaceae, Schmetterlingsblütler und die Orchideen in ihren Anpassungen an Insekten- oder die Gramineen an Windbestäubung. Beispiele für Fabaceen siehe Tfl. 13, S. 55, für Orchideen Tfl. 45, S. 131.
Die zweite Gruppe umfaßt Familien von großer entwicklungsgeschichtlicher Bedeutung. Sie bilden meistens den Ausgangspunkt verschiedener Entwicklungsreihen.

## 7. Anleitung zur Benützung der Tafeln

### Das Auffinden von Bauplänen durch Überschauen homologer Merkmalsreihen

Ein Teil der Tafeln zeigt Ordnungen, andere zeigen Familien. Bei den Ordnungstafeln sind Einzelfiguren der zur Ordnung gehörigen Familien jeweils in waagrechten Reihen angeordnet, während bei den Familientafeln Einzelfiguren von Unterfamilien, Gattungen oder Arten in gleicher Weise angeordnet werden. Die Figuren gleicher Homologien sind nach Möglichkeit so eingeordnet, daß das überschauende (morphologisch=vergleichende) Betrachten gut möglich ist. Ganz allgemein kommen folgende homologe Merkmalsreihen in Frage, die von oben nach unten die Tafel durchziehen können und zum Auffinden der Baupläne der einzelnen Verwandtschaftsgruppen dienen: Ganz links außen stehen die Blütengrundrisse oder Diagramme, rechts daneben die ganzen Blüten, dann die Blütenlängsschnitte, die Staub- und Fruchtblätter, die Samenanlagen, die Früchte und Samen. Die einzelnen homologen Merkmalsreihen sind nicht immer vertreten und auch nicht immer vollständig, sondern stets nur soweit abgebildet, als sie zum Auffinden der Baupläne notwendig erscheinen. Gelegentliche Rückschläge zu ursprünglichen Ausbildungen (Atavismen) oder funktionslos gewordene Organe (Rudimente) sind ergänzend an passenden Stellen eingefügt.
Die homologe Merkmalsreihe der Blütendiagramme zeigt die Blüte als Ganzes, aber nur schematisch, während die folgende homologe Merkmalsreihe die ganze Blüte in ihrer wirklichen Form oder Gestalt bringt. An diesen beiden homologen Merkmalsreihen erfassen wir also die Blüte als Ganzes, aus dem sich dann bei näherer Betrachtung der nach rechts sich anschließenden homologen Merkmalsreihen die verschiedenen Einzelbildungen hervorheben, um wieder zu einem deutlicher gegliederten sinnvollen Ganzen zusammengeschaut zu werden.

### Die homologe Merkmalsreihe der Blütendiagramme

Das Diagramm der Blüte können wir zeichnen, wenn wir durch eine junge, noch geschlossene Blüte einen oder mehrere Querschnitte in verschiedener Höhe machen. Man spricht in diesem Fall von einem empirischen Diagramm, im Gegensatz zu dem theoretischen Diagramm. Bei diesem tragen wir nicht nur ein, was wir unmittelbar beobachten, sondern wir zeichnen auch Blütenteile ein, die wir auf Grund entwicklungsgeschichtlicher und vergleichend-morphologischer Betrachtung als ausgefallen annehmen müssen. Das theoretische Diagramm stellt also den abgeleiteten ursprünglichen Grundplan der Blüte dar. Die ausgefallenen Organteile werden entweder als Sternchen (z.B. Staubblätter) oder punktiert (Kelch-, Kron- und Fruchtblätter) eingetragen.
Wir erhalten ein schematisches Blütendiagramm, wenn wir soviel konzentrierte Kreise zeichnen, als die Blüte Wirtel besitzt, also bei der typischen pentazyklischen Blüte 5. Der gemeinsame Mittelpunkt ist die Blütenachse. Der Trieb oder die Abstammungsachse, an der die Blüte sitzt, wird als Punkt über dem Diagramm gezeichnet. Das Deck- oder Tragblatt T, in dessen Achsel die Blüte sitzt, wird durch einen Blattquerschnitt unter dem Diagramm, der Hauptachse gegenüber, eingetragen. Die Vorblätter V stehen bei den Dikotylen seitlich, bei den Monokotylen steht das eine Vorblatt meist zwischen Blüte und Achse. Auf den Kreisen werden die Kelch-, Kron-, Staub- und Fruchtblätter in der richtigen Zahl und Stellung eingetragen.
Das Blütendiagramm bringt den typischen Bau der Blüte anschaulich, leicht verständlich und sehr einprägsam zum Ausdruck. Es zeigt aber nicht die Anordnung der Blütenteile in der Längsrichtung der Blütenachse, z.B. ihre Insertion, so daß man nicht sieht, ob der Fruchtknoten ober-, mittel- oder unterständig ist. Auch der Bau der Samenknospen oder Samenanlagen, deren Stellung und Integumente werden im Diagramm nicht gezeigt. Dies geschieht dagegen im Längsschnitt der Blüte.

### Darstellungsweise im Diagramm, Längs- und Querschnitt

Tragblätter (Deckblätter) und Vorblätter schwarz. – Kelchblätter schraffiert. – Kronblätter schwarz. – Perigonblätter schwarz. – Honigblätter schwarz. – Staubblätter weiß. – Achsenbecher, Blütenachse punktiert. – Fruchtknotenhöhle schwarz. – Fruchtblätter weiß mit schwarzer Umrandung. – Samenanlagen weiß. – Endosperm, Nährgewebe punktiert.

Der Blütenbau wird ferner kurz und ebenfalls schematisch in der **Blütenformel** dargestellt. Hierbei werden die einzelnen Blütenteile durch Buchstaben, ihre Anzahl im Wirtel durch die entsprechende Zahl ausgedrückt. Ist die Anzahl zahlreich und unbestimmt, dann setzt man das Zeichen ∞. Als Buchstaben bedeuten: K=Kelch, C=Krone (Corolle), P=Perigon, A=Staubblätter (Androeceum), G=Gynoeceum. Der Ausfall von Organteilen wird durch 0 angegeben, die Verwachsung durch Klammern um die Zahlen. Eine eckige Klammer um die Buchstaben bedeutet Verwachsung verschiedener Blütenteile. Bei oberständigem Fruchtknoten steht unter, bei unterständigem über, bei mittelständigem sowohl über als auch unter der Fruchtblattzahl ein Strich. Ein Sternchen vor der Blütenformel bedeutet strahlige, ein Pfeil zweiseitige Symmetrie.

## Was zeigen die Blütendiagramme?

**a) Die Symmetrieverhältnisse der Blüte**
Die Blüte kann sein:
1) strahlig, radiär, aktinomorph, wenn die Blütenteile regelmäßig verteilt und gleich gestaltet sind, d.h. mehr als 2 Symmetrieebenen haben.
2) zweiseitig = oder disymmetrisch, zygomorph, dorsiventral, wenn nur 1 Symmetrieebene vorhanden ist, die die Blüten in 2 spiegelbildlich gleiche Hälften teilt (Taubnessel, Veilchen, Rittersporn).
In der Stellung der Blüte zur Abstammungsachse können wir 2 Ebenen unterscheiden: eine Medianebene, die durch die Abstammungs- und Blütenachse geht, und eine Transversalebene, die senkrecht zu dieser steht. Die einzige Symmetrieebene dorsiventraler Blüten kann mit einer dieser Ebenen zusammenfallen oder schräg zu ihnen stehen. So sind z.B. die Schmetterlings- und Veilchenblüten median-zygomorph. Die Blüte vom Lerchensporn (Corydalis) und Erdrauch (Fumaria) ist transversal- oder quer-zygomorph (Tfl.5, Fig.4), und die Blüte der Roßkastanie ist schräg-zygomorph.
3) bilateral oder disymmetrisch (Dicentra), wenn 2 Symmetrieebenen vorhanden sind, eine mit der Median- und eine mit der Transversalebene identische Spiegelebene, welche die Blüte in verschiedener Weise halbieren (Tfl.5, Fig.3).
4) un- oder asymmetrisch, wenn jede Symmetrie fehlt. Canna. (Tfl. 46 Fig.3).

**b) Die Anordnung der Blütenorgane um die Achse**
Die Blüte kann sein:
1) azyklisch, wenn die Blütenorgane spiralig (schraubig) angeordnet sind;
2) wirtelig oder zyklisch, wenn die Blütenorgane in Wirteln oder Kreisen stehen;
3) hemizyklisch, wenn ein Teil der Blütenorgane spiralig, der Rest wirtelig angeordnet ist (Ranunculaceen, Magnoliaceen, Nymphaeaceen).

**c) Die Zahl der Wirtel:**
5wirtelig oder 4wirtelig.

**d) Die Zahl der Blütenteile innerhalb eines Wirtels:**
1) durchgehend 3zählig, wenn jeder Wirtel 3 Blütenteile enthält (Liliaceen);
2) durchgehend 5zählig, wenn jeder Wirtel 5 Blütenteile enthält (Primula).

**e) Die Zahl der Glieder in den Wirteln innerhalb einer Blüte**
Ist sie gleich, so nennt man die Wirtel gleichzählig oder isomer; ist sie ungleich, heteromer oder oligomer, wenn die Wirtel durch Ausfall einzelner Glieder eine geringere Zahl aufweisen als sie sonst der Blüte zukommt. Heteromerie: ungleichzählige Wirtel.

**f) Die Ausbildung des Geschlechts:**
1) eingeschlechtig oder diklin, wenn die Staubblätter oder die Fruchtblätter nicht ausgebildet sind, so daß die Blüte weiblich oder männlich ist;
2) zwittrig, wenn Staub- und Fruchtblätter in der Blüte sind.

**g) Die Blütenhülle oder das Perianth Pt**
Bei ungleichartigen Blütenhüllkreisen ist meist der äußere kelchblattartig, der innere kronblattartig; man unterscheidet: Kelch, Kelchblätter oder Sepalen (Einzahl Sepalum) und Blumenkrone, Krone oder Corolla, Kronblätter oder Petalen (Einzahl Petalum).
Das Perigon ist eine Blütenhülle mit gleichartigen Blättern (Tulpe). Perigonblätter oder Tepalen (Einzahl Tepalum). Bei verwachsenen Tepalen: Syntepalie.
Die Blüte kann sein: apetal, wenn die Petalen von vornherein fehlen, Apetalie; apopetal, wenn die Petalen infolge Ausfall fehlen, Apopetalie; choripetal, wenn die Petalen frei oder getrennt sind, Choripetalie; sympetal, wenn die Petalen verwachsen, Sympetalie.
Nebenkrone: an oder innerhalb der Krone gebildeter, einfacher oder mehrfacher Kreis von Ligulargebilden.

**h) Die häufigsten Ausgestaltungen der Blütenhülle:**
1) homoiochlamydeisch, wenn die Hüllblätter gleichartig ausgebildet sind, Perigonblätter oder Tepalen in 2 oder mehreren Schraubenumgängen oder Kreisen: mehrfaches Perigon (Magnolia, Tulipa) mit gefärbten, korollinischen oder (Acorus) mit unscheinbar grünlichen Tepalen.
2) heterochlamydeisch, wenn sich Kelch- und Kronblätter unterscheiden lassen.
3) einfach oder haplochlamydeisch oder monochlamydeisch, wenn die Hülle nur als 1 Kreis von Perianthblättern vorhanden ist (Urtica, Paronychia, Beta).
4) apochlamydeisch, wenn die Blütenhülle infolge Ausfall fehlt (Carpinus).

**i) Die gegenseitige Lage der Kronblätter:**
Knospendeckung oder Ästivation
1) klappige Ästivation, wenn sich die Kelch- bzw. Kronblätter eines Kreises in der Knospe mit ihren Rändern nur berühren;
2) dachige Ä., wenn die einen Blätter decken, die anderen ganz oder teilweise gedeckt werden; hierbei kann es sich um aufsteigende, absteigende oder gedrehte Ä. handeln.

**k) Das Anwachsen der Staubblätter an die Kronblätter**

**l) Die Verwachsung der Staubblätter**

**m) Zahl und Stellung der Staubblattkreise:**
1) haplostemon: nur 1 Kreis von Staubblättern vorhanden;
2) diplostemon: 2 Staubblattkreise vorhanden;
3) obdiplostemon, wenn der äußere Staubblattkreis nicht mit dem Kronblattkreis abwechselt, sondern ihm gegenübersteht;
4) scheinbar obdiplostemon, wenn die Obdiplostemonie durch den Ausfall eines dazwischenliegenden Wirtels oder durch nachträgliche Verschiebungen beim Wachstum zustandekam;
5) triplostemon: 3 Staubblattkreise vorhanden;
6) polystemon, zahlreiche Staubblattkreise.

Episepale Staubblätter stehen vor den Kelchblättern. – Epipetale Staubblätter stehen vor den Kronblättern.

**n) Die sekundäre Vermehrung der Staubblätter: Polyandrie (Abb. 3)**

Durch Vergrößerung der Bildungszonen im Meristem werden an Stellen, wo früher nur einzelne Staubblätter standen, ganze Gruppen von Staubblättern gebildet. Die Erscheinung wird als Dédoublement bezeichnet. Es können sich einheitliche Anlagen ontogenetisch stärker aufteilen (Hypericum) oder die Zahl der Anlagen ist von vornherein vergrößert. Wie die Entwicklungsgeschichte zeigt, können die zusätzlichen Anlagen von Staubblättern von außen nach innen gegen den Scheitel, das Zentrum der Blüte (z.B. bei den Rosidae Tfl. 12) entstehen: zentripetales Dédoublement; oder von innen nach außen: zentrifugales Dédoublement (besonders bei Dilleniidae); zwischen beiden Formen kann seitliche bzw. an den Anlagen abwärts gerichtete Vermehrung vermitteln, wonach man seriales und basipetales Dédoublement unterscheidet.

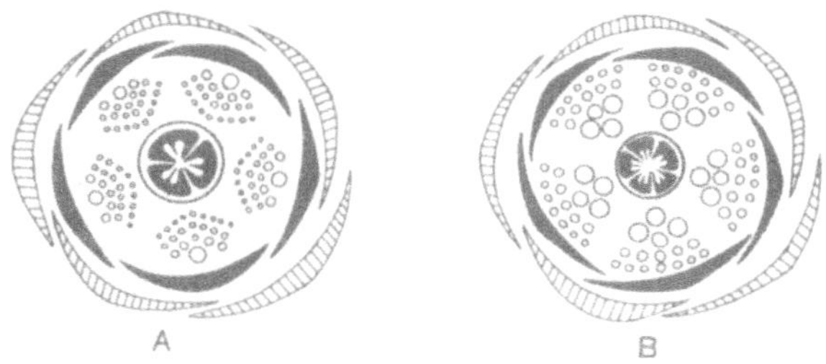


Abbildung 3 Sekundäre Vermehrung der Staubblätter aus wenigen (5) Anlagen infolge von Dédoublement (sekundäre Polyandrie). A Zentripetales Dédoublement bei Melaloica hypericifolia (Myrtaceae, Rosidae). B Zentrifugales Dédoublement bei Hypericum hookeranum (Hypericaceae, Dilleniidae). (Entwurf Leins). Nach Ehrendorfer.

**o) Die Verwachsung der Fruchtblätter und die Fächerung des Fruchtknotens:**

1) monomer, wenn der Fruchtknoten nur 1 Fruchtblatt hat;
2) dimer bei 2 Fruchtblättern;
3) trimer bei 3 und polymer bei zahlreichen Fruchtblättern

**p) Die Plazentation, d.h. die Anheftung der Samenanlagen**

## Die homologe Merkmalsreihe der ganzen Blüten

Die Blütengestalten ergänzen die Blütendiagramme. Sie zeigen die Form oder Gestalt der Blüte und ihrer einzelnen Organe. Die verschiedenen Formen können aber nur verstanden werden, wenn man sie im Hinblick auf ihre Funktion betrachtet. Der Kelch schützt vor allem die junge Knospe, die Krone lockt die Bestäuber an und schützt häufig auch die Staub- und Fruchtblätter; die Staubblätter liefern den Pollen, und das Gynoeceum mit den Samenanlagen ist die Grundlage für die zu bildenden Samen und Früchte. Krone, Staubblätter und Griffel mit Narbe bestimmen auch die Bestäubungsweise. Alle 4 Blattformationen wirken harmonisch zusammen, so daß die Art erhalten bleibt. Sie sind in ihrer Form auch bei jeder Abwandlung der Gestalt und ihrer Anordnung stets so aufeinander abgestimmt oder zugeschnitten, daß sie die gemeinsame Aufgabe der Samen- und Fruchtbildung trotz aller Abwandlungen der Einzelformen erfüllen, da diese nach einem ganz bestimmten Bauplan (Typus) geordnet sind.

## Die homologe Merkmalsreihe der Blüten-Längsschnitte

Wir sehen hier die Blütenachse und die Einfügung der verschiedenen Blütenorgane. Ursprüngliche Decksamer besitzen noch eine gestreckt-konische Blütenachse (Magnolia). Meist aber ist die Blütenachse verkürzt. Ferner kann sie scheibenförmig verbreitert, besonders aber schüssel- und schließlich becher- bis röhrenförmig vertieft sein. An der Bildung der Blütenbecher und Blütenröhren (Hypanthien) sind vielfach auch die unteren Abschnitte von Kelch-, Kron- und Staubblättern beteiligt, wobei die Abgrenzung der einzelnen Organbereiche oft kaum noch möglich ist. Bei dieser Entwicklung können die in den Fruchtbecher eingesenkten Fruchtblätter einzeln zu einem Fruchtknoten verwachsen und dabei frei bleiben (Rosa, Prunus Tfl. 12), oder sie verwachsen mit dem Blütenbecher (Pyrus Tfl. 12), während die Kelch-, Kron- und Staubblätter vom Rande des Blütenbechers emporgetragen erscheinen. Nach der Stellung des Fruchtknotens relativ zur Blütenachse bzw. zu den anderen Blütenorganen (Abb. 4) unterscheidet man: A oberständigen Fruchtknoten (Blüten hypogyn), B mittelständigen Fruchtknoten (Blüten perigyn), C mittelständigen Fruchtknoten (Blüte perigyn), D unterständigen Fruchtknoten (Blüte epigyn).

Die Blütenachse kann durch sekundäre Streckung der Internodien zwischen einzelnen Blütenwirteln den Fruchtknoten oder auch die Staubblätter emporheben. So entstehen Gynophor (Capparaceae oder Brassicaceae Tfl. 23, S. 81) bzw. Androgynophor (Passifloraceae Tfl. 22, S. 79).

Ausgliederungen der Blütenachse sind z.B. die meisten Diskusbildungen. Diskus, da oft eine scheibenförmige Verbreiterung der Blütenachse außer- oder innerhalb der Staubblätter. Je nach ihrer Form und Funktion werden sie als Diskusdrüsen (meist Nektarien), Diskusschuppen bezeichnet. Sie können als Nektardrüsen (Brassicaceae Tfl. 23) oder als umfangreichere ringförmige Diskus-Bildungen (Rutaceae, Aceraceae Tfl.16) zwischen Fruchtknoten und Staubblättern (intrastaminal) oder zwischen Staub- und Kronblättern (extrastaminal) entwickelt sein.

Bei unterständigem Fruchtknoten kann Achsengewebe auch die ursprünglich freien Fruchtblätter eines apokarpen Gynoeceums umwachsen, so daß ein unecht synkarper Fruchtknoten entsteht. So wird die Apokarpie bei Nymphaea, Nuphar Tfl. 2, S. 29 unter den Vielfrüchtigen, bei den Maloideae (Pomoideen) unter den Rosales verdeckt Tfl. 12 S. 51.

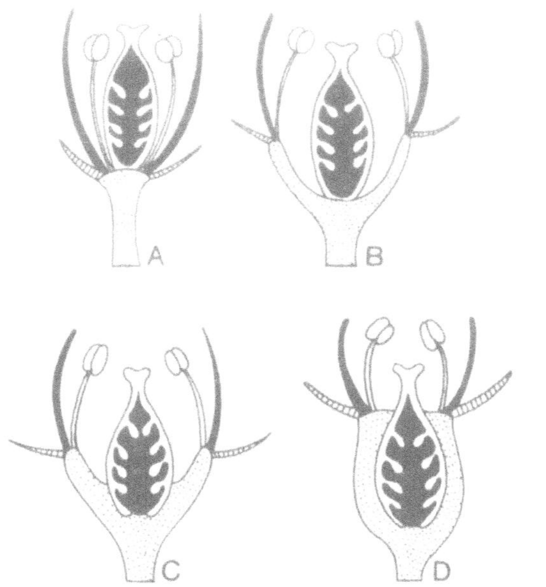


Abb. 4
Anordnung der Blütenorgane. A Fruchtknoten oberständig, Hypogynie, B und C Fruchtknoten mittelständig, Perigynie, die übrigen Blütenteile sind am Rande einer ± konkaven, von Fruchtknoten freien Blütenachse angeordnet. D Fruchtknoten unterständig, Epigynie: die übrigen Blütenteile sind auf der mit dem Fruchtknoten verwachsenen Blütenachse angeordnet. – Achsenbecher, Blütenachse punktiert. Corolle oder Blumenkrone schwarz. Kelch schraffiert. Staubblatt weiß. Fruchtknoten und Samenanlage weiß. (Nach Engler geändert.)

### Die homologe Merkmalsreihe der Staubblätter, des Androeceums Abb. 5

Die homologe Merkmalsreihe der Staubblätter zeigt oft Abwandlungen (z.B. Salbeiblüte, Schmetterlingsblüte), die mit Abwandlungen der Krone in vollem Einklang stehen (Tfl. 13, S. 55 u. Tfl. 38, S. 115).

### Der typische Bau der Staubblätter bei den Decksamern

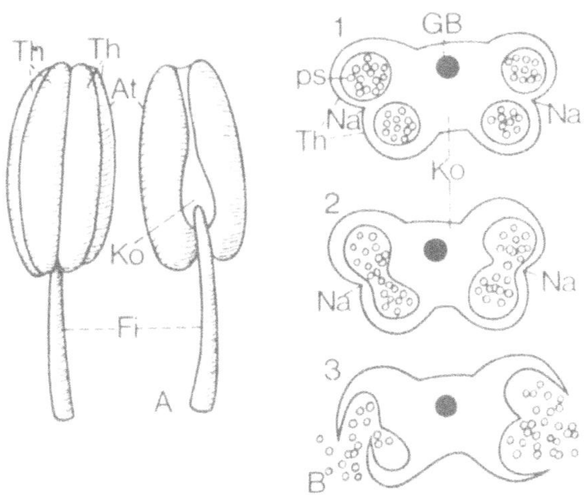


Zu Abbildung 5

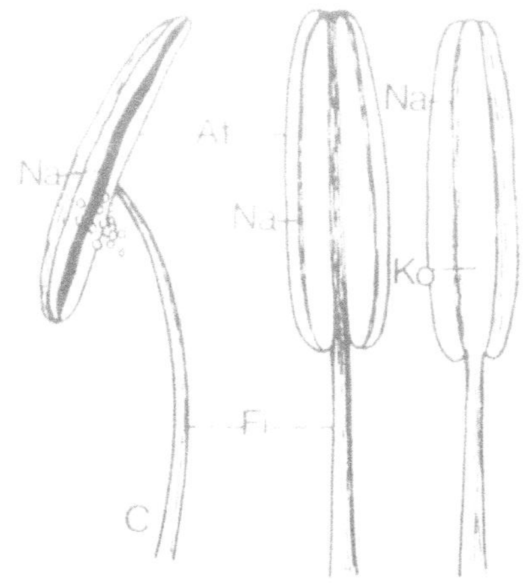


Abb.5
Typische Gliederung der Staubblätter. A Vorder- und Rückseite des Staubblattes. B Querschnitt durch einen 4fächerigen Staubbeutel in 3 verschiedenen Entwicklungsstufen 1,2,3. – C Eine auf dem Rücken angeheftete und eine an der Basis befestigte Anthere von Vorder- und Rückseite.

At Anthere, Staubbeutel, Fi Filament, Staubfaden. GB Gefäßbündel. Ko Konnektiv, Mittelband, Verbindungsstück zwischen den Theken. Na Aufspringnaht. ps Pollensack (Mikrosporangium) Th Theka (Mehrzahl Theken), – Antherenhälfte. – A nach Engler. B, C nach Möbius. Androeceum: Gesamtheit der Staubblätter einer Blüte. Staubblätter, Stamina (Einzahl Stamen).

An den Staubblättern unterscheidet man: Staubfaden, Filament. – Staubbeutel, Anthere; innenwendig (intrors): seitenwendig (lateral): außenwendig (extrors). – Mittelband, Konnektiv, als Fortsetzung des Staubfadens, verbindet die Theken. – Theka (Mehrzahl Theken), Antherenhälfte. – Antheren mit 2 oder 1 Theka: dithezisch oder monothezisch. Pollensack, Pollenfach. – Antheren bisporangiat, tetrasporangiat, polysporangiat: mit 2,4 oder vielen Pollensäcken. – Pollenkörner bzw. der Pollen. – Massulae: in großer Zahl vereinigt bleibende Pollenkörner. – Pollinium: ganzer Inhalt einer Theka vereint bleibend. – Pollentetrade: 4 Pollenkörner, nach der Teilung vereinigt bleibend. – Staminodien: rückgebildete Staubblätter.

### Die homologe Merkmalsreihe der Fruchtblätter: Gynoeceum mit Samenanlagen

*Gynoeceum:* Gesamtheit der Fruchtblätter oder Karpelle in einer Blüte. Stempel, Pistill: das vollständige Organ (bei Verwachsung der Karpelle).

*Gliederung der einzelnen Karpelle bzw. des Pistills:* 1) Fruchtknoten oder Ovar, d.h. der die Samenanlagen enthaltende fruchtbare Abschnitt. 2) Griffel: verlängerter, unfruchtbarer Teil der Karpelle bzw. des Stempels. 3) Narbe, Stigma: locker, rauh und klebrig zur Aufnahme und Keimung des Blütenstaubs.

*Samenanlagen (Ovula, Einzahl Ovulum)*
*Samenleiste, Plazenta:* Gewebestück im Fruchtknoten aus dem die Samenanlage entspringt; in der Regel am Rande der Fruchtblätter, also blattbürtig.

*Samenstielchen, Nabelstrang, Funiculus:* verbindet die Samenanlage mit der Plazenta.

*Bau der Samenanlage Abb. 6. Knospenkern, Nucellus* vielzellig, enthält den Keim- od. Embryosack. – Samenhülle (Integument) um den Nucellus, bis auf eine kleine Öffnung, den Keimmund (die Mikropyle) zum Eintritt des Pollenschlauchs; nackte Samenanlage: ohne Integument. Nabel, Hilum: Stelle, an der die Samenanlage mit dem Funiculus verbunden ist. Samennaht, Raphe: Verwachsungsnaht von Funiculus mit Samenknospe. Chalaza: Grund des Nucellus.

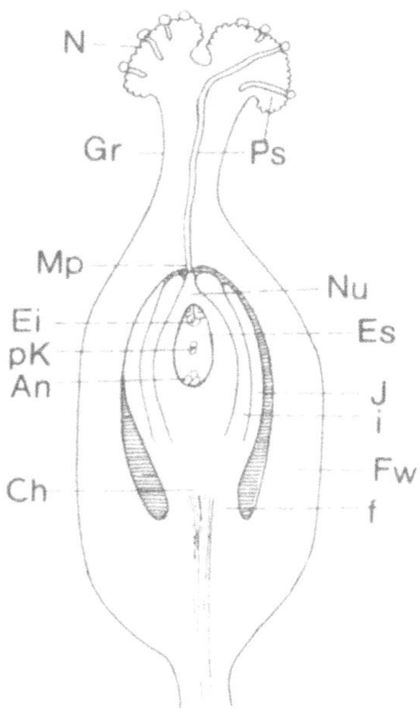


Abbildung 6
Fruchtknoten von Bilderdygia (Polygonum) convolvulus während der Befruchtung im Längsschnitt. Nach Straßburger. – An Antipoden. Ch Chalaza. Ei Eizelle. Es Embryosack. Fw Fruchtknotenwand. f Funiculus. Gr Griffel. J äußeres Integument. i inneres Integument. Mp Mikropyle. N Narbe. Nu Nucellus. pK Polkerne. Ps Pollenschlauch.

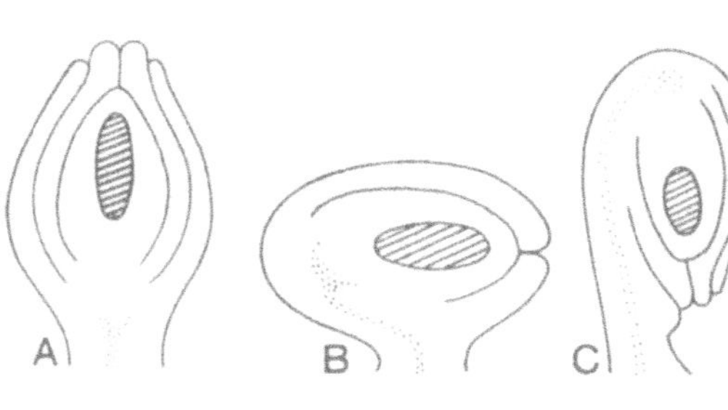


Abbildung 7
Gestalt der Samenanlagen: – A geradläufig atrop, orthotrop: Nucellus nicht gekrümmt, Mikropyle liegt dem Nabel gegenüber. – B halbumgewendet (hemitrop, hemianatrop): Nucellusachse gerade, gegen den Funiculus um 90° gedreht. – C umgewendet, gegenläufig anatrop: Nucellusachse gerade, gegen den Funiculus um 180° umgewen-

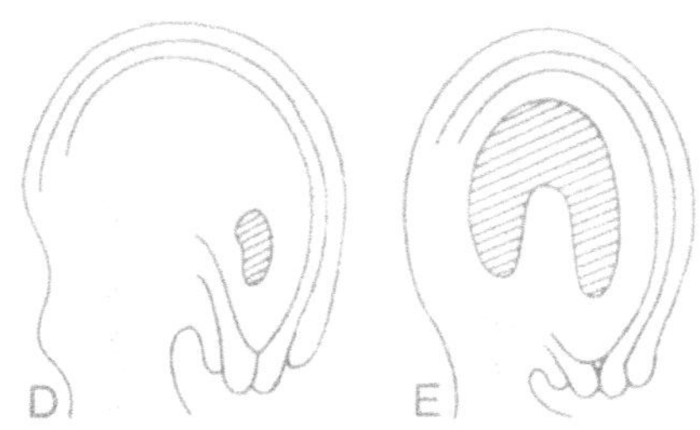


det. – D krummläufig, kampylotrop: Nucellusachse leicht gekrümmt, gegen den Funiculus umgewendet, daß die Mikropyle ± dem Hilum genähert erscheint. – E amphitrop: Nucellusachse und Embryosack stark hufeisenförmig gekrümmt, gegen den Funiculus umgewendet. – Embryosack schraffiert. – Nach Engler, Syllabus.

Fruchtblätter und Samenanlagen

**Apokarpes Gynoeceum:** In Blüten mit mehreren Fruchtblättern bildet jedes für sich einen Fruchtknoten, indem die aufgebogenen Ränder sich nähern, berühren und in einer Bauchnaht verwachsen.

**Synkarpes Gynoeceum:** Alle Fruchtblätter verwachsen zu einem einzigen Fruchtknoten. Ein aus mehreren Fruchtblättern verwachsener Fruchtknoten wird auch Coenokarp genannt. Sind die Fruchtblätter an ihren Rändern nach innen gebogen, daß die Verwachsungen die Mitte des Fruchtknotens erreichen, so entstehen echte Scheidewände (Septen) und bilden Fächer. Wird ein Fruchtknoten nachträglich durch Gewebewucherungen gefächert, so entstehen falsche Scheidewände.
Parakarp ist ein Fruchtknoten, der einfächerig ist, da keine oder nur unvollständige echte Scheidewände vorhanden sind, und der somit höchstens durch falsche Scheidewände gefächert sein kann.

Verschiedene Plazentationen Abb. 8

Will man die Lage der Samenanlagen innerhalb des ganzen Fruchtknotens angeben, dann spricht man von parietaler oder wandständiger (A) und von zentraler Plazentation (C, D). Im ersteren Fall sitzen die Samenanlagen auf der Seitenwand, im zweiten Fall gehen sie von einem in der Längsachse des Fruchtknotens befindlichen Gewebe aus.

Will man die Beziehungen der Samenanlagen zu den einzelnen Fruchtblättern ausdrücken, so gebraucht man die Bezeichnungen: marginal, wenn die Samenanlagen den Rändern der Fruchtblätter entspringen (A, C); laminal, wenn die Samenanlagen auf der Innenflächen der Fruchtblätter sitzen (E); axial, wenn die Samenanlagen zentral stehen und nicht in klaren Beziehungen zum Fruchtblatt (B). Würden die Samenanlagen unmittelbar aus der Achse entspringen, dann wären die Fruchtblätter eines solchen Gynoeceums keine Makrosporophylle. Dieses Verhalten ist wahrscheinlich darauf zurückzuführen, daß die Fruchtblätter mit ihren unteren der Achse zugekehrten Rändern, die allein die Samenanlagen bilden, über dem Achsenende sich zusammenschließen und mit ihm und untereinander verbunden bleiben.

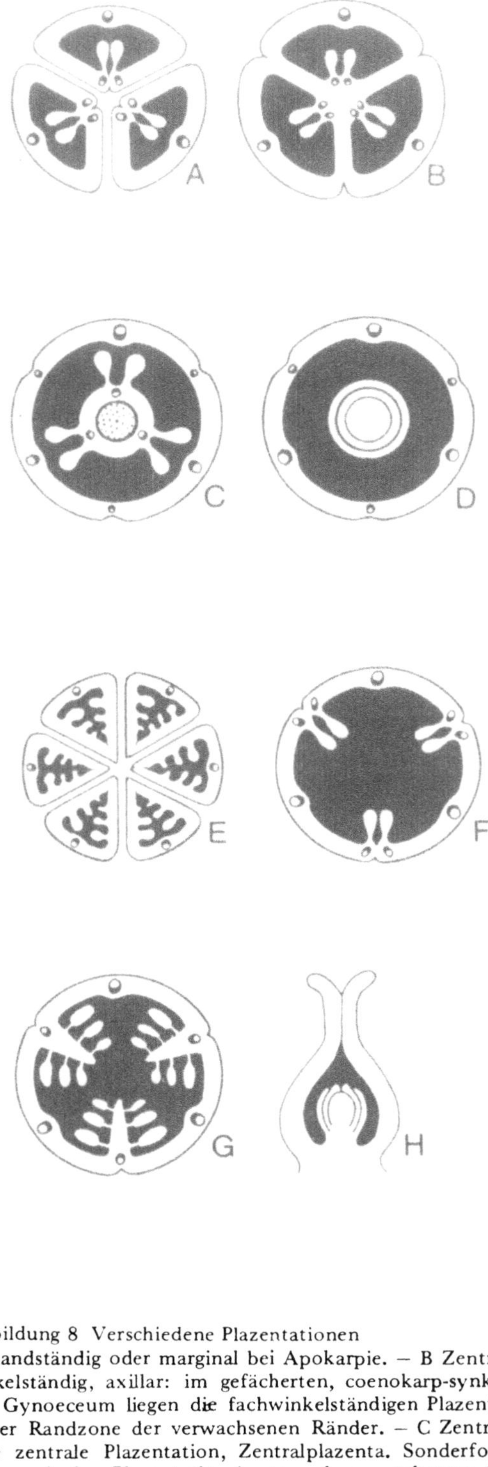


Abbildung 8 Verschiedene Plazentationen
A Randständig oder marginal bei Apokarpie. – B Zentralwinkelständig, axillar: im gefächerten, coenokarp-synkarpen Gynoeceum liegen die fachwinkelständigen Plazenten in der Randzone der verwachsenen Ränder. – C Zentral: freie zentrale Plazentation, Zentralplazenta. Sonderform der marginalen Plazentation im coenokarp-parakarpen Gynoeceum. – D Plazenta scheinbar achsenbürtig: basal, basiliär; Form der zentralen Plazentation mit nur 1 echt zentral oder grundständig entspringenden Samenanlage. – E flächenständig oder laminal bei Apokarpie. – F Parietal: im Coenokarp-parakarpen Gynoeceum liegen die wandständigen Plazenten in der Randzone der verwachsenen Ränder verschiedener Karpelle. – G Parietal mit unvollständigen Septen. – H Basale Plazentation (D) im Längsschnitt. – Nach Eckardt in Engler „Syllabus d. Pfl.“, etwas abgeändert.

## Homologe Merkmalsreihe der Samen und Früchte

Same, gegliedert in:
Samenschale (Testa): aus den Integumenten entstehend. – Nabel (Hilum): Ansatzstelle des Nabelstranges (Funiculus). – Samennaht (Raphe): vom Nabel ausgehender Streifen, in dem das vom Nabelstrang ausgehende Leitbündel verläuft. S. 64, Abb. 20.– Caruncula: Auswüchse des Integuments an der Mikropyle. Tfl. 19/3g. – Samenmantel Arillus: fleischige Auswüchse am Samen. – Perisperm: Nährgewebe, aus dem Nucellus hervorgehend. – Endosperm: Nährgewebe, im Embryosack aus dem befruchteten Embryosack hervorgehend: nukleär: zuerst freie Kernbildung, dann erst Zellwandbildung: zellulär: nach jeder Kernteilung Zellwandbildung: helobial: auf die erste Kernteilung folgt Bildung einer Querwand, dann freie Kernteilungen, besonders in der mikropylaren Kammer (Tfl. 56/1–3).

Endospermhaustorium: Große, oft stark verzweigte, plasmareiche Saugzellen aus der Mikropylar- oder Antipodialregion des jungen Endosperms hervorgehend: mikropylares bzw. chalazales Haustorium. – Chalazosperm: Nährgewebe, aus der Chalaza der Samenanlage hervorgehend. (Tfl. 19/3g, 4s).
Keim, Keimling, Embryo gegliedert in: Würzelchen, Radicula, Primärwurzel, Keimwurzel. – Hypocotyl: Achsenglied zwischen Kotyledonen und Primärwurzel. – Plumula: Knöspchen, Stammknospe, Sproßknospe. (Tfl.49)

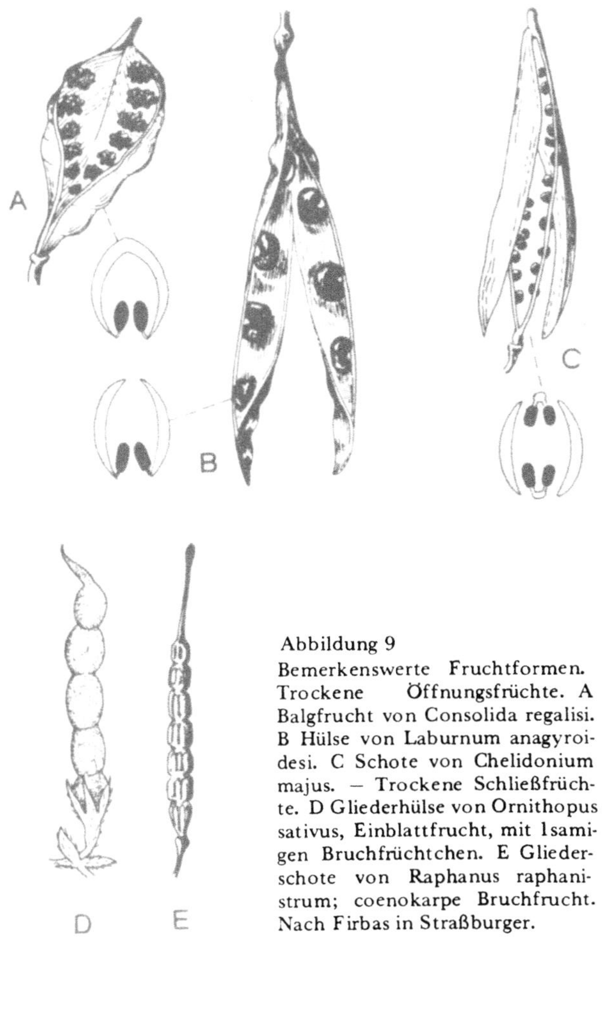


Abbildung 9
Bemerkenswerte Fruchtformen. Trockene Öffnungsfrüchte. A Balgfrucht von Consolida regalisi. B Hülse von Laburnum anagyroidesi. C Schote von Chelidonium majus. – Trockene Schließfrüchte. D Gliederhülse von Ornithopus sativus, Einblattfrucht, mit 1samigen Bruchfrüchtchen. E Gliederschote von Raphanus raphanistrum; coenokarpe Bruchfrucht. Nach Firbas in Straßburger.

## Fruchtformen Abb. 9

Der Fruchtknoten entwickelt sich nach der Befruchtung zur Frucht. Diese ist also die Blüte im Zustand der Samenreife. Die Fruchtwand oder das Perikarp besteht meist aus einem äußeren Exokarp, einem inneren Endokarp und dem dazwischenliegenden mehrschichtigen Mesokarp. Exo- und Endokarp sind oft nur einschichtig.

Echte Früchte entstehen nur aus den Fruchtblättern eines oberständigen, höchstens halb unterständigen Fruchtknotens. Schein- oder Halbfrüchte entstehen meist aus unterständigen Fruchtknoten und Gewebe der Blütenachse oder anderer Blütenteile.

Der Bau der Frucht steht im engsten Zusammenhang mit der Verbreitung der Samen und mit ihrem Schutz (ökologische Gesichtspunkte). Er wird aber auch durch Zahl und Anordnung der Fruchtblätter in der Blüte bestimmt (morphologische Gesichtspunkte). Beiderlei Gesichtspunkte, die die große Formenfülle der Früchte bedingen, werden in der folgenden Übersicht berücksichtigt:

Die Bezeichnungen sind allgemein in den Beschreibungen zu den Bildtafeln angegeben.

**A. Einzelfrüchte.**

Nur 1 Fruchtknoten in der Blüte. Bei apokarpem Gynoeceum können mehrere Früchte in der Blüte gebildet werden (s.u.B: Sammelfrüchte!).

**I. Streu- oder Springfrüchte.** Öffnen sich und streuen in der Mehrzahl vorhandene Samen aus.

1. Die Balgfrucht hat 1 Fruchtblatt, das sich an der Verwachsungs- oder Bauchnaht öffnet: Rittersporn.

2. Die Hülse hat auch nur 1 Fruchtblatt, das sich an Bauch- und Rückennaht (Mittelrippe) öffnet. Die meisten Hülsenfrüchtler.

   Die Kapsel hat mindestens 2 Fruchtblätter (synkarper Fruchtknoten). Sie ist je nach dem Auftreten von Scheidewänden 1- oder mehrfächerig.

3. Spaltkapsel oder scheidewandspaltige Kapsel (septizid): Trennung entlang echter Scheidewände (Fingerhut), sowie gegebenenfalls entlang der Bauchnaht (ventrizid).

4. Rückenspaltige (lokulizide) Kapsel: Iris.

5. Scheidewandbrüchige (septifrage) Kapsel, z.B. bei Epilobium, das gleichzeitig fachspaltig ist.

6. Dentizide Kapsel, am oberen Ende mit Zähnen aufspringend: viele Nelkengewächse (Tfl. 29); Primula.

7. Porenkapsel (porizide Kapsel): 1 bis mehrere Löcher in der Fruchtwand (Antirrhinum, Mohn) bei oberständigem Fruchtknoten; bei unterständigem Fruchtknoten: Campanula.

8. Deckelkapsel: Abspringen eines Deckels bei oberständigem Fruchtknoten (Anagallis, Cuscuta, Plantago, Hyoscyamus).

9. Schote. 2 parakarp verwachsene Fruchtblätter, die sich klappig von ihren die Plazenten tragenden Rändern, dem Rahmen, ablösen, zwischen denen bei den Kreuzblütlern noch eine Scheidewand ausgespannt ist. Die Samen bleiben am Rahmen sitzen. (Die meisten Kreuzblütler).

10. Kapselartige Springfrüchte mit ± fleischiger Fruchtwand: Oxalis, Impatiens, Aesculus, Myristica; aus unterständigen Fruchtknoten: Ecballium, Cyclanthera.

**II. Schließfrüchte.**

Fruchtwand bleibt geschlossen; die Samen sind daher bei Verbreitung ganz oder teilweise von ihr umschlossen.

a) Trockene Schließfrüchte.

1. Nuß. Meistens 1samig; harte Fruchtwand; fällt am Trennungsgewebe als Ganzes ab: Corylus, Ranunculus, Fagopyrum, Ulmus, Geum, Tilia, Fraxinus, Cyperaceae. Aus unterständigem Fruchtknoten: Betulaceae, Fagaceae, Valerianaceae, Dipsacaceae.

   Nüsse, bei denen Fruchtwand und Samenschale miteinander verwachsen: Grasfrucht oder Karyopse (oberständig) und die Achäne der meisten Compositen.

2. Spaltfrüchte: Mehrsamige Schließfrüchte, die in 1-samige Teilfrüchtchen zerfallen; Fruchtblätter lösen sich bei der Reife voneinander, wie bei der septiziden Kapsel.

   Aus oberständigem Fruchtknoten: Nuphar, Tropaeolaceae, die meisten Geraniaceae, Ahorn, viele Malven, die meisten Euphorbiales.

   Aus unterständigem Fruchtknoten: Doldengewächse.

3. Bruchfrüchte: Mehrsamige Schließfrüchte, die in Fruchtblatteile zerfallen, z.B. Gliederhülse, Ornithopus sativus und Gliederschote, Raphanus raphanistrum (Abb.9E,S.19). Hierher gehören auch die Klausennüßchen der Labiaten und Boraginaceen; ihr 2blättriger und 4samiger Fruchtknoten zerfällt in 4 1samige Teilfrüchtchen (Klausen), die durch Auswölbung der Fruchtblätter entstehen (Tfl. 38).

b) Schließfrüchte mit ganz oder teilweise fleischiger Fruchtwand.

1. Steinfrucht: vereinigt die Merkmale von Beere und Nuß. Die Fruchtwand ist im äußeren Teil beerenartig fleischig, im inneren Teil verhärtet, einen oder mehrere, meist je 1 Samen bergende Steinkerne bildend. Mit 1 Steinkern: Walnuß, Olive,

Kokosnuß (mit faserigem Mesokarp), Steinobst (Kirsche); mehr als 1 Steinkern: Holunder, Weißdorn, Kaffee.

2. Beere: die ganze Fruchtwand wird fleischig, z.B. Weinbeere, Johannisbeere, Heidelbeere, Tollkirsche, Tomate, Schneebeere, Mistel, weichschalige Kulturformen von Cucurbita.

3. Panzerbeere: das Exokarp ist ± hart und umschließt ein saftiges Mesokarp. Viele Kürbisgewächse.

4. Apfelfrucht: Apfel, Birne, Quitte; die unter sich freien Fruchtblätter bilden ein pergamentartiges Gehäuse und sind außen mit dem vom Achsenkörper stammenden Fruchtfleisch verwachsen. (Tfl. 12)

**B. Sammelfrüchte (polykarpide Früchte)**

Jedes Fruchtblatt des apokarpen Gynoeceums liefert für sich ein Samengehäuse, Früchtchen genannt. Blüten dieser Art besitzen also im Fruchtzustand mehrere oder viele Früchte (polykarpide Früchte). Diese können mit ihren Fruchtwänden unmittelbar oder durch Verbindung von Achsengewebe miteinander zu einer Verbreitungseinheit verwachsen sein. Dies ist häufig bei den Ranunculaceen und Rosaceen der Fall. Beim Eisenhut besteht die Sammelfrucht aus mehreren, bei der Trollblume aus vielen kleinen Bälgen oder Balgfrüchtchen (Tfl. 3/4f). Der Hahnenfuß hat statt dessen kleine Nüsse. Bei der Erdbeere sind viele kleine Nüßchen durch die fleischige Blütenachse miteinander verbunden (Tfl. 12). Bei Brombeere und Himbeere verwandeln sich die Fruchtblätter in kleine Steinfrüchte die zu einer Sammelsteinfrucht miteinander verwachsen (Tfl. 12). Bei der Hagebutte oder Rosenfrucht nehmen die einzelnen Fruchtblätter bei der Reife wie bei der Erdbeere nußartige Beschaffenheit an, werden aber vom fleischigen Blütenbecher umschlossen.

**C. Fruchtstände.**

Sie entsprechen den Blütenständen, aus denen sie hervorgehen. Man bezeichnet sie auch als „zusammengesetzte Früchte". Die Fruchtstände der Ananas gehen aus der fleischigen Achse und den dicht stehenden Blüten mit ihren fleischigen Deckblättern hervor, die im Bereich des unterständigen Fruchtknotens miteinander verwachsen. Bei der Fruchtreife entsteht aus den verwachsenen Gebilden ein saftiges Fleisch. Die Maulbeere hat Ähnlichkeit mit Brombeere und Himbeere. Die Maulbeere entsteht aber aus einem ganzen, aus unscheinbaren Blüten bestehenden Blütenstand, nicht aus einer Einzelblüte, indem die aus den einzelnen Blüten hervorgehenden Nüsse durch die bleibenden, fleischig-saftig werdenden Perianthblätter miteinander verbunden bleiben (Tfl. 9). Bei den Feigen sind viele kleine Steinfrüchtchen eines ganzen Blütenstandes in die Höhlung eines fleischigen Achsenkörpers („Fruchtfleisch") eingesenkt (Tfl. 9/3a).

## Erklärung von Zeichen und Abkürzungen

| | | |
|---|---|---|
| ± | = | mehr oder weniger |
| ∞ | = | zahlreich |
| → | = | Entwicklungsrichtung |
| ↓ | = | zweiseitige Symmetrie |
| * | = | strahlige oder radiäre Symmetrie |
| ♂ | = | männlich |
| ♀ | = | weiblich |
| ☿ | = | zwittrig |
| ♂♀ | = | einhäusig monözisch, d.h. auf einem Individuum, z.B. Hasel |
| ♂/♀ | = | getrenntgeschlechtig = zweihäusig = diözisch, d.h. auf verschiedenen Pflanzen |
| $A3^0$ | = | 3 Staubblätter (Antheren) ausgefallen |
| A5∞ | = | 5 Staubblätter sekundär vermehrt z.B. Malven |
| C(5) | = | 5 Kronblätter (Corolle) verwachsen |
| [**C**(5) A4] | = | 4 Staubblätter mit Krone verwachsen |
| $\underline{G}$ | = | oberständiger Fruchtknoten (Gynoeceum) |
| $\overline{\underline{G}}$ | = | mittelständiger Fruchtknoten |
| $\overline{G}$ | = | unterständiger Fruchtknoten |
| Ba | = | Blütenachse, punktiert! |
| Bb | = | oberer Teil der Blütenachse, becherförmig vertieft; punktiert! |

## I. Klasse Magnoliatae (= Dicotyledoneae) Zweikeimblättrige Decksamer

Blüten: Vorwiegend 5- oder (seltener 4)zählige Wirtel von Kelch und Krone: K5 C5 A5+5 G5 oder K4 C4 A4+4 G4; aber auch Blüten mit 2- oder 3zähligen Wirteln, mit verminderter Wirtelzahl oder mit schraubiger Stellung.

## 1. Unterklasse Magnoliidae (= Polycarpicae)

Große systematische Bedeutung durch viele ursprüngliche Merkmale und große Mannigfaltigkeit, die von ursprünglicheren zu abgeleiteten Gruppen führt,als Anschluß der übrigen Angiospermen. Sie bilden einen gewissen Unterbau der Ein- und Zweikeimblättrigen. Wichtigste Kennzeichen: Freiblättriges (chorikarpes) Gynoeceum, deshalb Polycarpicae; häufig schraubige (azyklische) Stellung und oft große und unbestimmte Zahl (Polymerie) der Blütenglieder. Häufig primäre Polyandrie (Tfl. 2 Fig. 1 u. 2), Blütenhülle oder Perianth meist groß und häufig noch nicht in Kelch und Krone gegliedert. Vorwiegend zwittrige Blüten, bisweilen auch schon eingeschlechtig (**Lorbeer**). Blütenboden oft noch erhaben und gestreckt und mit zahlreichen Blütengebilden schraubig besetzt (**Magnolie**). Häufig schon Verminderung der Zahl (Oligomerisation) der Perigon-, Frucht- und zuletzt auch der Staubblätter, was schließlich zur Wirtelbildung führt, wobei häufig 3- und 2-Zähligkeit herrscht. Nicht selten Übergänge sowohl vom einfachen als auch von dem in Kelch und Krone gegliederten Perianth einerseits zu den Hoch-, andererseits zu den Staubblättern. Bei den einzelnen Organen treten bereits Verwachsungen auf oder die Blütenhülle fällt ganz aus *(Piperales)*. Staubblätter vielfach noch nicht in Filament und Anthere gegliedert. Fruchtblätter meist noch mehrsamig und Griffel bisweilen noch fehlend *(Winteraceae)*. Samenanlagen mit 2 Integumenten. Außen Pollenblumen mit Käferbestäubung, häufig auch schon Nektarblumen mit verschiedenster Bestäubung und selten sogar Windblütler. Einblättrige Früchte, z.B. Balgfrüchte herrschen vor. Embryo vielfach noch klein, da reichlich Endosperm.

## Ordnung Magnoliales Tfl. 1

### Blütenbau der *Magnoliales*

Blüten schraubig; teils schraubig, teils wirtelig; oder wirtelig; Blütenhülle einfach (Perigon), oder doppelt, gleichartig (Perigon) in Kelch und Krone gegliedert; selten ohne Blütenhülle, nackt; fast stets ✱, zwittrig ♀ oder ♂♀ mit oberständigem bis mittelständigem oder unterständigem Fruchtknoten. Blütenhüllblätter ∞ -0, vorwiegend frei. Staubblätter häufig ∞, meist frei, bisweilen breit und flach, oft flächenständige Pollensäcke und noch nicht in Staubfaden, Anthere und Konnektiv gegliedert; häufig Staminodien. Fruchtblätter ∞ - 1, frei, seltener vereinigt, meist unvollkommen verwachsen oder durch Blütenachse verbunden, bei ursprünglichsten Formen *(Winteraceae, Degeneriaceae)* schlauchförmig, oder am Rande nicht vollständig geschlossen. Samenanlagen ∞ - 1, meist umgewendet, mitunter flächenständig, mit 2 Integumenten. Sammelfrucht, seltener vielfächeriger Fruchtknoten oder meist 1fächerige Kapsel- oder Schließfrucht. Nährgewebe z.T. zerklüftet, selten fehlend. Embryo häufig klein.

Die *Magnoliales* werden fast allgemein für die ursprünglichsten aller heute lebenden Decksamer angesehen. Charakteristisch ist, daß die Merkmale in Form wie in Zahl noch nicht festgelegt sind, ebenso das Vorkommen primitiver und abgeleiteter Merkmale. Nahe Verwandtschaft wohl zu den *Ranunculales, Piperales* und *Aristolochiales*. Mit den beiden letzteren zur Überordnung *Magnolianae* zusammengefaßt.

Besonders zu erwähnen sind Familien der *Magnoliales*, nämlich die *Winteraceae* und die *Degeneriaceae*, da sie viele ursprüngliche Merkmale aufweisen. Die auf der Südhalbkugel verbreiteten tracheenlosen *Winteraceae* besitzen primitive Staub- und Fruchtblätter. Abb. 10 zeigt die noch wenig differenzierten schlauchförmigen Fruchtblätter von Pseudowintera. A - C veranschaulicht die Entstehung der Fruchtblätter. Oben 3 aufeinanderfolgende Stadien eines Fruchtblattes in Gesamtansicht und darunter die dazugehörigen Längsschnitte. Die Fruchtblätter haben eine sehr ausgeprägte Schlauchzone und eine fast kreisförmige Bauchnaht. Die Längsschnitte zeigen die lateralen Plazenten unter dem Ventralspalt. Lateral, d.h. die Samenanlagen sitzen neben dem Scheitel des Fruchtknotens. Die Staubblätter der ursprünglichsten Decksamer (D in Abb. 10) sind kaum gegliedert und tragen die Antheren (Pollensäcke) ± apikal, d.h. diese sitzen an der Scheitelregion. D zeigt ein Staubblatt in Vorder-, Seiten- und Schrägansicht. Bei primitiven Fruchtblättern ist die Narbenzone auf die papillösen Ränder der Bauchnaht beschränkt.

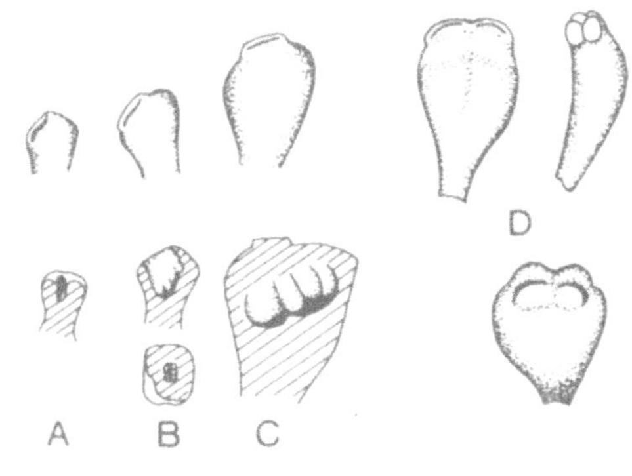


Abb. 10 Ursprüngliche, wenig differenzierte, schlauch- bzw. schildförmige Frucht- und Staubblätter der ***Winteraceae*** (Pseudowintera). A-C Ontogenie der Fruchtblätter mit lateralen Plazenten unter dem Ventralspalt (Gesamtansichten und Längsschnitte). D Ausgewachsene Staubblätter mit apikalen Pollensäcken in Vorder-, Seiten- und Schrägansicht (10X). (Nach Sampson in Straßburger, Lehrbuch der Botanik 1971). Die Familie der ***Winteraceae*** hat noch schlauchförmige Fruchtblätter und schildförmige Staubblätter.

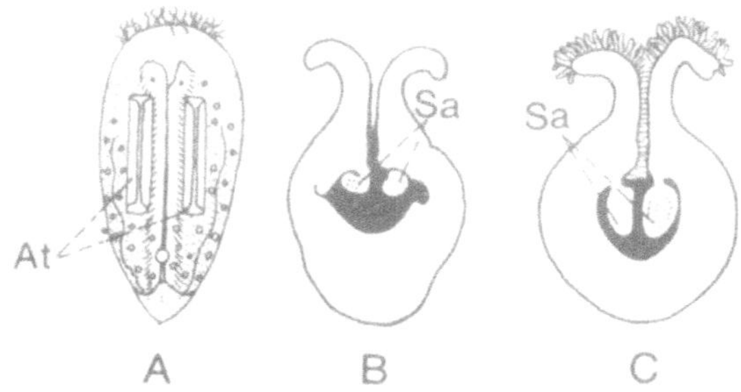


Abb. 11 zeigt die Staub- und Fruchtblattbildung bei den *Degeneriaceae*. Die auf den Fidschi-Inseln entdeckte Gattung ***Degeneria*** hat noch ungegliederte Staubblätter (A) sowie 1 Fruchtblatt, das nach oben gefaltet ist, aber lange Zeit sich nicht schließt und auf seiner Fläche in Randnähe Samenanlagen Sa trägt. Narbenpapillen kommen erst allmählich hinzu (C). At Anthere, Sa Samenanlage.

**Familie Magnoliengewächse, Magnoliaceae 1-1g**

**Blütenbauplan der Magnoliengewächse.**

Große Blüten. Schraubige Stellung der Staub- und zahlreichen Fruchtblätter an langgestreckter Achse. Perianth teils einfach, teils doppelt, kann schraubig oder in 3zähligen Wirteln stehen. Die freien Fruchtblätter werden zu trockenen, aufspringenden Früchtchen oder zu Schließfrüchtchen. Blüten groß, meist einzeln, endständig, im Knospenzustand von tütenförmigem Hochblatt Spatha (Spa) umgeben; stark verlängerte Blütenachse (1c). Blütenhülle Bh von 3 trimeren Wirteln gebildet (1) oder spiralig, durchaus kronblattartig, oder der äußere Kreis kelchartig und zwar bei den meisten Magnolia-Arten, z.B. *Liriodendron*. Staubblätter St viele (1a). Fruchtblätter Fb meist spiralig, oberständig, frei, d.h. nicht untereinander verwachsen (1b, 1c, 1d). Sammelfrucht (1d) ähnelt Kiefernzapfen. Balgfrüchtchen, die sich am Rücken öffnen. Äußere Schicht der Samenschale Ss fleischig, innere iSs holzig (1e). Blütenformel: *P 3+3+3 A $\infty$ G $\infty$. – **Tulpenbaum,** *Liriodendron,* mit großen, tulpenähnlichen, gelbgrünen Blüten. Heimat N.Am. – 10 Gattungen mit etwa 215 Arten.

**Fam. Lorbeergewächse, Lauraceae 2-2g**

**Edler Lorbeerbaum,** *Lauris nobilis.* Blüten klein, grünlich oder weißlich, strahlig, ± perigyn, Blütenstandsachse teller- bis krugförmig (2d, 2f). Blüten meist ♀, seltener durch Abort ♂♀ (monoecisch); Perigon 2+2 zählig. ♂ Blüten mit 8-14 Staubblättern. ♀ Blüten meist mit 4 Staminodien (2c, 2d); in ♂ Blüten steriles Ovar z.Teil fehlend. Androeceum in ♀ Blüten stets steril. Blüten der übrigen *Lauraceen* meist 3zählig (selten 2zählig wie *Laurus nobilis)* durch alle (meist 6-7) Kreise; nämlich meist P 3+3 A 3+3+3+3, G 3. 3-4 Kreise im Androeceum und 3 Fruchtblätter zum Fruchtknoten verwachsen. Jedes der 2 oder 4 Staubbeutelfächer öffnet sich mit aufwärts gerichteter Klappe (2e,2f). Staubblätter von 1-3 Kreisen meist rudimentär und unfruchtbar. Fruchtknoten oberständig oder ± in die ausgehöhlte Achse versenkt (2d, 2f), 1fächerige Frucht (2g) eine Beere oder Steinfrucht, teilweise oder vollständig von der vergrößerten, fleischigen oder holzigen, napfförmigen Blütenachse umhüllt. – 31 Gattungen mit etwa 2250 Arten.

**Fam.Muskatnußgewächse, Myristicaceae 3-3f**

Blüten strahlig, dioecisch, 3zählig mit einfachem Perianth (3, 3b, 3c).Filamente der Staubblätter zu Röhre verwachsen (3a). 1 Fruchtblatt mit 1 Samenanlage (3b, 3c). Frucht eine gefärbte, fleischige, an Bauch- und Rückennaht aufspringende Kapsel, mit 1 großen Samen, der einen großen, roten, fleischigen, unregelmäßig geschlitzten Samenmantel (Arillus) hat, die sogen.Muskatblüte (3d, 3e). „Muskatnuß" ist der Same mit dem inneren, dünnhäutigen Teil der Samenschale (3f), der das Endosperm unregelmäßig durchdringt, so daß dieses marmoriert erscheint; äußerer harter Teil der Samenschale ist bei der „Muskatnuß" entfernt.

**Tafel 1.** 1 Großblumige Magnolie, Magnolia grandiflora, Blütengrundriß. 1a M.denudata (precia), Blüte längs. 1b Magnolia: langgestreckte Blütenachse mit zahlreichen, schraubig angeordneten und freien Perigon-, Staub- und Fruchtblättern (vorne z.T. entfernt). 1c Sternblütige Magnolie, M.stellata, längs. 1d Virginische Magnolie, M.virginiana, Sammelfrucht mit Samen. 1e Gurken-Magnolie, M.acuminata, Same längs. 1f M.stellata, einzelnes Fruchtblatt quer. 1g M.nitida, blattartiges Staubblatt mit introrsen Pollensäcken. – 2 Edler Lorbeerbaum, Laurus nobilis, Grundriß einer ♂ Blüte. 2a ♂ Blüte. 2b ♂ Blüte längs. 2c ♀ Blüte. 2d ♀ Blüte längs. 2e Staubblatt. 2f Ceylon-Zimtbaum, Cinnamomum zeylanicum, Blüte längs. 2g L.nobilis, Frucht längs. – 3 Muskatnußbaum, Myristica fragrans, ♂ Blüte geöffnet. 3a Staminalsäule mit Antheren, quer. 3b ♀ Blüte geöffnet. 3c ♀ Blüte längs. 3d Aufgesprungene Frucht, Same mit zerschlitztem Arillus sichtbar. 3e Same mit Samenmantel oder Arillus al. 3f Same mit Arillus längs. al Arillus. Ba Blütenachse. Bh Blütenhülle. Co Kotyledonen. E Embryo. En Endosperm. Fb Fruchtblatt. Fr Fruchtknoten. Nu Nucellus. P Perigon. rFr reduzierter Fruchtknoten. S Samen. Sa Samenanlage. Sd Staminodium. Spa Spatha. Ss Samenschale. St Staubblatt.

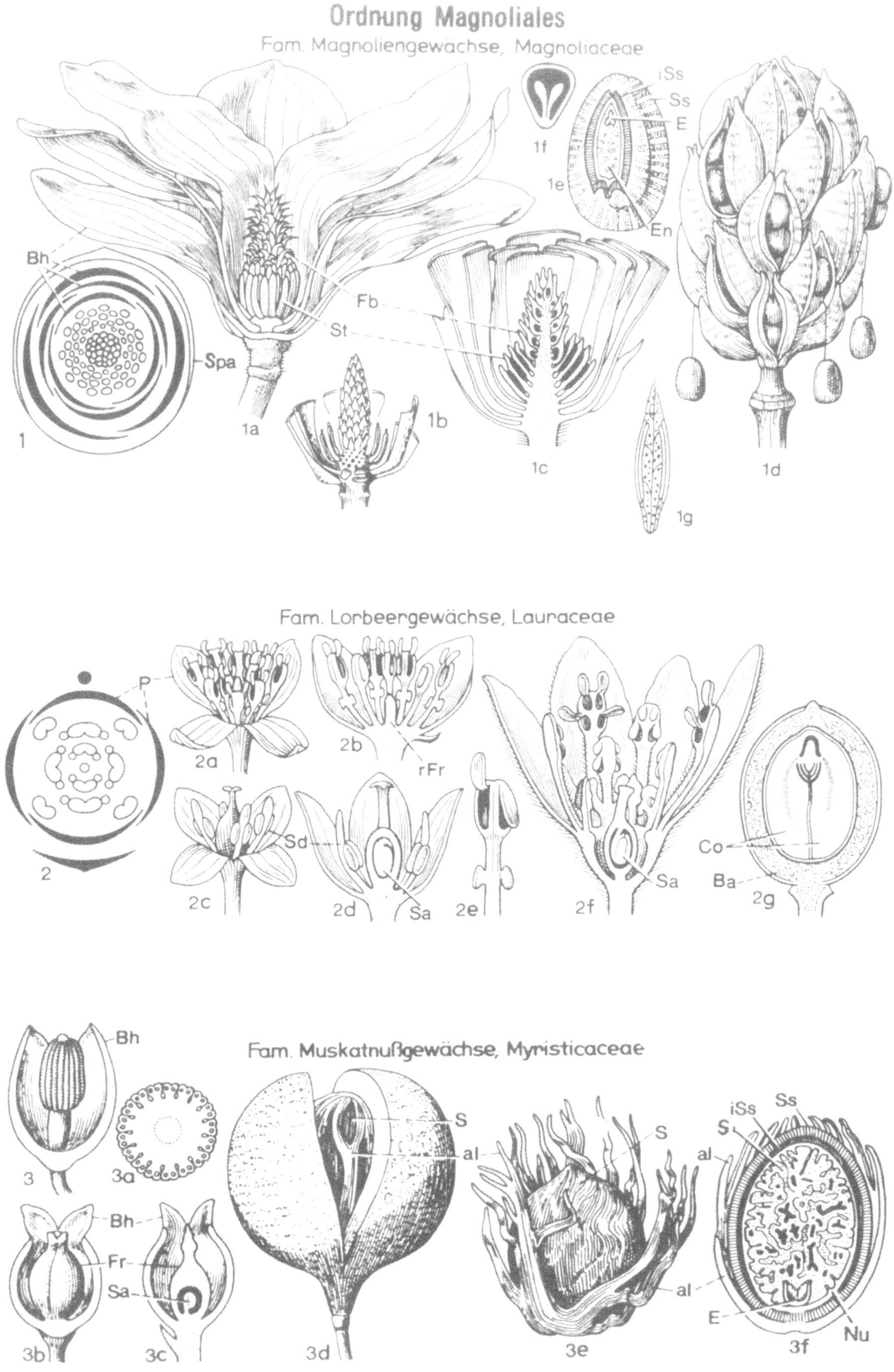
Ordnung Magnoliales
Fam. Magnoliengewächse, Magnoliaceae
iSs
Ss
E
En
1f
1e
Bh
Fb
St
Spa
1
1a
1b
1c
1d
1g
Fam. Lorbeergewächse, Lauraceae
P
2
2a
2b
rFr
2c
Sd
2d
Sa
2e
2f
Sa
Co
Ba
2g
Fam. Muskatnußgewächse, Myristicaceae
Bh
3
3a
Bh
Fr
Sa
3b
3c
S
al
3d
S
al
al
3e
iSs
Ss
S
al
al
E
Nu
3f

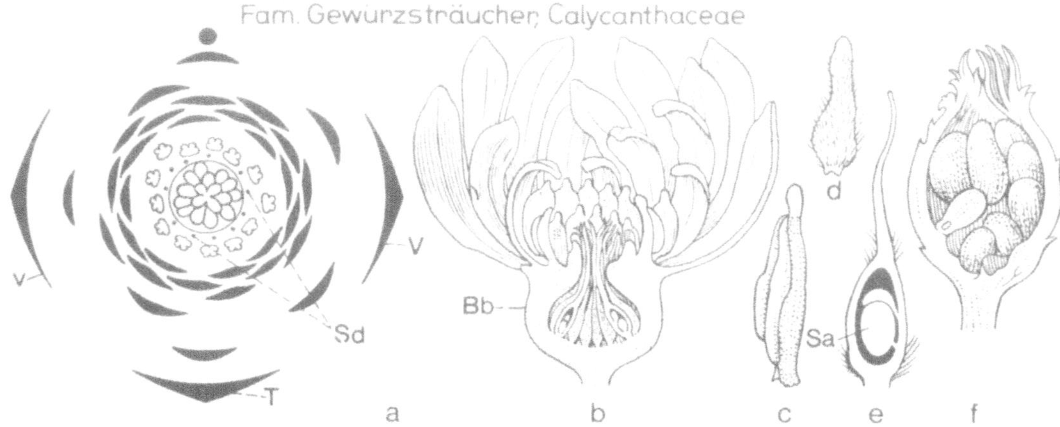


Abb. 12. Wohlriechender Gewürzstrauch, Calycanthus floridus a Blütengrundriß. b Blüte längs. c Staubblatt seitlich. d Staminodium. e Fruchtblatt längs. f C.occidentalis, Sammelfrucht längs. Bb Blütenbecher. Sa Samenanlage. Sd Staminodium. T Trag- o. Deckblatt. V u. v Vorblätter.

**Fam. Gewürzsträucher, Calycanthaceae** Abb. 12 a-f

Systematische Stellung umstritten; nach Engler Syllabus (1964) dürften nähere Beziehungen zu den Magnoliaceae und Rosaceae „kaum bestehen"; nach Schmeil-Seybold ist der Gewürzstrauch „für die Aufstellung verwandtschaftlicher Beziehungen wichtig, da er eine hohle Blütenachse ausbildet und zu den Rosengewächsen, die dieses Merkmal besitzen, überleitet." Blüten durchweg spiralig, einzeln, meist wohlriechend; von 1 Paar laubiger Vorblätter V eingeleitet. Blütenhüllblätter zahlreich; die inneren bilden nicht selten Übergänge von Staub- zu Perianthblättern; die äußersten etwas abgerückt und dann und wann von mehr kelchartiger Beschaffenheit; doch stets ohne scharfe Grenze. Fruchtblätter im Innern der becherförmigen Blütenachse Bb eingeschlossen (b), mit je 2 Samenanlagen (e). 1samige Schließfrüchte. Sammelfrucht (f) hat Ähnlichkeit mit Hagebutte. – Heimat N.Am. und Japan. Die Familie umfaßt 6 Arten.
– **Erdbeergewürzstrauch,** *Calycanthus florida,* beliebter Zierstrauch. 1-2 m hoch. Blüten wohlriechend, 4-5 cm im Durchmesser. Blütenhüllblätter braunrot, zeigen Übergänge zu den Staubblättern (b), von denen die inneren steril sind (Staminodien) (d). Die napfförmige Vertiefung der Blütenachse Bb (b) ist das einzige abgeleitete Merkmal im Bau der Blüte. Fast alle Merkmale primitiv: spiralige Stellung (a), hohe Gliederzahl, die nicht konstant ist. Käferbestäubung. Blütenformel: $*P\ \infty\ A\ \infty\ G\ \overline{\underline{\infty}}$.

## Ordnung Aristolochiales

**Fam.Osterluzeigewächse, Aristolochiaceae**

Die *Aristolochiaceae* haben schon die verschiedensten Stellungen im System eingenommen. Wahrscheinlich stellen sie eine stark abgeleitete Gruppe dar. Hierfür spricht schon ihre Lebensweise mit weitgehenden biologischen Anpassungen, ferner die fast stets vorhandene Epigynie und die eigenartige Ausbildung des Androeceums und eines Gynostemiums.
Zu dieser Familie gehören folgende Arten: **Europäische Haselwurz,** *Asarum europaeum;* **Gemeine Osterluzei,** *Aristolochia clematitis;* **Tabak-Pfeifenstrauch,** *Aristolochia sipho.*

## Honigblätter

a) bei Seerosengewächsen siehe Tfl. 2/2c und Text!
b) bei Hahnenfußgewächsen Abb. 13 und Tfl. 3 u. 4 mit Text!

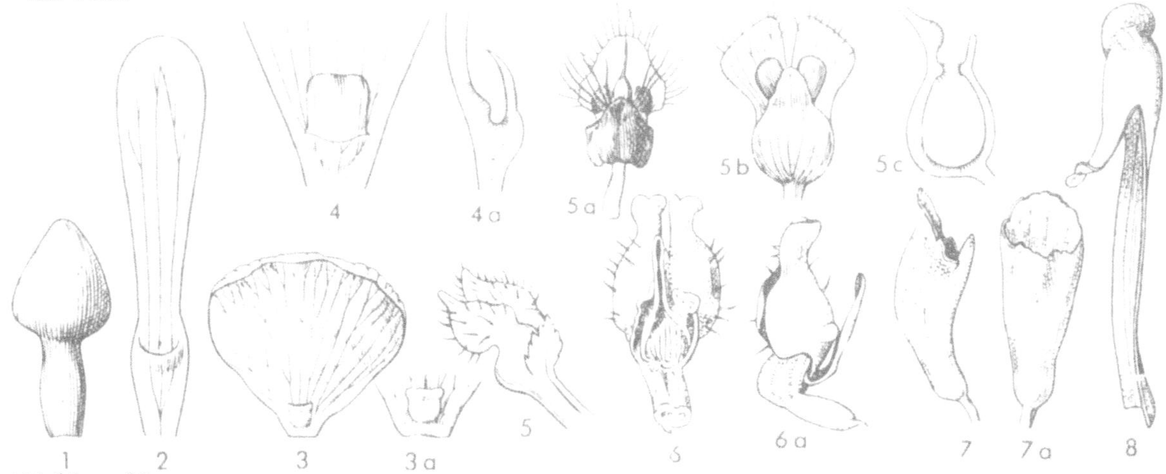


Abbildung 13

1 Gemeine Kuhschelle, Anemone pulsatilla. 2 Trollblume, Trollius europaeus. 3 Brennender Hahnenfuß, Ranunculus flammula. 3a Honigtasche. 4 Scharfer Hahnenfuß, R.acer. 4a Kronblatt längs. 5 Jungfer im Grünen, Schwarzkümmel, Nigella damascena. 5a Acker-Schwarzkümmel, N.arvensis. 5b N.damascena. 5c im Längsschnitt. 6 und 6a N.arvensis. 7 und 7a Helleborus. 8 Eisenhut, Aconitum.

## Die Honigblätter der Hahnenfußgewächse

Honigblätter sind Blattorgane der Blüten, die bald mehr Staubblättern gleichen und bald den Kronblättern nahestehen. Ihr häufiges Auftreten ist für die Familie der Hahnenfußgewächse charakteristisch, und zwar treten hier die Honigblätter in sehr mannigfaltiger und z.T. in recht komplizierter Gestalt auf. Staminodien sind rudimentäre Staubblätter. Bisweilen übernehmen sie die Funktion von Nektarien, wobei sie oft petaloide Gestalt annehmen. Tfl. 2 bringt als Beispiel die **Gelbe Teichrose,** *Nuphar luteum.* Das Perianth Pt ist hier einfach: nur 5 Hüllblätter, die einwärts geneigt sind, sehr derb sind und bis zur Fruchtreife bleiben. Innerhalb von ihnen bilden meist 13 ähnliche Blattgebilde einen Zyklus. Früher faßte man diese als Krone auf und bezeichnete die Hülle, das Perianth Pt als Kelch. In Wirklichkeit handelt es sich bei Tfl. 2/2–2e nicht um Kronblätter, sondern um Honigblätter, und zwar um solche von petaloider Gestalt. Sie scheiden den Nektar außen ab. Dieser sammelt sich am Grunde zwischen Perianth und Honigblattzyklus. Bei dem **Schwarzkümmel,** *Nigella damascena,* ist das Honigblatt deutlich in Stiel und Spreite gegliedert (Abb. 13/5-6a). Die Spreite ist an ihrer Basis krugartig erweitert. Diese Erweiterung, die von einer gelenkartig ansitzenden Schuppe überdacht wird, birgt die Nektardrüse. Bei der **Akelei,** *Aquilegia vulgaris,* stellt das Honigblatt einen Sporn dar (Tfl. 3/2-2b), in dessen Grunde der Nektar abgeschieden wird. Die die Honigdrüse bergende Aussackung hat sich hier so mächtig erweitert, daß Stiel und Schuppe bis zur Unkenntlichkeit reduziert sind. In den beschriebenen Fällen folgt also die Ausbildung der Honigblätter, so verschieden diese auch sind, demselben Typus. Typisch ist die Gliederung in einen stielartigen Basalteil und einen spreitenähnlichen Endteil, der an seinem Grunde die von einer Schuppe überdachte Nektardrüse trägt. Die **Eisenhut-** (Abb. 13/8) und **Ritterspornarten** (Tfl.3) sind durch die Spornung der Honigblätter und die Dorsiventralität der Blüte ausgezeichnet.

Die Dorsiventralität äußert sich bei ihnen darin, daß nur die der geförderten Seite angehörenden Glieder Nektar erzeugen. Die übrigen Honigblätter sind nektarsteril oder gar rudimentär. Bei den nektarfertilen Honigblättern besteht eine unverkennbare Ähnlichkeit mit den Honigblättern von *Nigella* (Abb. 13/5-6a). Sie sind wie diese in Stiel und Spreite gegliedert, nur ist diese hier in einen Sporn umgebildet (Tfl.3/4b, 5c), der in seinem sackartig erweiterten Endabschnitt die Honigdrüse trägt. Die beiden nektarfertilen Honigblätter können in verschiedenem Grade miteinander verwachsen sein. Beim **Hahnenfuß,** z.B. bei *Ranunculus acer,* haben die Honigblätter eine ausgesprochene petaloide Beschaffenheit (Abb. 13/3, 4). Was sie von einem Kronblatt unterscheidet, ist eine kleine Schuppe am Grunde des Blattes (3a). In dem Winkel, den die Schuppe mit der Blattfläche bildet, liegt die Honigdrüse.

*Zusammenfassung.* Trotz aller Unterschiede weisen die Honigblätter der verschiedenen *Ranunculaceen*-Arten gemeinsame Züge auf. Typisch ist für alle, daß der untere Abschnitt schmäler und stielartig, der obere dagegen spreitenartig gestaltet ist und am Grunde eine von einer Schuppe überdachte Honigdrüse trägt. Diese Einheitlichkeit im Bau ermöglicht es, die verschiedenen Honigblattformen theoretisch ineinander überzuführen. Dies gelingt, wenn wir auf ihre Gestaltung das von W.Troll genannte „Prinzip der variablen Proportionen“ anwenden. Goethe hat diesen Befund in folgende Worte gefaßt: „Aus der Konsequenz der Organisation und aus der Möglichkeit, daß ein Teil eine andere Proportion annehmen kann, entsteht die Mannigfaltigkeit der Gestalt.“ Die gestaltliche Verschiedenheit typisch ähnlicher Organismen bzw. einzelner Organe beruht auf Unterschieden im Größenverhältnis ihrer Glieder.

## Ordnung Nymphaeales Tfl. 2

**Familie Seerosengewächse, Nymphaeaceae Tfl.2/1-3**

**Blütenbauplan der Seerosengewächse,** Nymphaeaceae. Große, einzelstehende Blüten. Meist doppelte Blütenhülle (Perianth), deren Glieder sowohl in 3zähligen Wirteln, z.B.*Cabomba* (3), als auch schraubig stehen können, wie z.B. bei der **Gelben Teichrose** *Nuphar luteum*. Bei der **Weißen Seerose** *Nymphaea alba* kann man die Blumenkrone von den schraubig angeordneten Staubblättern durch allmählichen Übergang ableiten; die primäre Blütenhülle (Perianth) stellt hier den grünen, scharf abgesetzten *Kelch* dar. Bei der **Gelben Teichrose** aber ist die Blütenhülle leuchtend gelb und die Krone nur durch unscheinbare Honigblätter vertreten. Während *Cabomba* freie Fruchtblätter besitzt, werden diese bei *Nuphar, Nymphaea* und *Victoria* von Gewebe der Blütenachse umwachsen, das sich beim Reifen der Früchte wieder von den Fruchtblättern ablöst. Man spricht deshalb von „falscher Coenokarpie". Kennzeichnend ist die laminale Plazentation (1, 1c, 2f). Narbe sitzend, strahlig; soviel Strahlen wie Fruchtblätter. Frucht (1d) beeren- oder kapselartig, vielsamig. Samen mit Nährgewebe, aus Endo- und Perisperm bestehend (1e, 2g). Würzelchen am Keimling sehr klein (1f); 2 große Keimblätter Co, zwischen denen das Stämmchen entspringt (1e, 1f, 2g). Frucht der Seerose außen mit Narben der Kron- und Staubblätter in Spiralen (1d). 8 Gattungen mit etwa 80 Arten.

**Weiße Seerose,** *Nymphaea alba* 1 - 1f. Das primäre Perianth bilden die 4 Kelchblätter K, außen grün und innen weiß (1, 1a). Die Blumenkrone C kann man von den zahlreichen, schraubig stehenden Staubblättern ableiten (1b): zunehmende Verkleinerung der Antheren und Verbreiterung des Filaments bis zu den weißen Kronblättern (C in 1). Blüten ± epigyn, die 4 Kelchblätter stehen u n t e r dem Fruchtknoten 1a. Kron- und Staubblätter sitzen in verschiedener Höhe auf dem Fruchtknoten (1a). F r u c h t b l ä t t e r (Fb) 3–viele, untereinander f r e i, wie zu einem Fruchtknoten vereinigt, da der Blütenachse ± angewachsen (1c), aber Spalten (SP in 1c) zwischen sich lassend. Viele Samen auf den Flächen der Scheidewände sitzend wie bei Papaver (1a, 1c). Narbe (N) sitzend, strahlig (1a, 1d); Zahl der Strahlen entspricht der der F r u c h t b l ä t t e r. Frucht (1d) beeren- oder kapselartiges, vielsamiges Synkarpium. Samen (1e) wie bei *Nuphar* (2g) mit Nährgewebe, aus Endosperm En und Perisperm Pp bestehend. Würzelchen am Keimling fast gar nicht entwickelt (1e, 1f); 2 große Keimblätter, aus deren Mitte das Stämmchen entspringt. – **Gelbe Teichrose,** *Nuphar luteum* (2 - 2g). 5 derbe, einwärts gebogene, bleibende, gelbe Hüll- oder Perianthblätter Pt (2a-2c); nach innen zu statt der Blumenkrone folgt ein meist aus 13 gelben Honigblättern Ho (2, 2a, 2b, 2c) bestehender Kreis, dessen Glieder den Hüllblättern zwar ähnlich, aber viel kleiner sind und am Grunde auf der Außenseite eine Honigdrüse haben. Diese H o n i g b l ä t t e r sind S t a m i n o d i e n, denn sie tragen häufig auf ihrer Innenseite in Form flacher D o p p e l s c h w i e l e n Sch noch Andeutungen der rückgebildeten Staubsäckchen (2d, E), deren Lage dem introrsen Bau der Staubblätter mit relativ breitem Mittelband entspricht. Staubblätter St (2a) zahlreich, unterhalb des Fruchtknotens entspringend (2b). Fruchtknoten Fr (2b) und Frucht flaschenförmig, 10-16fächerig (2e, 2f); Narbe N schildförmig, 10-16strahlig (2a). Frucht unregelmäßig aufspringend; Samen zahlreich, ohne Anhängsel. Keimling E ohne Würzelchen (2g). Während bei Nymphaea, Nuphar und Victoria die apokarp angelegten Fruchtknoten von Gewebe der Blütenachse umwachsen und scheinbar synkarp werden (2e), bleiben bei der **Lotosblume** *Nelumbo* und bei der monokotylenähnlichen Blüte der Nymphaeacee *Cabomba aquatica* die Fruchtknoten Fr frei oder apokarp (3). Bei *Cabomba* (3) ist die Blüte 3zählig; Blütenformel: P 3 + 3 A 3 + 3 G 3. Blütenachse kurz; Fruchtblätter frei, oberständig; Sammelfrucht aus 1 bis mehreren, freien, 1-3samigen Nüßchen.

Bei der Fam. *Nelumbonaceae* (4 u.4a), mit ihren auf langen Stielen sich hoch über das Wasser erhebenden Blattspreiten sind die großen Blüten hypogyn mit 4 - 5 Kelchblättern, vielen Kron- und Staubblättern und Sammelfrüchten (4); die Blütenachse Ba ist oberhalb der Staubblätter (4) zu einem umgekehrt kegelförmigen Körper verlängert, auf dessen Spitze die zahlreichen, frei angelegten Karpelle lose eingesenkt sind und sich zu Nüssen entwickeln; jedes Fruchtblatt trägt 1 laminal-mediane Samenanlage (4a). Perisperm und Endosperm fehlen.

**Fam.Hornkrautgewächse, Ceratophyllaceae 5 - 5g**

Blüten 1geschlechtig und unscheinbar. ♂ und ♀ Blüten stehen in verschiedenen Blattwirteln durcheinander. ♂ Blüten (5a) mit meist 12, oben 3zackigen Blütenhüllblättern und mit 10-16 gedrängt stehenden Staubblättern (5b). ♀ Blüten (5c) mit 9-10 Blütenhüllblättern und 1 oberständigen Fruchtknoten, der nur aus 1 Fruchtblatt (5d) besteht. Griffel sehr lang, pfriemlich, mit rinnenförmiger, klebriger Unterseite als Narbe. 1 einzige hängende Samenanlage an der Bauchnaht des Fruchtblattes (5d). Frucht eine 4-5 mm große Nuß, oft mit Stacheln (5e). Embryo groß, mit weit entwickelter Plumula Pl (5g). Pollenübertragung sowie Verbreitung der Früchte durchs Wasser. – Die *Hornblattgewächse* werden von den *Seerosengewächsen* abgeleitet.

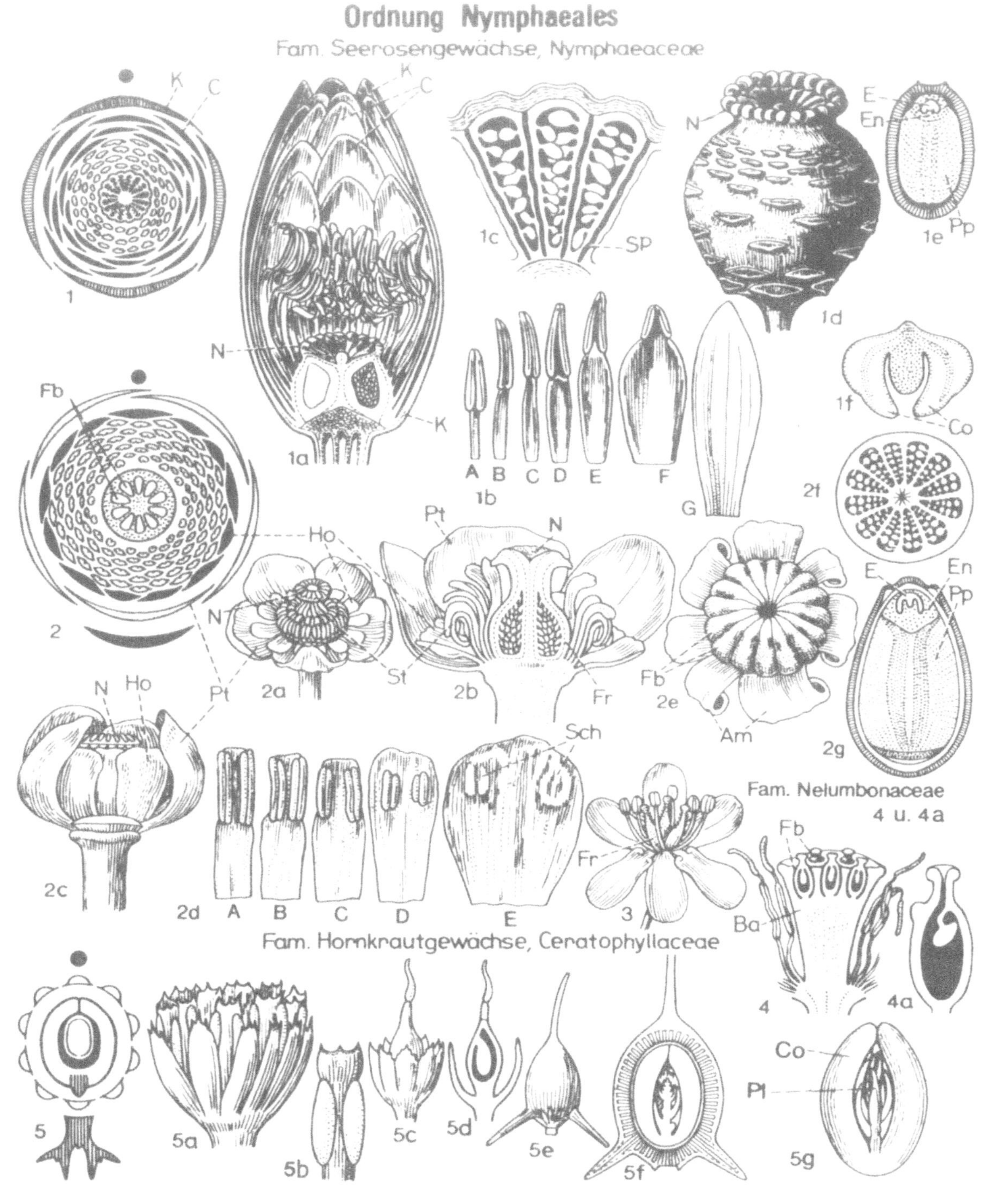


**Tafel 2** 1 Weiße Seerose, Nymphaea alba, Blütengrundriß. 1a Blüte längs. 1b Übergangsformen zwischen Staub- und Kronblättern. 1c Riesenseerose, N.gigantea, Teil des Gynoeceums quer; Spalten zwischen den einzelnen Fruchtblättern. 1d N.alba, Frucht. 1e Same längs. 1f Victoria regia, Keimling längs. – 2 Gelbe Teichrose, Nuphar luteum, Blütengrundriß. 2a Blüte, 2b Blüte längs. 2c Blüte, 1 Perianthblatt entfernt, in der Lücke Honigblätter zeigend. 2d Übergangsformen zwischen Staub- und Honigblättern; E Honigblatt mit 2 Schwielen, die den rudimentären Theken entsprechen. 2e Apokarpe Fruchtblätter, Achsenmantel Am zurückgeschlagen. 2f Frucht quer, 2g Same längs. – 3 Cabomba aquatica, Blüte. – 4 Nelumbo lutea, Gynoeceum und Blütenachse längs, außen einige Staminodien. 4a Indische Seerose o. Lotosblume, Nelumbo nucifera, Fruchtblatt längs. – 5 Gemeines Hornblatt, Ceratophyllum demersum, Blütengrundriß, unten das Tragblatt. 5a ♂ Blüte. 5b Staubblatt. 5c ♀ Blüte. 5d ♀ Blüte längs. 5e Frucht. 5f Frucht längs. 5g Embryo mit den großen Keimblättern und der stark entwickelten Plumula Pl.

Am Achsenmantel. Ba Blütenachse. C Kronblätter. E Embryo. En Endosperm. Fb Fruchtblätter. Fr Fruchtknoten. Gy Gynoeceum. Ho Honigblatt. N Narbe. Ne Nektarium. Pl Plumula (Sproß). Pp Perisperm. Pt Perianthblatt. S Same. Sa Samenanlage. Sch Schwiele. Sd Staminodium. SP Spalten zwischen den Fruchtblättern. St Staubblatt.

## Ordnung Ranunculales Tfl. 3

Diese Ordnung weist im Blütenbau noch die wichtigsten ursprünglichen Merkmale der Magnoliales auf. Große Verschiedenheiten erschweren die Aufstellung eines Bauplans.

Fam.**Hahnenfußgewächse**, *Ranunculaceae*. Tfl. 3 u. 4 Blütengestalt sehr verschieden; meist zwittrig, strahlig. Bei **Eisenhut** und **Rittersporn** dorsiventral. Blütenhülle (Perianth) meist einfach, oft blumenblattartig, 4-5- oder mehrblättrig. Einfaches Perigon bei **Sumpfdotterblume, Buschwindröschen, Küchenschelle.** Kelch und Krone bei **Hahnenfuß** *(Ranunculus)* und **Adonis.** Die Perianthblätter können durch Übergänge mit den Laub- und Hochblättern verbunden sein, z.B. **Trollblume** und **Nieswurz**, oder es bestehen Übergänge zu den Staubblättern (manchmal beim Leberblümchen). Zwischen den Hüll- und Staubblättern stehen oft Honigblätter Ho mit offener oder verdeckter Honiggrube (siehe Abschn. Honigblätter S. 27). **Buschwindröschen, Küchenschelle** und **Leberblümchen** (Tfl. 4) zeigen, wie aus Laubblättern eine Blütenhülle, der Hochblattkelch HK, hervorgehen kann. Gewölbter Blütenboden trägt zahlreiche Staubblätter und freie Fruchtblätter, die entweder (Tfl. 3) mehrere Samenanlagen zu beiden Seiten der Bauchnaht b (1c, 4e, 5d) tragen und sich zu mehrsamigen Balgfrüchten entwickeln (1d, 2c, 3c, 4f, 5f), oder (Tfl. 4) eine Samenanlage (1d, 5c, 6a, 7b, 7c) an der Querzone bilden und zu 1 samigen Schließfrüchten, Nüssen (1e, 1f, 5d, 7d) sich entwickeln. Unterscheidung von Balgfrüchtigen und Nußfrüchtigen. Fruchtknoten stets oberständig (siehe Längsschnitte), 1 bis viele, jeder aus einem Fruchtblatt gebildet (Diagramme auf Tfl. 3, 4); frei, selten z.T. verwachsen *(Helleborus, Nigella).* 1 samige Schließfrüchte gelten als abgeleitet. Häufig zunächst noch mehrere Samenanlagen vorhanden, von denen aber nur eine sich weiterentwickelt (Tfl. 4 1d, 7b, 7c). Nüsse oft behaart und verlängerte Griffel wie bei *Clematis* und **Küchenschelle** (Tfl. 4/7d) oder hakige Auswüchse wie bei *Ranunculus arvensis* (5d), bisweilen häutige Flügel oder Schwimmgewebe *(Ranunculus sceleratus)* zwecks Verbreitung durch Tiere, Wind oder Wasser. Selten Beeren wie beim **Christophskraut,** *Actaea.* Samen mit kleinem Embryo und reichlichem, ölhaltigem Nährgewebe En (Tfl. 3/1e, 5g; Tfl. 4/5d). — 47 (35 - 70) Gattungen mit etwa 2000 Arten.

### A. Balgfrüchtige Tfl. 3

Den Übergang von Stengel- zu Hochblättern und von diesen zu Hüllblättern (Perianth) kann man bei verschiedenen Arten der Gttg. *Helleborus,* **Nieswurz** beobachten. Auch die 3 Hochblätter HK am Blütenschaft von **Buschwindröschen u. Wiesen-Kuhschelle** sind als Übergangsformen von Laub- zu Perianthblättern aufzufassen (Tfl. 4).

*1. Nieswurzgruppe, Helleboreae (1-3c).* **Nieswurz,** *Helleborus 1-1e.* Blüte durchgehend schraubig (1). Allmähliche Übergänge von Hoch- zu Hüll- oder Perianthblättern. — 5 Perianthblätter Pt kelch- oder blumenblattartig (1a, 1b). Dann folgen 5-6 grünliche Honigblätter Ho; siehe Text S. 27. Zahlreiche Staubblätter St. 3-5 Fruchtblätter, am Grunde miteinander verwachsen (Fr in 1b). Balgfrüchte vielsamig (1d). **Akelei,** *Aquilegia vulgaris,* 2-2c. Äußere Blütenhüll- oder Perianthblätter Pt (auch Kelch K genannt) kronblattartig gefärbt, flach abstehend. Honigblätter Ho 5, mit den Perianthblättern abwechselnd, mit langem, an der Spitze meist gekrümmtem Sporn (2a) und breiter, aufrechter Platte. 2b zeigt die Blüte in Aufsicht, ohne Staub- und Fruchtblätter. Man blickt in die 5 Sporne als trichterartige Vertiefungen der Honigblätter Ho, an deren Grund der Nektar abgesondert wird. Staubblätter zahlreich, in mehreren Kreisen angeordnet, die inneren als breite, krause Staminodien Sd entwickelt (in 2 schwarz). Fruchtknoten in 1 oder 2 5zähligen Kreisen (2), aufrecht, allmählich in den ebensolangen Griffel verschmälert, vielsamig (2c). Balgfrüchte. **Türkischer Schwarzkümmel,** *Nigella damascena* 3-3c. Involukrum oder Hüllblattkelch HK (3a) vorhanden; besteht aus wechselnder Zahl von grünen, zierlich gefiederten Hochblättern (HK), daher „Jungfer im Grünen". Blüte strahlig (3). 5 meist blumenkronartige Perianthblätter Pt (oft Kelch K genannt), spatelförmig, bläulich oder gelb. 8 Honigblätter (Ho in 3, 3a). Zahlreiche Staubblätter. Fruchtblätter 5-10, hoch verwachsen (3b), lange Griffel (3a). Samenreiche, lang geschnäbelte Balgfrüchte (3b, 3c).

*2. Rittersporngruppe, Delphineae (4-5g).* — **Eisenhut,** *Aconitum* (4-4f). Blüte zygomorph. Perianthblattkreis (Pt in 4, 4a, 4c) 5blättrig, blumenkronartig gefärbt, zygomorph; das oberste unpaare Blatt helmförmig. Vom 8zähligen Honigblattkreis nur 2 Honigröhrchen entwickelt (Ho in 4, 4b, 4c), die in den Helm ragen. Die 6 übrigen Honigblättchen sind zu Fäden verkümmert (rHo in 4, 4b) oder fehlend. Jedes Honigröhrchen Ho mit taschenförmigem honigausscheidendem Sporn. Staubblätter zahlreich, wirtelig. Fruchtknoten frei, in der Regel 3 (Fr in 4c). Früchte mehrsamige Balgkapseln (4d, 4e, 4f). — **Acker-Rittersporn,** *Delphinium consolida* 5-5g. Blüte zygomorph. Perianthblätter (Pt in 5, 5a, 5c) blumenkronartig, 5blättrig, das obere in langen, abstehenden, hohlen Sporn Spo verlängert (5a). Von den Honigblättern Ho sind 2 zu

**Tafel 3** 1 Grüne Nieswurz, Helleborus viridis, Blütengrundriß. 1a Blüte. 1b Blüte längs. 1c H.orientalis, Fruchtknoten quer. 1d Schwarze Christrose, Schneerose, H.niger, Balgfrüchte aufspringend, mit Samen. 1e Same längs. — 2 Gemeine Akelei, Aquilegia vulgaris, Blütengrundriß. 2a Blüte. 2b Blüte unten im Querschnitt. 2c Fruchtknoten längs, mit Samenanlagen. — 3 Schwarzkümmel, Jungfer im Grünen, Nigella damascena, Blütengrundriß. 3a Blüte in Oberansicht. 3b Frucht quer. 3c Frucht längs, mit Samenanlagen. — 4 Echter Sturmhut, Eisenhut, Aconitum napellus, Blütengrundriß. 4a Blüte von der Seite. 4b Blüte: äußerer Perianthblattkreis entfernt. 4c Blüte längs, 2 Fruchtknoten längs geteilt. 4d Fruchtknoten längs. 4e Fruchtknoten quer, mit 2 Samenanlagen. 4f Sammelfrucht mit 3 aufgesprungenen Balgfrüchten. — 5 Garten-Rittersporn, Delphinium ajacis, Blütengrundriß. 5a Blüte: äußeres Perianth blumenkronartig, 5blättrig, das obere Blatt zu hohlem Sporn Spo verlängert. 5b Honigblatt, aus Sporn und 3lappiger Platte bestehend. 5c Blüte längs. Sporn des Honigblattes von dem hohlen Blütenhüllblattsporn umschlossen. 5d Fruchtknoten quer; die durchschnittene Samenanlage zeigt 2 Integumente. 5e Reife Frucht, noch geschlossen. 5f Reife Balgkapsel aufspringend. 5g D.staphisagria, Same längs. C Krone. E Embryo. En Endosperm. Fr Fruchtknoten. Gr Griffel. HK Hochblattkelch, Außenhülle o. Involukrum. Ho Honigblätter. K Kelch. P Perigon. Pl Platte. Pt Perianthblätter. rSa Reduzierte Samenanlage. Sa Samenanlage. Spo Sporn. St Staubblätter.

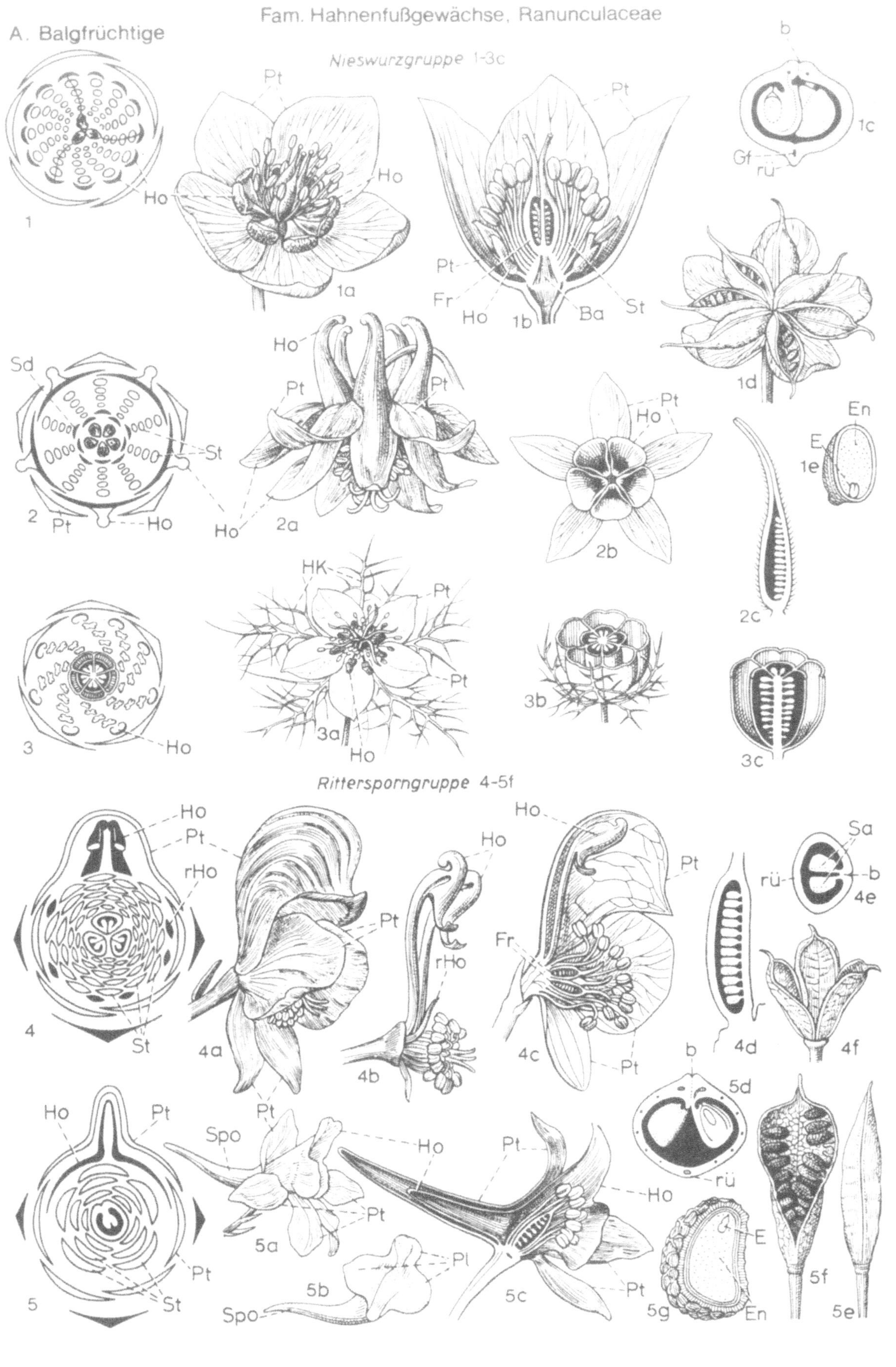
A. Balgfrüchtige
Fam. Hahnenfußgewächse, Ranunculaceae
Nieswurzgruppe 1-3c
Pt
Ho
1
1a
Pt
Fr
Ho
1b
Ba
St
b
1c
Gf
rü
1d
En
E
1e
Sd
St
2
Pt
Ho
Ho
2a
2b
2c
HK
3
3a
3b
3c
Rittersporngruppe 4-5f
rHo
4
4a
4b
4c
4d
Sa
4e
4f
Spo
5
5a
5b
5c
5d
5e
5f
5g
Pl

einem Röhrchen verwachsen (5a, 5c), mit 3lappiger Platte (Pl in 5b) und Sporn (5b). Die vorderen Honigblättchen fehlen ganz (5). Staubblätter meist 8-10. Fruchtknoten 1, aufrecht, in kurzen Griffel verschmälert (5c). Frucht eine mehrsamige Balgkapsel (5f). Samen in 2 Reihen (5d, 5f). 5g Samen mit kleinem Keimling E und mit reichlichem, ölhaltigem Nährgewebe (Endosperm En in 5g).

**B. Nußfrüchtige** Tfl. 4

*3. Windröschengruppe, Anemoneae 1-4a.* Der Blütenstiel des Buschwindröschens trägt 3 kurzgestielte, grüne Blätter (1b). Wenn man die Pflanze im Herbst ausgräbt (1a), sind die 3 Blätter noch sehr klein und blaß. Sie umhüllen die junge Blüte. Es sind laubblattähnliche Hochblätter, die als sekundäre Hülle der Blüte dienen. Man spricht in diesem Falle von einem Hochblattkelch HK oder Involukrum. Das einzige Laubblatt, das den 3 Hochblättern sehr ähnlich ist, entspringt neben dem Blütenschaft mit einem langen Stiel. Bei der **Wiesen-Kuhschelle** (2) sind die 3 Hochblätter HK höhergerückt und an ihrer Basis verwachsen. Bei dem **Leberblümchen** (3, 3a) schließlich sind die 3 Blätter sehr klein und der Blüte so genähert, daß sie schon als Kelch K bezeichnet werden können. Bemerkenswert ist, daß die Achse im Bereich der Blüte einer Stauchung ihrer Internodien unterliegt. Dehnt sich dieser Vorgang auch auf tiefere Regionen aus, dann werden die Stengel- und Hochblätter näher an die Blüte herangerückt. Wir sehen an diesen Beispielen, wie aus Laubblättern eine Blütenhülle hervorgehen kann. Die Beispiele von **Buschwindröschen, Wiesen-Kuhschelle** und **Leberblümchen** bringen uns dem Verständnis der Kelchbildung beträchtlich näher. Weitere Beispiele (**Nieswurz**, Tfl. 3/1-1b), überzeugen uns davon, daß die Kelchblätter nichts anderes sind als Hochblätter, die in den Verband der Blüte aufgenommen sind.

**Buschwindröschen,** *Anemone nemorosa* 1-1f. 3blättriger Hochblattkelch HK (Involukrum) vorhanden. Blüte einzeln, weiß bis rötlich-violett, mit 6-8 Perianthblättern (1b, 1c), kronblattartig, ein Perigon P bildend (wie bei 2, 3 und 4); mit zahlreichen Staubblättern und 10 - 20 länglichen Fruchtknoten (Fr in 1c) mit kurzem, gebogenem Griffel. Fruchtknoten mit 1 hängenden Samenanlage mit 1 Integument (Sa in 1d). Daneben verkümmerte Samenanlagen (rSa in 1d). Nüßchen (1e, 1f) durch den kurzbleibenden Griffel geschnäbelt. Blütenformel: $*P\ 3{+}3\ A\ \infty\ G\ \infty$.
**Wiesen-Kuhschelle,** *Anemone pratensis* 2 . Involukrum oder Hochblattkelch HK zerschlitzt. Blüte einzeln, nickend, mit 6 glockenförmig zusammenneigenden Perianthblättern, hell- oder schwarzviolett, außen dicht seidig behaart, ein einfaches Perigon P bildend. Staubblätter zahlreich, äußere zu nektarienartigen Schüppchen reduziert. Fruchtknoten mit den Narben fast so lang wie Blütenhülle. Früchtchen mit verlängertem Griffel zottig behaart. Windverbreitung.

**Leberblümchen,** *Anemone hepatica* 3, 3a.
3 bereits zu Kelchblättern gewordene Hochblätter HK dicht unter der Blüte. Perianthblätter 6-7 (10), himmelblau, ein einfaches Perigon P bildend. Honigblätter fehlend. Staubblätter und Fruchtblätter zahlreich.
**Wiesenraute,** *Thalictrum* 4, 4a. Perianthblätter 4 oder 5, ein einfaches Perigon P bildend, beim Aufblühen abfallend. Honigblätter fehlend. Staubblätter zahlreich, länger als die Perigonblätter, mit oft gefärbten Filamenten, als Schauapparat dienend (Pollenblume). Windblütler mit gelegentlichem Insektenbesuch. Fruchtknoten wenig zahlreich; mit einer einzigen hängenden Samenanlage. Früchte 1samig, nußartig.

*4. Hahnenfußgruppe, Ranunculeae 5-6a* **Scharfer Hahnenfuß,** *Ranunculus acer,* 5-5d. Perianth doppelt 5blättrig; 5 Honigblätter von petaloider Gestalt, blumenartig, am Grunde mit beschuppter Honiggrube (Abb. 12). Faßt man die Honigblätter beim Hahnenfuß als Kronblätter C auf, so gilt die Hülle oder das Perianth als Kelch K. In diesem Falle lautet die Blütenformel: $*K5\ C5\ A\ \infty\ G\ \underline{\infty}$.
Fruchtknoten zahlreich, je aus 1 Fruchtblatt gebildet, mit 1 aufsteigenden Samenanlage mit 1 Integument (5c). Früchtchen (5d im Längsschnitt) 1samig, Nüßchen, durch bleibenden Griffelrest geschnäbelt.
**Mäuseschwänzchen,** *Myosurus minimus,* 6, 6a. Perianthblätter meist 5, grünlich, lineal, gespornt (Spo); innerer Perianthkreis als Honigblätter Ho ausgebildet, gelbgrün, weil chlorophyllhaltig, spatelförmig, etwas röhrig, gestielt, in der Mitte mit Honiggrube. Staubblätter (St) 5-10. Fruchtknoten (Fr) zahlreich, auf stark verlängerter Blütenachse stehend (Name), 1samig, mit kurzem Griffel (Gr in 6a), schraubig angeordnet. Nüßchen mit sehr langem Schnabel.

*5. Waldrebengruppe 7-7d* **Gemeine Waldrebe,** *Clematis vitalba,* 7 und 7b. 7 Grundriß der Blüte von *C.vitalba,* ohne Honigblätter! Blüte einzeln. Perigonblätter P meist 4, beiderseits weißfilzig oder außen grünlich, einfaches Perigon bildend. Honigblätter fehlen. Bei **Alpen=Waldrebe,** *C.alpina,* 10-12 Honigblätter Ho (7a); Perianthblätter Pt blumenblattartig, violett, weißfilzig, spatelförmig. Fruchtknoten zahlreich, mit 1 hängenden, epitropen Samenanlage (Sa in 7b, 7c Längsschnitte von der Seite und von vorn); daneben verkümmerte Samenanlagen rSa. Früchte nußartig (7d); Griffel wird zu langem, behaartem Schweif. Windverbreitung.

**Tafel 4** 1 Buschwindröschen, Anemone nemorosa, Blütengrundriß. 1a Treibender Wurzelstock im Herbst. 1b Blühende Pflanze ohne Laubblatt. 1c Blüte längs. 1d Fruchtknoten längs. 1e Fruchtstand. 1f Einzelfrucht: Nüßchen. – 2 Wiesen-Kuhschelle, Anemone pratensis, Blüte längs. – 3 Leberblümchen, Anemone hepatica, Blüte. 3a Blüte längs. – 4 Akeleiblättrige Wiesenraute, Thalictrum aquilegifolium, Blüte von außen. 4a Blüte, Perigonblätter abgefallen. – 5 Scharfer Hahnenfuß, Ranunculus acer, Blütengrundriß. 5a Blüte von außen. 5b Blüte längs. 5c Fruchtknoten mit Samenanlage längs. 5d Gift-Hahnenfuß, R.sceleratus, halbierte Nuß mit Samen. – 6 Acker-Mäuseschwänzchen, Myosurus minimus, Blüte. 6a Frucht (Nuß) längs. – 7 Gemeine Waldrebe, Clematis integrifolia, Blütengrundriß. 7a Alpenwaldrebe, C.alpina, Blüte. 7b und 7c Fruchtknoten längs. 7d Reife Früchte (Nüßchen). C Krone. E Embryo. En Endosperm. Fr Fruchtknoten. Gr Griffel, HK Hochblattkelch, Außenhülle o. Involukrum. Ho Honigblätter. K Kelch. P Perigon. Pt Perianth. rSa Reduzierte Samenanlage. Sa Samenanlage. Spo Sporn. St Staubblätter.

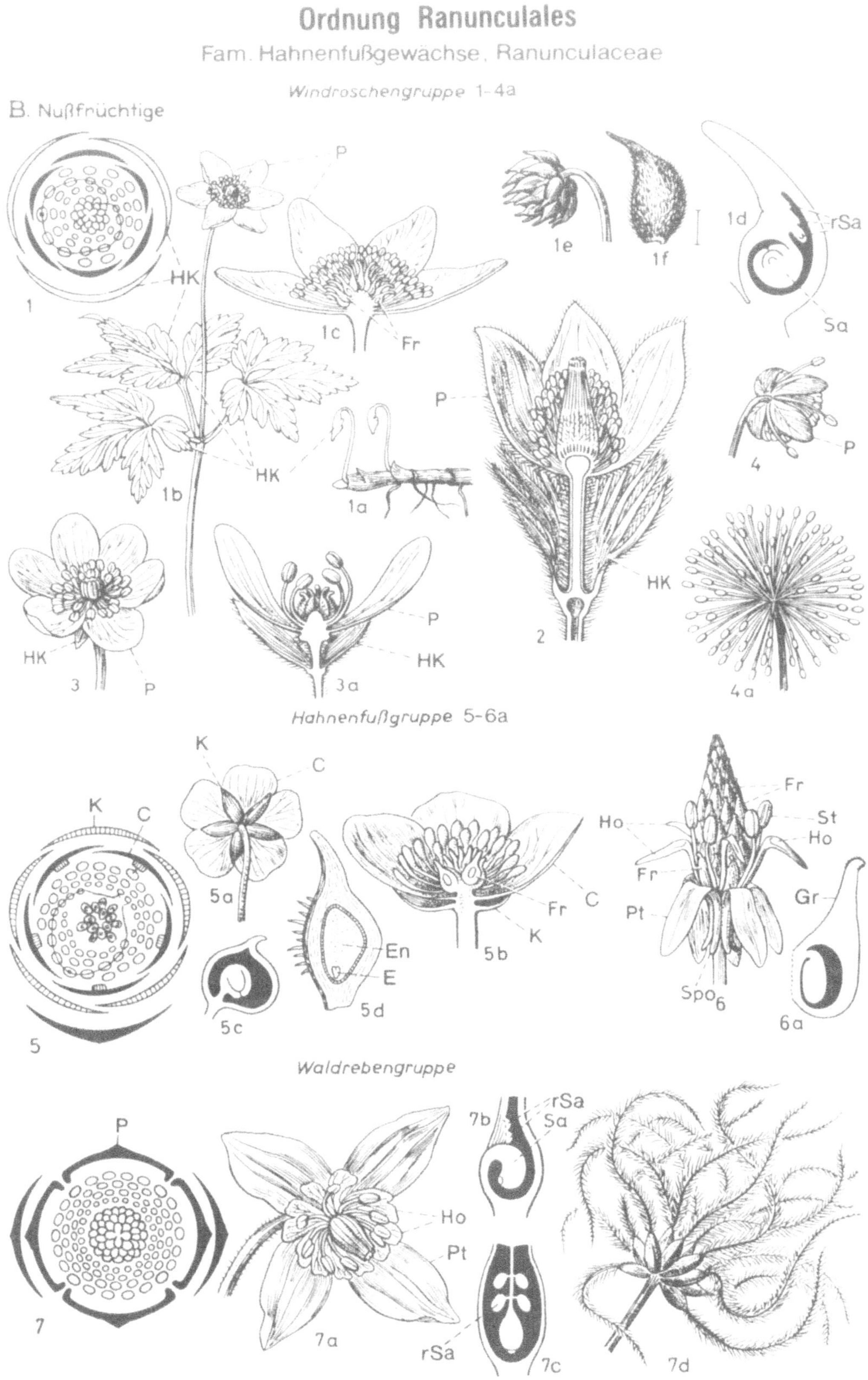
Ordnung Ranunculales
Fam. Hahnenfußgewächse, Ranunculaceae
Windröschengruppe 1–4a
B. Nußfrüchtige
P
HK
1
1c
Fr
1e
1f
1d
rSa
Sa
1b
HK
1a
P
4
P
HK
2
4a
HK
3
P
P
HK
3a
Hahnenfußgruppe 5–6a
K
C
K
C
5a
5c
En
E
5d
5b
Fr
C
K
Ho
Fr
St
Ho
Fr
Pt
Gr
Spo
6
6a
5
Waldrebengruppe
P
7
7a
Ho
Pt
7b
rSa
Sa
rSa
7c
7d

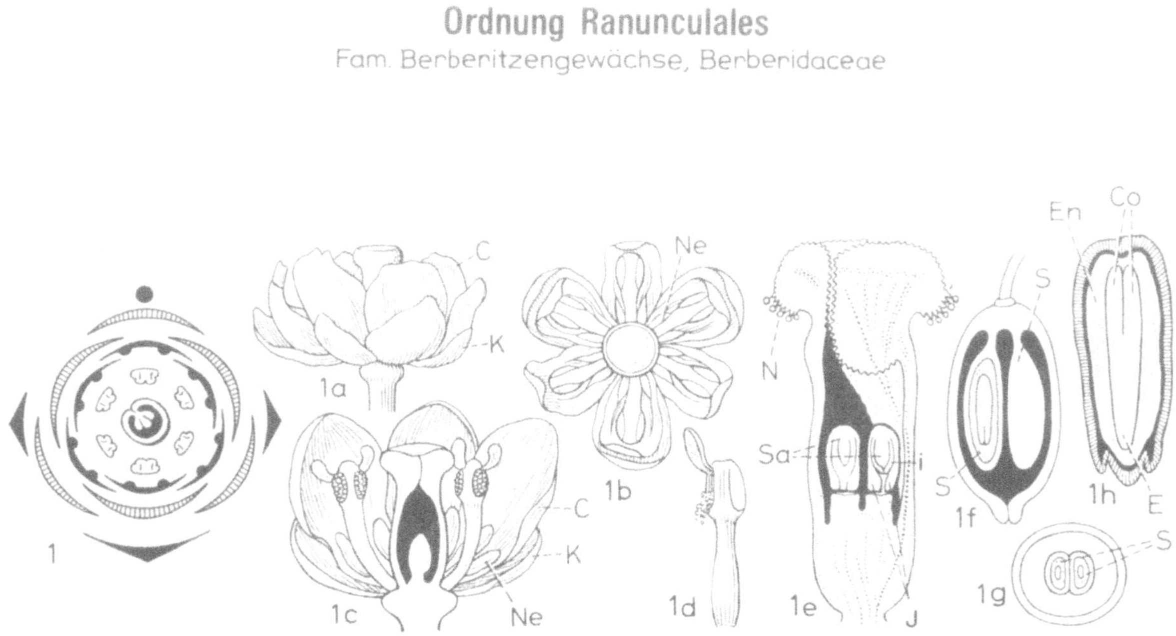


Abb. 14
1 Gemeiner Sauerdorn, *Berberis vulgaris,* Blütengrundriß. 1a Blüte. 1b Blüte von oben. 1c Blüte längs. 1d Staubblatt. 1e Fruchtknoten (Pistill) längs. Narbe mit ansitzenden Pollenkörnern. 1f Frucht längs. 1g Frucht quer. 1h Same längs– C Krone. Co Kotyledon. E Embryo. En Endosperm. i inneres Integument. J äußeres Integument. K Kelch. N Narbe. Ne Nektarium. S Same. Sa Samenanlage.

**Fam. Berberitzengewächse, Berberidaceae 1-1h**

Blüte der **Sauerdorngewächse**, *Berberidaceae*
Typische Blütenformel *K 3+3 C3+3 A3+3 G1. Blüten strahlig, zwittrig. Die äußeren, meist weniger ansehnlichen Blütenhüllblätter entstammen der Hochblattregion und bestehen bei manchen Gattungen aus mehr als 2 Quirlen. Als Kronblätter betrachtet man die 2 innersten Quirle vor den Staubblättern; sie sind oft auffälliger gefärbt und manchmal in gespornte Honigblätter umgewandelt, entstammen wahrscheinlich der Staubblattregion. Staubblätter frei, in zwei 2- oder 3zähligen Wirteln angeordnet, also vor den Kronblättern stehend. Antheren mit Klappen, seltener mit Längsrissen aufspringend. Gynoeceum meist nur 1 Fruchtknoten. Dieser 1fächerig pseudomonomer, oberständig, aus 1 Fruchtblatt bestehend, mit einer bis vielen, am Grunde der Bauchnaht sitzenden, aufrechten, anatropen Samenanlagen mit 2 Integumenten (1e). Narbe N groß, scheibenförmig. Frucht meist eine Beere, seltener Schließfrucht oder Kapsel. Samen mit viel Nährgewebe, Embryo klein, gerade. – Verwandtschaftliche Beziehungen: Die **Sauerdorngewächse** stehen den *Ranunculaceen* sehr nahe; Klappenantheren (siehe *Lauraceen* Tfl. 1. S. 25); die Kronblätter tragen Honigdrüsen. – Die Sauerdorngewächse weisen auch Beziehungen zu den *Rhoeadales* auf: Beiderlei Beziehungen scheinen auf gemeinsame Vorfahren hinzuweisen.
**Sauerdorn, Berberitze,** *Berberis vulgaris.* Blüten gelb. Blätter der Blütenhülle in 3gliedrigen Quirlen, wovon 2-3 äußere kelchartig, 2 innere kronenartig ausgebildet sind. Letztere sind halbkugelig zusammenneigend, am Grunde oft mit je 2 Drüsenhöckern Ne (1b, 1c). Staubblätter 6, in 2 Kreisen, am Grunde reizbar: biegen sich bei Berührung daselbst plötzlich nach innen, mit breiten Filamenten und 2fächerigen, introrsen Antheren; diese öffnen sich wie bei den Lorbeergewächsen mit 2 Klappen, die von unten nach oben aufgehen (1d).
1 Fruchtknoten, kurz, oberständig, mit breiter Narbe und 2-3 Samenanlagen (1e). Beeren länglich, scharlachrot. Samen 2 (selten 3), mit geradem, fast ebenso langem Embryo in reichlichem Endosperm En (1h).
– Die Endblüte ist 5zählig, und zwar der Kelch quincunxial, in Fortsetzung der 2/5-Stellung der Hochblätter der Traube. Ihre 5 Kelchblätter nehmen von außen nach innen gleichmäßig an Größe zu. Deshalb stehen die 5 Kronblätter nicht in richtiger Abwechslung mit dem Kelch. Die Seitenblüten haben 3 kleine äußere Kelchblätter in einem Quirl, ebenso 3 große innere in genauer Abwechslung.

**Mahonie,** *Mahonia aquifolium.* Blüten gelb, gewöhnlich 3 Kelchquirle; sonst alles wie bei Berberis. Ausnahmsweise kommt auch *Berberis* mit 3, *Mahonia* nicht selten mit 2 Kelchquirlen vor. Unterschiede von *Berberis:* Honigdrüsen nicht an den Kronblättern, sondern paarig an den Staubfäden sitzend; zahlreichere, anatrope Samenlagen; Traube ohne Gipfelblüte, sie schließt mit sterilen Hochblättern ab; die Vorblätter der Seitenblüten sind gewöhnlich unterdrückt. Frucht eine kugelige, dunkelblaue Beere. – Die Gattung *Mahonia* (50 Arten in NA und Ostasien) steht *Berberis* nahe, hat auch dieselbe Chromosomenzahl (n=14).

## Ordnung Papaverales Abb. 15 u. Tfl. 5

**Lappenblume** od. **Goldäugelein,** *Hypecoum procumbens* 1-1e. Bau der Blüte: Kronblätter ungespornt, oft 3teilig; die äußeren von den inneren zuweilen verschieden. 4 freie Staubblätter. Blüte rein dimer od. 2teilig, d.h. sie besteht wie bei Dicentra und Fumaria aus 6 2teiligen Wirteln: 2 mediane Kelchblätter, damit abwechselnd 2 äußere und dann 2 innere Kronblätter, dann folgen 2 äußere (äSt) und 2 innere (iSt) Staubblätter (bisweilen gespaltene) und 2 seitliche Fruchtblätter. Der innere Staubblattkreis (siehe Tfl. 5/3,4) zeigt eine zunehmende Spaltung, die von Hypecoum (Abb. 15) über Dicentra zu Fumaria fortschreitet. Bei Hypecoum sind seine Glieder noch ganz ungespalten (Abb. 15); es sind aber schon 2 Gefäßbündel im Staubfaden ist vorhanden; bei Dicentra und Fumaria ist die Spaltung zu monothekischen (1beuteligen) Staubblättern forgeschritten (Tfl. 5/3,4). – Die beiden Gattungen Hypecoum und Pteridophyllum sind hier zu nennen. Erstere mit 15 Arten vom Mittelmeergebiet bis China; H. Procumbens u. H. grandiflorum aus dem Mittelmeergebiet bei uns eingeschleppt. Eine derart gebaute Blüte wie bei Hypecoum wird von manchen Autoren als Ausgangsform der Papaverales aufgefaßt.

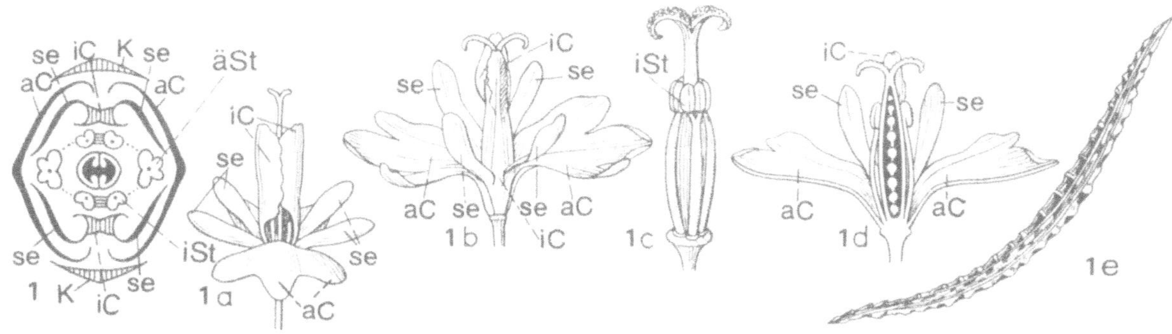


Abb. 15
1 Lappenblume o. Goldäugelein, Hypecoum procumbens, Blütengrundriß. 1 a Blüte, zu Grundriß 1 um 90° gedreht. 1b Blüte weit offen; Grundriß 1 entsprechend ausgerichtet. 1c Fruchtknoten und Staubblätter. 1d Blüte längs. 1e Frucht: Gliederschote.

aC äußeres Kronblatt. äSt äußere Staubblätter. iC inneres Kronblatt. iSt innere Staubblätter. K Kelch. se seitlicher Abschnitt vom inneren Kronblatt.

## Ordnung Papaverales (Rhoeadales) Tfl. 5

Wegen ihrer teilweise noch primär polyandrischen Androeceen allgemein zu den *Magnoliidae* und in die Nähe der verwandten *Ranunculales* gestellt.
Die Blüten können sein: strahlig (1), bilateral oder disymmetrisch (2, 3), da die Blüte nur 2 Symmetrieebenen besitzt; bei *Corydalis* und *Fumaria* (4) herrscht Transversalzygomorphie, da nur 1 Symmetrieebene, die nicht mehr mit der Mediane zusammenfällt, sondern senkrecht zu dieser steht. Einziger bekannter Fall dieser Art.
Kelch 2blättrig, frühzeitig abfallend. Blumenkrone meist 2 2zählige Wirtel. Staubblätter 4 bis zahlreich, oder 2 (dann aber 3teilig: 3 u. 4, 3b, 4b, 4e). Fruchtknoten meist 1fächerig mit wandständigen Samenleisten (1-4, 1c, 2c, 3d); oder durch Entwicklung einer falschen Scheidewand fW scheinbar 2fächerig (2e) oder viele vorspringende Samenleisten (1,1b,1c); 1 bis viele Samenanlagen. Narbe auf kurzem Griffel oder sitzend, mit sovielen Lappen wie Fruchtblätter, oft zu einer Scheibe verwachsen (1a, 1b, 1d). Frucht eine Lochkapsel (1d), oder eine Rahmenkapsel (1e), oder eine Schote (2d, 2e), selten Schließfrucht (4f, 4g).
Für die *Papaveraceae* ist die Vermehrung der Staubblätter charakteristisch. Z.B. das **Schöllkraut** *Chelidonium* hat die Blütenformel * K2 C2+2 A∞ G(2); ebenso der **Hornmohn,** *Glaucium* (Südeuropa), äußerlich unserem Mohn sehr ähnlich.
**Schlafmohn,** *Papaver somniferum,* hat die Formel * K2 C2+2 A∞ G(20-2)

### Familie Mohngewächse, Papaveraceae 1-2e

Kronblätter ungespornt. Staubblätter 6 bis zahlreich.
**Klatschmohn,** *Papaver rhoeas* 1-1d. 2 hinfällige Kelchblätter, 2 Kronblattwirtel, zahlreiche Staubblätter, oberständiger Fruchtknoten aus vielen Fruchtblättern verwachsen und durch die weit nach innen vorspringenden, wandständigen Samenleisten unvollkommen vielfächerig (1b, 1c). Narben soviele als Fruchtblätter (1d), sitzend, auf einer Scheibe von der Mitte aus radial ausstrahlend. Samenanlagen zahlreich. Kapsel mit ebensovielen Poren sich öffnend als Fruchtblätter vorhanden sind (Fig. 1d): Poren- oder Lochkapsel.
**Stachelmohn,** *Argemone mexieana* (1e) 4-6 Fruchtblätter. Lochkapsel mit ebenso vielteiligem Rahmen und mit ebensovielen Löchern und Klappen sich öffnend (1e): Rahmenkapsel. Diese stellt eine Übergangsform zwischen Porenkapsel des **Klatschmohns** und Schote des **Schöllkrautes** dar (2d). **Schöllkraut,** *Chelidonium maius* (2-2d). Kelch, Krone, Staubblätter wie *Klatschmohn,* aber gelb. Fruchtknoten lineal (2d), aus 2 Fruchtblättern gebildet (2c), 1fächerig, mit 2 wandständigen Samenleisten (2b, 2e). Springfrucht, die von der Basis her in 2 Klappen aufspringt, wobei auch die nach außen rippenartig vorspringenden Samenleisten als Rahmen stehenbleiben (Ra in 2c, 2d). Eine solche Springfrucht heißt Schote. Von dieser läßt sich die Lochkapsel des **Klatschmohns** leicht ableiten, wenn man sich vorstellt, daß die Narbe sich tellerartig verbreitert und daß die Klappen sich nur im Spitzenbereich vom Rahmen ablösen, wodurch zunächst 2, bei Vermehrung der Karpellzahl 5 wie beim **Stachelmohn** (1e) und bei noch stärkerer Vermehrung viele Löcher wie beim **Klatschmohn** (1d) zustande kommen. Blütenformel * K2 C2+2 A∞ G(2).
**Gelber Hornmohn,** *Glaucium flavum 2e.* Diagramm wie Schöllkraut (2). Fruchtknoten aus 2 Fruchtblättern, lineal, zunächst 1fächerig, später scheinbar 2fächerig, da die beiden wandständigen Samenleisten aufeinander zuwachsen und zu einer schwammigen, „falschen Scheidewand" (fW) verschmelzen. Diese entsteht nicht wie eine echte Scheidewand durch Verwachsen der Fruchtblätter mit ihren Seitenrändern, sondern durch Verbreiterung der Samenleisten, dem Vorgang im Fruchtknoten des Klatschmohns (1c) vergleichbar.

### Familie Erdrauchgewächse, Fumariaceae 3-4g

**Herzblume,** *Dicentra spectabilis* 3-3d. 4 Kronblätter, 2 rechtwinklig sich kreuzende Paare (3). Jedes Kronblatt ist in einen Basalteil und einen Endabschnitt gegliedert (3a). Bei den 2 äußeren Kronblättern aC ist der Basalteil rückwärts sackartig zu einem Sporn erweitert (Dicentra = Zweisporn). Die inneren Kronblätter iC sind von den äußeren aC bis auf den Endabschnitt umhüllt (3a). Dieser ist mit dem schmalen Basalteil gelenkig verbunden. In 3a ist die Vorderhälfte des rechten äußeren Kronblattes weggenommen und der Endabschnitt der beiden inneren Kronblätter, die wie eine Kapuze Staubbeutel und Narbe verhüllen, sind wie beim Insektenbesuch zur Seite gedrückt. Punktierte Linie = Weg des Insektenrüssels Rü. In 3b sind alle 4 Kronblätter abgelöst und die Staubblätter auseinandergebogen. 2 Bündel von Staubblättern werden sichtbar. Bei jedem Bündel sind die Staubfäden im basalen Abschnitt nach außen gebogen und im Endabschnitt zum Teil verwachsen, oben den in den Griffel verlängerten Stempel rings umschließend (3a, 3b). Jedes der beiden Staubblattbündel hat am Ende 3 Staubblatteinheiten mit Staubsäckchen. Nur das mittlere Glied iSt ist normal ausgebildet und trägt 2, die beiden seitlichen Äste aber nur je 1 Staubsäckchen (3b). Hinzu kommt die sackartige Erweiterung der 2 äußeren Kronblätter. Hierdurch wird die Blüte disymmetrisch. Die Blüte hat 2 Symmetrieebenen, die sie in verschiedener Weise halbieren, die Median- und die Transversalebene. Die Frucht ist eine schotenförmige Kapsel (3c).

**Lerchensporn,** *Corydalis* 4-4c und **Erdrauch,** *Fumaria* 4d - 4g. Das eine der beiden äußeren Kronblätter aC ist gespornt (4,4a,4d). Nur 1 Nektarium (Ne in 4, 4a,4d) in 4a langgestielt. Infolge Einspornigkeit fällt bei der Lerchensporn- und Erdrauchblüte die Medianebene als Spiegelebene aus. Dem Diagramm 4 zufolge bleibt nur die Transversalebene, d.h. die Blüte ist transversal = dorsiventral (zygomorph).

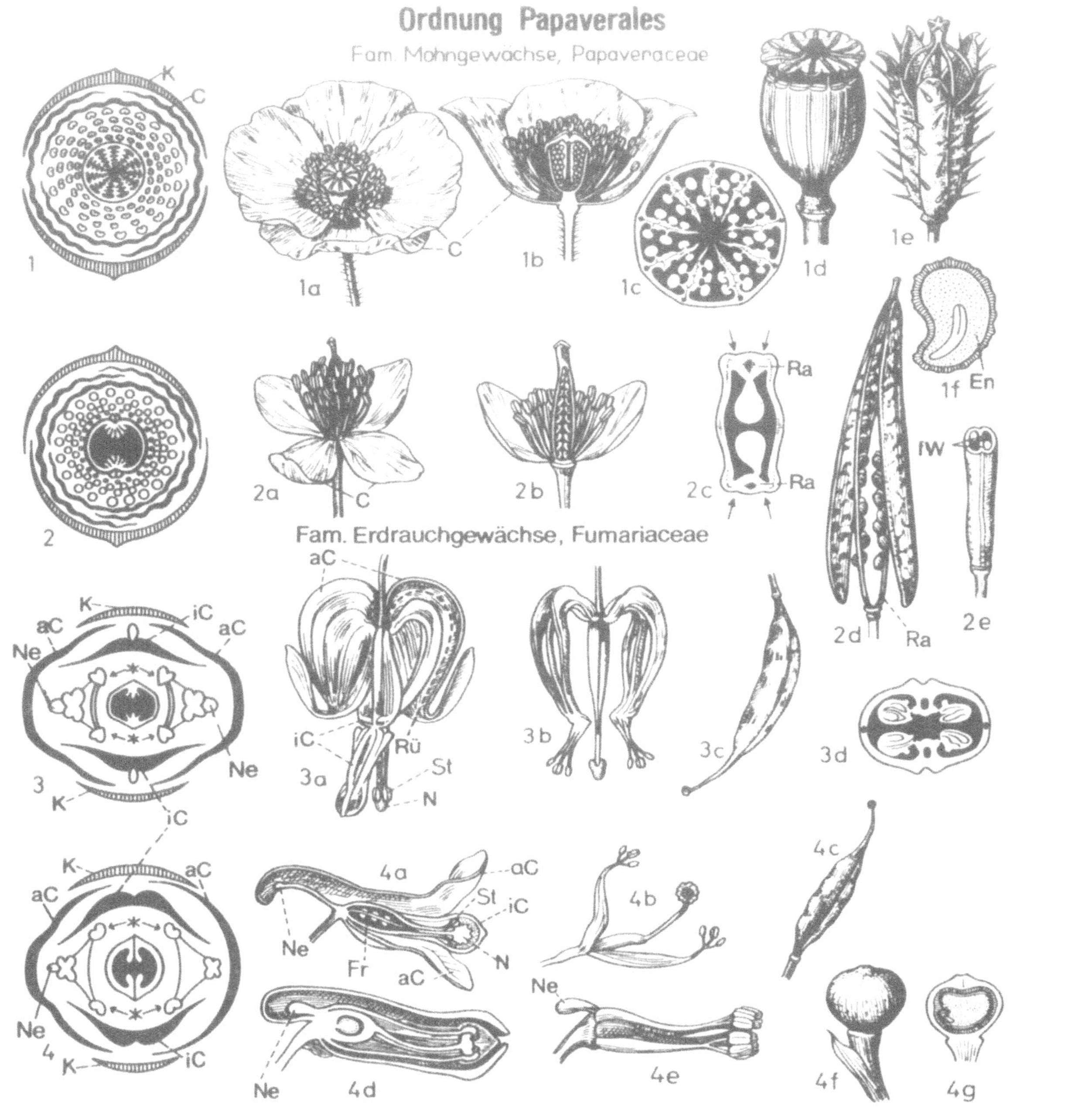


**Tafel 5** 1 Klatschmohn, Papaver rhoeas, Blütengrundriß. 1a Blüte, 1b Blüte längs, ohne Kelch. 1c Fruchtknoten quer. 1d Reife Frucht: Loch- oder Porenkapsel. 1e Stachelmohn, Argemone mexicana, Rahmenkapsel: Übergangsform zwischen Lochkapsel (1d) und Schote des Schöllkrauts (2d). 1f Schlaf-Mohn, P. Somniferum, Same längs. – 2 Schöllkraut, Chelidonium majus, Blütengrundriß. 2a Blüte. 2b Blüte längs. 2c Unreife Frucht quer. Pfeile bezeichnen die Stellen, an denen die 2 Klappen vom Rahmen (Ra) der Schote sich lösen. 2d Aufgesprungene Schote. Die nach außen vorspringende Samenleiste bleibt als Rahmen stehen. 2e Gelber Hornmohn, Glaucium flavum, Schote quer, mit falscher Scheidewand fW, die durch Verbreiterung der Samenleisten entsteht. – 3 Herzblume, Dicentra spectabilis, Blütengrundriß. 3a Blüte. 3b Alle 4 Kronblätter abgelöst und Staubblätter auseinandergebogen. 3c Frucht, eine schotenförmige Kapsel. 3d Fruchtknoten quer; nach einem Schnitt durch eine reifende Frucht mit losgelösten Samen. – 4 Hohler Lerchensporn, Corydalis cava, Blütengrundriß. 4a Blüte längs. 4b Hülle entfernt und Staubfadenhalbröhren mit Dreiergruppen der Staubblätter auseinandergebogen, so daß Fruchtknoten, Griffel und Narbe sichtbar. 4c Frucht, eine schotenförmige Kapsel. 4d Erdrauch, Fumaria officinalis, Blüte längs. 4e Staubblätter und Stempel. 4f Frucht, eine Nuß. 4g Frucht längs. – aC äußeres Kronblatt. C Krone. En Endosperm. Fr Fruchtknoten. fW falsche Scheidewand. iC inneres Kronblatt. K Kelch. N Narbe Ne Nektarium. Ra Rahmen. Rü Weg des Insektenrüssels St Staubblatt.

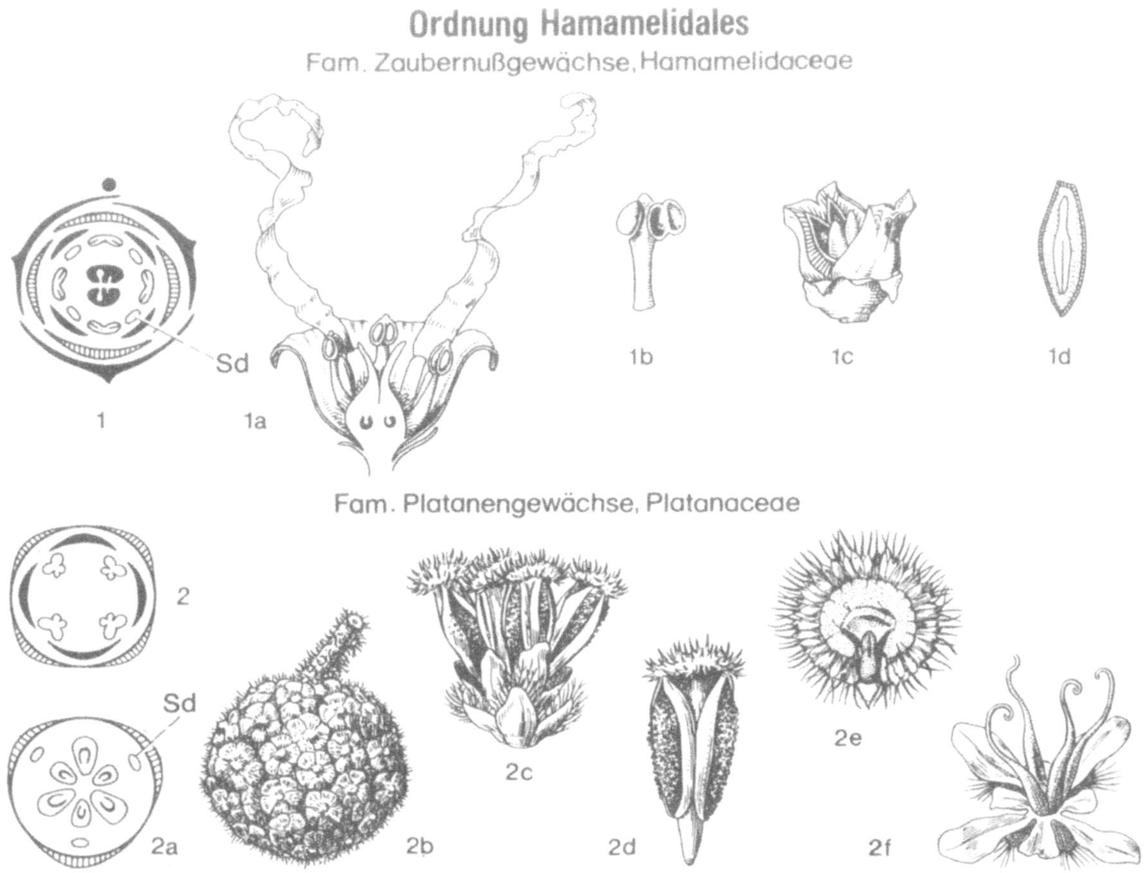


**Tafel 6** 1 Hamamelis virginiana, Blütendiagramm. 1a Blüte längs. 1b Staubblatt. 1c Frucht, aufgesprungen. 1d Same längs. – 2 Platanus occidentalis, Diagramm der ♂ Blüte. 2a Diagramm der ♀ Blüte. 2b P.acerifolia, Ahornblättrige Platane, ♂ Blütenstand. 2c ♂ Blüte. 2d Staubblatt. 2e P.occidentalis, Nordamerikanische Platane, ♀ Blütenstand längs. 2f ♀ Blüte. Sd Staminodium.

## 2. Unterklasse Hamamelididae (= Amentiferae)

Die meisten kronenlosen (apetalen) – früher als ursprünglich aufgefaßt – windbestäubten Kätzchenblütler gehören hierher. Blüten im Vergleich mit den Magnoliidae stark vereinfacht, oft eingeschlechtig, mit wenigen wirteligen Blütengliedern und meist verwachsenen Fruchtknoten mit nur 1 weiterentwickelten Samenanlage; dementsprechend hauptsächlich Nußfrüchte. Blüten mit Kelch und Krone nur vereinzelt *(Hamamelidaceae)*, meist nur einfaches und freiblättriges Perigon oder nackte Blüten. Mehrere freie Fruchtblätter nur noch bei wenigen primitiven Vertretern dieser Gruppe (Platanen) oder nur 1 Fruchtblatt. 2-1 Integumente. Noch wenige Insektenblütler; im allgemeinen hat sich Windblütigkeit durchgesetzt.
**1.Ord.Trochodentrales.** Nur 2 ostasiatische Familien mit je 1 Gttg. und 1 Art. Noch tracheenlos.
**2.Ord.Hamamelidales.** Systematische Stellung noch umstritten.

## Ordnung Hamamelidales Tfl. 6

Diese Ordnung ist recht ursprünglich. Teilweise noch zwittrige Blüten mit doppelter Blütenhülle. Große Ähnlichkeit mit den ursprünglichen Rosidae. Fruchtblätter bei den *Hamamelidaceae* verwachsen. Die *Platanaceae* haben 1geschlechtige Blüten, aber noch freie Fruchtblätter (2f).

**Familie Zaubernußgewächse, Hamamelidaceae 1-1d.**

Wichtigste Gttg. *Hamamelis,* die **Zaubernuß,** mit 6-8 Arten das atlantische NAm. u.OAs bewohnend. Sommergrüner Strauch mit an Hasel erinnernden Blättern. Blüten zu 1-5 in Köpfchen, meist ♀, mit linealischen, gelben Kronblättern (1a), je 1 Kreis steriler und fertiler Staubblätter (1) und holzigen, 2samigen, 4klappig aufspringenden Früchten (1c). Meist gepflanzte Art **Virginische Zaubernuß,** *Hamamelis virginiana.* Kelch innen gelbbraun. Frucht haselnußähnlich, wird bei uns meist nicht reif. Bei Reife im Sommer infolge Gewebespannung heftiges Platzen und Fortschleudern der Samen bis 4 m weit. Arzeneipflanze.

**Familie Platanengewächse, Platanaceae 2-2f.**

Blüten und Blütenstände 1geschlechtig, 1häusig, oft mit Rudimenten des anderen Geschlechts; Einzelblüten in dichten, kugeligen Köpfchen, die zu zweien oder mehreren mit weiten Zwischenräumen an einer endständigen, dünnen und hängenden Achse sitzen; obere Blütenstände ♀, die tiefer stehenden ♂. Blüten mit stark rückgebildetem, meist 3-4zähligem Perianth, strahlig, hypogyn. Kelch und Krone 3-8zählig; Kelch flach napfförmig, 3-4lappig, oder aus 3-4 (-5) getrennten Blättchen bestehend, selten fehlend. Sämtliche Blütenblätter, auch die Fruchtblätter, unter sich frei; Kelchblätter dreieckig, stumpf, außen behaart. Kronblätter frei, keilförmig oder spatelig, kahl. ♂ Blüten (2): Kron- und Staubblätter 3-4 (-7); Staubfäden frei, sehr kurz; Staubbeutel langgestreckt, seitlich aufspringend, mit einem dach- oder schildförmig verbreiterten Konnektiv, zuweilen rückgebildete Karpelle. ♀ Blüten: Kronblätter meist fehlend. Staminodien gewöhnlich 3-4. Fruchtblätter frei, oben nur unvollständig geschlossen, meist 5-9, oft einige rückgebildet. Narben an der Innenseite der langen Griffel herablaufend. Samenanlagen 1, selten 2, von der Bauchnaht herabhängend, 2 Integumente. Karpelle bei der Fruchtreife nußartig; Nüßchen am Grunde von langen Haaren umgeben, zu kugeligen Sammelfrüchten vereinigt. Nährgewebe spärlich. — Windblütler.

## Ordnung Fagales Tfl. 7 und 8

Die *Betulaceen* (Tfl. 8) wurden früher mit den *Fagaceen, Salicaceen, Myricaceen* und *Juglandaceen* als *Amentaceen* zusammengefaßt. Mit den *Fagaceen* wurden sie als *Cupuliferae* vereinigt. Sie sind mit ihnen nahe verwandt, unterscheiden sich aber durch das einfache Integument der Samenanlagen (Tfl. 8/1g, 2i, 3f), die dem Deckblatt aufgewachsenen ♂ Blüten (Tfl. 8, 1a-1d), die häufig geteilten Staubblätter (Tfl. 8/2e, 4d) und das Fehlen des Fruchtbechers. Während die *Fagaceen* mit den *Betulaceen* in den wandständigen Samenanlagen übereinstimmen, stehen ihnen die *Myricaceen* und *Juglandaceen* durch die einzige grundständige Samenanlage erheblich ferner. Außerhalb der engeren Verwandtschaft der genannten Familien stehen die Salicaceen durch ihre Blütenverhältnisse und durch den Bau der Frucht und des Samens.

**Blütenbauplan** der Fagales.

Blütenstände meist einfache Ähren oder Dichasienähren bis Wickelähren. Kätzchen meist aus 3blütigen Teilblütenständen (Dichasien) zusammengesetzt, bei denen bald einzelne Vor-, Perianth- und Staubblätter, bald ganze Blüten ausgefallen sind (s.Diagramme!). Vom vielblütigen Dichasium bis zur einzigen Blüte in der Achsel des Tragblattes gibt es verschiedene Stufen der Reduktion. Blüten zyklisch; gleichartige, unscheinbare, grünliche oder bräunliche Blütenhülle oder durch Reduktion hüllenlos. Blüten meist einhäusig, windblütig. Staubblätter häufig vor den Perigon- oder Blütenhüllblättern stehend, $\infty$ — 2.Fruchtknoten unterständig, coenokarp, 6-3 -2fächerig, in jedem Fach 1-2 anatrope Samenanlagen, wovon sich aber nur 1 entwickelt; daher 1samige Früchte; diese meist nußartig, ohne Nährgewebe, mit großem, geradem Keim. Befruchtung meist chalazogam (1g, 2i). Pollen 2kernig.

**Fam.Becherfrüchtler, Fagaceae Tfl.7**
**Blütenbauplan** der Fagaceae.
Blüten meist einhäusig. ♂ Blüten haben 4-6teiliges, vereintblättriges Perigon P (1b,2b,3b) und nichtgespaltene Staubblätter in unbestimmter Zahl. ♀ Blüten mit 6zähligem Perigon (P in 1a,2a,3a), 3 Fruchtblättern (2a,2g,3a), selten *(Castanea)* 4-6 (1a,1f), mit der entsprechenden Anzahl von Griffeln und Fruchknotenfächern; in jedem Fach 2 hängende, umgewendete Samenanlagen (1a,1f;2a,2g;3a,3d); 2 Integumente (2l). Fruchtknoten unterständig (1h, 2e, 3d). Frucht eine 1samige Nuß (1h,2i,2k,3f,3g). Holziger Fruchtbecher, Cupula Cu außen mit Schuppen und Stacheln besetzt, umgibt eine bis mehrere Blüten bzw. Früchte. Der Fruchtbecher Cu ist eine 4teilig angelegte, ringförmige Achsenwucherung (1a,2a,3a). Formel der ♀ Blüte: P3 + 3 G ($\overline{3}$).
**Edelkastanie,** *Castanea sativa.*
Kätzchen (1) aufrecht, walzig, unten ♀, oben ♂, manchmal auch ganz ♂; ♂ Blüten zu mehreren in Knäueln zu köpfchenförmigen Dichasien vereinigt (1). ♂ Blüte meist mit 6spaltiger Blütenhülle P und mit 8-12 Staubblättern (1b); selten mit verkümmertem Fruchtknoten. ♀ Blüten in 3zähligen, seltener mehrzähligen Dichasien, von grünem Fruchtbecher, der Cupula (Cu) dicht umschlossen (1d), mit oberständigem, meist 6teiligem Perigon (1a,1c,1e,1h). Narben 5-8, fädlich.Fruchtknoten meist 6fächerig, in jedem Fach 2 hängende Samenanlagen (1f), wovon aber gewöhnlich nur 1 zum Samen wird. Frucht eine dunkelbraune, 2-3 cm lange, von den vertrockneten Perigonzipfeln und Narben gekrönte Nuß 1h („Kastanie"). 2 oder 3 Früchte von 4klappiger, stacheliger Cupula eingeschlossen, die im Herbst mit 4 Klappen aufspringt (1g). Keimblätter des Embryos dick, fleischig, gefaltet (1k/Co).
1samige Fruchtbildung (1f,1i,1k,1l,1m). Fruchtknoten 6fächerig mit je 2 Samenanlagen. Schwinden der Scheidewände und Samenanlagen bis auf 1 Samen (1i) mit vertrockneter Columella Col und reduzierten Samenanlagen rS. Fig.1k,: Frucht in Seitenansicht nach teilweiser Ablösung des Perikarps. Nur 1 Same reift heran und füllt den ganzen Innenraum der Frucht aus. Die übrigen Samenanlagen verschrumpfen rS in 1m. Columella Col in 1l ganz an die Seite gedrückt.
**Rotbuche,** *Fagus sylvatica.*
♂ Blütenstand langgestielt, hängend, fast kugelig, reichblütig (2). ♂ Blüte hat glockiges, rötlichbraunes, 5-6-spaltiges Perigon mit 4-15 Staubblättern (2b); zuweilen in der Mitte ein rudimentärer Fruchtknoten mit fädlichem Griffel. ♀ Blütenstand auf kürzerem Stiel ± aufrecht ein 2blütiges Dichasium, da die Mittelblüte unterdrückt ist (2a); hie und da auch mehrblütig, zu weilen die gewöhnlich fehlende Mittelblüte allein entwickelt. Cupula von Anfang an 4, selten 2klappig (2h). Fruchtknoten unterständig,im unteren Teil 3fächerig (2g), in jedem Fach 2 hängende Samenknospen. Frucht eine meist 1samige, 3kantige, rotbraune, glänzende Nuß (2i). Die stachelige, 4klappige Cupula Cu umschließt 2 Nüsse, „Bucheln" oder Bucheckern (2h). Keimblätter Co gefaltet (2k). Scheidewände und Samenanlagen (2g) verkümmern bis auf 1 Samen (2m), Columella und 5 rückgebildete Samenanlagen s.Fig. 2m! Durch Vergrößern der Keimblätter wird die vertrocknete Columella in eine Ecke gedrängt: Col in Fig. 2k.
**Eiche,** *Quercus* 3-3i.
♂ Blüten einzeln in hängenden Kätzchen (3); Blütenhülle 6-8teilig (3b/P), Staubblätter 6-10. ♀ Blüten einzeln oder zu 1-5 in einander ährenartig oder kopfig genäherten, aufrechten Blütenständen (3). Bei der **Eiche** hat jede einzelne ♀ Blüte ihre besondere Cupula, aber auch ein Perigon (3d/P), letzteres undeutlich 6zähnig (3a). Fruchtknoten gefächert, wobei die 3 Wände nicht in ihrer ganzen Länge in der Mitte zusammenstoßen. Jede Fachwand trägt innen mehrere Samenanlagen, wovon sich gewöhnlich nur 1 zum reifen Samen entwickelt (3h,3i). 3 flache Griffel, oberseits die Narben tragend (3c,3d). Frucht eine eiförmige bis zylindrische Nuß („Eichel"), die am Grunde von der napfförmigen Cupula umschlossen wird (3e/Cu). Keim mit 2 großen, dicken, aneinanderliegenden Keimblättern, aber kein Endosperm (3g/Co).
1samige Fruchtbildung bei der **Eiche**: Fig.3h u.3i s.rS, die 5 der komprimierten Columella ansitzenden zurückgebildeten Samenanlagen.
**Edelkastanie,** *Castanea sativa* ist verhältnismäßig ursprünglich. Teilweise noch von Insekten, besonders Käfern besucht. ♂ Blütenstände steif. Cupula mit 3 Nüssen. – **Rotbuche,** *Fagus sylvatica,* völlig windblütig; ♂ Blüten zu mehreren in hängenden Köpfchen; ♀ in 2blütigen Dichasien. – **Eichen,** *Quercus* mit einblütigen ♂ und ♀ Dichasien. Nüsse (Eicheln) einzeln in becherförmiger, beschuppter Cupula.

**Familie Birkengewächse, Betulaceae Tfl. 8**

**Blütenbauplan** der Birkengewächse.
Blüten einhäusig, mit gleichartiger Blütenhülle, frei oder vereintblättrig, oder hüllenlos infolge Reduktion (1e, 2f, 3a, 4a). Staubblätter meist gespalten (2e, 4d). 2 Fruchtblätter (1e, 2f, 3c, 4e); Fruchtknoten unterständig (3d, 3e, 3g, 4g, 4f, 4i), 2fächerig, mit 2 hängenden, anatropen Samenanlagen (1g, 2g, 3f) mit 1 Integument (1g, 2i, 3f). Schließfrucht mit 1 Samen (1l, 2l, 3g, 3h, 3i, 4f, 4i). Deck- und Vorblätter verwachsen zu besonderen Hüllen (Fh in 3d, 3f, 3g, 4g, 4h), oft Bechern oder Schuppen.

**Tafel 7** In den Grundrissen bedeuten: T Tragblatt, P Perigon, α u.β Vorblätter der Mittelblüte, α' u. β' bzw. α,, β, Vorblätter der Seitenblüten.
– 1 Edelkastanie, Castanea sativa, ♂ u. ♀ Blütenstand. 1a Grundriß einer ♀ Blütengruppe. 1b ♂ Blüte. 1c ♀ Blütengruppe. 1d Dieselbe längs. 1e ♀ Einzelblüte. 1f Fruchtknoten quer. 1g Aufgesprungener Fruchtbecher mit 3 Früchten. 1h Einzelfrucht mit bleibenden Perigonblättern. 1i Frucht in Seitenansicht nach teilweiser Ablösung des Perikarps. Plazentarsäule oder Columella Col mit Samen und rudimentierten Samenanlagen rS. 1k Frucht längs. 1l Frucht quer. 1m Frucht längs, schematisiert, Same schraffiert. – 2 Rotbuche, Fagus silvatica, ♂ u. ♀ Blütenstand. 2a Grundriß einer ♀ Blütengruppe. 2b ♂ Einzelblüte. 2c ♀ Blütenstand. 2d ♀ Einzelblüte. 2e ♀ Blütengruppe längs. 2f Fruchtknoten längs. 2g Fruchtknoten quer, 3 Fruchtblätter mit je 2 Samenanlagen. 2h Cupula mit 2 Früchten (Nüsse). 2i Einzelne Frucht, Buchecker. 2k Einzelne Frucht quer, mit gefalteten Cotyledonen des Embryos. 2l 1 Fach des Fruchtknotens quer, 2 Samenanlagen mit je 2 Integumenten. 2m Same mit Columella und rudimentierten Samenanlagen. 2n Embryo. – 3 Eiche, Quercus, ♂ u. ♀ Blütenstand. 3a ♀ Blüte, Grundriß. 3b ♂ Blüte. 3c ♀ Blüte. 3d ♀ Blüte längs. 3e Fruchtstand. 3f Reife Frucht. 3g Dieselbe längs. 3h Dieselbe schematisch. 3i Basalteil des Perikarps, Innenansicht.
Ac Achselsproß, Co Cotyledonen. Col Columella. Cu Cupula = Fruchtbecher. Frb Fruchtblatt. Fr Fruchtknoten. Gr Griffel. Kw Keimwurzel, Radicula. N Narbe. P Perigon. rS rudimentäre Samenanlage. Sa Samenanlage. T Trag- o.Deckblatt. Te Testa, Samenschale.

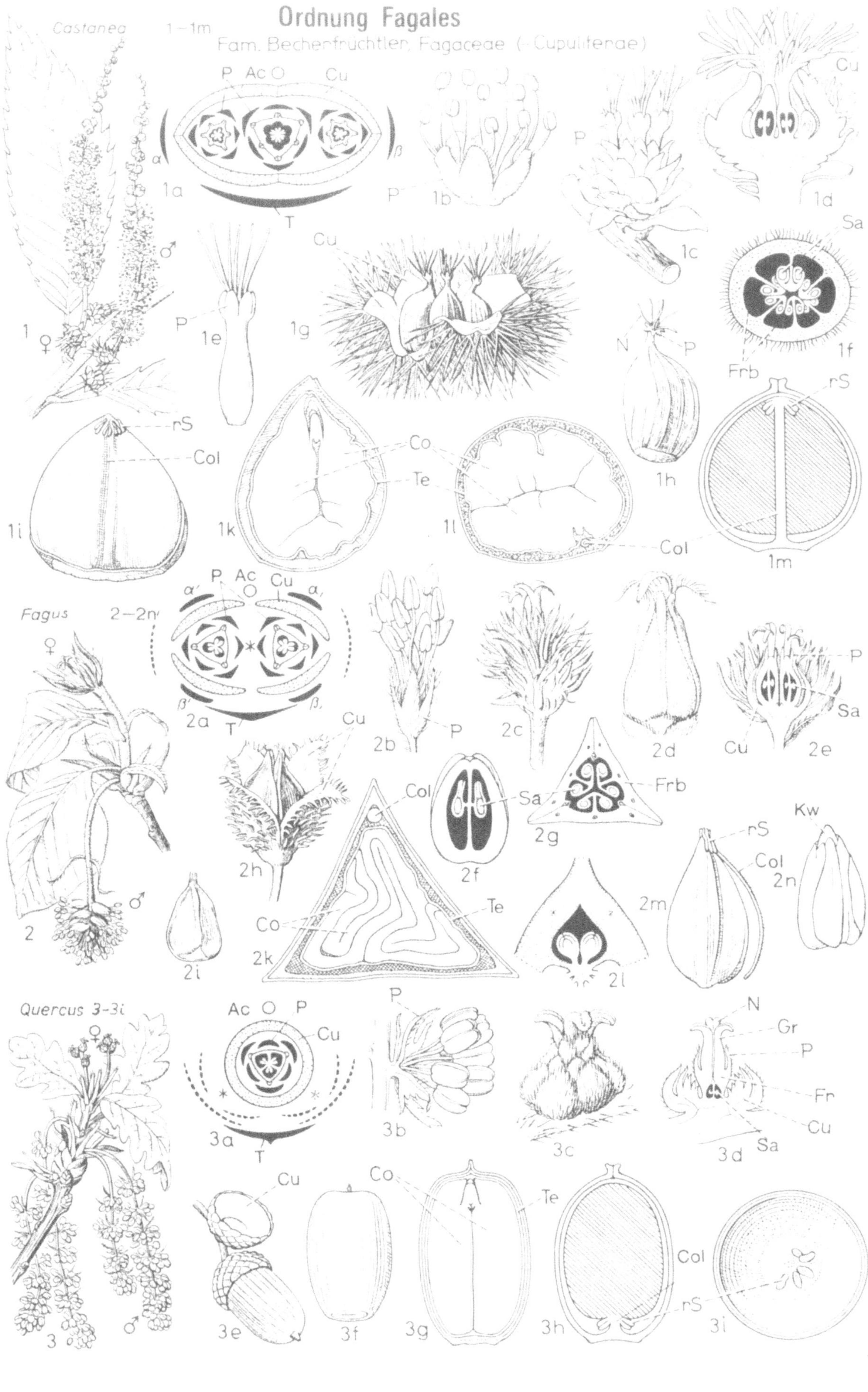
Ordnung Fagales
Fam. Becherfrüchtler, Fagaceae (= Cupuliferae)
Castanea 1–1m
Fagus 2–2n
Quercus 3–3i
P
Ac
O
Cu
T
Sa
Frb
N
rS
Col
Co
Te
Kw
Gr
Fr
1a
1b
1c
1d
1e
1f
1g
1h
1i
1k
1l
1m
2a
2b
2c
2d
2e
2f
2g
2h
2i
2k
2l
2m
2n
3a
3b
3c
3d
3e
3f
3g
3h
3i

Formel der ursprünglichen Blüten: ♂ P2+2 A2+2; ♀ G($\overline{2}$). Fortschreitende Reduktion der Blüten. Nußfrüchte, bei **Birke** und **Erle** in der Achsel holziger Schuppe sitzend, die durch Verwachsung der Vorblätter mit dem Deckblatt entsteht und bei der **Birke** in der Reife abfällt, bei der **Erle** im zapfenähnlichen Fruchtstand verbleibt. Bei **Hasel** und **Hainbuche** durch Fehlschlagen der Mittelblüte jedes Dichasium 2blütig, ♀ Blüte mit Perigon; Vorblätter dem Tragblatt nicht angewachsen, bilden eine Fruchthülle oder einen Blütenbecher. Frucht eine 1samige Nuß, da 1 Samenanlage verkümmert.

**Erle**, *Alnus* (1-11). ♂ und ♀ Kätzchen. ♂ Blüten in 3blütigen Dichasien auf schildförmigem Tragblatt T (1b). Mittelblüte mit 2 Vorblättern (αβ in 1b, 1d), Seitenblüten mit je 1 Vorblatt (β'β, in 1d, 1f), Dichasien also im ganzen mit 4 Vorblättern (1a, 1c); diese größtenteils mit Deck- od.Tragblatt (1d) verwachsen. Perigon P (1a,1c) 4spaltig; Staubblätter 4 (1a, 1c), vor den Perigonabschnitten stehend. ♀ Dichasien stets 2 blütig (1e, 1f), ohne Mittelblüte (*). Vorblätter 4 (1e, 1f), mit Tragblatt zur später verholzenden Fruchtschuppe verwachsen (1k). 2 fadenförmige Narben ragen über die Tragblätter hervor (1f). Fruchtknoten mit 2 hängenden anatropen Samenanlagen (1g); Chalazogamie (1g); nur 1 Samenanlage wird entwickelt; Frucht eine 1samige, geflügelte oder ungeflügelte Nuß (1l). Die 5 lappigen Deckschuppen verholzen, bleiben sitzen und bilden kleine Zapfen (1i). Jede Deckschuppe stützt 2 un- oder schmalgeflügelte Nüßchen (1l).

**Birke**, *Betula* 2-2l. ♂ Blüten auf Tragblatt, in 3blütigen Dichasien (2a); Mittelblüte mit Vorblättern (α,β in 2a), Seitenblüten ohne entwickelte Vorblätter (punktiert in 2a); Perigon P 4blättrig, das hintere Blatt rudimentär (2a, 2c, 2d); Staubblätter 2 (2a, 2b, 2c), selten 3, bis zum Grunde gespalten (2e), deshalb scheinbar 4 oder 6 Staubblätter. ♀ Dichasien 3 blütig (2f, 2g); die 2 Vorblätter (αβ) mit Tragblatt T zu einer 3lappigen, nicht verholzenden, bei der Reife abfallenden Deckschuppe T verwachsen (2f, 2g). ♀ Blüten ohne Perigon (2f). Fruchtknoten 2fächerig (2g, 2h), in jedem Fach 1 hängende, anatrope Samenanlage. 2 fadenförmige, rote Narben, nicht über die Tragblätter herausragend (2g). Frucht eine geflügelte 1samige Nuß (2h, 2l), da 1 Samenanlage verkümmert.
Coryleae 3-4k. ♂ Blüten vor dem Tragblatt T sitzend, ohne Perigon (3a, 3b, 4a, 4b). ♀ Blüten mit Perigon P (3d, 4g, 4f); Vorblätter dem Tragblatt nicht angewachsen, bilden eine z.T. flügelartige Hülle Fh um die Schließfrucht (3l-3g, 4g, 4h).

**Hasel**, *Corylus* 3-3i. ♂ Blüten 4 Staubblätter, gespalten (3b), daher scheinbar 8. ♀ Blüten in 2blütigen Dichasien, die zu aufrecht sitzenden, knospenähnlichen Köpfchen vereinigt sind (3). Jedes Dichasium durch Fehlschlagen der Mittelblüte (* in 3c) 2blütig; in der Achsel von hinfälligem, behaartem Tragblatt T stehend (3c, 3d); Perigon P unscheinbar, mit dem unterständigen Fruchtknoten verbunden, mit freiem, gezähneltem Rand (P in 3c,3d). 2 fadenförmige rote Narben (N in 3d). Fruchthülle Fh, Cupula Fruchtbecher aus den Vorblättern (3c) hervorgehend, glockig, zerschlitzt, so lang oder länger als Frucht (3e-3g). Fruchtknoten (3f) ursprünglich 2fächerig, je Fach 1 hängende Samenanlage. Frucht eine 1samige, hartschalige Nuß (3g); nur 1 Same, da 1 Samenanlage verkümmernd (rS in 3h,3i); Samenhaut (Te in 3h,3i) dünn, gelbbraun. 1samige Fruchtbildung durch Schwinden der Scheidewände bis auf Plazentarsäule.Columella Col wie bei Edelkastanie, Buche, Eiche.
Aus der Zweizahl der Narben schließen wir auf 2 Blätter des Fruchtknotens. 2 Scheidewände unterteilen das Ovar in ebensoviele Fächer. Deren jedes bringt 1 Samenanlage hervor (3f). 3h zeigt junge Frucht, längs geöffnet, mit wachsender Samenanlage und Columella Col, die der Samenentwicklung durch starkes Längenwachstum gefolgt ist. Der Same sitzt an der Spitze der Columella Col. Dort sitzt in verschrumpftem Zustand die verkümmerte 2. Samenanlage rS. – 3i Halbierter Samen; AK Achsenkörper des Embryos; Te Hautartige Testa. Innenraum des Samens wie bei den Becherfrüchtlern ganz vom Embryo eingenommen. PK Perikarp.

**Hain-** oder **Weißbuche**, *Carpinus betulus* 4-4k. ♂ und ♀ Kätzchen kommen erst mit dem Laub hervor (4), beide sind lang und stielrund. ♂ Blüten ohne Vorblatt (punktiert) und ohne Perigon (4a); in der Achsel des Tragblattes (T in 4a-4c) 4-12 gespaltene Staubblätter (4b, 4c). 2 ♀ Blüten mit unscheinbarem Perigon (P in 4e, 4g, 4f) in einem Dichasium (4e); Mittelblüte verkümmernd (in 4e); ♀ Blüte in der Achsel eines sehr langen, zugespitzten, bewimperten Tragblattes (α in 4g,4h); 2 fadenförmige, rote Narben (N in 4g,4f). Fruchthülle 3lappig, aus 2 Vorblättern α' und β' und Vorblatt α bestehend (4e,4g,4h), umschließt gerippte Nuß nur am Grunde (4g,4h): Seitenlappen viel kürzer als der Mittellappen (4h). Frucht 1samiges Nüßchen, vom Perigon P umgeben und gekrönt (P in 4g,4f,4i). Fruchthülle fällt mit Nüßchen ab. Flugorgan Fh in 4h.

**Tafel 8** In den Grundrissen bedeuten: Ac Achselspross, Perigon, α und β Vorblätter der Mittelblüte, α und β bzw. α, β Vorblätter der Seitenblüten (Nach Firbas geändert). 1 Erle, Alnus, ♂ und ♀ Blütenstand. 1a ♂ Blütengruppe, Diagramm. 1b ♂ Blütengruppe von vorn, 1c von innen, 1d von hinten. 1e ♀ Blütengruppe, Diagramm. 1f ♀ Blütengruppe. 1g Fruchtknoten längs, Chalazogamie. 1h ♀ Kätzchen. 1i Fruchtstand. 1k Zapfenschuppe. 1l Frucht, breitgeflügelte Nuß. – 2 Birke, Betula, ♂ und ♀ Blütenstand. 2a ♂ Blütengruppe, Diagramm. 2b ♂ Teilblütenstand von der Seite, 2c von vorn, 2d nach Ablösen der Staubblätter. 2e Anthere. 2f ♀ Blütengruppe, Diagramm. 2g Gruppe von 3 ♀ Blüten. 2h ♀ Blüte längs. 2i Fruchtknoten und Samenanlagen längs, Chalazogamie. 2k Fruchtschuppe. 2l Frucht breitgeflügelte Nuß.– 3 Hasel, Corylus, ♂ und ♀ Blütenstand. 3a ♂ Blüte, Grundriß. 3b♂ Blüte mit Tragblatt und den 2 Vorblättern. 3c ♀ Blütengruppe, Grundriß. 3d ♀ Blütengruppe kurz nach der Bestäubung. Die Vorblatt- oder Fruchtblatthülle Fh umhüllt den Fruchtknoten, der am Gipfel das rudimentäre aus etwa 4-6 sehr kleinen Zähnchen bestehende Perigon trägt. 3e Junge Nuß mit aufgeschnittener Fruchthülle. 3f Junge Frucht mit 2 Samenanlagen längs. 3g Frucht mit Fruchthülle (Fh), verkümmerte Narbe, unterhalb von N der Anheftungskreis des abgefallenen Perigons noch sichtbar. 3h Reife Frucht (Nuß) längs, Same halbiert. 3i Junge Frucht, längs geöffnet. – 4 Weißbuche, Carpinus betulus, ♂ und ♀ Blütenstand. 4a ♂ Blütengruppe, Grundriß. 4b♂ Blütengruppe mit Tragblatt, von unten, 4c von der Seite. 4d Anthere. 4e Grundriß einer ♀ Blütengruppe. 4f ♀ Blüte ohne Vorblatthülle oder Fruchthülle, mit Perigon P. 4g ♀ Blüte mit Vorblatthülle. 4h Frucht (Nuß) mit Vorblatthülle. 4i Frucht ohne Vorblatthülle, mit Perigon. 4k Fruchtstand.

Ac Achselsproß. AK Achsenkörper des Embryos. Co Cotyledon. Col Columella. Es Embryosack. Fh Fruchthülle. Mp Mikropyle. N Narbe. P Perigon. Pk Perikarp. Ps Pollenschlauch. Sa Samenanlage. Te Testa, Samenhaut oder Samenschale. T Trag- oder Deckblatt. rs verkümmerte Samenanlage.

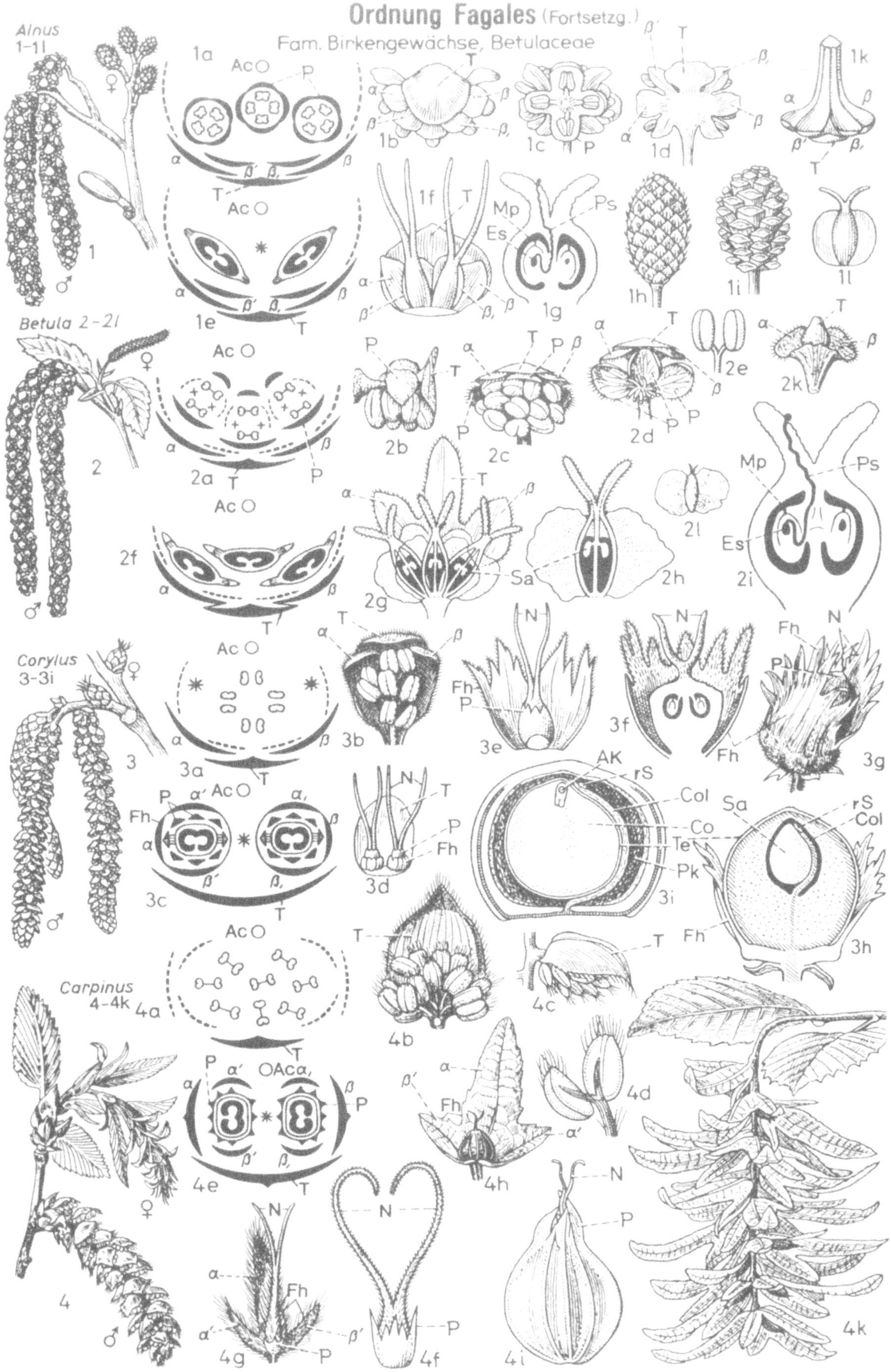
Ordnung Fagales (Fortsetzg.)
Fam. Birkengewächse, Betulaceae
Alnus 1–1l
Betula 2–2l
Corylus 3–3i
Carpinus 4–4k

## Ordnung Urticales Tfl. 9

**Blütenbauplan** der Urticales.
Oft dichtgedrängte, jedoch selten kätzchenähnliche Blütenstände. In einigen Familien eigentümliche Fruchtstände. Meist unscheinbare Blütchen. Mit Ausnahme von *Ficus* Windbestäubung, kein Nektar. Bei **Ulme** Blüten noch zwittrig, sonst immer 1geschlechtig, das andere Geschlecht bisweilen noch rudimentär angedeutet (2,2b,6a). Bei *Morus* und *Glaskraut* ausnahmsweise auch Zwitterblüten; auf ♂ **Hopfenpflanzen** gelegentlich auch ♀ Blüten. Im Gynoeceum ist ein stufenweiser Übergang vom dimeren zum pseudomonomeren Bau (6a) in der Stufenfolge *Ulmaceae – Moraceae – Urticaceae* festzustellen.

**Familie Ulmengewächse, Ulmaceae 1-1e**
**Bauplan** der Ulmenblüte.
Blüten in dichten Büscheln in den Achseln von Niederblättern schon vor der Belaubung. Blüten meist zwittrig, bisweilen ♂♀, mit vereintblättriger, glocken- oder trichterförmiger Blütenhülle und entsprechender oder größerer Anzahl gerader Staubblätter (1a). Fruchtknoten oberständig, mit 2 Griffelästen, die zeigen, daß er aus 2 Fruchtblättern gebildet ist (1b); meist 1 Fach, bisweilen 2fächerig mit 1 oder 2 (1b) anatropen, vom Scheitel herabhängenden (1b-1e) Samenanlagen. Geflügelte Nuß (1e). Keim gerade, meist ohne Nährgewebe.
**Feld-Ulme,** *Ulmus carpinifolia.* 1,1a,1c. Blüten etwa 3 mm lang. Perigon weiß bewimpert, Abschnitte 4-5, im unteren Teil verwachsen. Staubblätter ebensoviele, vor den Perigonblättern stehend. Flügelfrüchte verkehrt-eiförmig bis herzförmig, 1,3–2,5 cm lang. Samen sitzt in der oberen Hälfte der Frucht.
**Berg-Ulme,** *Ulmus glabra* 1b,1d,1e. Perigon bewimpert. 2 Fruchtblätter, 2 Fächer bildend; in jedem Fach 1 herabhängende anatrope Samenanlage. –
**Flatter-Ulme,** *U. laevis.* Perigon dorsiventral mit 5-8 Abschnitten.

**Familie Maulbeergewächse, Moraceae 2-3i**
**Blütenbauplan**
Blüten in kätzchen- oder köpfchenähnlichen, zusammengesetzten Ständen. Blüten 1geschlechtig, zu eigenartigen Ständen vereinigt (2e,3a). 2-6, meist 4 Perigonblätter P und ebensoviel gegenüberstehende Staubblätter. Fruchtknoten oberständig, dessen Wand sich auf der einen Seite in den oben umgebogenen Griffel verlängert (2g,3g) und im Innern die einzige Samenknospe trägt, mit 2 Fruchtblättern (2a,2g,3g), meist 1fächerig, mit 1 hängenden Samenanlage (2h,2g,3g). Mikropyle nach oben gerichtet (2h,3g). Meist gekrümmter Keim im Endosperm (2m).
**Maulbeerbaum,** *Morus.* Männliche Blütenstände 2-4 cm lange Kätzchen auf 1 cm langen Stielen, Perigon 4teilig (2b), Staubblätter 4, in der Knospe elastisch nach innen gekrümmt (2c). Fruchtknoten mit 2 Narben (2f). ♂ Blütenformel P2+2 A2+2 (2,2b). Auch das Perigon der ♀ Blüte 4blättrig (2a,2f). ♀ Blüte: P2+2 G$\underline{2}$. Perigonblätter der ♀ Blüten färben sich schwarz oder weiß **(Schwarzer** und **Weißer Maulbeerbaum,** *M. nigra u. M. alba),* werden fleischig, wodurch der „Maulbeere" genannte Nußfruchtstand (-Scheinfrucht) entsteht (2i).–
**Papiermaulbeerbaum,** *Broussonetia papyrifera* 2c-2h. Blüten 2häusig. ♂ Blütenstände hängende Kätzchen. ♀ Blütenstände kugelige Köpfchen. Fruchtknoten gestielt (2h), Narben dünn, fadenförmig (2e). Frucht mit fleischiger Außenschicht, durch dicken, fleischigen Träger über den fleischigen Blütenboden emporgehoben (2h). Einzelfrüchte auf dem Träger. Fruchtstand orangefarben. Weibliche Blüte: 1 Griffelast nur auf der einen Seite entwickelt und 1 hängende Samenknospe mit aufwärtsgewendeter Mikropyle (2g,2h). Nüßchen von der fleischig gewordenen Hülle umhüllt.–
**Feige,** *Ficus* 3-3i. Pflanzen einhäusig. Blütenstandsachse fleischig, birnförmig (3), innen hohl (3a): „Urne" mit vielen kleinen Blütchen auf der Innenfläche und Hochblattschuppen Hs, die den Eingang verschließen (3a). ♀ Blüten am Grunde, ♂ oben in der Umgebung des Einganges (3b). Perigon unscheinbar, an ♂ Blüten 3-5teilig(3e), an ♀ Blüten 3–5teilig (3c,3d,3f). Staubblätter 3-5, gewöhnlich 3. 1 Griffel mit 2 Narben. Fruchtknoten mit 1 anatropen Samenanlage (3g); Integumente 2, später rückgebildet. „Frucht" (Feige) ein Fruchtstand (3), grün, braun, violett bis schwarz, auch gestreift;5-8 cm lang; Fruchtfleisch grün oder rot, im Innern Einzelfrüchte (Nüßchen 3i). Zweierlei ♀ Blüten: solche mit langen Griffeln (Fruchtblüten 3d) und solche mit kurzen Griffeln (Gallenblüten 3e,3h). In 3g ein Griffelast nur auf der einen Seite entwickelt; sehr große Ähnlichkeit mit den ♀ Blüten von Morus (2g). Staubfäden in der Knospenlage gerade (3b). 3h Gallenblüte mit ausschlüpfender Gallwespe. 3i Einzelne Frucht.

**Tafel 9** 1 Feld-Ulme, Ulmus carpinifolia, Blütengrundriß. 1a Blüte mit Trag- und Vorblättern. 1b Bergulme, Ulmus glabra, medianer Längsschnitt, 2 Fächer. 1c Feld-Ulme, Blüte längs. 1d Ulmus glabra, Fruchtknoten, medianer Längsschnitt. 1e Ulmus glabra, Frucht vorn geöffnet, um von der Spitze des Faches herabhängenden Samen zu zeigen. – 2 Weißer Maulbeerbaum, Morus alba, ♂ Blüte, Grundriß. 2a ♀ Blüte, Grundriß. 2b ♂ Blüte. 2c Papiermaulbeerbaum, Broussonetia papyrifera, eingebogenes Staubblatt aus geschlossener Blüte. 2d gestrecktes Staubblatt aus geöffneter Blüte. 2e ♀ Blütenstand 2f ♀ Einzelblüte. 2g Sehr junge ♀Blüte im Längsschnitt. 2h ♀ Blüte im späteren Zustand, Fruchtknoten längs. 2i Schwarzer Maulbeerbaum, M.nigra, Fruchtstand. 2k Same. 2m Same längs. – 3 Feigenbaum, Ficus carica, Blütenstand. 3a F.pumila, Blütenstand längs. 3b ♂ Blüte. 3c ♀ Einzelblüte, Gallenblüte. 3d Fruchtblüte. 3e ♂ Blüte. 3f ♀ Blüte aus dem Blütenstand des „Ficus", Eßfeigenbaum, d.h. ♀ Stöcke, die nur Samenblüten erzeugen. 3g F.carica, ♀ Fruchtblüte aus einer Feige der Fichi (Sommergeneration) der Wilden Feige, durchsichtig gemacht. 3h Gallenblüte mit ausschlüpfender Gallwespe. 3i Einzelfrucht. 4 Kultur-Hanf, Cannabis sativa, Grundriß der ♂ Blüte. 4a ♀ Blüte, Grundriß vereinfacht. 4b ♂ Blüte. 4c ♀ Blüte: Tragblatt mit Borsten und Drüsenhaaren, Perigon, Fruchtknoten mit durchscheinender Samenknospe. 4d Fruchtknoten nach Entfernung des Perigons (im opt. Längsschnitt), mit Griffelansatz. 4e Scheinfrucht. 4f Same. 4g Freigelegter Keimling. – 5 Hopfen, Humulus lupulus, ♂ Blüte. 5a ♀ Blütenzapfen. 5b 2 ♀ Blüten mit Tragblatt und 2 Vorblättern. 5c ♀ Blüte längs: Perigon, Fruchtknoten mit Samenanlage und Griffelästen. 5d Längsschnitt der halbreifen Frucht mit dem hufeisenförmigen Embryo. 5e Fruchtzapfen. 5f Frucht längs. 5g Same. – 6 Große Brennnessel, Urtica dioica, Grundriß der ♂ Blüte. 6a ♀ Blüte, Grundriß. 6b junge ♂ Blüte. 6c ♂ Blüte beim Erblühen. 6d ♀ Blüte. 6e ♀ Blüte längs. 6f Aufrechtes Glaskraut, Parietaria officinalis, Stempel längs. 6g Same. 6h Junge Frucht längs.

E Embryo. En Endosperm, Nährgewebe. Fb Fruchtblatt. Fr Fruchtknoten. FrS Fruchtschale. Hs Hochblattschuppe. I äußeres Integument, i inneres Integument. P Perigon. Pa äußeres Perigonblatt. Pi inneres Perigonblatt. rFb reduziertes Fruchtblatt. rFr reduzierter Fruchtknoten. Sa Samenanlage. stSch sterile Schuppe. T Trag- oder Deckblatt. V Vorblatt.

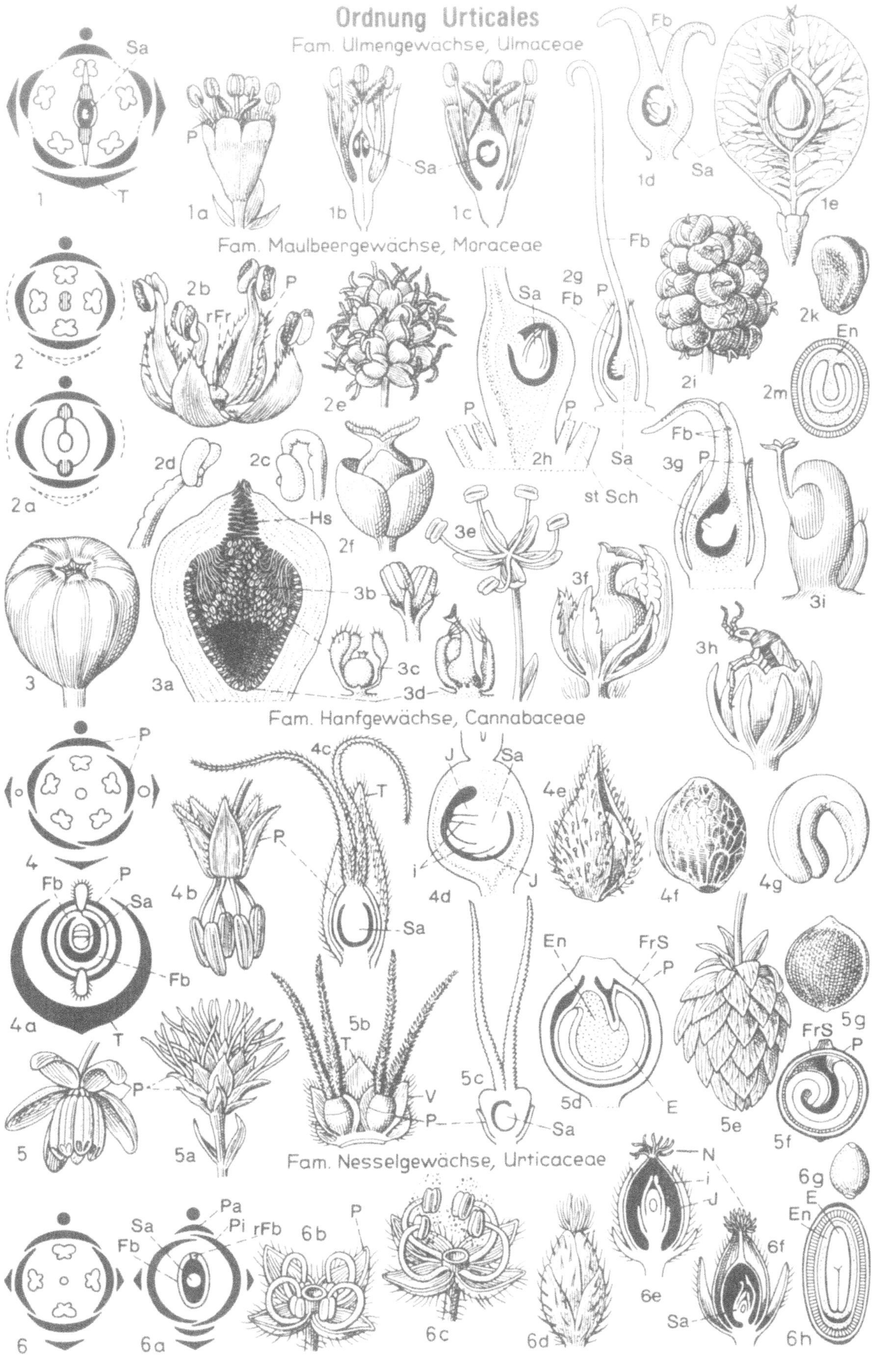
Ordnung Urticales
Fam. Ulmengewächse, Ulmaceae
Fam. Maulbeergewächse, Moraceae
Fam. Hanfgewächse, Cannabaceae
Fam. Nesselgewächse, Urticaceae
Sa
Fb
P
T
rFr
Hs
En
st Sch
J
i
V
FrS
E
N
Pa
Pi
rFb
1
1a
1b
1c
1d
1e
2
2a
2b
2c
2d
2e
2f
2g
2h
2i
2k
2m
3
3a
3b
3c
3d
3e
3f
3g
3h
3i
4
4a
4b
4c
4d
4e
4f
4g
5
5a
5b
5c
5d
5e
5f
5g
6
6a
6b
6c
6d
6e
6f
6g
6h

**Familie Hanfgewächse, Cannabaceae 4-5g**
**Blütenbauplan** der Hanfgewächse.
Zweihäusig. Männliche Blütenstände in lockeren Trauben oder Rispen, weibliche dichter und weniger Blüten. Blüten klein, grünlich; ♂ mit freien Perigonblättern und in der Knospenlage aufrechten Staubfäden; ♀ mit becherförmiger Blütenhülle (P/4c,5c), Fruchtknoten auf ein 1samiges Fach reduziert. Samenanlagen hängend (4d,5d), umgewendet, mit 2 Integumenten (4d); Narben 2, fadenförmig. Trockene Schließfrüchte; Embryo aufgerollt oder hakig gekrümmt (4g,5f) – Windblütler.
**Hanf,** *Cannabis sativa* 4-4g. Blütenstände seitenständig, rispenartig. ♂ Blüte mit 5 freien, weißlich-grünen Perigonblättern und 5 geraden Staubblättern (4b); in der Mitte gelegentlich Rudiment des Fruchtknotens (4). ♀ Blüte von einem behaarten Tragblatt T kapuzenartig umschlossen, auch bei der Reife (4e); Blütenhülle P ungeteilt, becherartig, den Grund des Fruchtknotens umgebend (4c). Fruchtknoten oberständig (4c), aus 2 Fruchtblättern gebildet (4a), 2 lange, von unten an getrennte, papillöse Griffeläste (4c), 1fächerig, mit nur 1 umgewendeten, seitlich oben ansitzenden Samenanlage (4d). Frucht eine vom Vorblatt umhüllte Nuß (4e). Same (4f) ölhaltig. Embryo hakig gekrümmt (4g). – **Hopfen,** *Humulus lupulus* 5-5g. ♂ Blüten in lockeren Rispen, ♀ Blütenstand zapfenartig 5a. ♂ Blüte mit 5 freien, weißlichgrünen Perigonblättern P und 5 Staubblättern (5). ♀ Blüten zu mehreren in der Achsel eines Deckblattes T, mit Vorblättern V (5b)*, die sich beim Reifen stark zum Fruchtzapfen vergrößern (5e). 2 bis zum Grunde getrennte, papillöse Griffel wie beim Hanf. Die Tragblätter der Einzelblüten wachsen stärker heran als das gemeinsame Tragblatt und werden zu den großen Schuppen der Hopfenzapfen. Das Früchtchen ist ganz in eine dünne Haut eingeschlossen, die durch das vergrößerte Perigon P gebildet wird, von der harten Fruchtschale leicht ablösbar (5f). Anheftung der Samen in der Nähe des Scheitels (5d,5f). Embryo spiralig eingerollt. Endosperm fehlt (5f) wie beim Hanf.

**Familie Nesselgewächse, Urticaceae 6-6h**
**Bauplan** der Nesselblüte.
Trugdolden; Knäuel, Scheinköpfchen oder Scheinähren bildend. Blüten unscheinbar, ♀ oder durch Abort 1geschlechtig (6-6f); 1- oder 2häusig. ♂ Blüte 4zählig (6,6b,6c), die 4 Staubblätter vor den 4 Blütenhüllblättern, in der Knospe nach innen gebogen (6b), beim Erblühen vorschnellend und Staubwölkchen bildend (6c). Blütenhülle der ♂ Blüten meist strahlig; ♀ Blüten unregelmäßig mit 2-5 freien oder verwachsenen Perigonabschnitten, ohne Staubblätter oder höchstens mit kleinen Staminodien. Die 2 äußeren Perigonblätter Pa kleiner (6a,6d), die beiden inneren Pi größer und später die Frucht einschließend (6h). Fruchtknoten pseudomonomer, d.h. von den Fruchtblättern ist nur 1 fertil, das andere stark rückgebildet (6a/rFb). Fruchtknoten oberständig (6e). 1fächerig, 1samig. Samenanlage grundständig, atrop (6e). Griffel sehr kurz oder fehlend. Narbe pinselförmig behaart. Frucht eine 1samige Nuß (6h). Embryo im Nährgewebe, gerade (6h/E).

* Leider ist hier die Deutung der Blattgebilde in der wiss. Lit. nicht übereinstimmend. Hegi (1957) bezeichnet Trag- oder Deckblatt T als Hochblatt und Vorblätter V als Tragblätter. Von anderer Seite auch Nebentragblätter genannt.

**Große Brennessel,** *Urtica dioica.* Blütenzweige in der Regel nur ♂ oder nur ♀ Blüten tragend. – **Kleine Brennessel,** *U.urens.* ♂ und ♀ Blüten an den Blütenstandästen vermengt; letztere kürzer als bei Gr.Brennnessel, aufrecht oder abstehend. ♀ Blüten 1 mm lang, O,5 mm breit. – **Russische Brennessel,** *U.kioviensis.* Blüten einhäusig (untere Blütenstände ♀, mittlere z. T. gemischt, obere ♂). Niederösterreich.
**Glaskraut,** *Parietaria.* Blüten vielehig (polygam), 1-2geschlechtig, in gedrängten, blattwinkelständigen, knäuelförmigen Trugdolden. Blütenhülle grünlich. ♂ Blüten mit 4blättriger Blütenhülle und 4 Staubblättern. ♀ Blüten mit röhrig-bauchiger, an der Spitze kurz 4zähniger, eng anliegender Blütenhülle. Fruchtknoten 1fächerig mit nur 1 Samenanlage. Äußeres Integument viel länger als das innere, zwischen beiden oft ein Hohlraum (6f). Griffel kurz. Frucht eine 1samige, gerade, eiförmige, von der vertrockneten Blütenhülle eingeschlossene Nuß. – **Aufrechtes Glaskraut,** *P.officinalis.* Blütenknäuel kugelig, Tragblätter kürzer als die Blüten, sitzend. Nüsse 2-2,5 mm lang, schwarz. Perigonblätter der ♀ und ⚥ Blüten nach der Blüte meist nicht verlängert. – **Ästiges Glaskraut,** *P.ramiflora.* Blütenknäuel kugelig, viel kürzer als die Blattstiele. Tragblätter kürzer als die Blüten, herablaufend. Perigon der ♀ und ⚥ Blüten nach der Blüte verlängert. – **Pillen-Brennessel,** *U.pilulifera.* Habitus in beiden Geschlechtern der nämliche wie bei U.dioica. Die ♂ Blütenstände sind hier mehr ähren-, die ♀ köpfchenförmig.

## Ordnung Myricales

Diese Ordnung umfaßt 3 Gattungen mit 56 Arten. In Europa kommt nur der **Gagelstrauch,** Myrica gale, wild vor. Wie die folgende nahverwandte Ord. Juglandales ist auch diese durch 2blättrigen Fruchtknoten mit 1 aufrechten Samenanlage gekennzeichnet. Es besteht jedoch keine Chalazogamie.

## Ordnung Juglandales Tfl. 10

**Fam. Walnußgewächse, Juglandaceae.**
*Walnuß, Juglans regia; Schwarznuß, Juglans nigra.* Kätzchenförmige Blütenstände. Blüten eingeschlechtig, einhäusig; Perigon unscheinbar, einfach, kelchartig. ♂ Kätzchen walzig, vielblütig, meist hängend. ♂ Blüten: Tragblatt T, 2 Vorblätter V, 2-4blättriges Perigon und $\infty$ -2 Staubblätter auf abgeflachtem Blütenboden, oft mit rudimentärem Fruchtknoten.
♀ Blüten in wenigblütigen, aufrechten Ähren. Tragblatt T frei oder dem Grunde des Achsenbechers angewachsen; 2 Vorblätter V dem Achsenbecher eingefügt und am Grunde mit ihm verwachsen. 4blättriges Perigon. Fruchtknoten unterständig (1f), aus 2 Fruchtblättern gebildet (1e), mit 2 Griffeln bzw. Narben, 1fächerig, nur am Grunde unvollkommen 2- oder 4fächerig; am Grunde des Faches die eine aufrechte Samenknospe mit nur 1 Integument J. Frucht eine Steinfrucht oder Nuß mit fleischiger Außenschicht, die bei der Reife abgeworfen wird, sodaß der Stein, die „Walnuß", frei wird. Das Endokarp ist hart, oft krustig, oft mit 2 unvollständigen Scheidewänden; durch diese wird der nährgewebelose Same tief 2- oder 4lappig. Keimblätter dickfleischig und gefaltet; Samenschale dünn. Chalazogamic (1f).

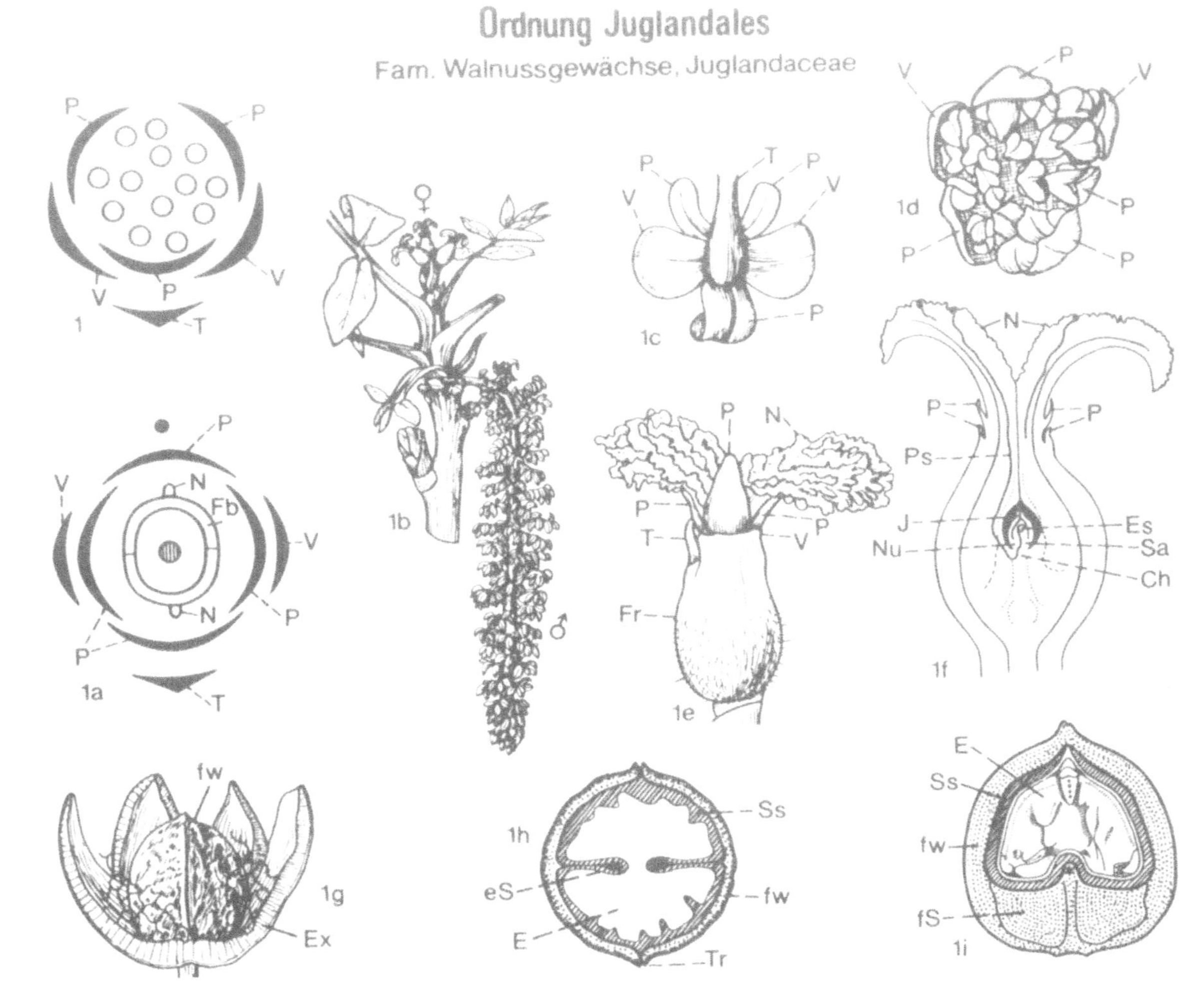


**Tafel 10** – 1 Gemeiner Walnußbaum, Juglans regia, ♂ Blütengrundriß. 1a ♀ Blütengrundriß. 1b Zweig mit ♂ Blütenkätzchen und ♀ Blüten. 1c ♂ Blüte mit Tragblatt T. 1d ♂ Blüte von unten. 1e ♀ Blüte. 1f ♀ Blüte i.Längsschnitt. Chalazogamie. 1g Frucht, Exokarp aufgeschnitten und hartes Endosperm (Steinkern fw) sichtbar. 1h Steinkern quer. 1i Längsschnitt durch den Steinkern der Frucht.

Ch Chalaza. E Embryo. Es Embryosack. eS echte Scheidewand. Ex Exokarp. Fr Fruchtknoten. fS falsche Scheidewand. fw Steinschicht der Fruchtwand, Steinkern. J Integument. N Narbe. Nu Nucellus. P Perigon. Sa Samenanlage. Ss Samenschale. Tr Trennungslinie. T Tragblatt (Deckblatt). V Vorblätter.

## 3. Unterklasse Rosidae (-Rosiflorae)

Diese Unterklasse ist vor allem durch die systematisch sehr wichtige Erscheinung der sekundären Polyandrie gekennzeichnet, und zwar handelt es sich um zentripetales Dédoublement. Man unterscheidet eine primäre und eine sekundäre Polyandrie. Erstere kommt z.B. bei Magnolia vor, wenn sich die Zahl der Staubblattanlagen an der gestreckten Blütenachse nach oben hin vermehrt. Letztere tritt auf, wenn sich das Gewebe an den wenigen Bildungszonen der Staubblätter durch vergrößerte ganze Staubblattgruppen vermehrt, wo vorher nur Einzelstaubblätter entstanden. Diese Erscheinung wird als Dédoublement bezeichnet (siehe S. 16!) Wie die Entwicklung zeigt, können zusätzliche Staubblattanlagen in verschiedener Richtung entstehen. Bilden sich die Anlagen von außen nach innen, so sprechen wir von zentripetalem Dédoublement. Dies ist besonders bei den Rosidae u. Myrtanae der Fall. Entstehen sie aber von innen nach außen, so spricht man von zentrifugalem Dédoublement, besonders bei Hypericaceae und Dilleniidae vorkommend.

Blüten überwiegend zyklisch und freikronblättrig. Tendenz zur Bildung becherförmig vertiefter oder scheibenförmig verbreiterter Blütenböden mit Diskusbildungen. Häufig zentralwinkelständige Plazentation und oft Reduktion der Samenanlagenzahl.

## Ordnung Saxifragales Tfl. 11

**Familie Dickblattgewächse, Crassulaceae 1–2f**

**Blütenbauplan.** Blüten strahlig, meist 5, seltener 6-vielzählig (Sempervivum). Kronblätter meist frei (1,1a,1b,2a), seltener verwachsen mit aufsitzenden Staubblättern (Echeveria, Bryophyllum u.a.). Staubblätter soviele oder doppelt soviele als Kronblätter (1, 1a, 1b, 2). Fruchtblätter ebensoviele wie Kronblätter, frei oder nur am Grunde verwachsen (1b, 2b), mit freiem Griffel. An der Bauchnaht der Fruchtblätter meist zahlreiche anatrope Samenanlagen (1c, 2d). Außen unter jedem Fruchtknoten meist 1 Honigschüppchen Ds (1c, 2). Sammelfrucht (1e,2f). Balgkapseln aufrecht oder strahlig abstehend, an der Innennaht aufspringend (1e, 2f). Samen ohne Nährgewebe.

Unterfam. Sedoideae 1–1e. **Scharfer Mauerpfeffer,** *Sedum acre.* Blüten meist 5 (3–7) zählig, obdiplostemon; Staubblätter in 2 Kreisen; Fruchtblätter meist so viele wie Kron- u. Kelchblätter, ± frei; vor jedem Fruchtblatt 1 kurze Drüsenschuppe Ds. (Karpellschüppchen). –

Unterfam. *Sempervivoideae* 2–2f. Gttg. **Hauswurz,** *Sempervivum.* Blüten 6–vielzählig. Blütenachse tellerförmig verbreitert, leicht bastardierend.

**Familie Steinbrechgewächse, Saxifragaceae 3-3e**
**Blütenbauplan:** Blüten meist zwittrig, meist strahlig, obdiplostemon. Fruchtknoten ober- bis unterständig, 2fächerig. 2 Fruchtblätter, können frei stehen, meist aber untereinander und mit der becherförmigen Blütenachse verwachsen; die 2 Griffel sind jedoch immer frei . 2fächerige Kapsel mit vielen Samen, die sich an den Bauchnähten zwischen den 2 bleibenden Griffeln öffnet. Endosperm. Blütenformel K5 C5 A5+5 G2 (bis 3).

**Familie Stachelbeergewächse, Grossulariaceae 4–4e**
Formel der Ribes-Arten: * K5 C5 A5 G($\overline{2}$).
**Rote Johannisbeere,** *Ribes rubrum* u. Schwarze J., *R. nigrum* (4,4a,4b,4e). Blüte ähnlich Saxifraga, aber mit 1fächerigem, unterständigem Fruchtknoten (4, 4b), der zur Beere wird. **Stachelbeere** *R. uva crispi,* (4c,4d) oberhalb des Fruchtknotens eine napf- oder röhrenförmige Verlängerung der Blütenachse, die auf ihrem Rande Kelch, Krone und Staubblätter trägt. 5 Kelchblätter viel länger als die 5 gelblichen Kronblätter. 2blättriger unterständiger Fruchtknoten mit 1 Fach und 2 parietalen Plazenten mit vielen Samenanlagen (4d). Frucht eine Beere. Samen mit fleischiger, saftiger Schale Ss (4e).

**Familie Hortensiengewächse, Hydrangeaceae 5–7**
**Pfeifenstrauch, „Falscher Jasmin“,** *Philadelphus coronarius,* häufiger Zierstrauch, 5–5c. Traubige Blütenstände. Kelchzipfel und Kronblätter 4; viele Staubblätter und 4 Fruchtblätter mit einem 4fächerigen (5), unterständigen (5b) Fruchtknoten. Kapsel (5c) kreiselförmig. – **Rauhe Deutzie,** *Deutzia scabra.* (6) Ziersträucher mit weißen, oft rötlich angelaufenen Blüten. K5 C5 A5+5 G3. Blütenachse glockig, mit dem Fruchtknoten verwachsen (6a), zur Zeit der Reife verdickt und hart. Griffel 3–4, lang fadenförmig. Frucht hart, kugelig, 3–5 fächerig, scheidewandspaltig aufspringend. Staubfäden oben 3 spaltig (6, 6a). – **Hortensie,** *Hydrangea hortensis* 7. Blütenstand trugdoldig, kugelig. Große Blüten unfruchtbar, als Schauapparat nur außen im Blütenstand, während die anderen Blüten klein, strahlig und zwittrig sind. Die unfruchtbaren Blüten sind meist 4zählig (7). Ihre Kelchblätter sind vergrößert, bunt (K); Kron- (C) und Staubblätter sind stark unterdrückt .

**Tafel 11** – 1 Milder Mauerpfeffer, Sedum sexangulare boloniense, Blütengrundriß. 1a S. crenatum Bois. Blütenknospe an der Basis quer. 1b Scharfer Mauerpfeffer, S.acre, Blüte am Langtrieb. 1c S. crenatum, Fruchtblatt der offenen Blüte längs. 1d S. acre, Frucht geschlossen. 1e Frucht geöffnet. – 2 Echte Hauswurz, Sempervivum tectorum, Blütengrundriß. 2a Spinnenweben=Hauswurz, S.arachnoideum, Blüte. 2b S. tecto=rum, Blüte längs. 2c S. tectorum var.rhenanum, Stempel. 2d S.roseum, Fruchtblatt mit Samenanlagen quer. 2e S.funckii, Frucht. 2f S.arachnoideum,Frucht. –3 Knöllchen=Steinbrech, Saxifraga granulata, Blütengrundriß. 3a Blüte. 3b Sternblütiger St., S.stellaris, Blüte längs. 3c S.granulata, Blüte längs. 3d Trauben=Steinbrech, S.paniculata aizoon, Fruchtknoten längs. 3e Frucht geöffnet. – 4 Rote Johannisbeere, Ribes rubrum, Blütengrundriß. 4a Blüte von oben. 4b Blüte längs. 4c Stachelbeere, R.uva crispi (R.grossularia), Blüte längs. 4d Frucht quer. 4e R.rubrum, Same längs. – 5 Pfeifenstrauch (Falscher Jasmin), Philadelphus coronarius, Blütengrundriß. 5a Blüte. 5b Blüte längs. 5c Fruchtknoten mit Kelch. – 6 Rauhe Deutzie, Deutzia scabra, Blüte. 6a Blüte längs. – 7 Garten=Hortensie, Hydrangea hortensis, Blüte.

C Kronblatt. Ds Drüsenschuppe. E Embryo. En Endosperm. Fb Fruchtblatt. K Kelchblatt. Sa Samenanlage. Sd Staminodium. Ss Samenschale. St Staubblatt.

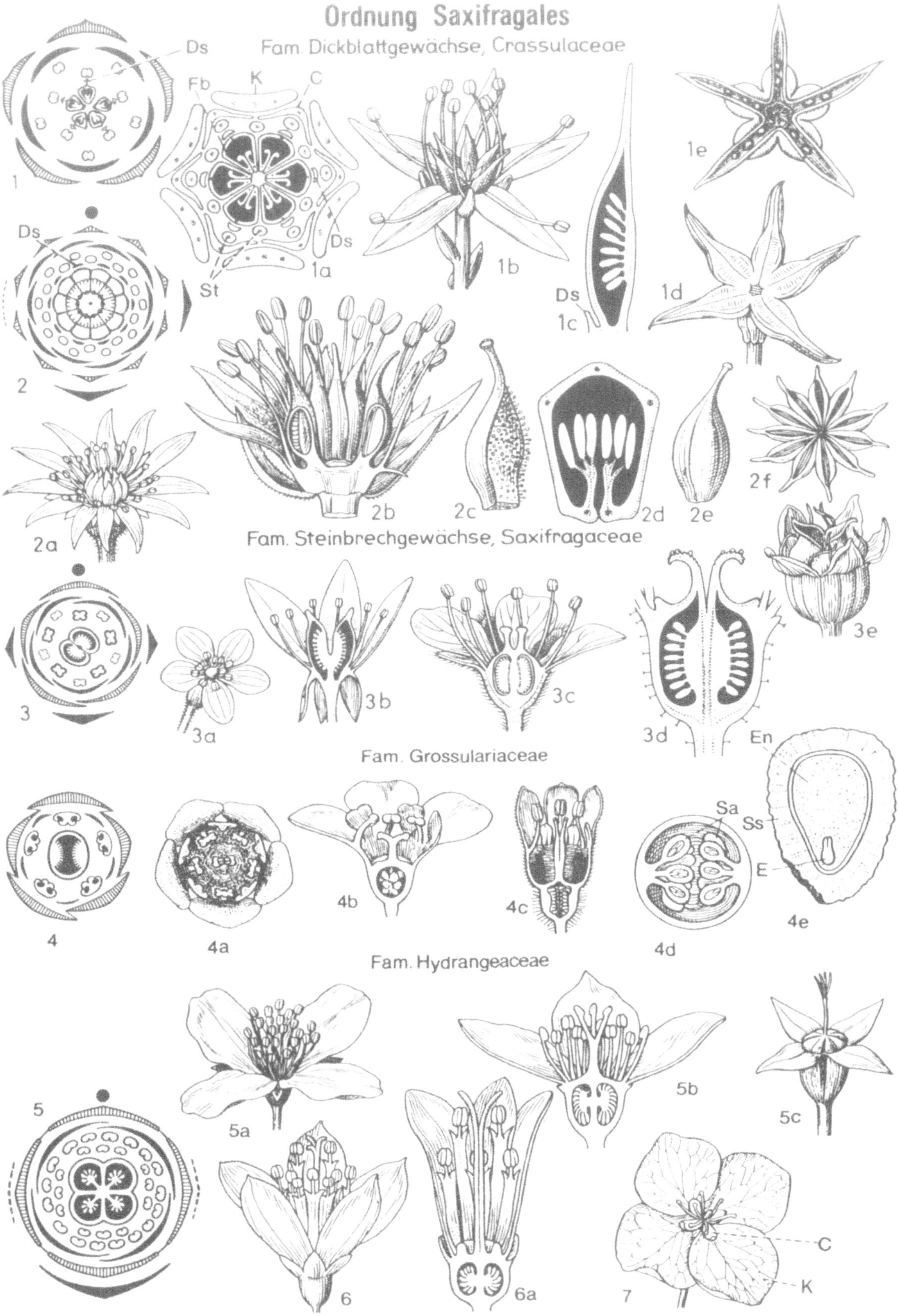
Ordnung Saxifragales
Fam. Dickblattgewächse, Crassulaceae
Ds
Fb
K
C
1
1a
1b
Ds
1c
1d
1e
St
Ds
2
2a
2b
2c
2d
2e
2f
Fam. Steinbrechgewächse, Saxifragaceae
3
3a
3b
3c
3d
3e
Fam. Grossulariaceae
En
Sa
Ss
E
4
4a
4b
4c
4d
4e
Fam. Hydrangeaceae
5
5a
5b
5c
6
6a
7
C
K

## Ordnung Rosales Tfl. 12

Blüten meist strahlig und zwittrig, 5zählige Wirtel; doppelte Blütenhülle aus Kelch und Krone bestehend. Zahl der Staubblätter häufig 5 oder ein Vielfaches davon. Wechselnde Zahl von apokarpen Fruchtblättern mit randständigen Samenanlagen. Alle Übergänge zwischen ober- und unterständigen Fruchtknoten. Blütenachse oft auffallend hervortretend und häufig an Fruchtbildung beteiligt. Entwicklungstendenzen und Progressionen siehe S. 53.

**Familie Rosengewächse, Rosaceae**
**Blütenbauplan.** Blüten zyklisch, meist zwittrig, selten 1geschlechtig. Blütenhülle meist doppelt (Kelch + Krone); Kronblätter selten fehlend (Alchemilla, *Sanguisorba).* Kelchblätter meist 5, selten 3 od. 4, mit breitem Grunde auf dem Rande des Blütenbechers sitzend, 3eckig = lanzettlich, meist bleibend. Bisweilen mit den Kelchblättern alternierender Außenkelch, Kronblätter den Kelchblättern an Zahl gleich und mit ihnen abwechselnd am Rande des Blütenbechers sitzend, weiß oder farbig, selten blau oder violett. Staubblätter ebenfalls am Rande des Blütenbechers entspringend, sekundär vermehrtes Androeceum, das 2- bis Vielfache (oft 4fache) der Kelchblätter und in 2 bis mehreren gleich- oder doppeltzähligen Kreisen angeordnet oder viele, selten ebensoviel wie Kelchblätter (in 1 Kreis) oder wenige bis 1. Fruchtblätter viele bis 1, meist frei, chorikarpes Gynoeceum (Abwandlungen S. 53) am Grunde des konkaven Blütenbechers (1a-1f)*), oder auf zentral vorgewölbter Blütenachse (Ba in 2b,2c,2d,2f,2g, 2h,2k). Allgemein herrscht Apokarpie, Randständige Samenanlagen 2 oder 1, selten mehrere bis viele, anatrop (1d,3d,5b), selten fast orthotrop; 2 Integumente (4b), häufig sekundär 1 Integument. Balgfrucht, Nuß oder Steinfrucht; Früchtchen bisweilen mit dem Blütenbecher (Bb) oder der vorgewölbten Blütenachse Ba (2c,2d,2h,2k) zu einer Sammelfrucht vereinigt. Endosperm spärlich oder fehlend, selten reichlich.

**Unterfam. Spiraeoideae** 1-1f
**Spierstrauch,** *Spiraea* 1,1a,1b,1e,1f. Blüten 5zählig, strahlig; Fruchtknoten mittelständig (Blüte perigyn). Blütenbecher Bb zu Napf erweitert, auf dessen Rande die Kelch-, Kron- und Staubblätter sitzen. Meist 5 freie (apokarpe) Fruchtknoten mitten im Napf des Blütenbechers (1b, 1c). Jeder Fruchtknoten mit 2 bis vielen Samenanlagen (1b, 1f). Balgkapseln (1e,1f). – **Geißbart,** *Aruncus silvester,* 1c,1d. ♂ Blüten: Kelchblätter 5, Kronblätter 5, gelblich-weiß, Staubblätter 20-30, Fruchtblätter reduziert (1c). ♀ Blüten: Kelchblätter 5, Kronblätter 5, Staubblätter reduziert, fast so lang wie die Kelchblätter; Fruchtblätter 3, selten mehr, so lang wie die Kronblätter. Balgfrüchte (1d). Blütenformel: K5 C5 A10+10+10 G$\underline{5}$.

**Unterfam. Rosoideae** 2-3f
Fruchtblätter viele bis wenige, frei, entweder auf zentral vorgewölbter kopfiger bis ± zylindrischer Blütenachse; oder viele bis 1, grundständig, meist frei in den krugförmigen Blütenboden, die fleischig gewordene Blütenachse Ba (Hagebutte) eingesenkt. 1, selten 2 Samenanlagen. 1samige Nüßchen, seltener Steinfrüchtchen, oft mit dem bleibenden Blütenbecher oder der Achsenvorwölbung zu Sammelfrucht vereinigt.

**Fingerkraut,** *Potentilla* 2-2c. Blüte mit Außenkelch AK, der mit den 5 Kelchblättern K abwechselt (2a); wird von den paarweise verwachsenen Nebenblättern der Kelchblätter gebildet, weshalb seine Blätter oft ± tief in 2 gespalten sind (2,2a). NB Nebenblätter (Stipeln), die auf der Innenseite von Deck- und Vorblättern zu 2spaltigen Schuppen dieser Blätter verwachsen. Blütenbecher zu flachem Napf erweitert, auf dessen Rand die Kron- und Staubblätter sitzen (2b). Auf vorgewölbter Blütenachse (Ba in 2b) sitzen viele apokarpe Fruchtknoten, die zu 1samigen Schließfrüchtchen, Nüssen (2c), auf trockener Blütenachse Ba werden. Griffel Gr sitzt an der Spitze des Fruchtknotens (2b). – **Nelkenwurz,** *Geum urbanum* 2d,2e. Endständiger Griffel Gr wird nach dem Blühen zu langem, hakig gekrümmtem Schnabel (2d), der seinen Endteil abwirft und zu einem Haftorgan wird (2e). Verwachsungs- oder Bauchnaht des Fruchtblattes am Nüßchen noch erkennbar (b in 2e). – Gttg. *Fragaria,* **Erdbeere** 2f,2h. Vorgewölbte Blütenachse wird dick und fleischig (Ba in 2h), später rot und fällt mit den Früchtchen (F in 2h) als Ganzes ab: Erdbeerfrucht eine Sammelfrucht, auf der außen die einzelnen Nüßchen sitzen (2h). Nüßchen mit grundständigem vertrocknendem Griffel Gr. 2h zeigt die Differenzierung des Achsengewebes in Mark ma und Rinde Ri. Die Früchtchen F dagegen, die außen auf der fleischigen Achse sitzen, wachsen nur noch wenig und der grundständige Griffel Gr verkümmert. In der mäch-

**Tafel 12** – 1 Weiden-Spierstrauch, Spiraea salicifolia, Blütengrundriß. 1a Blüte. 1b Sp.japonica (Sp.lanceolata), Blüte längs. 1c Wald-Geißbart, Aruncus silvester, ♂ Blüte längs mit Resten der Fruchtknoten. 1d Fruchtknoten längs. 1e Sp.salicifolia, Frucht. 1f Spiraea, Sammelfrucht mit vielsamigen Spaltfrüchten. – 2 Strauch-Fingerkraut, Potentilla fruticosa, Blütengrundriß. 2a Gänse-Fingerkraut, P.anserina, Blüte von außen. 2b Kriechendes F., P.reptans, Blüte längs. 2c Fingerkraut, Potentilla, Früchte längs. 2d Echte Nelkenwurz, Geum urbanum, Früchte längs. 2e Früchtchen (Karpidium) mit Bauchnaht b. 2f Wald-Erdbeere, Fragaria vesca, Blüte längs. 2g Gem.Brombeere, Rubus fruticosus, Blüte längs. 2h Erdbeere, Sammelfrucht längs. 2k R.fruticosus, Sammelsteinfrucht längs. 2m ein Steinfrüchtchen, dessen Fruchtfleisch entfernt ist. – 3 Filz-Rose, Rosa tomentosa, Blütengrundriß. 3a Hundsrose, R.canina, Blüte in Unteransicht: Zahlen geben die Aufeinanderfolge der Kelchblätter an. 3b R.canina, Blüte längs. 3c Einzelnes Fruchtblatt. 3d Fruchtblatt längs. 3e Sammelfrucht (Hagebutte) längs. 3f Einzelnes Früchtchen. – 4 Birnbaum, Pyrus communis, Blütengrundriß. 4a Blüte längs. 4b Apfelbaum, Malus domesticus, Fruchtknoten quer: 5 Fächer mit je 2 Samenanlagen; diese in 4b nur in 1 Fach getroffen. Die später die Fächer trennenden Wände erscheinen hier als vorspringende Leisten, an deren Enden jederseits 1 Samenanlage sitzt. 4c Apfel längs: Blütenbecher Bb (Fruchtfleisch) punktiert, umgibt das Kerngehäuse. 4d Apfel, 5 Fruchtblätter freigelegt. 4e Apfel, 1 Fruchtblatt freigelegt, Samen durchleuchtend. – 5 Traubenkirsche, Prunus padus, Blütengrundriß. 5a Vogelkirsche, P.avium, ssp.avium. Blüte längs geöffnet. 5b Prunus, Fruchtknoten quer: 2 Samenanlagen. 5c P.avium, Blüte nach dem Blühen. 5d Junge Frucht quer: der in Entwicklung begriffene Steinkern; Pfeil bezeichnet verkümmerte Samenanlage. 5e Frucht längs. – 6 Kleiner Wiesenknopf, Sanguisorba minor: ♀ Blüte mit 2 Stempeln. 6a Zwittrige Blüte längs. 6b Poterium sanguisorba ♀. 6c Sanguisorba officinalis ♀. 6d Poterium sanguisorba ♂. 6e Gem. Frauenmantel, Alchemilla vulgaris, Blüte. 6f Blüte längs. AK Außenkelch. b Bauchnaht. Ba Blütenachse. Bb Blütenbecher. E Embryo. Ed Endokarp. Ep Epidermis. Ex Exokarp. F Frucht, Früchtchen. Fb Fruchtblatt o. Pk Perikarp. Fr Fruchtknoten. Gr Griffel. K Kelch. ma Mark. Mk Mesokarp. N Narbe. NB Nebenblätter. rFb rudimentäres Fruchtblatt. Ri Rinde. S Same. Sa Samenanlage.

*) Der ± konkave Blütengrund wird hinsichtlich seines Aufbaues häufig verschieden gedeutet. Deshalb empfiehlt Engler (4), die neutrale Bezeichnung Blütenbecher zu verwenden. Blütenachse und Blütenbecher sind auf Tfl. 12 punktiert.

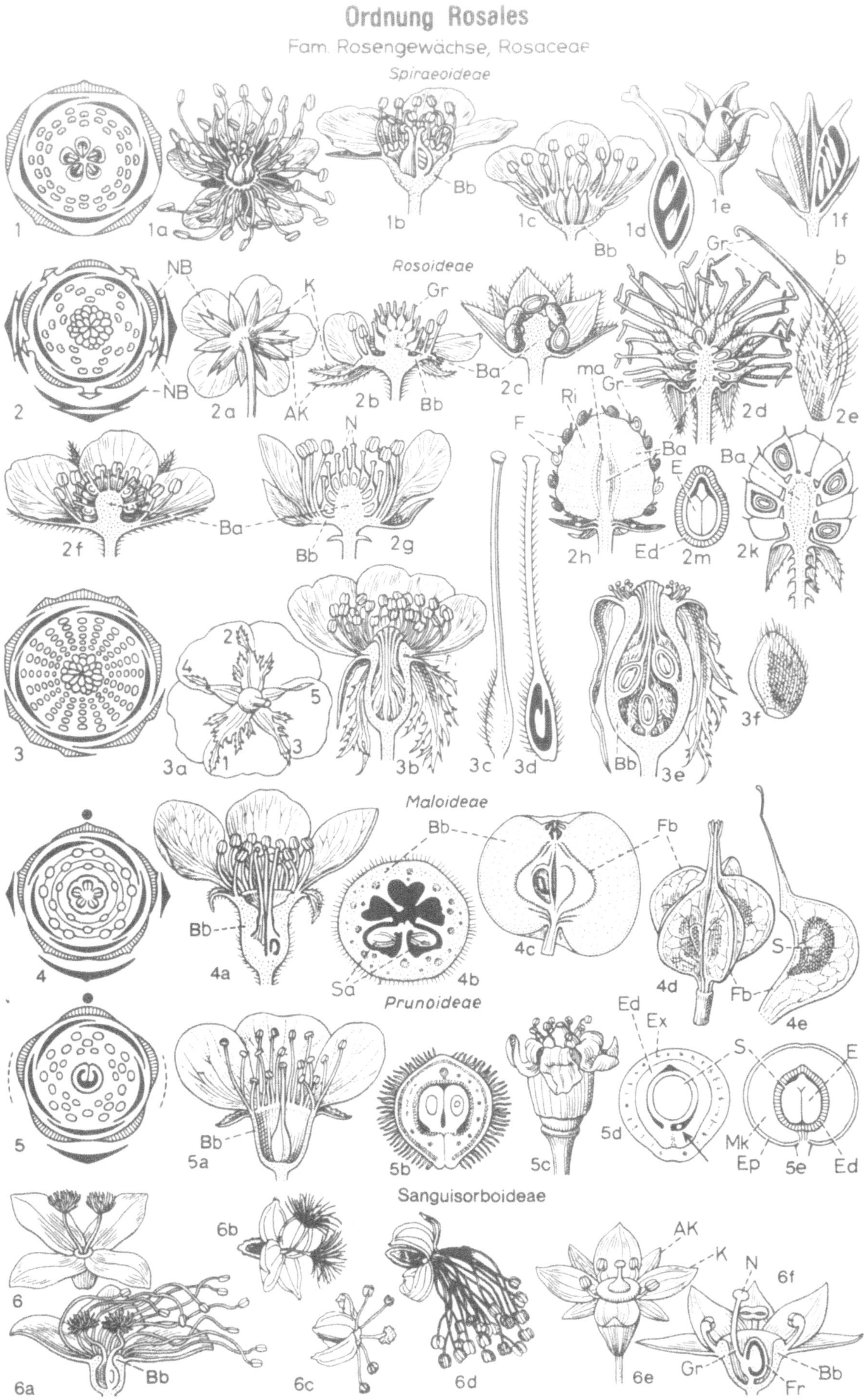
Ordnung Rosales
Fam. Rosengewächse, Rosaceae
Spiraeoideae
1
1a
1b
Bb
1c
Bb
1d
1e
1f
Rosoideae
NB
K
Gr
NB
2
2a
AK
2b
Bb
Ba
2c
ma
Ri
Gr
2d
b
2e
F
N
Ba
E
Ba
2f
Ba
Bb
2g
2h
Ed
2m
2k
3
3a
3b
3c
3d
Bb
3e
3f
Maloideae
Bb
Fb
Bb
4
4a
Sa
4b
4c
4d
S
Fb
4e
Prunoideae
Ed
Ex
S
E
5
Bb
5a
5b
5c
5d
Mk
Ep
5e
Ed
Sanguisorboideae
6
6a
Bb
6b
6c
6d
AK
K
N
6f
6e
Gr
Fr
Bb

tig entwickelten Rinde Ri ist auf dem Längsschnitt eine radiale Struktur zu erkennen, die in Form von helleren Streifen von der um das Mark ma befindlichen helleren Zone nach außen bis zu den Karpellen bzw. Früchtchen (Nüßchen) hinziehen. In jedem dieser Streifen verläuft ein vom Leitzylinder der Blütenachse ausgehendes Gefäßbündel bis zu einem Früchtchen. Beim Pflücken der **Gartenerdbeere** werden Mark und Rinde getrennt, bei der reifenden **Walderdbeere** schwindet das Mark. Da ein Hohlraum hinterbleibt, fehlt beim Pflücken das zapfenförmige Mark. – Gttg. *Rubus*, **Brom- u.Himbeere** 2g,2k,2m. Kein Außenkelch (2g). Freie, apokarpe Fruchtblätter (2g), an deren Spitze der Griffel mit der Narbe N sitzt. Die Steinfrüchtchen verwachsen seitlich zur Sammelsteinfrucht (2k). Wenn die saftigen Früchtchen gemeinsam abfallen, kommt bei der **Himbeere** die Blütenachse zum Vorschein, während bei der **Brombeerfrucht** die aneinander haftenden Steinfrüchtchen zusammen mit der erweichenden Blütenachse Ba als Sammelsteinfrucht abfallen. Der bei der **Himbeere** stehenbleibende weiße Zapfen entspricht dem Fleisch der **Erdbeere**. 2m zeigt ein Steinfrüchtchen, dessen Fruchtfleisch entfernt ist: Ed Endokarp, E Embryo. Jedes einzelne Früchtchen ist wie die **Kirsche** eine Steinfrucht (s.unten!). – **Heckenrose**, *Rosa canina* 3-3f. Übergang von gefiederten Laub- zu Hoch- und Kelchblättern (3a). Blattspreite wird reduziert, so daß bei 5 nur noch der Blattgrund verbleibt (3a). Kelch in schraubiger 2/5 Stellung (3a: Ziffern bedeuten Reihenfolge der Blattbildungen von unten nach oben). 3 zeigt den Blütengrundriß der **Filz-Rose**, *Rosa tomentosa*. 3a zeigt die **Hundsrose**, *R.canina;* Blüte in Unteransicht. Viele Fruchtblätter (3b) stehen einzeln im krug- bis flaschenförmigen, oben verengten Blütenbecher; dieser zur Fruchtreife fleischig, gefärbt, viele Nüßchen einschließend: **Hagebutte** (3b, 3e, 3f). Einzelnes Fruchtblatt längs geschnitten (3d) mit nur 1 hängenden Samenanlage.

Unterfam. Maloideae (Pomoideae) Kernobstgruppe 4-4e. Fruchtblätter 5-2(-1), dorsal mit der Innenwand des hohlen Blütenbechers Bb ± hoch verwachsen, sind also halbunterständig bis unterständig, untereinander frei oder meist nur unvollständig verwachsen, bauchwärts (ventral) meist freibleibend, bisweilen mit einer zentralen Achsenspitze angewachsen. Griffel frei (4a), selten ± hoch verwachsen. Samenanlagen aufrecht = apotrop (4b), je Fruchtblatt meist 2, selten 1 oder 3, oder (*Cydonia)* bis etwa 20-24. Blütenbecher Bb zur Fruchtreife ± fleischig verdickt, mit den Fruchtblättern zu einer Sammelfrucht vereint: Apfelfrucht 4b, 4c. Bei **Apfel** *Malus*, **Birne** *Pyrus* und **Eberesche**, *Sorbus aucuparia* und ihren nahen Verwandten ist das Fruchtblatt Fb häutig, pergamentartig oder ± hornig (Fb in 4c,4d,4e). Reife Fruchtblätter oft balgfruchtartig. Bau der Apfelfrucht: 4b-4e. Der Querschnitt zeigt das 5fächerige Kerngehäuse. Es weist 5 je einem Fruchtblatt entsprechende Kammern auf, deren jede 1-2 Samen umschließt (4b). Als Fruchtblatt hat jeweils die pergamentartige Auskleidung eines Faches zu gelten; in 4d freigelegte Fruchtblätter. So gesehen, sind die einzelnen Fruchtblätter voneinander frei. Das sie verbindende Gewebe gehört nach Troll genau wie das Fruchtfleisch der **Erdbeere** und Rosenfrucht (**Hagebutte**) dem Achsenkörper an. Damit ist auch für **Apfel, Birne, Quitte** der apokarpe Bau des Gynoeceums erwiesen, der die Fam. der **Rosengewächse** allgemein auszeichnet. Beim **Apfel** erstreckt sich die Verwachsung der Fruchtblätter mit dem Blütenbecher auch noch auf die untere Griffelregion (4a). 5e zeigt ein vollständig freigelegtes Fruchtblatt, das ganz wie die Fruchtblätter apokarper Gynoeceen aussieht. Der durchscheinende Same entspringt der nach innen zu liegenden Bauchnaht des Fruchtblattes. Man beachte auch in 4b die 10 Leitbündel in der Umgebung des Kerngehäuses, die zur Hälfte vor den Fruchtblättern stehen und zur andern Hälfte mit diesen abwechseln. Zahl der Fruchtblätter: **Apfel** 5, **Birne** zuweilen 4, **Eberesche** 2-3, **Weißdorn** 2-1. Bei **Weißdorn** *(Crataegus)*, **Mispel** *(Mespilus germanica)* und *Cotoneaster* bildet jedes einzelne Fruchtblatt innerhalb des Fruchtfleisches einen getrennten harten Steinkern, sodaß ein „Steinapfel" entsteht. Die Staubblattzahl wechselt. Die Staubblätter stehen scheinbar in 1-5 Kreisen zu je 10 oder 5.

**Unterfam. Prunoideae**, Steinobstgruppe. Gttg. *Prunus* 5-5e: **Traubenkirsche,** *P.padus* (5); **Süßkirsche,** *P.avium* (5a-5e). Fruchtblatt 1, sehr selten 2 oder 5, frei, am Grunde des flach schüssel- bis röhrenförmigen Blütenbechers. Griffel endständig. Samenanlagen 2(-3), hängend-epitrop (anatrop od. ± hemitrop). Von den 2 Samenanlagen (5b) verkümmert gewöhnlich eine (Pfeil in 5d). Fruchtknoten mittelständig, da nicht mit dem Blütenbecher verwachsen (5a). Bauchnaht als seitliche Längsfurche an Fruchtknoten (5a) und Frucht erkennbar. Blütenbecher, auf dessen Rande die Hüll- und Staubblätter stehen, reißt beim Heranreifen der Frucht am Grunde ab (5c). Steinfrucht: 5d,5e. Fruchtknotenwand, das Perikarp differenziert sich in 2 Schichten: eine äußere das Exokarp Ex, und eine innere, das hart werdende Endokarp Ed(weiß in 5d). Das Exokarp bleibt fleischig und wird dick; das Endokarp wird holzig (Ed in 5e). Das Exokarp läßt noch 2 Schichten, eine äußere häutige, das Epikarp (Ep in 5e) und das darunterliegende Fleisch, das Mesokarp (Mk in 5e) erkennen. Das harte Endokarp umschließt den einzigen Samen (S in 5e); beide bilden den Kirschkern (Steinkern). Manche Gattungen wie *Rubus, Rosa, Potentilla, Fragaria* usw. sehr vielgestaltig, hauptsächlich bedingt durch Kreuzungen, Polyploidie (Zellen enthalten vielfache Chromosomensätze) in Verbindung mit apomiktischer Fortpflanzung (=ungeschlechtliche Fortpflanzung: Embryobildung aus unbefruchteter Eizelle; oder aus den Antipoden oder Synergiden; oder aus Zellen des Nucellus).

**Unterfam. Sanguisorboideae** 6-6f. **Wiesenknopf,** *Sanguisorba.* Bau der Blüte: Blütenbecher urnenförmig, zur Fruchtreife verhärtend; Kelch mit 4 grünen oder braunrot überlaufenen Zipfeln. Staubblätter ± 10-30; in den Zwitterblüten oft nur 1-4; in den weiblichen lange, schlaffe Staubfäden und gelbe oder braune Antheren. Fruchtblätter und Griffel meist 2, Narben karminrot, pinselförmig. Nüßchen vom Blütenbecher fest umschlossen. – **Frauenmantel,** *Alchemilla vulgaris* 6e,6f. Außenkelch und Kelchblätter 4, selten 5. Kelchblätter grün, klein, unscheinbar. Kronblätter fehlen. Staubblätter 4, die mit den Kelchblättern wechseln. Nur 1 Fruchtblatt (6f). Fruchtknoten am Grunde des Blütenbechers, mit grundständigem Griffel und kopfförmiger Narbe. Früchtchen in den Blütenbecher eingeschlossen. A. arvensis hat oft nur 1-2 Staubblätter.

Verwandtschaftliche Beziehungen der Rosaceen

Es bestehen verwandtschaftliche Beziehungen zu den *Ranunculaceen*, bei denen ebenfalls Apokarpie herrscht. Vergleicht man die Gttg. *Potentilla* mit der Gttg. *Ranunculus*, so findet man: 1) in beiden Fällen cymöse Blütenstände; 2) aus jedem apokarpen Fruchtblatt entsteht bei *Potentilla* und *Ranunculus* ein Nüßchen; 3) sind für beide Gattungen gelb- und weißblühende Arten bekannt.
Zum Unterschied von den **Ranunkeln** haben aber die *Potentillen* einen Außenkelch, einen napfartig erweiterten Blütengrund und wirtelig gestellte Blütenteile. Letzteres kommt aber auch schon bei **Ranunkeln (Akelei)** vor und manchmal läßt sich die wirtelige Anordnung bei den *Rosaceen* auf eine schraubige 2/5-Stellung zurückführen, z.B. bei der Heckenrose, was aus den Übergangsformen und an der Deckung der Kelchblätter deutlich ersichtlich ist (Tfl.12/3a). Auch die Apfelblüte zeigt schraubige 2/5-Stellung. Schließlich erkennt man an der häufigen Spaltung der Außenkelchblättchen der Potentillen, daß es sich hierbei nur um die für die Rosaceen bezeichnenden Nebenblätter der Kelchblätter handelt.

**Entwicklungstendenzen der Rosaceae**
1. Vom ober- zum mittel- und unterständigen Gynoeceum (2b,2g,2h,2k,3e,4a,4c,5a). 2. Von schraubiger Stellung der Blütenglieder (Kelch der Rose Tfl. 12/3a) zur Wirtelstellung der übrigen Gruppen. 3. Übergang von Insektenblütigkeit (Tfl. 12/6c) zur Windblütigkeit (Tfl.12/6b,6d). 6c mit Nektarium; 6b mit federigen Narben und wie 6d ohne Nektar; 6d mit zahlreichen Staubblättern; ebenso bei 6a. 4. Reduktion der Zahl der Fruchtblätter und der Zahl der Samenanlagen.

**Die Progressionen im Bau apokarper Gynoeceen und Früchte** *Spiraeoideae:* noch vielsamige Balgfrüchte und daraus gebildete Sammelfrüchte. *Rosoideae:* Einblatt-Schließfrüchte, meistens Einblatt-Nüsse (Fingerkraut, Potentilla; Silberwurz, Dryas; Nelkenwurz, Geum). Bei der Rose, Rosa, Nüßchen durch fleischig werdende Blütenachse zu Sammelfrüchten verbunden, indem sie in den krugförmigen Blütenboden eingesenkt sind (Hagebutte). Bei den Erdbeeren (Fragaria) trägt die kegelige und fleischige Blütenachse die Nüßchen außen. Bei Himbeeren (Rubus idaeus) und Brombeeren (R. fruticosus agg.) statt der Nüßchen zu einer Sammel-Steinfrucht vereinigte kleine Steinfrüchtchen. – **Kernobstgewächse,** *Maloideae,* z.T. auch Steinfrüchte aus dem aus 1-5 Fruchtblättern bestehenden, unecht synkarpen, unterständigen Fruchtknoten bildend, und zwar das fleischige Gewebe vor allem aus der Blütenachse entstehend. Bei Weißdorn (Crataegus) und Mispel (Mespilus germanica) bildet jedes einzelne Fruchtblatt innerhalb des Fruchtfleisches einen festen Steinkern. Dagegen entstehen bei Quitte (Cydonia oblonga), Birne (Pyrus communis) (4,4a), Apfel (Malus sylvestris) und in der Gttg. Sorbus (Eberesche, S. aucuparia; Speierling, S. domestica u.a. aus balgähnlichen Fruchtblättern pergamentartige Gehäuse (4d,4e), die bisweilen von Steinzellennestern umgeben sind. – **Steinobstgewächse** *Prunoideae* haben Einblatt-Steinfrüchte: Nur 1 Fruchtblatt, das mit dem ausgehöhlten Blütenboden oder Blütenbecher Bb nicht verwächst (5a) und außen Fruchtfleisch, innen aber einen sehr festen, meist 1samigen Steinkern entwickelt (5c,5d,5e), z.B. bei: Süßkirsche (Prunus avium), Sauerkirsche oder Weichsel (P. cerasus), Pflaumen und Zwetschgen (P. domestica), Pfirsich (P. persica), Aprikose (P. armeniaca) und Mandel (P. amygdalus).

## Ordnung Fabales (-Leguminosae), Hülsenfrüchtler Tfl. 13

**Blütenbauplan.** Deutliche Tendenz zur Umwandlung strahliger Blüten in zygomorphe Schmetterlingsblüten. Den allmählichen Übergang zeigen die Caesalpiniaceae: Aufsteigende Knospendeckung der Krone; Staubblätter frei; Staubblattzahl oft durch Fehlschlagen einiger Staubblätter (Sd in 2a) vermindert. 1 oberständiger, aus 1 Fruchtblatt hervorgehender, 1fächeriger Fruchtknoten, die Samen an der Bauchnaht tragend (3g). Samenanlage kampylotrop (3h, 4). Frucht eine Hülse (Legumen), die mit 2 Klappen an der Bauchnaht und Rükkenlinie aufspringt (4d), seltener Schließfrüchte bildend, die sich bei der Reife nicht öffnen. Blüten meist zygomorph, selten strahlig, außer dem Gynoeceum meist in 5zähligen Wirteln. Formel: K5 C5 A5+5 $G\underline{1}$. Samen meist ohne Endosperm.

Verwandtschaftliche Beziehungen. Die Ordnung steht den *Rosaceen* sehr nahe; wird deshalb oft mit den Rosales vereinigt. Hauptunterschiede: 1. Frucht der Hülsenfrüchtler eine Hülse. 2. Alle Rosaceenblüten strahlig, die Hülsenfrüchtler meist extrem 2seitig symmetrisch. Dieser Unterschied besteht auch gegenüber den Prunoideae, von denen man die Hülsenfrüchtler abzuleiten sucht. Es gibt aber bei den zu den *Rosales* zählenden trop. *Chrysobalanaceen* Formen, die z.T. *Prunus* = ähnliche, z.T. stark zygomorphe Blüten besitzen. Strahlige Blüten unter den Hülsenfrüchtlern haben die echten *Acacien* und *Mimosen*. Man spricht deshalb von einem gleitenden Übergang von den Rosaceen zu den Hülsenfrüchtlern und betrachtet letztere als ein in verschiedener Hinsicht extrem spezialisiertes Endglied einer bestimmten Entwicklungsreihe.

**Fam. Mimosengewächse, Mimosaceae 1 – 1e**

Kleine, noch strahlige Blüten, dichte kugelige oder ährenförmige Stände bildend. Kelch und Krone ± vereintblättrig, 4–5zählig; Krone fehlt oft. Staubblätter in gleicher Zahl wie die Kelchblätter oder doppelt so viele oder zahlreich, durch lange, gefärbte Filamente auffallend. Früchte sind Hülsen (1e), manchmal Bruchfrüchte oder Schließfrüchte. Formel für M.pudica, Sinnpflanze: * K4 C4 A4 $G\underline{1}$. Bei den **Akazien**, der Gttg. *Acacia*, sind die Staubblätter in großer Zahl vorhanden (1c, 1d). Die Frucht von *Acacia* ist bei einigen Arten eine gewöhnliche Hülse, bei anderen eine Gliederhülse, oder sie wird eine Nuß.

**Fam. Caesalpinogewächse, Caesalpiniaceae 2 – 2e**

Blüte 5zählig, meist dorsiventral; Krone freiblättrig mit aufsteigender Knospendeckung (2, 2d): die 2 unteren Kronblätter greifen über die 2 seitlichen und diese über das obere. Meist 10 freie Staubblätter; diese Zahl wird oft durch Fehlschlagen einiger vermindert (2a–2d/Sd). Der Querschnitt zeigt 3 rudimentäre Staubblätter, und zwar 2 des äußeren, eines des inneren Kreises. Die Frucht ist verschieden. Bekannt sind 2 mediterrane Arten: **Johannisbrotbaum,** *Ceratonia siliqua*, dessen Hülsen geschlossen bleiben und genießbar sind, die Zierpflanze **Judasbaum,** *Cercis siliquastrum*, ferner die aus Nordamerika stammende **Gleditschie,** *Gleditsia triacanthos* mit verzweigten Sproßdornen, sowie tropische auch als Heilpflanze verwendete Arten von *Cassia*.

**Familie Schmetterlingsblütler, Fabaceae (-Papilionaceae) 3 – 4d**

**Blütenbauplan.** Meist traubiger Blütenstand. Schmetterlingsartige Blüten 2seitig symmetrisch. Kelch vereintblättrig, 5zähnig, bleibend. Krone freiblättrig, 5blättrig: hinteres großes Blatt, Fahne; 2 seitliche Blätter, Flügel; 2 untere Blätter zum Schiffchen vereint. 10 Staubblätter, entweder alle Fäden zu einer Röhre verwachsen, also 1bündelig; oder 9 verwachsen und das hinterste frei, also 2bündelig. Frucht meist eine Hülse. Diese kann zur Gliederhülse umgebildet sein, die in 1samige Stücke (Nüsse) zerfällt. Blütenformel ↓ K(5) C5 A(10) oder A(9) + 1 $G\underline{1}$.

Die sehr artenreiche Familie zeigt 4 Typen der Bestäubung: 1. Klappvorrichtung, 2. Bürsteneinrichtung, 3. Nudelspritzeneinrichtung, 4. Explosionseinrichtung. Die *Fabaceae* unterscheiden sich von den *Caesalpiniaceae* vor allem durch die absteigende Knospendeckung der Krone (3, 3a): das obere, hintere Kronblatt, die Fahne Fa (3b, 3c) umfaßt in der Knospenlage (3, 3a, 4) die 2 seitlichen Kronblätter, die Flügel Fl, die wiederum die 2 vorderen, unteren umfassen, die mit den Rändern zu einem kahnförmigen Blatt, dem Schiffchen Schi, verwachsen. Staubfadenröhre umgibt den langgestreckten Fruchtknoten Fr (3, 3a, 3e, 3f). Früchte gewöhnlich aufspringende Hülsen (4d), bisweilen auch Schließfrüchte, Bruchfrüchte. Keim gekrümmt (3h) und an den Rändern der dicken, fleischigen Keimblätter Co (3k) liegend. Kein Endosperm; statt dessen nährstoffreiche Keimblätter. Gestalt der Frucht sehr mannigfaltig.

Tafel 13 – 1 Sinnpflanze, Mimosa pudica, Blütengrundriß. 1a Akazie, Acacia lophantha, Blütengrundriß. 1b M.pudica, Blüte. 1c Acacia, Blüte. 1d A.catechu, Blüte längs. 1e M.pudica, Hülse. – 2 Judasbaum, Cercis siliquastrum, Blütengrundriß. 2a Cassia floribunda, Blütengrundriß. 2b Blüte. 2c Blüte längs. 2d C.marylandica, Knospe quer, 1-5 Kelchblätter. 2e C.angustifolia, Hülse. – 3 Pferde- o. Saubohne, Vicia faba, Blütengrundriß. 3a Goldregen, Laburnum anagyroides, Blütengrundriß. 3b Saaterbse, Pisum sativum, Blüte. 3c Kronblätter: Fahne, Flügel, Schiffchen. 3d Blüte längs. 3e Staubblätter u. Stempel. 3f Stempel. 3g Weiß-Klee, Trifolium repens, Fruchtknoten mit Samenanlagen. 3h Einzelne Samenknospe mit dem durchscheinenden, gekrümmten Embryosack. 3k Gartenbohne, Phaseolus vulgaris, Same geöffnet. – 4 Ausdauernde Lupine, Lupinus perennis, Blütenknospe quer. 4a Basis der Blütenknospe längs. 4b Blasenstrauch, Colutea arborescens, postflorales Karpell mit den Samenanlagen, quer. 4c Karpell quer, 2 Samenanlagen. 4d Robinie, Robinia pseudoacacia, Hülse aufgesprungen.

aSt äußere Staubblätter. C Krone. Co Cotyledonen, Keimblätter. Es Embryosack. Fa Fahne. Fl Flügel. Fr Fruchtknoten. Gb Griffelbürste. Gr Griffel. J äußeres Integument. i inneres Integument. iSt innere Staubblätter. K Kelch. N Narbe. Sa Samenanlage. Schi Schiffchen. Sd Staminodien. St Staubblätter.

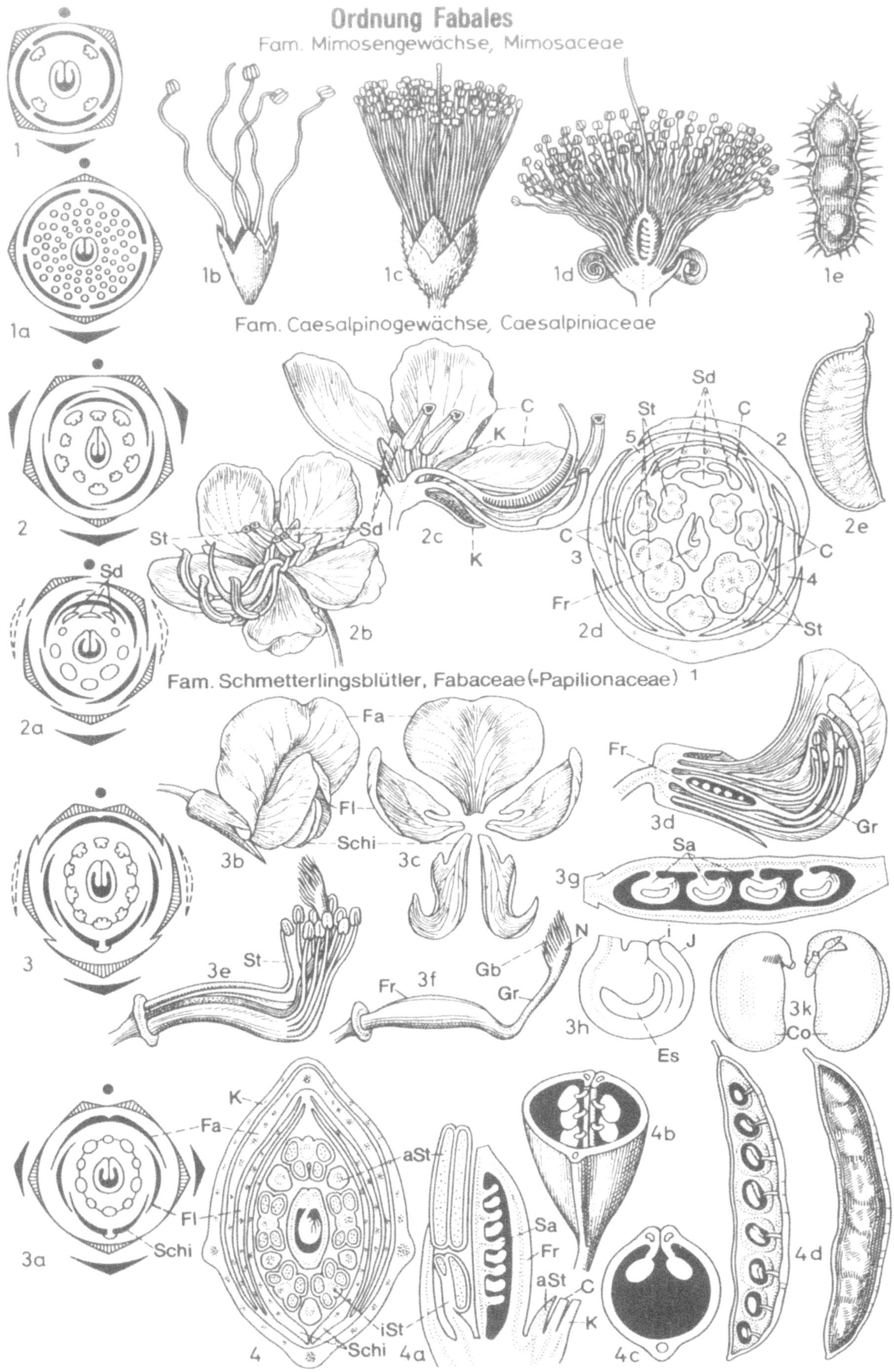
Ordnung Fabales
Fam. Mimosengewächse, Mimosaceae
1
1a
1b
1c
1d
1e
Fam. Caesalpinogewächse, Caesalpiniaceae
2
2a
Sd
St
2b
2c
C
K
2d
Sd
St
C
5
2
3
4
Fr
2e
Fam. Schmetterlingsblütler, Fabaceae (=Papilionaceae) 1
3
3a
Fa
Fl
Schi
3b
3c
3d
Fr
Gr
3e
St
3f
Gb
N
3g
Sa
3h
i
J
Es
3k
Co
4
K
aSt
iSt
4a
Sa
Fr
C
4b
4c
4d

## Ordnung Myrtales Tfl. 14

**Blütenbauplan.** Der Grundtypus wird etwa von *Lythrum* dargestellt. Von ihm leitet sich eine Entwicklungsreihe durch Spaltung der Staubblätter (2), die andere Reihe durch Reduktion der Kron- und Staubblätter ab (3,4). Die Blütenachse Ba oft noch mehr hervortretend als bei den *Rosaceen*, ist konkav und becher- od. schüsselförmig (1c,2f,3c). Fruchtknoten häufig mit der Achse verwachsen und unterständig (2d,3c,5b) oder mittelständig und frei (1c); zum Unterschied von den Rosales stets verwachsenblättrig und fast immer nur ein allen Fruchtblättern gemeinsamer Griffel. Blüten zyklisch, fast stets radiär, häufig 4zählig. 2 Integumente (2e), selten 1.

### Familie Weiderichgewächse, Lythraceae 1 – 1f

**Blütenbauplan.**
Den *Rosales* sich nähernd und auf Grund des mittelständigen Fruchtknotens hier an den Anfang gestellt. Blüten 2geschlechtig, meist 6-, seltener 4zählig. Fruchtknoten, der frei auf dem Grunde des röhrigen Blütenbechers Bb sitzt, mit vielen Samenanlagen (1, 1c, 1d). Grundtypus K6 A6+6 oder 6+O G2-6.

**Blut-Weiderich,** *Lythrum salicaria* (1–1b, 1d–1f). Blütenbecher Bb schüsselförmig bis langröhrig mit 12 starken Rippen (1a,1b), 6 Kelchzähnen K und 6 schmäleren Zwischenzähnen, Nebenkelch NK (1,1b). Kronblätter meist groß, am Rande des Blütenbechers Bb zwischen den Kelchzähnen eingefügt (1c), bläulich purpurrot, selten rosa od.weiß. Staubblätter soviele oder doppelt so viele als Kelchblätter,verschieden hoch im Blütenbecher, aber ziemlich tiefer als die Kronblätter eingefügt. Fruchtknoten frei, mittelständig (1c). Kapsel im Blütenbecher eingeschlossen bleibend (1d). Kapsel unvollkommen 2fächerig (1e), mit 2 Klappen fachspaltig aufspringend. Viele Samen. – Trimorphe Blüte: lang-, mittel- und kurzgriffelige Pflanzen (Abb. 16). Griffel und Staubblätter in 3 verschiedenen Höhen angeordnet. Volle Fruchtbarkeit nur bei Blütenstaub aus entsprechender Höhe.

### Familie Myrtengewächse, Myrtaceae 2 – 2g

**Blütenbauplan.**
Blüten strahlig, zwittrig; Kelch und Krone meist 4- oder 5zählig (2–2b); Staubblätter durch Spaltung zahlreich, deshalb oft deutlich mehrbündelig bei ihren sekundär polyandrischen Vertretern durch zentripetales Dédoublement. In der Regel ringförmig am Rande der Blütenachse Ba stehend, zuweilen nur 1–2 4-oder 5 zählige Kreise. Fruchtknoten ganz mit der Achse verwachsen, also unterständig (2d), 2–3fächerig (2); Griffel einfach (2c), in der Mitte der Scheibe (Diskus di), die die obere Fläche des mit der Blütenachse verwachsenen Fruchtknotens bildet, etwas eingesenkt (2c). Samenanlage (2e) etwas gebogen, aber nicht eigentlich krummläufig, weil die Mikropyle dicht neben dem Funiculus liegt (Mp in 2e).

**Echte Myrte, Braut-Myrte,** *Myrtus communis.* Blüten mittelgroß, einzeln, selten zu 2, blattachselständig, wohlriechend. Kelchblätter 3eckig-eiförmig. Kronblätter weiß, flach ausgebreitet, eiförmig, mit feinen Drüsen. Staubblätter zahlreich, bis 50, so lang wie die Kronblätter. Beeren rundlich oder eiförmig, erbsengroß, schwarzbläulich oder weiß, wohlschmeckend, vom Kelch gekrönt (2g).

### Familie Nachtkerzengewächse, Onagraceae 3–4b

**Blütenbauplan**
Blüten einzeln in Achseln der Blätter oder in Trauben oder Ähren. Blüten zwittrig, radiär oder zygomorph; meist 4zählig (3), selten 2zählig; Blütenbecher Bb (3c) röhrenförmig verlängert, oft gefärbt, am oberen Rand Kelch-, Kron- und Staubblätter tragend (3c), zuletzt über dem Fruchtknoten sich zusammenschnürend und mit dem oberen Teile abfallend. Kelchblätter in der Knospenlage klappig, Kronblätter rechts gedreht und zusammengerollt (3a). Staubblätter gewöhnlich in doppelter Anzahl der Kronblätter. Fruchtknoten unterständig, ganz mit der Blütenachse verwachsen (3a, 3c). 1 Griffel. Blütenformel * K4 C4 A4+4 G (4).
Die Familie ist gut abgegrenzt. Ihre nahe Verwandtschaft zu den *Lythraceen* – durch serodiagnostische Untersuchungen bestätigt – kommt darin zum Ausdruck, daß der häufig oberhalb des Fruchtknotens stehende Blütenbecher dieselbe blumenartige Beschaffenheit (s. oben) zeigt, wie der noch völlig hohle Blütenbecher der *Lythraceen.*

**Gttg. Nachtkerzen,** *Oenothera* 3–3d. Blütenbecher Bb über dem Fruchtknoten eine nach dem Blühen abfallende Röhre bildend (3c). Kronblätter 4, Staubblätter 8. Fruchtknoten 4fächerig (3b). Frucht eine 4fächerige Kapsel, fachspaltig aufspringend (3d). Nachtfalterblume. – **Gttg. Weidenröschen,** *Epilobium* 3e–3g. Blütenbecher Bb über den Fruchtknoten verlängert, kurz trichterförmig (3e). Blüte 4zählig; Kelch 4blättrig, oft gefärbt; Kronblätter 4, purpurrot bis rosa, seltener weißlich oder gelb. 8 Staubblätter, Fruchtknoten unterständig (3e), 1 Griffel. Frucht 4kantige, 4fächerige Kapsel, durch Teilung der Fachwände mit 4 von der Mittelsäule sich lösenden, meist nach außen sich biegenden Klappen öffnend. Zahlreiche Samen mit weißen Federkrönchen (3g). Gttg. **Fuchsie,** *Fuchsia* (s. S. 58) – Gttg. **Hexenkraut,** *Circaea* 4–4b. Blüten in einfachen und ästigen Trauben, klein, weiß oder rötlich, strahlig, zwittrig, 2zählig. Blütenachse Ba über dem Fruchtknoten stielartig verlängert (4a), mit dem Griffelgrund verschmolzen, von ringartigem Diskus gekrönt (di in 4a). 2 rötlich angelaufene Kelchblätter K . 2 2spaltige, weiße oder rötliche Kronblätter C. 2 Staubblätter (4a). Fruchtknoten 2fächerig, hakig-borstig (Fr in 4a). Frucht nußartig, 2 oder 1samig (4b). Blütenformel K2 C2 A2 G $(\overline{2})$.

**Tafel 14** – 1 Blut-Weiderich, Lythrum salicaria, Blütengrundriß. 1a Blüte. 1b Blüte, Kronblätter entfernt. 1c Ruten-Weiderich, L.virgatum, Blüte längs. 1d L.salicaria, Frucht längs. 1e Frucht. 1f Same. – 2 Myrte, Myrtus communis, Blütengrundriß. 2a Blüte. 2b Blüte von unten. 2c Blüte nach Entfernen von Staub- und Kronblättern. 2d Blüte längs. 2e Samenknospe. 2f Fruchtknoten längs. 2g Frucht. – 3 Oenothera, Blütengrundriß. 3a Kleinblütige Nachtkerze, Oenothera muricata, Blüte. 3b Großblütige N., Oe.grandiflora, Fruchtknoten quer. 3c Blüte längs. 3d Oe.odorata, Frucht. 3e Berg-Weidenröschen, Epilobium montanum, Blüte längs. 3f Blüte. 3g Frucht. – 4 Gemeines Hexenkraut. Circaea lutetiana, Blütengrundriß. 4a Blüte. 4b Frucht. – 5 Wassernuß. Trapa natans, Blütengrundriß. 5a Blüte. 5b Fruchtknoten und Kelch längs. 5c Frucht.
Ba Blütenachse. Bb Blütenbecher. C Krone. di Diskus. Fr Fruchtknoten. J äußeres Integument. i inneres Integument. K Kelch. Mp Mikropyle. Ne Nektarium. NK Nebenkelch. Sa Samenanlage.

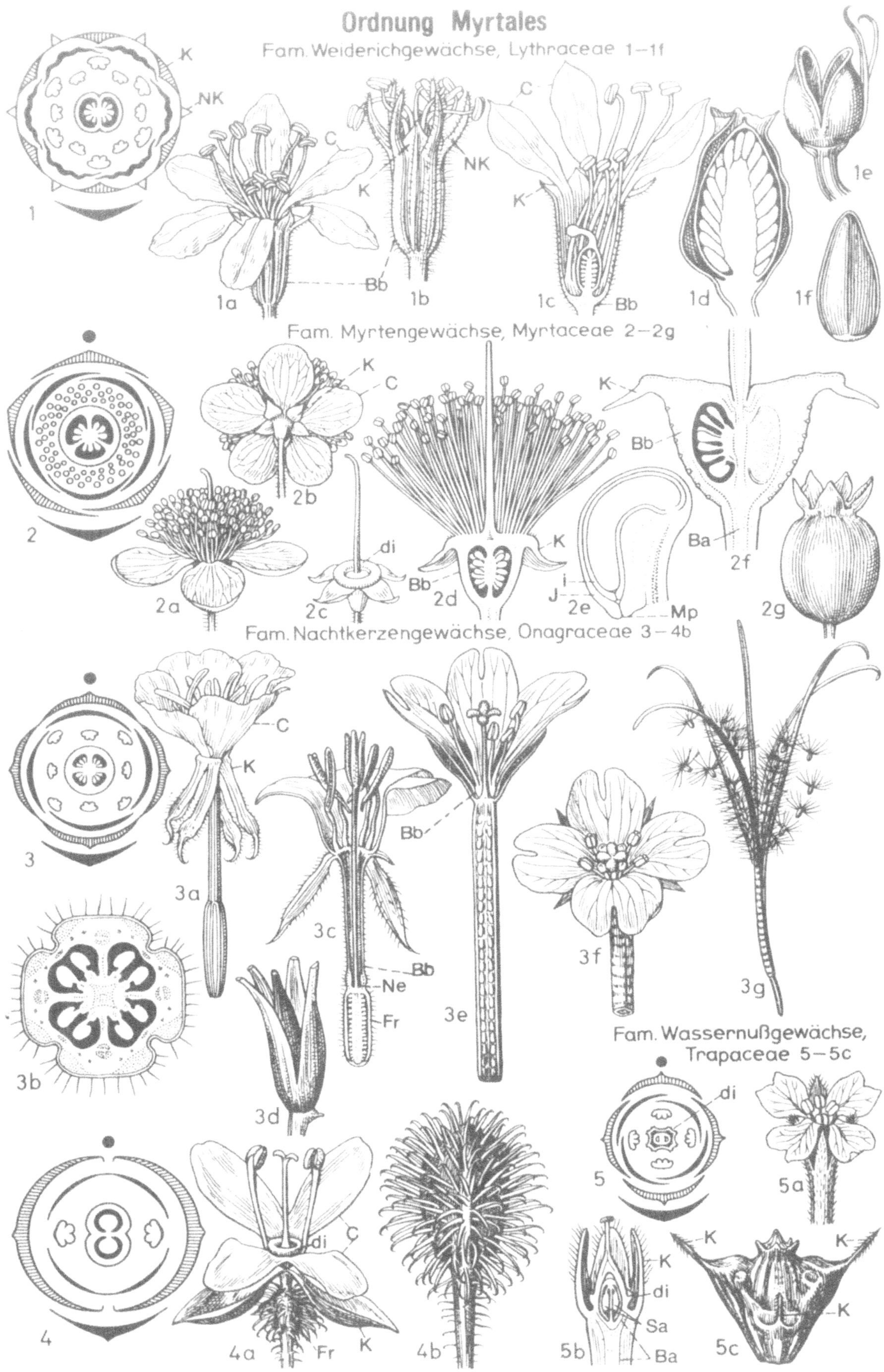
Ordnung Myrtales
Fam. Weiderichgewächse, Lythraceae 1–1f
Fam. Myrtengewächse, Myrtaceae 2–2g
Fam. Nachtkerzengewächse, Onagraceae 3–4b
Fam. Wassernußgewächse, Trapaceae 5–5c
K
NK
C
Bb
Ba
di
i
J
Mp
Ne
Fr
Sa
1
1a
1b
1c
1d
1e
1f
2
2a
2b
2c
2d
2e
2f
2g
3
3a
3b
3c
3d
3e
3f
3g
4
4a
4b
5
5a
5b
5c

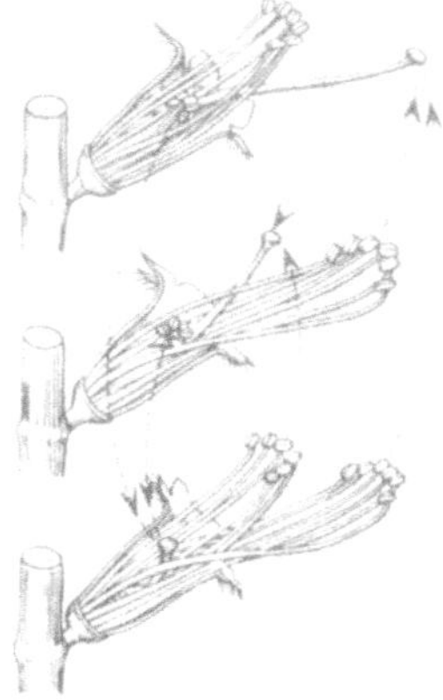


Abb. 16 **Blutweiderich,** *Lythrum salicaria.* Die eine Seite der Blütenhülle ist überall weggeschnitten. Oben langgriffelig; unten kurzgriffelig. Durch die Pfeile und punktierten Linien werden die besten Kreuzungsarten angegeben. Nach Warming-Möbius.

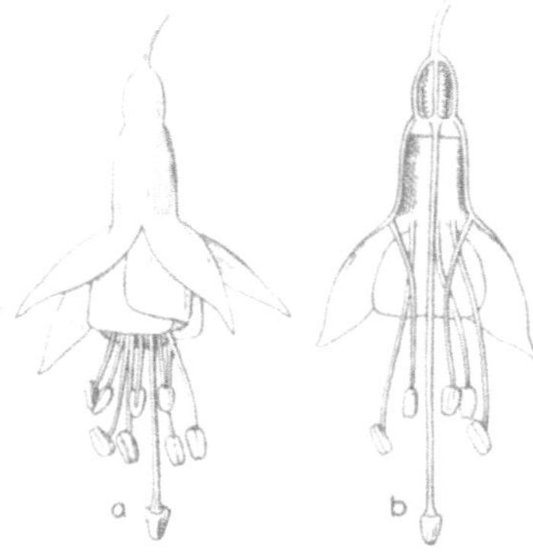


Abb. 17 *Fuchsia* a Blüte, b Blüte im Längsschnitt

**Gttg. Fuchsie,** *Fuchsia*

Blüten zygomorph. Blütenbecher meist sehr lang, über dem Fruchtknoten abgeschnürt, kronblattartig gefärbt, fällt nach dem Blühen ab. Kelch bunt, andersfarbig als die Blumenkrone; diese meist zu glockiger Röhre dachig zusammengerollt, bisweilen klein oder ganz unterdrückt. Staubblätter 8. meist ungleich! Frucht eine Beere. – Vogelblütig.

**Fam. Wassernußgewächse, Trapaceae** 5–5c

Einzige Gttg. *Trapa*, **Wassernuß,** *Trapa natans* 5–5c. Blüten einzeln in Blattachseln. Diskus (di in 5, 5b) zwischen Staubblättern und Fruchtknoten, nach dem Blühen zu Borstenkranz auswachsend. 4 Kelchblätter K in der Knospe klappig, Zipfel später zu Dornen oder Hörnern auswachsend. Fruchtknoten halbunterständig (5b), 2fächerig, in jedem Fach mit 1 umgewendeten, hängenden Samenanlage. 1 Griffel. Frucht eine 1samige, steinfruchtartige Nuß, von der vergrößerten Blütenachse und dem erhärtenden Kelch mit seinen 4 Dornen umschlossen (5c), die zum Verankern im Schlamm dienen. Nußartige Samen eßbar. K4 C4 A4 + 0 G($\underline{2}$).

Die Ordnungen *Myrtales, Haloragales* und *Elaeagnales* werden zur Überordnung *Myrtanae* zusammengefaßt.

*Haloragales. Haloragaceae*, Gttg. *Myriophyllum.* – *Gunneraceae. Hippuridaceae:* **Tannenwedel,** *Hippuris vulgaris.*

*Elaeagnales.* Kronblattlose Kelchbecher, nur 1 unterständiges Fruchtblatt und 1 aufrechte Samenanlage. Einzige Fam. *Elaeagnaceae:* **Sanddorn,** *Hippophaë rhamnoides;* **Ölweide,** *Elaeagnus.*

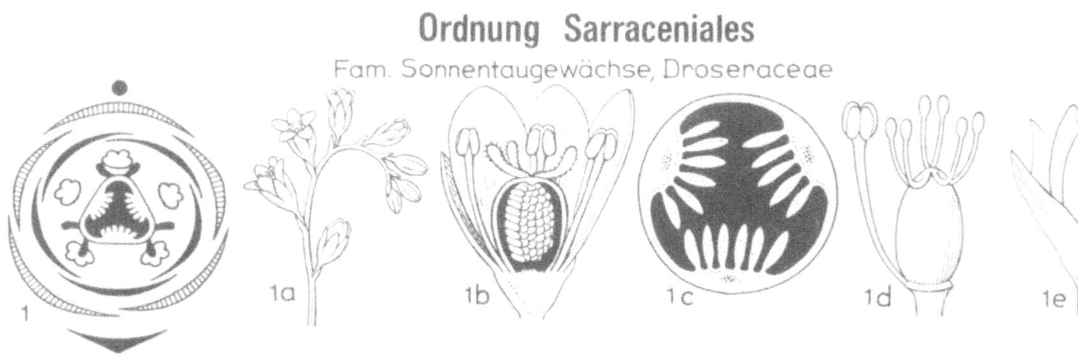


Abb. 18 1 Rundblättriger Sonnentau, Drosera rotundifolia, Blütendiagramm. 1a Blüte. 1b Blüte längs. 1c Fruchtknoten quer. 1d Staubgefäß und Fruchtknoten. 1e Frucht aufgesprungen im Kelch.

## Ordnung Sarraceniales Abb. 18

Zu dieser Ordnung rechnet man folgende Familien: *Sarraceniaceae, Nepenthaceae* und *Droseraceae.* Sie bilden einen natürlichen Verwandtschaftskreis. Neuerdings hat diese Ansicht eine Stütze in dem Nachweis erhalten, daß die im Dienste der Karnivorie stehenden Blätter homologe Gebilde sind. Die bei uns heimischen Droseraceen fangen Insekten mit Hilfe klebriger Tentakeln auf den Blattoberflächen (*Drosera*) oder reizempfindlicher Schnappblätter *(Dionaea, Aldrovanda).* Bei der **Venusfliegenfalle** *Dionaea* sind die Blätter am Rande gezähnt und oberseits mit Verdauungsdrüsen besetzt. Ihre Blatthälften klappen nach Berührung besonderer Tasthaare zusammen und fangen so das Insekt. Auch die bei uns heimische Wasserpflanze *Aldrovanda* (eine *Droseracee)*, besitzt sehr viele kleinere ähnlich gebaute Blättchen. *Nepenthes, Cephalotus, Sarracenia* besitzen kannenförmige Schlauchblätter als Tierfallen.

Über den verwandtschaftlichen Anschluß zu anderen Pflanzengruppen bestehen verschiedene Ansichten. Wir betrachten nur den Blütenbau der **Sonnentaugewächse.**

**Fam. Sonnentaugewächse, Droseraceae**

Gttg. **Sonnentau,** *Drosera.* Blüten strahlig. Kelchblätter 5, am Grunde verwachsen (1e). Kronblätter 5, weiß. Staubblätter 5. Fruchtknoten aus meist 3 (selten 4 oder 5) Fruchtblättern verwachsen, 1fächerig, mit wandständigen Samenleisten (1c) und mit freien, 2teiligen Griffeln (1d). Kapsel fachspaltig, viele Samen. Rundblättriger S., *D.rotundifolia.* – Langblättriger S., *D.anglica.* – **Mittlerer S.,** *D.intermedia.*

## Ordnung Podostemales

Die einzige Familie *Podostemaceae* kommt in rasch fließenden tropischen Gewässern vor.

Ihnen folgt die Überordnung *Myrtanae* mit becherförmiger Vertiefung des Blütenbodens, verwachsenen, meist unterständigen Gynoeceen und häufig sekundär polyandrischen Androeceen, sodann die Überordnung *Rutanae* mit scheibenförmig verbreiterten Blütenböden und oberständigen Fruchtknoten.

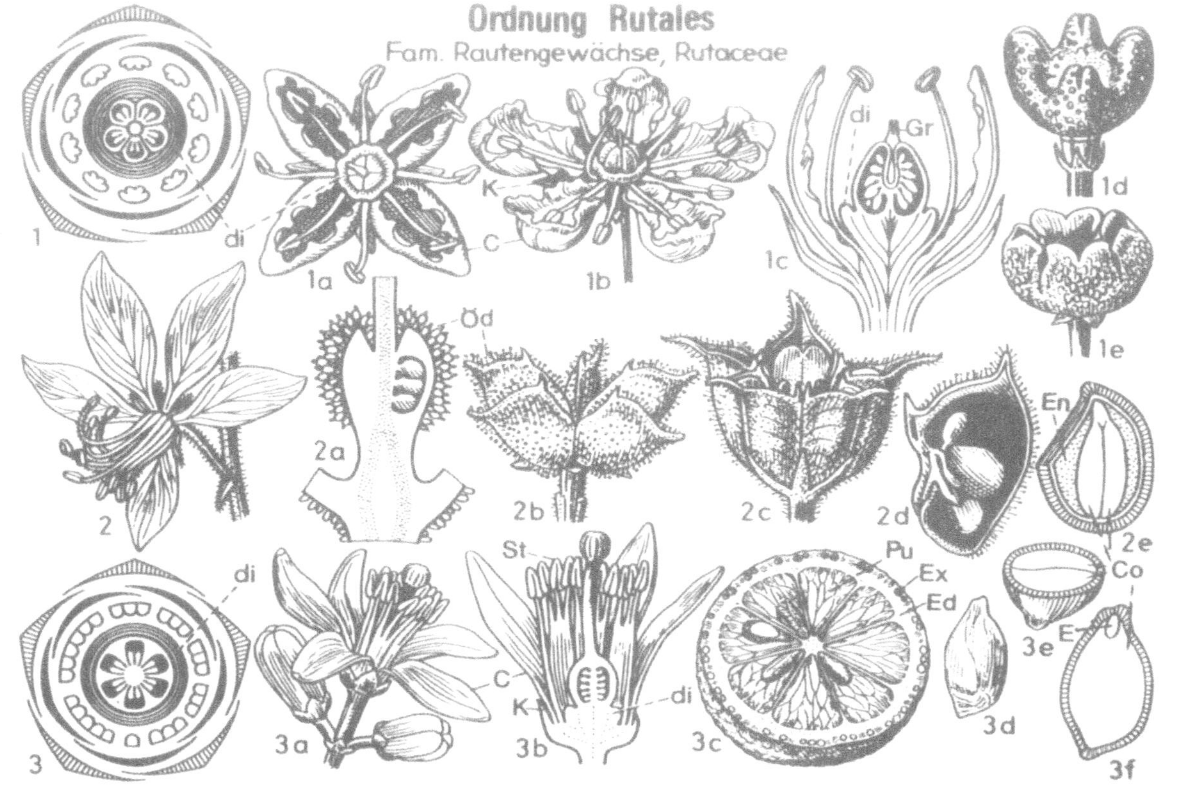


**Tafel 15** – 1 Raute, Ruta graveolens, Blütengrundriß. 1a Blüte mit interstaminalem Diskus. 1b Gipfelblüte: 5zählig, sonst 4zählig. 1c Blüte längs. 1d Frucht. 1e Frucht aufgesprungen. – 2 Diptam, Dictamnus albus, Blüte. 2a Fruchtknoten längs. 2b Balgfrucht. 2c Frucht aufgesprungen. 2d Teilfrucht geöffnet. 2e Same längs. – Orangengruppe, Aurantiae, 3–3f 3 Orangenbaum, Citrus aurantium, Blütengrundriß. 3a Blühender Zweig. 3b Blüte längs. 3c Limone, C. limonium, Frucht quer. 3d Same. 3e Same quer. 3f Same längs. – C Krone, Co Cotyledon. di Diskus. E Embryo. Ed Endokarp. En Endosperm. Ex Exokarp. Gr Griffel. K Kelch. Öd Öldrüsen. Pu Pulpa. St Staubblatt.

Die **Überordnung Rutanae** umfaßt die Ordnungen Rutales, Sapindales, Geraniales, Polygalales.

## Ordnung Rutales (=Terebinthales z.T.) Tfl. 15

**Familie Rautengewächse, Rutaceae 1–3f**

**Blütenbauplan** der Rautengewächse.
Bau der Blüte wie bei den Gruinales. Blüte gewöhnlich 4- oder 5zählig. Aber hier stets eine ring- oder napfförmige Drüsenbildung (Diskus) zwischen Androeceum und Fruchtknoten. Blüten ebenfalls strahlig (Ausn. 2). *Dictamnus,* zwittrig, 4–5zählig, freikronblättrig, Fruchtknoten oberständig (1c, 3b). Frucht fachspaltige Kapsel (1e,2c) oder vielfächerige, saftreiche Beere mit häutigen Scheidewänden (3c).
Den typischen Blütenbau zeigt Ruta (Raute) mit der Blütenformel K5 C5 A5 + 5 G5 (1).
A. **Rautengruppe,** *Rutoideae* 1–2e. – **Gartenraute,** *Ruta graveolens* 1–1e. Gipfelblüte 5zählig mit 5teiligem Fruchtknoten (1, 1b), sonst Blüten 4zählig (1a, 1d, 1e) oder 5 zählig. Blüten zwittrig. Kelch- und Kronblätter 4 oder 5, Staubblätter 8 oder 10 (1, 1a, 1b). Stark polsterförmig entwickelter Diskus (1, 1a, 1b, 1c). Fruchtblätter 4 oder 5, mit vielen Samenanlagen (1, 1c). Fruchtknoten tief 2–5teilig, hat grundständigen, ±verwachsenen Griffel (1c). Kapsel 4- oder 5lappig, fachspaltig, vielsamig (1d, 1e). – **Diptam,** *Dictamnus albus* 2–2e. Blüte zygomorph (2); 4 obere Kronblätter aufrecht, das untere herabgeschlagen, rosa mit dunkleren Adern, selten weiß oder purpurrot. Staubblätter 10, am Grunde des Diskus eingefügt (2). Dieser ringförmig, ziemlich dick. Fruchtknoten 5lappig (2b), auf kurzem Gynophor (2a). Jedes Fach mit 3–4 in der Bauchnaht stehenden Samenanlagen (2a, 2d). Griffel in der Mitte des Fruchtknotens ents; ringend (2a). Kapsel in 5 geschnäbelte Teilfrüchte zerfallend (2b, 2c, 2d). Diese öffnen sich wie Balgkapseln (2c), worauf die Innenschicht sich löst und die Samen mit sich führend elastisch aufspringt, (vgl. die *Geraniales!*) Samen glänzend-schwarz, mit fleischigem Nährgewebe (2e).
B. **Orangengruppe,** *Aurantieae* 3–3f. *Citrus* (3) hat 4–5–8zählige Blüten; zwittrig oder durch Abort männlich. 3–5 Kelchblätter meist zu 3–5zähnigem Becher oder Krug verbunden (3b). Kronblätter 4–8, dicklich, weiß oder rötlich, drüsig. 1 Kreis Staubblätter, selten 5, meist durch Spaltung vermehrt und regelmäßig in mehrere Bündel gruppiert (3, 3a, 3b). Diskus (di in 3b) dick, polster- oder ringförmig (3, 3b). Fruchtknoten 5 bis vielfächerig (3, 3c), mit 4–8, in Reihen stehenden Samenanlagen (3b). Frucht eine vielfächerige Beere (3c), kugelig bis länglich, an der Spitze zitzenförmig vorgezo-

gen. Dicke, zähe Außenschicht der Frucht mit öldrüsenreichem Exokarp Ex und schwammigem Endokarp Ed (3c). Scheidewände häutig, spaltbar; das saftreiche Fleisch, das die Fächer erfüllt, als Pulpa Pu bezeichnet, besteht aus Saftsäcken, die als Auswüchse in Form großzelliger, saftreicher Haarbildungen auf der Innenseite der Fruchtwand entstehen und allmählich die Fächer ganz ausfüllen. Samen wenige (3c, 3d), oft mit mehreren Keimlingen (3f). Keimling E mit ungleichen Keimblättern Co. Endosperm fehlt (3e, 3f).

## Ordnung Sapindales (= Terebinthales z.T.) Tfl. 16

**Familie Ahorngewächse,** *Aceraceae* 1-1g
**Blütenbauplan.**
Blüten strahlig, zwittrig (1,1a,1c,1d), oft 1geschlechtig (1b); einige Arten haben zwittrige, männliche und weibliche Blüten. Meist 5 freie Kelch-, 5 stets freie Kronblätter, 8 freie Staubblätter (1,1a,1c); von den 5+5 Staubblättern innerhalb einer großen ringförmigen Diskusbildung (di in 1,1c,1d) fehlen die 2 medianen Staubblätter (x in 1). Fruchtknoten besteht aus 2 1fächerigen, seitlich zusammengedrückten Fruchtblättern (1), auch in den männlichen Blüten meist als Rudiment vorhanden. Acer zeigt Neigung zu Monoecie, d.h. zu Unterdrückung eines Geschlechts in den ursprünglich zwittrigen Blüten. Einige Arten haben ⚥, ♂ und ♀ Blüten. In jedem Fruchtknotenfach 2 Samenanlagen (1). Frucht eine Spaltfrucht mit 2 nußartigen, einseitigen, häutigen Flügeln, geschlossen bleibend (1e,1f). In jedem Fach meist nur 1 Same, die andere Anlage verkümmernd (rS in 1f,1g). Keim groß, gekrümmt, mit dünnen, gefalteten Keimblättern; kein Nährgewebe (1h). Blütenformel: *K5 C5 A8 G($\underline{2}$).

**Berg-Ahorn,** *Acer pseudoplatanus.* Staubblätter am Innenrand des Diskus eingefügt, in den ♂ Blüten (1b) 2-3mal so lang wie die Kronblätter. Fruchtknoten mit langem, 2 ebenfalls lange Griffeläste tragendem Griffel (1c,1d). – **Spitz-Ahorn,** *A.platanoides* (1m). Kronblätter wenig länger wie der Kelch, verkehrteiförmig, stumpf, gelbgrün. Staubblätter etwas kürzer als die Kronblätter, am Außenrand des Diskus eingefügt. – **Schneeballblättriger Ahorn,** *A.opalus* (1n). Staubblätter in den ♂ Blüten fast doppelt so lang. – **Französischer Maßholder,** *A. monspessulanum* (1q). Staubblätter in den ♂ Blüten wenig länger, in den ♀ (schein-zwittrigen) etwas kürzer als die Kronblätter. – **Eschen-Ahorn,** *A.negundo* (1r). ♂ Blüten an langen Stielen, klein ohne Kronblätter und ohne Diskus; mit meist 5 (4) -blättrigem Kelch und 3-6 langen, bespitzten Staubblättern, ohne Fruchtknotenrudiment. 1s ♀ Blüten mit 4 oder 5teiligem, kleinem Kelch; Fruchtknoten mit 2 langen völlig getrennten Narbenästen, ohne Kronblätter, Staubblätter und Diskus. – Die Blüten sind meist polygam mit Monoecie *(A.pseudoplatanus, platanoides, campestre)* oder Dioecie *(A.dasycarpum, saccharinum); A.negundo* ist dioecisch, *A.pensylvanicum* hermaphrodit. In den ♂ Blüten der polygamen Arten schwindet das Pistill bis auf ein Rudiment, beim ♀ Geschlecht bleiben gewöhnlich deutliche, nur pollenlose Staubblätter erhalten.

**Familie Roßkastaniengewächse**
*Hippocastanaceae* 2-2g

**Blütenbauplan.**
Blüten ♀ oder durch Reduktion ♀♂; schief zygomorph mit schräger Symmetrieebene. 5 Kelchblätter, 4 o.5 freie Kronblätter (2,2a), von denen das von der Symmetrieebene durchschnittene klein ist oder ganz fehlen kann; 7 Staubblätter, indem 3 unterdrückt sind (2,2a). Kleiner, ringförmiger oder einseitiger Diskus außerhalb des Staubblattkreises. 3blättriger, 3fächeriger Fruchtknoten mit 1 Griffel (2,2b,2c,2d,2e); in jedem Fach 2 Samenanlagen, wovon meistens nur 1 oder 2 Samen entstehen (Sa in 2d,2e,2f); Frucht 3klappige Kapsel mit fachspaltigem Aufspringen (2f). Samen mit lederartiger Schale und mit einem großen, weißen Fleck, dem Nabel oder Hilum, der Verbindungsstelle von Same und Fruchtblatt. Keim (E in 2g) gekrümmt, ohne Nährgewebe, mit großen, dicken, halbkugeligen Keimblättern und einem in einer Tasche liegenden Würzelchen (2g). Die Blüten sind protogyn. Formel: K5 C4 (od. 5) A7 G(3).
**Gemeine Roßkastanie,** *Aesculus hippocastanum.* Kronblätter 5, weiß, rot und gelb gefleckt. Frucht stachelig, Knospen klebrig; Baum bis 30m hoch. Vom Balkan eingeführt. – *Ae.pavia.* Kronblätter 4, rot; Frucht stachellos. Knospen nicht klebrig. Strauch oder bis 6 m hoher Baum. Zierbaum aus N.Am. – *Ae.parviflora.* 1-5m hoher Strauch. Kronblätter weiß. Frucht glatt, kugelig. Bisweilen kultiviert.

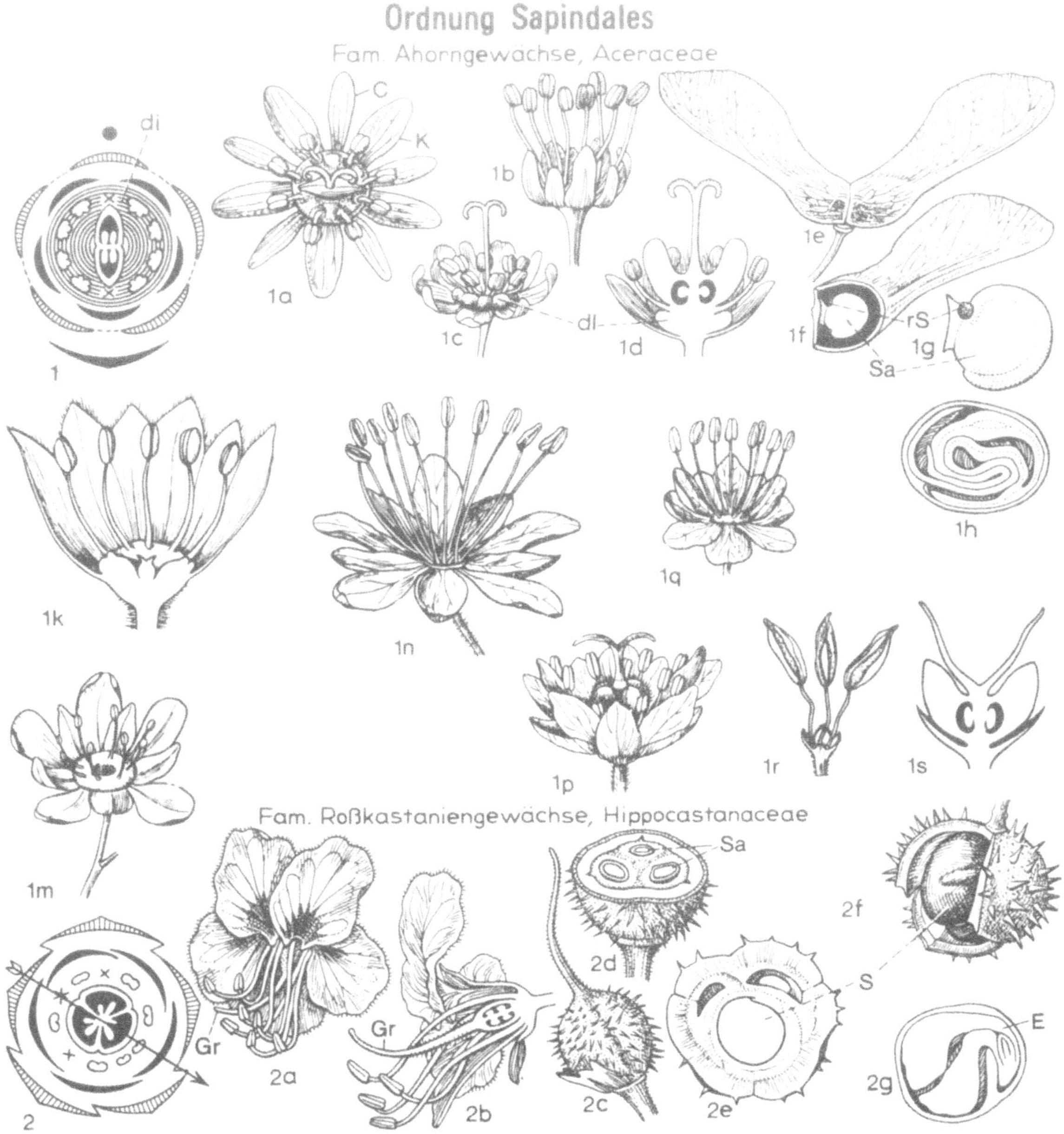


**Tafel 16** – 1 Bergahorn, Acer pseudoplatanus, Blütengrundriß. 1a Feld-Ahorn, A.campestre, ☿ Blüte. 1b A.pseudoplatanus, ♂ Blüte. 1c ♀ Blüte mit rückgebildeten Staubblättern. 1d ☿ Blüte längs. 1e Reife Frucht. 1f Spitz-Ahorn, A. platanoides, Teilfrucht. Lokulament geöffnet. Links die Fugenfläche. 1g Plazenta aus 1f mit den beiden Samenanlagen. 1h A.pseudoplatanus, Same quer. 1k Acer pseudoplatanus, ♂ Blüte längs. 1m Spitz-Ahorn. A.platanoides, ♂ Blüte. 1n A. opalus, ♂ Blüte. 1p A.opalus, ♀ Blüte. 1q Französischer Maßholder, A.monspessulanum, ♂ Blüte. 1r A.negundo, ♂ Blüte. 1s ♀ Blüte längs. – 2 Roßkastanie, Aesculus hippocastanum, Blütengrundriß. 2a Blüte. 2b Blüte längs. 2c Junge Frucht. 2d Junge Frucht quer. 2e Reife Frucht. 2f Aufspringende Frucht mit Samen, 2g Same längs.

## Ordnung Geraniales (=Gruinales) Tfl. 17

**Blütenbauplan.**

Blüten meist strahlig, i.d.Regel in allen Kreisen 5zählig. Staubblätter meist obdiplostemon, seltener durch Ausfall haplostemon; oft am Grunde verwachsen (2b, 5c). Kronstaubblätter gewöhnlich kleiner (1a,1b) oder ohne Antheren (2b), bei manchen sind sie zu Zähnen reduziert (3b/rSt), bei anderen ganz unterdrückt (5c). Fruchtknoten oberständig (1b,2c,3b,4b,5b), wird häufig durch Trennung der Karpelle zur Schleuderfrucht (1c,2c,2e,5e). – Die dargestellte Ordnung läßt fortschreitend erkennen: a) Rückbildung in der Zahl der Samenanlagen (1b,2c,4c,5e). – b) Ausfall von Staubblättern, sogar eines ganzen Wirtels (3,3b,5,5c). – c) Ausfall von Fruchtblättern (4). – d) Das Auftreten dorsiventraler Blüten (4,5). Typische Blütenformel * bis ↓ K5 C5 A5+5 G($\underline{5}$) oder K5 C5 A0+5 G($\underline{5}$).

### Familie Sauerkleegewächse, Oxalidaceae 1-1d

**Blütenbauplan.**

Typisch pentazyklische und pentamere Blüte mit der Formel: * K5 C5 A5+5 G($\underline{5}$). Der eine Staubblattkreis ist häufig reduziert. Bei der reifen Kapsel Hinausschleudern der Samen durch elastisches Aufspringen der 5 Kapselfächer wie bei 3 weiteren Familien.

**Sauerklee,** *Oxalis acetosella.* Blüte 5zählig, strahlig, in der Knospe rechts oder links gedreht; 2 Staubblattkreise, alle am Grunde ein wenig verwachsen. Fruchtknoten 5blätterig, 5fächerig (1,1d). 5 freie Griffel (1b); in jedem Fach viele Samenanlagen übereinander (1b,1c). Frucht eine Kapsel. Lokulizides Aufspringen der Kapselfächer und Hinausschleudern der Samen durch elastisches Aufspringen der äußersten, fleischigen Schicht der Samenschale (1c).

### Familie Storchschnabelgewächse, Geraniaceae 2-2e

**Blütenbauplan.**

Blüten strahlig, Ausnahme *Pelargonium.* Von den 10 Staubblättern können 5 unfruchtbar sein (2b). Oberer Teil der 5 Fruchtblätter bilden kräftigen „Schnabel". (2d). Fruchtknoten 5fächerig mit je 2 Samenanlagen, von denen sich aber nur 1 zum Samen entwickelt. Bei der Reife der Frucht lösen sich die Außenwände der Fruchtblätter von bleibender Mittelsäule, unten je 1 Samen umschließend und fortschleudernd. Bei **Efeugeranie,** *Pelargonium peltatum* entspringt der Sporn wie bei Tropaeolum unterhalb von Kelchblatt 2, bleibt aber mit der Blütenachse unsichtbar verwachsen und enthält am Grunde wie bei *Tropaeolum* Honigdrüse Abb. 19. Blütenformel: K5 C5 A5+5 G($\underline{5}$). *Geranium,* **Storchschnabel** hat 5+5 Staubblätter (2-2a), eine 5fächerige Kapsel (2), deren Klappen bei der Reife oben an der Mittelsäule hängenbleiben, wobei die Teile des Schnabels sich bogenförmig einrollen.

Die 5klappige Kapsel öffnet sich durch scheidewandspaltiges Aufspringen; das Aufrollen erfolgt so heftig, daß die Samen hinausgeschleudert werden. Der Keim ist gekrümmt, die Keimblätter gefaltet und häufig grün; Nährgewebe fehlt. – *Erodium,* **Reiherschnabel** (2b-2e) hat 0+5 Staubblätter, Kronstaubblätter ohne Antheren; Spaltfrucht, deren Schnäbel auf der Innenseite behaart sind. Jedes Fruchtblatt bleibt bei der Ablösung von der Mittelsäule geschlossen; diese nußartigen Teilfrüchte bohren sich mit Hilfe des schraubenförmigen Schnabels durch hygroskopische Bewegungen in die Erde. – *Pelargonium* mit zygomorpher Blüte stellt den jüngeren abgeleiteten Typus dar. Als ursprünglichster Typus wird *Biebersteinia* betrachtet mit 5 freien Fruchtknoten: K5 C5 A5+5 G5; die Griffel sind oben vereinigt; 5 Nüßchen.

Obwohl man bei *Pelargonium peltatum* äußerlich keinen Sporn sieht, ist ein solcher vorhanden. Wie Abb. 19 zeigt, ist der Blütenstiel in 2 Abschnitte gegliedert. Der obere ist dicker und zeigt 2 Längsfurchen, die von den Kelchblättern 4 und 5 ausgehen und am Stiel einen Wulst bilden, der unterhalb des in der Blütenmediane stehenden Kelchblattes 2 verläuft. Wie der Querschnitt (Fig. II) zeigt, ist dieser Wulst innen hohl. Er endigt unten in einer Auftreibung, in der sich die Honigdrüse Ne befindet. Der hohle Wulst

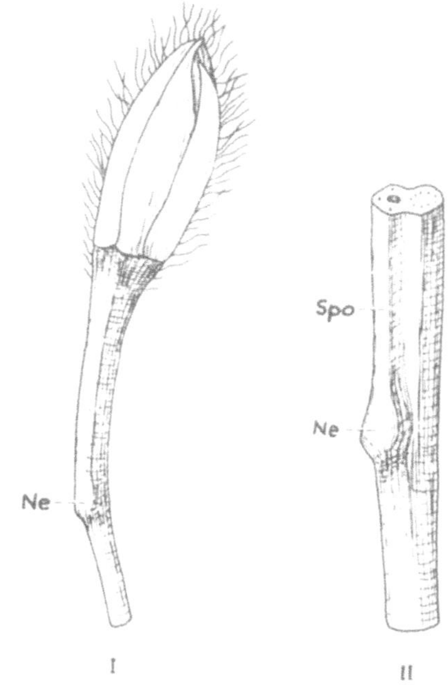


Abb. 19 *Pelargonium peltatum,* I entfaltungsbereite Blütenknospe in Seitenansicht. II Basis des Blütenstieles. Auf der Schnittfläche tritt die Spornhöhlung in Erscheinung. Spo Sporn; Auftreibung an dessen unterem Ende, die Nektardrüse Ne bergend. Nach W.Troll.

**Tafel 17** – 1 Wald-Sauerklee, Oxalis acetosella, Blütengrundriß. 1a Blüte. 1b Blüte längs. 1c Frucht aufspringend. 1d Fruchtknoten quer. – 2 Wiesen-Storchschnabel, Geranium pratense, Blütengrundriß. 2a Blüte. 2b Reiherschnabel, Erodium ciculatarium, Blüte, 2 Kronblätter entfernt. 2c G. pratense, aufspringende Frucht. 2d E.cicutarium, Fruchtstand. 2e Aufspringende Frucht. – 3 Echter Lein, Flachs, Linum usitatissimum, Blütengrundriß. 3a Blüte. 3b Blüte nach Entfernung der Kelch- und Kronblätter. 3c Reife Kapsel. 3d Kapsel quer. – 4 Große Kapuzinerkresse, Tropaeolum majus, Blütengrundriß. 4a Blüte. 4b Blüte längs. 4c Frucht. – 5 Großes Springkraut, Rührmichnichtan, Impatiens noli-tangere, Blütengrundriß. 5a Blüte. 5b Blüte längs. 5c Blüte nach Entfernung von Kelch und Krone. 5d Kapsel von außen. 5e Kapsel aufspringend.

C Kronblatt. Fr Fruchtknoten. hC hinteres Kronblatt. K Kelch. mC medianes Kronblatt. MS Mittelsäule. rSt reduziertes Staubblatt. sC seitliches Kronblatt. Spo Sporn. St Staubblatt.

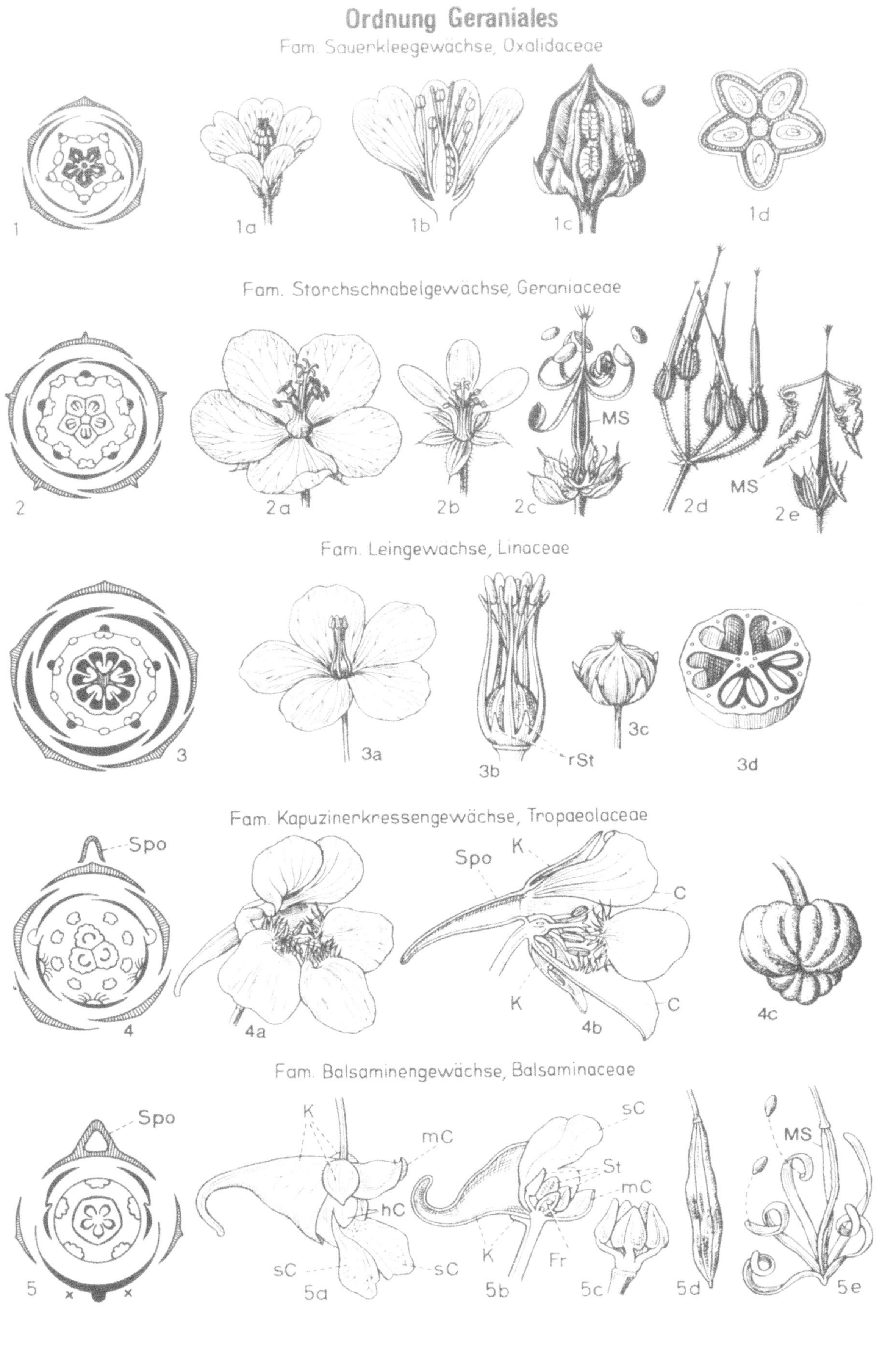
Ordnung Geraniales
Fam. Sauerkleegewächse, Oxalidaceae
1
1a
1b
1c
1d
Fam. Storchschnabelgewächse, Geraniaceae
2
2a
2b
2c
MS
2d
MS
2e
Fam. Leingewächse, Linaceae
3
3a
3b
rSt
3c
3d
Fam. Kapuzinerkressengewächse, Tropaeolaceae
Spo
4
4a
Spo
K
C
K
C
4b
4c
Fam. Balsaminengewächse, Balsaminaceae
Spo
5
K
mC
hC
sC
sC
5a
sC
St
mC
K
Fr
5b
5c
5d
MS
5e

ist nichts anderes als der Sporn, der somit wie bei *Tropaeolum* unterhalb von Kelchblatt 2 entspringt, aber mit der Blütenachse verwachsen bleibt. Die Übereinstimmung mit *Tropaeolum* erstreckt sich auch auf die Lage der Honigdrüse. Diese ist am Grunde der Spornhöhle geborgen und bedingt bei *Pelargonium* die Auftreibung. Abb. 19

**Familie Leingewächse, Linaceae 3-3d**
**Bauplan der Leinblüte.**
Derselbe Blütentypus wie die Sauerkleegewächse, nur sind die Kronstaubblätter immer steril oder wohl auch ganz unterdrückt und die Fruchtblätter iso- oder oligomer.
Blüte strahlig, 5- oder 4zählig, meist 5zählig (3a,3b). Kronblätter in der Knospe gedreht. Staubblätter am Grunde ± verbunden (3b). Kronstaubblätter entweder unfruchtbar, zahnförmig rSt oder ganz unterdrückt (3b). 5 freie Griffel. Ovar gefächert, oft mit vollständigen oder unvollständigen falschen Scheidewänden (3,3b). Kugelförmige Kapsel (3c) mit je 2 Samen im Fach (3,3d). **Schließlein,** *Linum usitatissimum var. vulgare* mit geschlossen bleibenden Fruchtkapseln und *var. humile,* **Springlein.** Letzterer springt mit knackendem Geräusch scheidewandspaltig auf.

**Familie Kapuzinerkressengewächse Tropaeolaceae 4-4c**
**Blütenbauplan**
Dorsiventrale Blüte mit Sporn, der dem Bereich der Blütenachse angehört. Darin und im Perianth Übereinstimmung mit **Efeugeranie,** *Pelargonium peltatum,* die zur Fam. *Geraniaceen* gehört. 8 Antheren in 2 seitlichen Gruppen, da 2 in der Mediane stehende unterdrückt. Fruchtknoten mit 3 schief gestellten Fruchtblättern, außen 3furchig. Zuweilen werden auch 5zählige Fruchtknoten beobachtet, wobei gewöhnlich 2 Fruchtblätter klein bleiben und verkümmern. 3teilige Spaltfrucht, mit 3 1samigen Teilfrüchten, ohne Mittelsäule. Die Fam. steht dem **Sauerklee** nahe. Blüten einzeln, blattachselständig, langgestielt. 5 Kelchblätter, ± gefärbt. 5 Kronblätter, sämtlich benagelt (4a,4b), die 3 vorderen mit schärferer Sonderung von Nagel und Platte und zwischen beiden Abschnitten am Rande fransig gewimpert (4,4a,4b). Hierdurch kommt, zusammen mit der einseitigen Spornung und der Stellung des medianen Kelchblattes (4), die Dorsiventralität der Blüte zum Ausdruck. Der Sporn Spo geht nicht, wie bei *Impatiens,* aus dem medianen Kelchblatt hervor, sondern er gehört dem Bereich der Blütenachse an (4). Löst man bei *Impatiens*-Arten das mediane Kelchblatt (5,5b), dann geht der Sporn mit ab, was bei *Tropaeolum* nicht der Fall ist. *Tropaeolum majus* stimmt mit der zur Fam. der Storchschnabelgewächse gehörenden **Pelargonie,** *Pelargonium peltatum,* **Efeu-** oder **Schildgeranie,** nicht nur im Bau des Perianths, sondern auch hinsichtlich der Spornbildung überein.

**Familie Balsaminengewächse, Balsaminaceae 5-5e**
Blüte zygomorph. Von den 5 5zähligen Kreisen sind die Kronstaubblätter unterdrückt. Blütenformel K5 C5 A0+5 G5. K, C u. st s. 5a, 5b. Fruchtknoten vollständig septiert, mit einfachem Griffel, Samenanlagen mehrere pro Fach, hängend. Fruchtaufspringen elastisch, fachspaltig, mit bleibender Mittelsäule.
Blüten stark zygomorph, 5zählig. Kelchblätter gefärbt, die beiden vorderen sehr klein oder ganz unterdrückt (5), das hintere groß und zu Sporn verlängert (5,5a). Fig.5b vor, 5a nach der Umkehr (Resupination) der Blüte. Anscheinend nur 3 Kronblätter, weil die 2 seitlichen sC mit den hinteren hC paarweise verwachsen sind (5,5a). Medianes Kronblatt mC in 5a u.5b ist größer und anders gestaltet. Kronstaubblätter unterdrückt (x in 5). 5 Staubblätter mit verklebten Beuteln, den Griffel kapuzenförmig bedeckend, oben aufspringend (5, 5c) u. Abb. 21 Fruchtknoten 5blätterig und 5fächerig. Frucht eine Kapsel (5d), die schon bei schwachem Druck mit 5 elastischen Klappen plötzlich von unten nach oben fachspaltig aufspringt und die Samen weit fortschleudert. Mittelsäule MS bleibt stehen (5e).

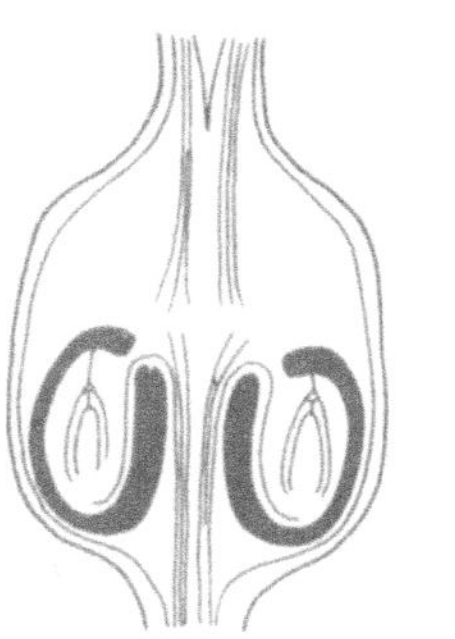

Abb. 20 Längsschnitt durch den Fruchtknoten von *Linum austriacum.* Samenanlage hängend, epitrop (Mikropyle nach oben), mit ventraler Raphe. – Nach Warming.

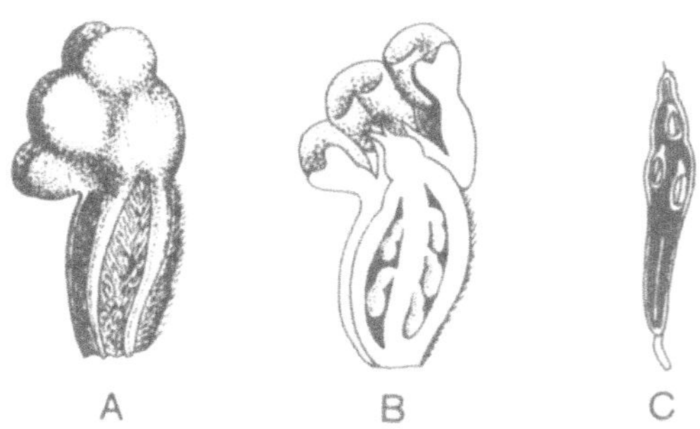


Abb. 21 *Impatiens balsamina.* A Gynoeceum mit Staubblättern von außen. Antheren vereint und den Griffel kapuzenförmig bedeckend. B Längsschnitt. Ovar gefächert, hängende anatrope Samenanlagen. C Frucht im Längsschnitt; Ovar gefächert. Nach Engler, Syllabus.

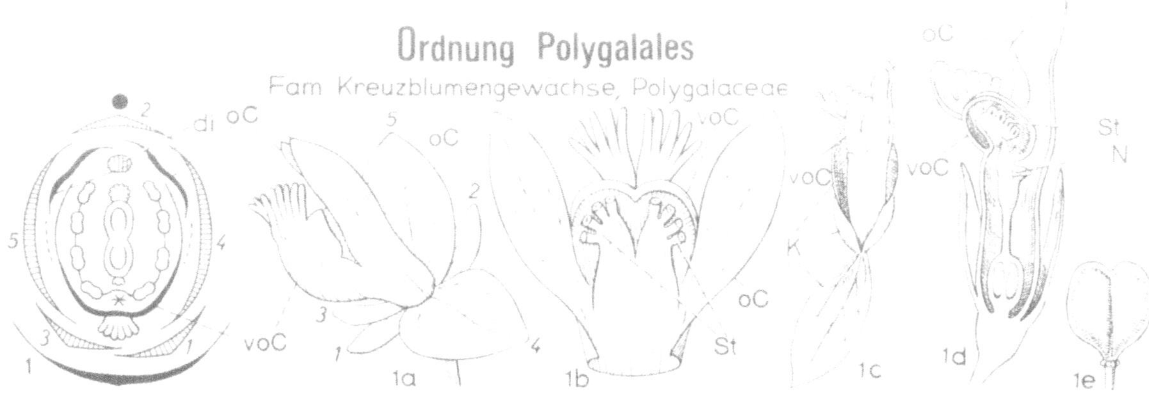


Abb. 22

## Ordnung Polygalales Abb. 22

1 Myrtenblättrige Kreuzblume, Polygala myrtifolia, Blütengrundriß. 1a Bitteres Kreuzkraut, P.amara, Blüte von der Seite. 1b Blüte von oben. 1c Schopfige Kreuzblume, P.comosa, Blüte. 1d Blüte längs. 1e Frucht. di Diskus. K Kelch. N Narbe. oC oberes Kronblatt. St Staubblatt. voC vorderes Kronblatt.

**Fam.Kreuzblumengewächse, Polygalaceae 1-1e**

Die systematische Stellung dieser Fam. ist noch umstritten.

Blüten stark median-zygomorph (1,1a), freie Kelchblätter: 3 äußere kelchblattartig und klein (1,2,3 in 1,1a, die 2 inneren seitlichen (4 und 5 in 1,1a) viel größer und kronblattartig, sogen. „Flügel". Kronblätter 5 oder durch Reduktion der beiden seitlichen (punktiert) nur 3, miteinander und mit den Staubblättern verbunden (1,1b,1d); das vordere voC gewöhnlich schiffchenartig, vorn oft gelappt oder fransig (voC in 1a,1b,1c,1d). 8 Staubblätter, da die 2 medianen fehlen (1), meist zu einer nach oben offenen Röhre verwachsen (St in 1b u.1d). Staubbeutel öffnen sich mit Löchern. Diskusring di oft reduziert, dem Staubblattkreis zugehörig (1). 2blättriger Fruchtknoten mit 2 Fächern (1). In jedem Fach 1 hängende Samenanlage (1d). Griffel verschiedenartig gestaltet, vorn oft löffelartig (N in 1d). Frucht eine zusammengedrückte Kapsel, fachspaltig aufspringend (1c), selten eine Nuß.

Die Überordnung *Celastranae* umfaßt die Ordnungen *Celastrales, Rhamnales, Euphorbiales* und *Santalales.*

## Ordnung Celastrales Tfl. 18

**Blütenbauplan.**
Blüten in fast allen Familien klein, grünlich oder weißlich, strahlig (1,2); nur 1 Staubblattkreis, und zwar stehen die in gleicher Zahl vorhandenen Staubblätter zwischen den Kronblättern (1,1a,1b; 2,2a). Fruchtknoten oberständig (1c,2b), 1 bis mehrfächerig. Meist ein Diskus di (in den Diagrammen innerhalb der Staubblätter, schraffiert).

**Familie Stechpalmengewächse, Aquifoliaceae 1–1g**

Blüten strahlig, 4–6zählig, zwittrig, jedoch durch Fehlschlagen des einen Geschlechts stets 2häusig (1a, 1b). Diskus (di in 1, 1b) für die Fam. charakteristisch. Krone meist ein wenig vereintblättrig. Fruchtknoten oberständig (1b, 1c) und mit nur einer hängenden Samenanlage in jedem der 4 Fruchtknotenfächer (1c). Fruchtknoten bei den ♂ Pflanzen zu einem ungefächerten Gebilde zurückgebildet (1a). Steinfrucht mit gewöhnlich 4 Steinkernen (1d, 1e). Samen mit hartem, großem Nährgewebe En und sehr kleinem Keimling E am obersten Ende des Samens (1f, 1g).

**Familie Spindelbaumgewächse, Celastraceae 2–2g**

Blüten meist klein, grünlich oder weißlich, strahlig, zwittrig oder durch Rückbildung 1geschlechtig; 4 (–5) zählig (2,2a); großer, hypostaminaler Diskus (2, 2a, 2b). Griffel kurz, dick (2a, 2b). Fruchtknoten 4fächerig mit je 2 Samenanlagen in jedem Fach (2). 2 Integumente(2b). Frucht eine Kapsel, die mit 4 Klappen fachspaltig aufspringt (2c, 2f, 2g). Samen von orangerotem Arillus umhüllt (al in 2c, 2d, 2e). Grüner Keimling E in weißem Endosperm (2c).

## Ordnung Rhamnales Tfl. 18

**Blütenbauplan.**
Seitliche Blütenstände trugdoldig, rispig oder knäuelig, Blüten klein, unscheinbar, grünlich, gelblich oder weißlich. Im Bau der Blüten große Ähnlichkeit mit den *Celastrales.* Diskusbildungen deutlich. Unterschiede: Die Staubblätter stehen vor den Kronblättern C (in 3,3c,4,5,5a); ferner ausgehöhlte Blütenachse Bb (3b) und mittel- bis unterständiger Fruchtknoten (4, 4a). – 2 Integumente (4a).

**Familie Kreuzdorngewächse, Rhamnaceae 3–4c**

**Blütenbauplan**
Unscheinbare grünliche, gelbliche oder weißliche Blüten. Kronblätter sehr klein, gewöhnlich kleiner als die Kelchblätter (3a, 3b, 3c, 4, 4a). Kelch in der Knospenlage klappig (3). Dünne Honigscheibe oder Diskus bekleidet inwendig die ausgehöhlte Blütenachse, den Achsenbecher Bb, (in3b), oder bei unterständigem Fruchtknoten dessen Oberseite am Grunde des Griffels (4a). Fruchtknoten mit 1 aufrechten Samenanlage in jedem Fach (3, 3b, 4a). Großer, oft grüner oder gelblicher Keimling E im Nährgewebe (3e).
**Faulbaum,** *Rhamnus frangula* 3–3f. Blüte 5zählig, zwittrig, unscheinbar (3, 3a, 3b). Kronblätter klein, löffelförmig hohl und die Staubblätter umfassend (3–3c). Kleine schwarze Steinfrucht (3d) mit 2–3 Samen (3f). – **Kreuzdorn,** *Rhamnus cathartica* 4–4c. Blüten 4zählig, durch Rückbildung des einen Geschlechts 2häusig (4, 4a). Kleine, schwarze steinfruchtartige Beere mit 2–4 Steinkernen (4b). Same mit großem Keimling E im Nährgewebe (4c).

**Familie Weinrebengewächse, Vitaceae 5–5g**

Blüten klein, grünlich, zwittrig oder vielehig, 1 oder 2häusig, 4–5zählig. Kelch klein, becherförmig, am Rande schwach 4 oder 5zähnig (5a, 5b). Kronblätter 4–5, in der Knospenlage klappig (5), beim Erblühen ausgebreitet oder zurückgeschlagen oder mit den Spitzen verwachsen und als Haube abfallend (5a). Staubblätter vor den Kronblättern stehend (5), am Grunde eines hypogynen Diskus eingefügt (5a, 5b). Diskus meist becher- bis napfförmig und am Rande gelappt (5, 5a, 5b), oder aus 5 am Grunde zu einer Scheibe zusammenfließenden Drüse bestehend (5a, 5b). Fruchtknoten oberständig (5c). Frucht eine meist weichfleischige Beere mit 2–4 aufrechten Samen (5, 5d). Samen mit steinharter Schale und ölhaltigem Nährgewebe; kleiner Keimling (5f).

**Tafel 18** – 1 Stechpalme, Ilex aquifolium, Blütengrundriß. 1a ♂ Blüte. 1b ♀ Blüte. 1c ♀ Blüte längs. 1d Steinfrucht. 1e Frucht quer. 1f Same. 1g Same längs. – 2 Pfaffenhütchen, Evonymus europaeus. 2a Blüte. 2b Fruchtknoten längs. 2c Purpurblütiger Spindelbaum, E. atropurpurea, Frucht aufspringend; 1 Fach mit dem Samen durchschnitten. 2d Voralpen-Spindelstrauch, E. latifolia. Fruchtklappe mit ansitzendem, durchschnittenem Samen. 2e E. europaea, Frucht längs; Same mit Arillus. 2f Aufspringende Kapsel mit Samen. 2g Frucht aufgesprungen, entleert. – 3 Faulbaum, Rhamnus frangula, Blütengrundriß. 3a Blüte. 3b Blüte längs. 3c Anordnung der Kelchblätter, Kron- und Staubblätter. 3d Frucht. 3e Same längs. 3f Same quer. – 4 Purgier-Kreuzdorn, Rhamnus cathartica, ♂ Blüte. 4a ♀ Blüte längs. 4b Frucht quer. 4c Same quer. – 5 Wilder Wein, Parthenocissus quinquefolia, Blütengrundriß. 5a Edle Weinrebe, Vitis vinifera, Blüte, Krone abwerfend. 5b Krone abgeworfen. 5c Stempel längs. 5d Weinbeere längs. 5f Same längs. 5g Same quer.

al Arillus. Bb Blütenbecher oder Blütenachse, C Krone, di Diskus. E Embryo. En Endosperm. Nährgewebe. Fr Fruchtknoten. K Kelch. rFr reduzierter Fruchtknoten. S Same. Sa Samenanlage. Ss Samenschale.

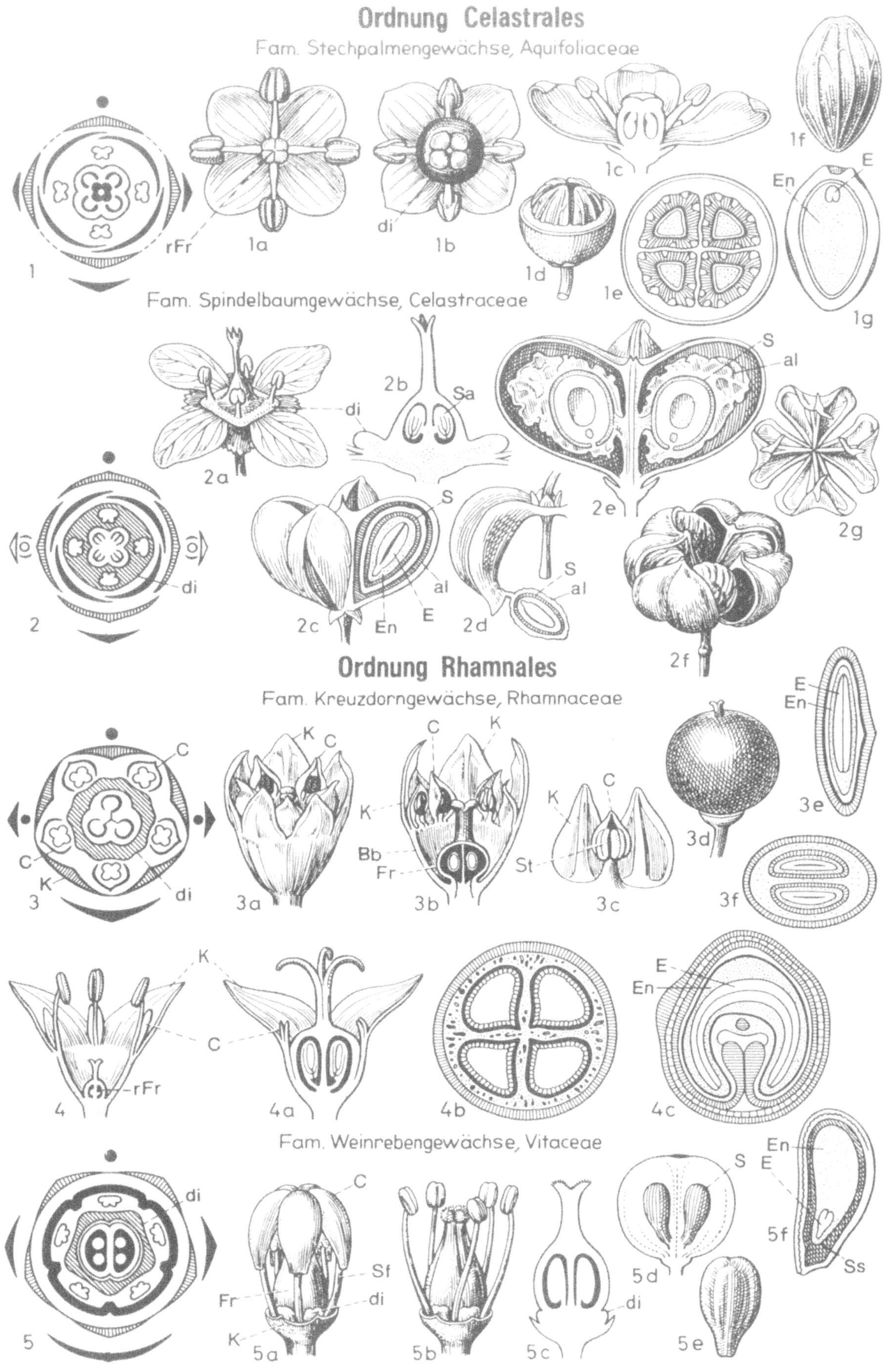
Ordnung Celastrales
Fam. Stechpalmengewächse, Aquifoliaceae
1
rFr
1a
di
1b
1c
1d
1e
1f
En
E
1g
Fam. Spindelbaumgewächse, Celastraceae
2a
di
2b
Sa
S
al
2e
2g
2
di
2c
S
al
En
E
2d
S
al
2f
Ordnung Rhamnales
Fam. Kreuzdorngewächse, Rhamnaceae
3
C
K
di
3a
K
C
3b
Bb
Fr
3c
St
3d
3e
E
En
3f
4
K
C
rFr
4a
4b
4c
E
En
Fam. Weinrebengewächse, Vitaceae
5
di
5a
C
Sf
Fr
di
K
5b
5c
di
5d
S
5e
5f
En
E
Ss

## Ordnung Euphorbiales Tfl. 19 u. Abb. 23

**Fam. Wolfsmilchgewächse, Euphorbiaceae**

**Blütenbau der Euphorbiaceae**

Mehrere Gattungen, besonders die *Euphorbia-Arten*, haben merkwürdige Blütenstände, deren Einzelblütenstände den Eindruck von zwittrigen Einzelblüten machen. Blüten meist 1geschlechtig, strahlig, häufig zu blütenähnlichen Infloreszenzen vereint (4c–4h), zeigen alle Reduktionsstufen vom vollständigen 5zähligen Perianth (2,2a) bis zu völliger Perianthlosigkeit. Sie bestehen dann nur noch aus 1 nackten Fruchtknoten (4h, 4n) oder aus 1 einzigen Staubblatt (4i). 3 Fruchtblätter bilden 3fächerigen Fruchtknoten (1a, 3a, 4n, 4p), der oft ± tief gefurcht ist. Fruchtknoten selten nur 2-(1h) oder mehrfächerig. Jedes Fach enthält gewöhnlich 1 hängende Samenanlage. Samen mit geradem Keimling und meist massigem Nährgewebe (3f,4r). 3fächerige Kapsel zerfällt in 3 Teilfrüchte (Kokken, von Kokkos = Korn), die sich von der stehenbleibenden Mittelsäule (MS in 4q) elastisch ablösen, die Samen fortschleudernd, die Mittelsäule zurücklassend (4q). In jedem Fruchtknotenfach 1 Samen mit großem Endosperm und häufig mit Samenschwiele, Caruncula (Ca in 3g, 4s).

**Bingelkraut,** *Mercurialis annua* 1–1h. Perigon grünlich, meist 3-, seltener 4teilig (1–1d). ♂ Blüten mit 9–12 freien, ungegliederten Staubblättern (1, 1b, 1d). ♀ Blüten mit 2 oder 3, mit den Fruchtblättern abwechselnden Staminodien (Sd in 1c, 1e). Fruchtknoten 2-, selten 3fächerig (1a, 1c, 1e, 1h), mit 2kurzen, an der Innenseite die Narbenfläche tragenden Griffeln (1c,1e,1f). Jedes Fruchtknotenfach hat 1 Samenanlage mit 2lappig vorgezogenem, äußerem Integument (1g). Auf- und auswärts gerichteter Keimmund, Mikropyle Mp (1g). Über dieser eigentümliche, von der Plazenta ausgehende Wucherung, der Obturator Ot, vermittelt Befruchtung: überdeckt Mikropyle, leitet und ernährt Pollenschlauch. Das äußere Integument J bildet neben der Mikrophyle starken Wulst (1g). Von dessen am Funiculus gelegenen Abschnitt geht ein lockeres Gewebe aus, das über die Mikropyle wächst, in diese und ein Stück weit in die beiden Integumente eindringt. Kapselfächer als 1samige Teilfrüchte (Springfrüchte), wand- und fachspaltig sich vom Mittelsäulchen MS ablösend (1a, 1h). – Eine doppelte Blütenhülle besitzen noch die tropische Ölpflanze *Jatropha curcas* und viele tropische *Croton*-Arten (2, 2a). – *Ricinus communis* 3–3g. Blütenstand fast rispig (3b, 3c). Im unteren Bereich der Pflanze büschelig gehäuft viele männliche (3b), oben gestielte weibliche Blüten (3b). Männliche Blüten (3, 3b,) und viele verzweigte Staubblätter (3c) mit pollenschleudernden Staubbeuteln. Weibliche Blüten mit 3–5 Perigonblättern und 3fächerigem Fruchtknoten (3a, 3e). Dieser trägt 3 kurze Griffel mit je 1 roten, 2spaltigen Narbe (3b). Kapsel in 2klappige Fächer aufspringend. Samen mit wulstiger, leicht abtrennbarer Samenschwiele, Caruncula Ca (3f, 3g) zur Verbreitung der Samen durch Ameisen. Nährgewebe En reichlich, ölig-fleischig. Plazenta mit Obturator Ot (3g).

Gattung Wolfsmilch, Euphorbia 4–4i, 4n–4s

Die **Sonnenwendige Wolfsmilch,** *Euphorbia helioscopia* (4b), trägt an der Spitze des Stengels 5 Zweige, zwischen denen eine „Blüte" mit becherförmiger gelbgrüner Hülle steht (GC in 4, 4a, 4b). Jeder Zweig teilt sich noch ein oder mehrere Male auf die gleiche Art, und am Ende der letzten Verzweigung steht ebenfalls je eine „Blüte" (4a). Durch diese regelmäßige Verzweigung ähnelt der Blütenstand einer zusammengesetzten Dolde. Wie aber die einzelstehende mittlere „Blüte" GC zeigt, handelt es sich um eine Trugdolde (4b). Unter jeder Teilungsstelle sitzen einige Hochblätter.

Was wir zunächst für eine „Blüte" ansehen, erweist sich bei näherer Betrachtung als Blütenstand (4e). Man spricht von einer Scheinblüte oder einem Pseudanthium, das hier Cyathium heißt. Das Cyathium (4e) wird von einer becherförmigen, gelbgrünen Hülle, dem Hüllbecher HK oder Involukrum umschlossen (4, 4e, 4f). Dieser Hüllblattkelch besteht aus 5 verwachsenen Hochblättern, die mit ihren freibleibenden Enden die Öffnung des Bechers überdachen (4e, 4f). Am Rande des Bechers sitzen 4 oder 5 rundliche Drüsen mit Nektar ( Ho in 4e). Sie stehen im Dienste der Insektenanlockung! Diagramm 4 gilt für das Cyathium, in dem der Primärsproß endet. Es ist das Gipfel- oder Endcyathium (GC in 4, 4a, 4b, 4c). Die seitlichen Cyathien, mit denen die Verzweigungen ersten und höheren Grades abschließen, sind in Diagramm 4d dargestellt. Hier sitzen statt 5 nur 4 halbmondförmige Drüsen auf dem Rande des Involukrums. Die so entstehende Lücke liegt stets nach der Seite des Tragblattes, aus dessen Achsel der im Cyathium gipfelnde Ast hervorkommt. Beim Blühen kommt zuerst der Fruchtknoten Fr aus dem Hüllbecher hervor. Sein langer Stiel streckt sich dabei stark in die Länge und biegt sich zuletzt nach der einen Seite herab, und zwar da, wo der drüsenfreie Zwischenraum auf dem Rande des Hüllbechers ist (4e). Innerhalb des Hüllblattkelches stehen 5 Gruppen von Staubblättern und 1 langgestielter, 3blättriger Fruchtknoten. Jedes Staubblatt sitzt auf einem besonderen Stiel (behaart), von dem sich der Staubfaden durch einen ringförmigen Einschnitt deutlich absetzt (4i). Bei der nahestehenden Gttg. *Anthostoma* sitzt ein kleines Perigon P

**Tafel 19** – 1 Schutt-Bingelkraut, Mercurialis annua, ♂ Blüte, Grundriß. 1a ♀ trimere Blüte mit 3 Staminodien. 1b ♂ Blütenstand. 1c ♀ Blütenstand. 1d ♂ Blüte. 1e Zwitterblüte mit 3teiligem Fruchtknoten. 1f ♀ Blüte mit 2 teiligem Fruchtknoten. 1g 2 Früchte längs. 1h Dasselbe quer. – 2 Purgiernuß, Jatropha curcas, ♂ Blüte längs. 2 a ♀ Blüte längs. – 3 Rizinus, Ricinus communis, ♂ Blüte, Grundriß. 3a ♀ Blüte, Grundriß. 3b Blütenstand. 3c Verzweigtes Staubblatt. 3d ♀ Blüte längs. 3e Frucht quer. 3f Same längs. 3g Fruchtknotenfach längs: der Obturator geht aus der Plazenta hervor. – 4 Grundriß eines Dichasialzweiges von Euphorbia peplus, mit 3 Cyathien. 4a Myrtenartige Wolfsmilch, E.myrsinites, 3 Cyathien mit Hüllchen. 4b Sonnenwendige Wolfsmilch, E.helioscopia: pleiochasialer Blütenstand. 4c Primäres Cyathium (Scheinblüte), Grundriß. 4d Seitliches Cyathium, Grundriß. 4e Kreuzblättrige Wolfsmilch, E.lathyris, Gipfel- o. End-Cyathium. 4f Cyathium längs. 4g Cyathium total, nach Entfernung der Hülle. 4h Sektor des Blütenstandes mit ♀ Blüte und einer Wickel ♂ Blüten. Die ♂ Blüten in 4g u. 4h innerhalb der Wickeln sind ihrer genetischen Folge entsprechend beziffert. 4i ♂ Blüte einer Euphorbia. – 4k Anthostoma senegalensis, ⚥ Blüte: Rudimentäres Perianth, ein Beweis für die Blütenstandnatur des Cyantiums. 4m ♀ Blüte längs. – 4n E.lathyris, Frucht. 4p Frucht quer. 4q Aufspringende Frucht. 4r Same längs. 4s E. macrorhiza, Längsschnitt durch ein Fruchtknotenfach mit der Samenknospe.

Ad Androphor. bs Blütenstiel. C Krone. Ca Caruncula. di Diskusschuppen. Es Embryosack. Fr Fruchtknoten. GC Gipfel- oder Endcyathium. Gl Gliederung. Ho Honigdrüse. Hk Hüllbecher, Hüllkelch, Involukrum. I äußeres Integument. i inneres Integument. K Kelch. MS Mittelsäule. Mp Mikropyle, Keimmund. Nu Nucellus. Ot Obturator. P Perigon. rP rudimentäres Perigon. Schu Schuppe. Sd Staminodium. T Tragblatt.

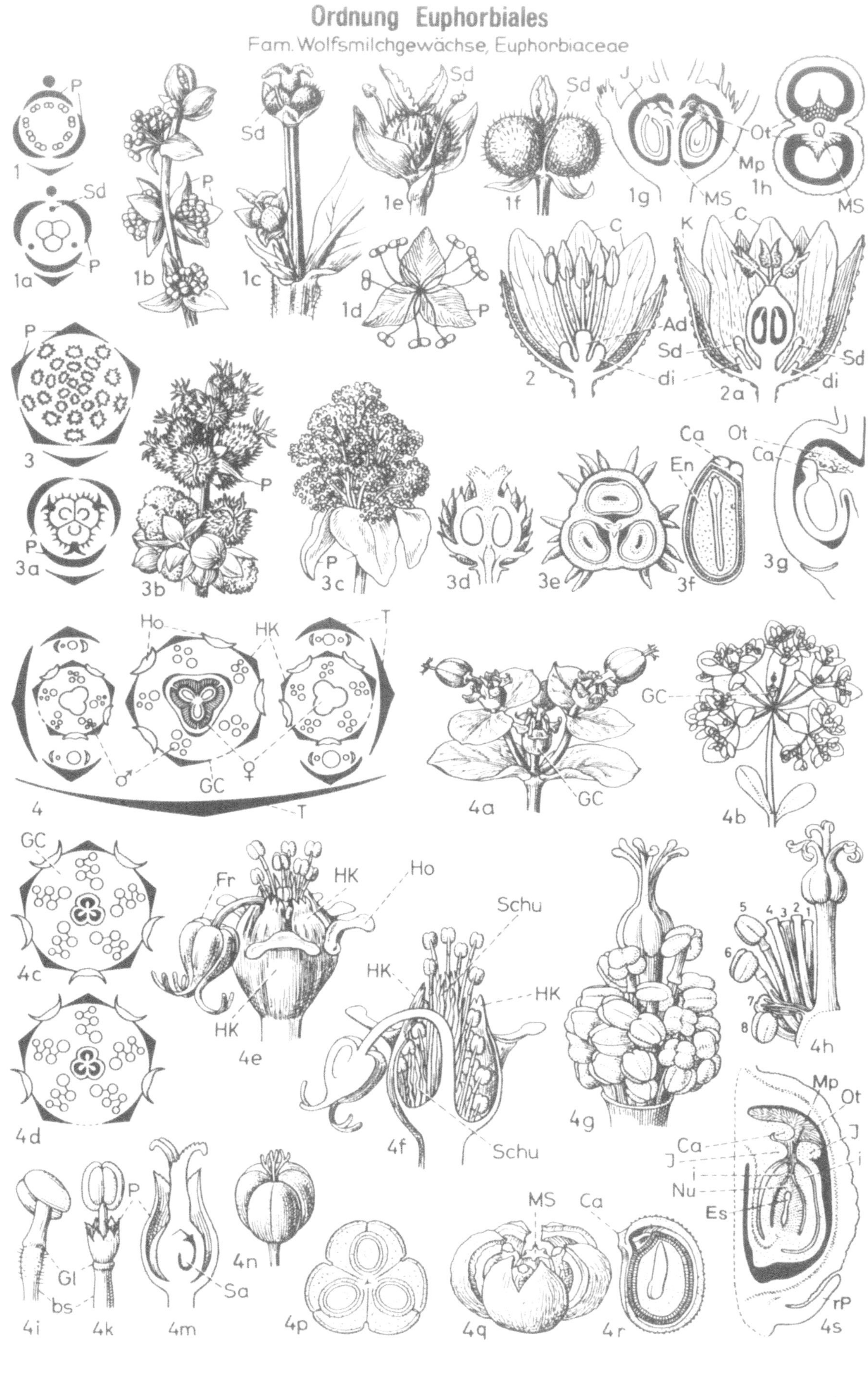
Ordnung Euphorbiales
Fam. Wolfsmilchgewächse, Euphorbiaceae
P
Sd
J
Ot
Q
Mp
MS
C
K
Ad
di
Ca
En
Ho
HK
T
GC
Fr
Schu
Nu
Es
i
Gl
bs
Sa
rP
1
1a
1b
1c
1d
1e
1f
1g
1h
2
2a
3
3a
3b
3c
3d
3e
3f
3g
4
4a
4b
4c
4d
4e
4f
4g
4h
4i
4k
4m
4n
4p
4q
4r
4s

genau an der Stelle (4k, 4m), an der bei *Euphorbia* eine Gliederung zwischen Staubfaden und Stiel sichtbar ist. Hieraus ist zu schließen, daß bei *Euphorbia* das Perianth unterdrückt ist, und daß es sich bei jedem einzelnen Staubblatt um eine perianthlose Staubblüte handelt. Wie 4f zeigt, sitzen zwischen den einzelnen Staubblüten schuppenartige Gebilde (Schu in 4f), die wahrscheinlich aus der Verwachsung von deren einzelnen Tragblättern hervorgegangen sind. Staubblatt nebst Stiel stellt also jeweils eine männliche Blüte dar, die perianthlos ist, und bei der das Filament den Blütenstiel in gerader Richtung fortsetzt (4i). Letzterer streckt sich nach dem Aufblühen so stark in die Länge, daß die Staubbeutel über den Rand des Hüllbechers gelangen (4f). Nach dem Verstäuben gliedert sich jedes Staubblatt am Grunde des Staubfadens vom Blütenstiel ab (4h). Die ♂ Blüten sind in 5 Gruppen (Wickeln) zickzackförmig angeordnet (4, 4c, 4d, 4g, 4h), und zwar in zentrifugaler Altersfolge (4g, 4h), d. h. sie öffnen sich in der Reihenfolge von innen nach außen. Bei einer Blüte verläuft dieser Vorgang bekanntlich umgekehrt; auch ein Beweis, daß wir es hier mit einem Blütenstand zu tun haben. Der Fruchtknoten ist gestielt, 3blätterig und 3fächerig (4e, 4f, 4g, 4h, 4n 4p). Von den am Grunde oft verwachsenen 3 Griffeln besitzt jeder eine 2spaltige Narbe. Während des Blühens hängt der gestielte Fruchtknoten vom Rande des Hüllbechers herab, richtet sich aber später wieder auf. Dieses Verhalten beobachtet man i. a. bei vielen Einzelblüten, die sich als Ganzes nach dem Blühen emporrichten, nirgends aber sieht man es beim Fruchtknoten einer Blüte allein. Der Fruchtknoten bei *Euphorbia* zeigt also das Verhalten einer Blüte. Dafür spricht noch folgendes: Bei einigen Arten kommen unterhalb des Fruchtknotens Reste eines Perigons vor (Schu in 4f), und bei der nahverwandten Gttg. *Anthostoma* ist ein solches sogar deutlich ausgebildet (4k, 4m/P). Bei *Euphorbia* ist demnach auch das Perigon des Fruchtknotens ganz unterdrückt, d. h. : Der Fruchtknoten stellt eine stark vereinfachte Blüte dar. Samenknospe mit Obturator und Caruncula wie bei *Ricinus* (3g, 4s).
Frucht eine 3fächerige Kapsel (4p). Beim Aufspringen (4q) reißt die Wand jedes Fruchtfaches in 2 Stücke, die sich mit großer Kraft von der Mittelsäule MS loslösen, sodaß sie samt den Samen weit fortgeschleudert werden.

**Verwandtschaftliche Beziehungen.** Die Stellung der *Euphorbiaceen* im natürlichen System ist stark umstritten. Jedenfalls handelt es sich um eine Pflanzengruppe mit stark abgeleiteten Merkmalen. Nach Weberling-Schwantes (1972) werden sie heute teils als Unterordnung der *Geraniales* betrachtet, teils werden sie über die **Buchsbaumgewächse** mit den *Celastrales* in Verbindung gebracht.

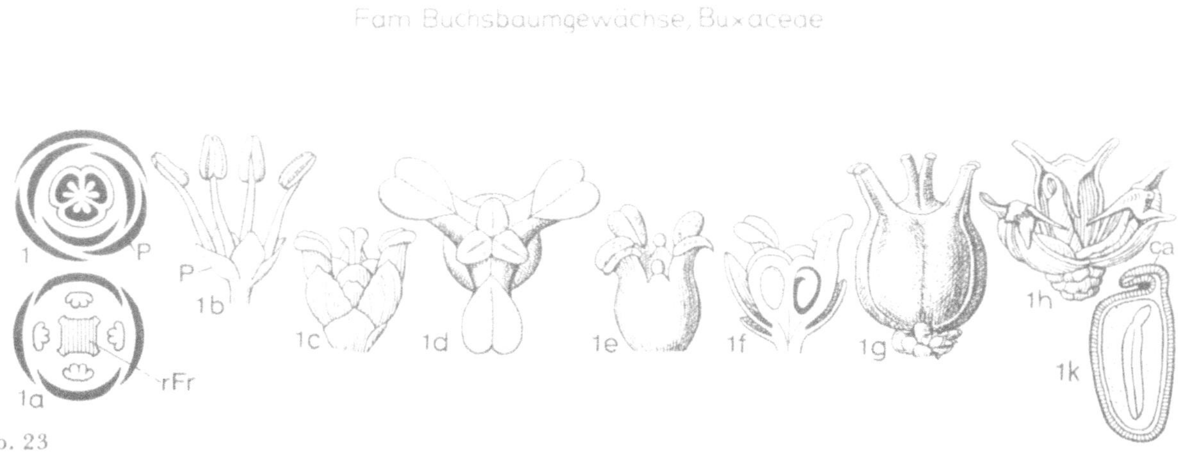


Abb. 23

**Fam. Buchsbaumgewächse,** *Buxaceae* 1–1k
1 Buchsbaum, Buxus sempervirens, ♀ Blüte, Grundriß. 1 a ♂ Blüte, Grundriß. 1 b ♂ Blüte. 1 c ♀ Blüte. 1 d ♀ Blüte von oben. 1 e ♀ Blüte mit Staminodien. 1 f ♀ Blüte längs. 1 g Frucht noch geschlossen. 1 h Aufgesprungene Frucht. 1 k Same längs.

Blüten unscheinbar, 1geschlechtig, 1häusig, in seitenständigen Köpfchen oder Ähren. Im Blütenstand zahlreiche ♂ Blüten seitlich stehend, und 1 ♀ endständig. ♂ Blüte mit 4-blättrigem Perigon P (1a,1b). Formel: P4 A4. Rudiment des Fruchtknotens rFr gestutzt oder 4lappig (1a). ♀ Blüte mit wechselnder Zahl von Perigonblättern (1c). Fruchtknoten 3blätterig, 3fächerig (1g,1h). Griffel kurz, dick (1f). Formel: P meist 5–6 G (3). Kapsel durch bleibende Griffel 3hörnig (1g), fachspaltig aufspringend (1h); Innenschicht löst sich elastisch von der Außenschicht. Klappen durch gespaltene Griffel 2hörnig (1g, 1h). Samen mit kleiner Schwiele, Caruncula (ca in 1k).

Die *Buxaceen* unterscheiden sich von den *Euphorbiaceen* durch die nach innen gewendete Mikropyle (1f), ferner im Vorhandensein eines Perigons und durch die fachspaltige Kapsel. Systematische Stellung der stark abgeleiteten Familie verschieden beurteilt.

## Ordnung Santalales Tfl. 20

Holzpflanzen und Kräuter. Viele Halb- und Vollparasiten. Verschiedene Entwicklungsstufen zum Parasitismus. Damit im Zusammenhang weitgehende Um- und Rückbildungen.

**Blütenbauplan der Santalales.**

Blüten strahlig (zyklisch) mit einfacher Blütenhülle, mit den Staubblättern vor den Perigonblättern. Fruchtknoten unterständig, selten oberständig, 1fächerig, meist mit wenig entwickelten Samenanlagen.

Die Entwicklungstendenz innerhalb der Santalales ist parallel der Entwicklung zum Parasitismus und stellt eine schrittweise Rückbildung des Gynoeceums und der Samenanlagen dar. Tropische Arten *(Olacaceae)* haben noch Kelch, Krone und 2 Staubblattkreise. Es besteht auch noch ein gefächerter Fruchtknoten mit ausgebildeten Samenanlagen. Bei den *Santalaceae* ist die Fächerung des Fruchtknotens aufgegeben; die Samenanlagen sind nackt und entspringen an einer zentralen Plazenta (1g). In der Fam. *Loranthaceae* schließlich werden meist weder Plazenten noch Samenanlagen ausgegliedert.

**Fam. Sandelholzgewächse, Santalaceae 1 — 1 m**

Bäume, Sträucher, Kräuter; meist Schmarotzer oder Halbschmarotzer.

**Blütenbauplan**

Blüten meist klein, unscheinbar, strahlig, 5 (seltener 3, 4 o. 6) zählig, zwittrig oder durch Abort 1 geschlechtig, einzeln achselständig oder zu Trauben, Rispen usw. vereinigt. Blütenhülle einfach, blumenkron- oder kelchartig, aus 3-6 ± verwachsenen Blättern gebildet, in der Knospe meist klappig, später zu flachem Stern ausgebreitet. Staubblätter soviele wie Perigonabschnitte und vor diesen stehend (1). Fruchtknoten i.d. Regel unterständig oder halbunterständig, selten oberständig, aus 3-6 Fruchtblättern gebildet 1fächerig. Samenanlagen (Sa in 1g) 1-3, ohne Integumente, an der Spitze einer zentralen, bisweilen mit der Fruchtknotenwand verwachsenen Plazenta herabhängend (1g). Embryosack Es heraustretend. Frucht eine 1samige, nicht aufspringende Nuß oder Steinfrucht. Samen ohne Schale (oder wenigstens rudimentär), mit fleischigem Nährgewebe En. Keimling E gerade, oft schief eingebettet, mit kurzen Keimblättern.

**Gattung Leinblatt, Bergflachs,** *Thesium*

Ausdauernde, grüne Halbschmarotzer; Wurzeln sitzen mit Haustorien auf Wurzeln anderer Pflanzen. Stengel unten zuweilen verholzt. Blütenstand (1a) ährig, traubig o. rispig. Tragblatt T lineal, bis an die Blüte hinaufgerückt, mit den 2 Vorblättern V auf gleicher Höhe. Blüten (1b-1e) klein, zwittrig. Perigon P bleibend, trichter- oder glockenförmig, 5 o. 4 spaltig, außen grün, innen weiß. Perigonsaum im Blühen ausgebreitet (1c, 1d), später ±tief eingerollt (1b). Fruchtknoten Fr unterständig, 1 fächerig (1f), mit 2 oder 3, von der Spitze einer dünnen, hin und her gebogenen Plazenta Pla herabhängenden Samenanlagen (1g). Frucht (1l, 1m) meist nußartig, klein, kugelig oder eiförmig, erhaben netzig geadert, von der eingerollten, später abfallenden Blütenhülle gekrönt. Endokarp Ed etwas verhärtet. Samen kugelig oder eiförmig; Keimling E mitten oder oben im fleischigen Nährgewebe En.

**Fam. Mistelgewächse,** *Loranthaceae* 2—2p

**Blütenbauplan**

Blüten strahlig, zwittrig oder 1 geschlechtig. Blütenachse oft ± becherförmig: 2c,2d,2n. Blütenhülle P 4-6 blättrig, frei oder unten verwachsen, hochblattartig oder korollinisch. Staubblätter so viele als Perigonblätter, vor denselben stehend, frei oder mit ihnen ± vollkommen verwachsen. Pollensäcke zuweilen durch steriles Gewebe gefächert. Unterständiger Fruchtknoten in die Blütenachse ganz eingesenkt 2m,2n, 1fächerig, ohne deutliche Ausgliederung der Plazenta und der Samenanlagen. 1-3 Embryosäcke im zentralen Gewebe, die ebensovielen Samenanlagen entsprechen. Frucht mit Blütenachse zu beerenartiger Scheinfrucht vereinigt; Innenschicht (Viscin/2a/Ff) der Blütenachse verschleimend und klebrig. 2-6 Keimlinge (oder fehlend), meist von reichlichem Nährgewebe umgeben, ohne deutliche Keimblätter 2p.

**Typische Formel** P 4 A 4 (2,2c) bzw. P 4 + Fb (2) (2h).

**Weisse Mistel,** *Viscum album*. Wintergrüner Strauch, auf Bäumen schmarotzend. Blätter gegenständig, sitzend, gelbgrün, lederig. Blüten unscheinbar, 1 geschlechtig, 2 häusig, zu 3-5 in sitzenden Trugdolden, in der Achsel kleiner Hochblätter (2/Hb). Hochblätter sind Umbildungen von Laubblättern. ♂ Blüten größer und auffälliger als die ♀. ♂ Blüten: Kelch fehlt; Perigon P gelbgrün, 4 teilig, mit kurzer Röhre (2d). 4 Staubblätter, ohne Staubfäden, sitzend, mit den Perigonabschnitten vollständig verwachsen (2c, 2d, 2e, 2f), mit vielen porenförmig sich nach innen öffnenden Pollenfächern; daher Perigonblatt auf der Innenseite scheinbar siebartig durchbrochen (2d, 2f). ♀ Blüte: Perigon klein, 4-6 teilig; Fruchtknoten Fr unterständig; Griffel kurz oder fehlend; Narbe N polsterförmig (2n). Längsschnitt zeigt etwas unterhalb der Mitte des Fruchtknotens einen oder mehrere Embryosäcke (2n/Es). Auf den Narbenpapillen findet man zu gegebener Zeit Pollenkörner (2n). Über den Endkegel erheben sich die Perigonblätter (2n/P), mit verschmälerter Basis angeheftet: außerhalb der Anheftungsstelle ein vorspringender Rand des Fruchtknotens, der sog. Calyculus (2n/Cl). Frucht: Scheinbeere, da beerenartig (2o), aber die Blütenachse ist an ihrer Bildung beteiligt; erbsengroß, zuerst grün, dann weiß bis gelblich mit schleimigem Fleisch (2o/Ff), meist 1samig (2o). Samen oval, mit 1-3 stielrundlichen, grünen Keimlingen in reichlichem Nährgewebe (2o/En).

Die **Fam. Kolbenträgergewächse,** *Balanophoraceae* sind chlorophyllfreie Ganzschmarotzer. Haben kolbenartigen Blütenstand; Blüte sehr undifferenziert, Fruchtknoten oberständig, Samenanlagen nackt, Keimling ohne Keimblätter; somatische Parthenogenese beobachtet. — Vorkommen: trop. Asien und Australien.

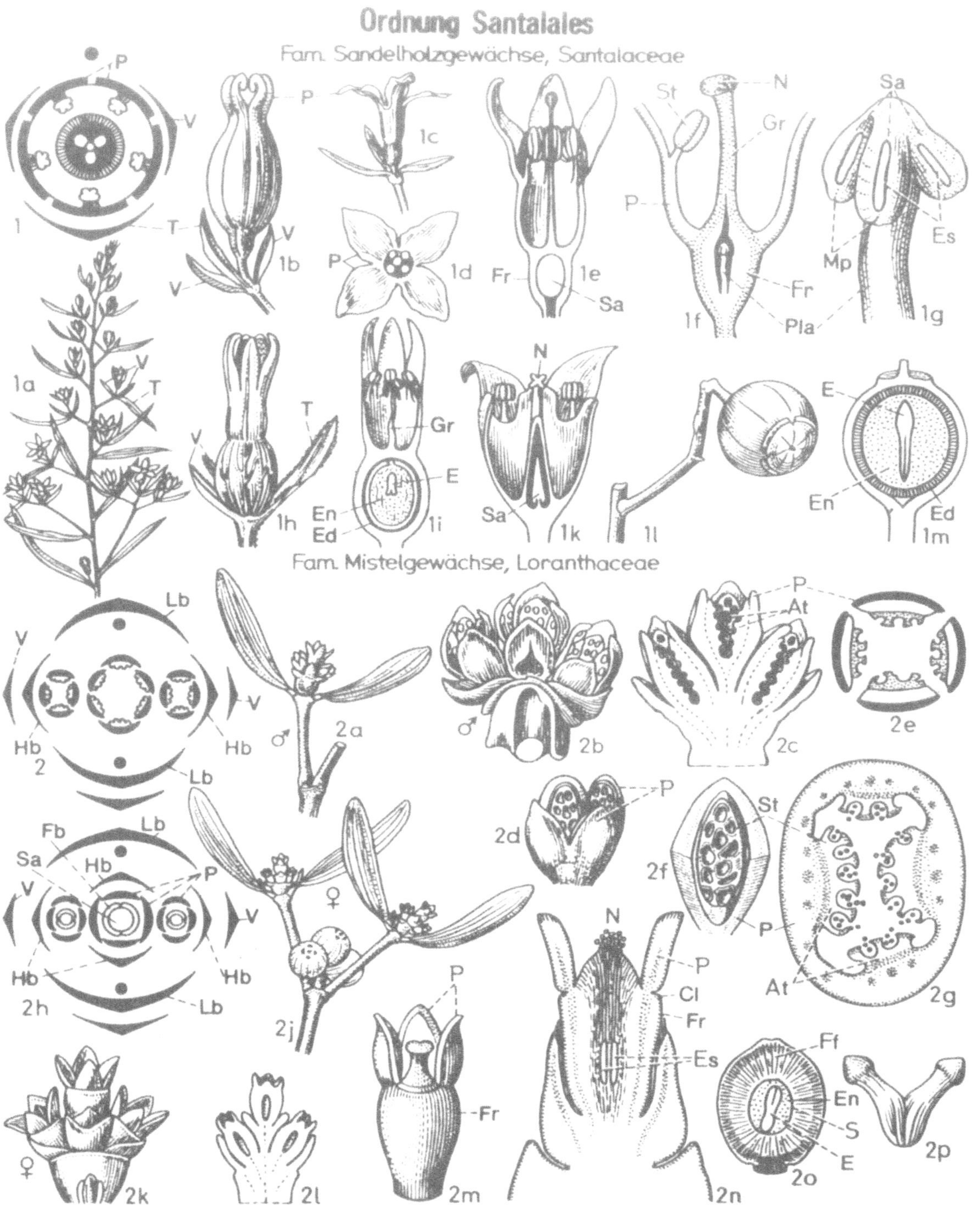


**Tafel 20** – 1 Wiesen-Leinblatt, Thesium pyrenaicum, Blütengrundriß. 1a Blütensproß. 1b Alpen-L., Th.alpinum, Blütenknospe mit Tragblatt und Vorblättern. 1c Einzelblüte. 1d Einzelblüte von oben. 1e Schnabelfrüchtiges Leinblatt, Th. rostratum, Blüte längs. 1f Thesium spec., Blüte längs. 1g Plazenta mit 3 nackten Samenanlagen, Es durchscheinender Embryosack. 1 h T.rostratum, Blüte. 1 i T.pyrenaicum, Blüte längs. 1 l Reife Frucht. 1 m Frucht längs. – 2 Weiße Mistel, Viscum album, Grundriß des ♂ Blütenköpfchens. 2 a Zweig mit ♂ Blüten. 2 b ♂ Blütenstand: 3 blütiges Dichasium. 2 c ♂ Blütenstand längs. 2d Einzelne ♂ Blüte: 4 Perigonblätter. 2e Einzelne ♂ Blüte quer: 4 Perigonblätter mit den aufgewachsenen Staubblättern. 2f Perigonblatt mit angewachsenem Staubblatt. 2g ♂ Blüte quer; in jeder der 4 Antheren mehrere Fächer durchschnitten; Pollen aus den geöffneten Fächern heraustretend. 2h Grundriß des ♀ Blütenstandes. 2i Zweig mit ♀ Blüten und Früchten. 2k ♂ Blütenstand. 2l ♀ Blütenstand längs. 2m V.anceps ♀ Blüte nach Entfernung eines Perigonblattes. 2 n V.album, ♀ Blüte (vom März) längs. 2 o V.album, Frucht längs, 1samig, Same ohne Testa. 2p 2 Keimlinge aus dem Samen.

At Anthere, Cl Calyculus, vorspringender Rand des Fruchtknotens. E Keimling. Ed Endokarp. En Endosperm. Es Embryosack. Ff Fruchtfleisch, Fruchtschleim, Viscin. Fr Fruchtknoten. Gr Griffel. Hb Hochblätter des Blütenköpfchens. Lb Laubblatt. Mp Mikropyle. N Narbe. P Perigon. Pla Plazenta. S Same. St Staubgefäß. T Tragblatt. V Vorblatt.

## Überordnung Aralianae (Umbelliflorae).

Die Ordnungen *Cornales* und *Araliales* werden zur Überordnung *Aralianae* zusammengefaßt.

**Blütenbauplan**

Stark abgeleitete Stellung. Doldige Blütenstände (umbella = Dolde). Blüten klein, zyklisch, zwittrig, meist radiär, 4- oder 5zählig; Kelch häufig rückgebildet, sehr klein. Krone freiblätterig. Meist nur 1 Staubblattkreis, der mit der Krone alterniert. Fruchtknoten unterständig, meist 5-2blätterig (bisw. auf 1 reduziert) und 5-2fächerig; in jedem Fach nur noch 1 fruchtbare, hängende, zentralwinkelständige Samenanlage. Am Grunde freier Griffel scheibenförmiges Polster (Diskus). Samen mit reichlichem Endosperm. Früchte verschieden. Nur 1 Integument.

## Ordnung Cornales Abb. 24

**Familie Hartriegelgewächse, Cornaceae Abb. 24. 1–1e**

**Blütenbauplan.**

Blüte i.d.Regel 4zählig. Griffel ungeteilt; Samenknospen mit nach außen gekehrter Raphe (1b). Frucht eine Steinfrucht mit einem 2fächerigen, 2samigen Stein (1d,1e), an der Spitze vom ungeteilten Griffel und vom Kelch gekrönt (1c). Bei der Reife differenziert sich die Fruchtknotenwand in ein fleischiges Mesokarp Me und ein holziges Endokarp (Ed in 1d, 1e). Am häufigsten die Blütenformel: * K4 C4 A4 G(2).

**Gattung** *Cornus*, **Hornsträucher.** Blüten in Dichasien, die entweder zu schirmrispenförmigen oder zu dolden- oder köpfchenförmigen Ständen vereinigt sind. Blüte klein, strahlig, zwittrig, i.d.R. 4zählig. Blütenachse mit Fruchtknoten verwachsen, trägt am Rande 4zähligen Kelch. Auf dem Fruchtknoten honigabsondernde Scheibe, Diskus di, unter der 4 Kronblätter und 4 Staubblätter eingefügt sind. Kronblätter klappig. Fruchtknoten unterständig, 2fächerig. Jedes Fach mit 1 hängenden Samenanlage; diese ist nach außen zu angewachsen, die Raphe dorsal, die Mikropyle nach innen gewendet (1b). 1 Integument. Griffel ungeteilt. Frucht eine 2fächerige Steinbeere. – **Kornelkirsche,** *Cornus mas.* Blüten gelb. Frucht länglich, scharlachrot, genießbar. – **Roter Hartriegel,** *C.sanguinea.* Blüten weiß. Frucht kugelig, schwarz, mit weißen Pünktchen. – **Weißer Hartriegel,** *C.alba.* Früchte weiß.

## Ordnung Araliales Tfl. 21

**Fam. Efeugewächse,** *Araliaceae* 1–1e

**Efeu,** *Hedera helix.* Blüten in Dolden oder Köpfchen, die einzeln stehen oder zu Trauben oder Rispen vereinigt sind. Blüten klein, strahlig, meist gelbgrün; 5zählig in Kelch, Krone und Staubblättern. Kelch (K/1b) unansehnlich, meist kleine Zähnchen. Kronblätter C klappig, dickfleischig, außen braun, innen grün, hinfällig. Fruchtknoten halbunterständig, mit breitem Drüsendiskus (1b,1c). Griffel kurz, 3-5 Fruchtblätter, bis zur Spitze zur Säule verwachsen (1a-1c). Fruchtknoten meist 5blättrig und ebensoviel – fächerig; in jedem Fach nur 1 (zuweilen noch eine zweite verkümmerte) Samenanlage: umgewendet, hängend; unterscheiden sich durch die ventrale Raphe von den *Cornaceen.* Beere kugelig, erbsengroß, mit 3-5 Samen, zuletzt blauschwarz. Samen mit zerklüftetem Nährgewebe En.

**Fam. Doldengewächse,** *Apiaceae (-Umbelliferae)* 2–6c

**Blütenbauplan.**

Sehr einheitlich mit ganz geringen Abweichungen vom Typus. Die Umbelliferen sind leicht am doldenförmigen Blütenstand zu erkennen. Es handelt sich fast immer um zusammengesetzte, sehr selten um einfache Dolden. Die Einzelblüte tritt im dichtstehenden, als Ganzes auffälligen Blütenstand stark zurück, der in einigen Fällen (**Hasenohr,** *Bupleurum;* **Sterndolde,** *Astrantia*) zu einem Pseudanthium werden kann. Da im geschlossenen Verband des Blütenstandes die Einzelblüte an Bedeutung zurücksteht, sind folgende Erscheinungen wohl als Reduktionen zu erklären: Kleinheit des Kelches, Ausfallen eines Staubblattkreises, geringe Zahl der Fruchtblätter mit nur je 1 Samenanlage mit 1 Integument. Staubblätter zwischen den Kronblättern stehend. Fruchtknoten trägt am oberen Ende unter den Griffeln polsterförmiges Nektarium (Diskus). Frucht zerfällt in 2 1samige Spaltfrüchtchen, die zunächst noch an 2schenkeligem Fruchtträger hängen. Frucht mit 2 Rand- und 3 Rückenrippen, zwischen denen Tälchen mit Sekretgängen (Ölstriemen) verlaufen (s. Querschnitt!); wichtige Gattungsunterschiede! Samen mit Endosperm und sehr kleinem Embryo. **Blütenformel:** * K5 C5 A5 G(2).

**A. Einfache Dolden** oder **Köpfchen** haben: **Gemeiner Wassernabel,** *Hydrocotyle vulgaris* (2a), **Sanikel,** *Sanicula,* **Sterndolde,** *Astrantia (4),* **Mannstreu,**

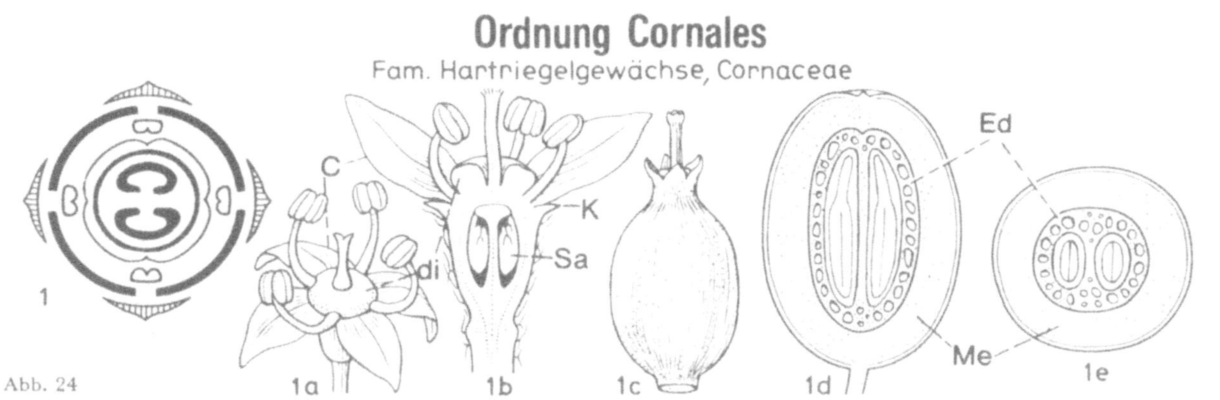


Abb. 24

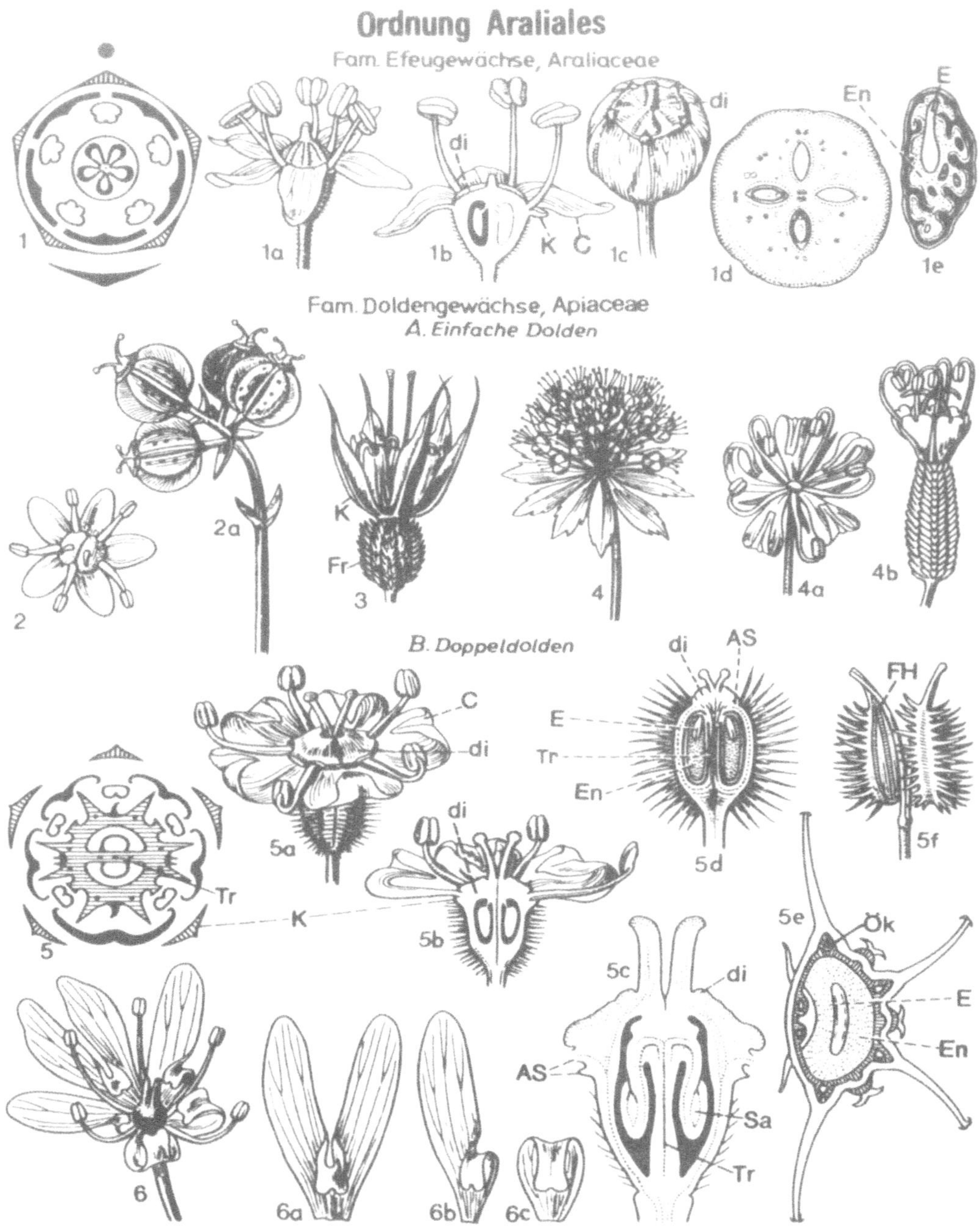


**Tafel 21** – 1 Efeu, Hedera helix, Blütengrundriß. 1a Blüte. 1b Blüte längs. 1c Fruchtknoten. 1d Frucht quer. 1e Samen längs. – 2 Gemeiner Wassernabel, Hydrocotyle vulgaris, Blüte 2a Fruchtstand. – 3 Feld-Mannstreu, Eryngium campestre, Blüte. – 4 Gr. Stränze, Astrantia maior, Blütenstandszweig. 4a ♂ Blüte von oben. 4b Zwitterblüte. – 5 Wilde Möhre, Daucus carota, Blütengrundriß. 5a Blüte. 5b Blüte längs. 5c Fruchtknoten längs. 5e Teilfrüchtchen quer. 5f Reife Frucht. – 6 Koriander, Coriandrum sativum, Randblüte. 6a-6c Kronblätter.

AS Ansatzstelle der Blütenhülle u. Staubblätter. C Krone. di Diskus, Griffelpolster. E Embryo. Ed Endokarp. En Endosperm, Nährgewebe. FH Fruchthalter. Fr Fruchtknoten. K Kelch. Me Mesokarp. Ök Ölkanal. Tr Trennungsfläche.

◄ Abb. 24 1 Kornelkirsche, Cornus mas, Blütendiagramm. 1a Blüte, 1b Blüte längs. 1c Blumenhartriegel, C.florida, Frucht. 1d C.mas, Frucht längs. 1e Frucht quer.

*Eryngium* (3). – **Wassernabel,** *Hydrocotyle* (2, 2a). Blüten klein. Fruchtknoten und Frucht von der Seite stark abgeflacht, schmale Fugenfläche (2, 2a). Teilfrüchtchen mit geflügelt vorspringender Rückenrippe und schwachen Seitenrippen (2a). Innerste Schicht der Fruchtwand verholzt, eine Steinschale bildend; Ölstriemen fehlend oder mikroskopisch klein. – **Sanikel,** *Sanicula:* Dolden klein, einfach, aber trugdoldig oder rispig angeordnet. – **Sterndolde,** *Astrantia* 4-4b. Dolden einfach; Hüllblätter (4) zahlreich, strahlig angeordnet, oft gefärbt (milchweiß oder rosa). In der gleichen Dolde langgestielte und kürzer gestielte Blüten. **Mannstreu,** *Eryngium* (3). Blüten fast oder völlig ungestielt, in sehr dichten Köpfen oder Ähren; jede Einzelblüte in der Achsel eines Tragblattes, die äußeren Tragblätter eine Hülle bildend. Kelchzähne groß, derb, spitz, Mittelnerv in stechenden Dorn auslaufend (3). Fruchtknoten eiförmig oder fast kugelig, von Schuppen gleichmäßig bedeckt (3).

**B. Zusammengesetzte Dolden.**

**Wilde Möhre,** *Daucus carota* 5-5f. Die äußeren Doldenstrahlen und Blütenstiele am Grunde häufig von Hoch- und Tragblättern (-Hülle bzw. Hüllchen) gestützt. Blüten aktinomorph oder (besonders die randständigen) zygomorph; 5 Kelch-, 5 Kron-, 5 Staub- und 2 mediane Fruchtblätter. **Blütenformel:** * K5 C5 A5 G(2). Kelch meist sehr unscheinbar, oft kaum angedeutet (5, 5b). Kronblätter weiß, seltener gelb, noch seltener blau oder rot; haben meist eingebogene Spitze (C/5a). Blüten bisweilen zygomorph, besonders die am Rande der Dolde stehenden. Dies gilt auch für Koriander, *Coriandrum sativum* (6-6c); das nach außen stehende Kronblatt ist dann am größten, während die 2 inneren am kleinsten sind (6). Fruchtknoten unterständig, 2blätterig und 2fächerig (5, 5b), in jedem Fach mit 1 hängenden und 1 verkümmerten Samenanlage. Mikropyle nach außen, (ventrale Raphe) 1 Integument (5c). 2 freie Griffel, am Grunde in das honigbildende Griffelpolster (Diskus) übergehend (5a, 5c/di). Fruchtknoten mit transversal gestellter, vollkommener Scheidewand (-Fugenfläche) verwachsen (5,5c,5d/Tr). Die Struktur der Scheidewand in der Mitte deutet schon die spätere Spaltung an. Frucht trocken-schließfruchtartig, vom Kelch und den Griffelresten gekrönt, zerfällt bei der Reife als Spaltfrucht durch die transversal gestellte Trennungsfläche Tr (Fugenfläche) in 2 1samige, geschlossen bleibende Teilfrüchte (5d,5f); diese oft von einem stehenbleibenden, fadenförmigen, nach der Spitze gegabelten Fruchthalter FH (Karpellträger oder Karpophor) sich ablösend und von den Spitzen des 2schenkeligen Trägers frei herabhängend, um schließlich abzufallen (5f). Same meist mit Fruchtwand verwachsen. Hoch oben kleiner Keim E im großen, meist hornartigen Endosperm En. Jedes Teilfrüchtchen ist der Länge nach mit je 5 Reihen kurzer und 4 Reihen langer Stacheln besetzt (5e Ök), die als Ölstriemen die Fruchtwand der Länge nach durchziehen. –

Der Blüten- und Fruchtbau ist bei den Umbelliferen sehr einheitlich und konstant. Dies erleichtert die Feststellung der Familienzugehörigkeit außerordentlich, erschwert aber andrerseits die Abgrenzung von Unterfamilien bzw. Gattungen.

Nach dem Umriß des Endosperms an der Fugenseite kann man 3 verschiedene Gruppen innerhalb der Familie unterscheiden:

a) Flachfugige oder Geradsamige, Orthospermae: Das Endosperm ist auf der Fugenseite ganz flach oder konvex (**Kümmel, Pastinak**).

b) Gefurchtfugige oder Krummsamige, Campylospermae: Tiefe Längsfurche auf der Fugenseite des Endosperms (**Kerbel**).

c) Hohlfugige oder Gekrümmtsamige, Coelospermae: Endosperm auf der Fugenseite konkav eingebogen (**Koriander**). Vgl. Abb. 25/9, 9a.

Nicht nur die Form des Endosperms, sondern auch die Ausbildung der Rippen, die Verteilung der Ölstriemen, die Art der Behaarung usw. sind wichtige Merkmale zur Unterscheidung der einzelnen Arten zwecks Feststellung von Fälschung bei Gewürzen und Drogen.

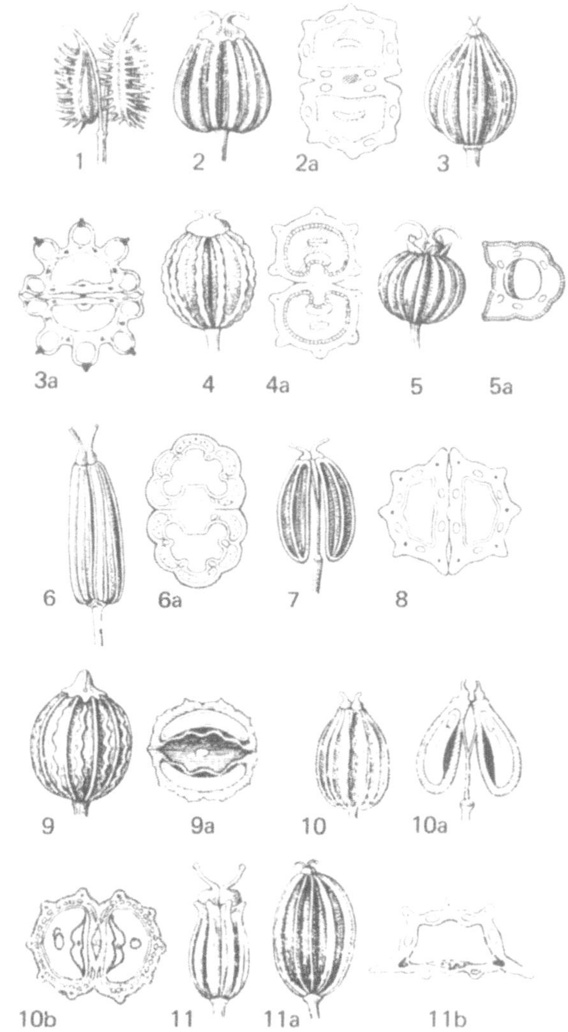


Abb. 25

Früchte von Doldenblütlern. 1 Wilde Möhre. 2, 2a Garten-Petersilie. 3, 3a Hundspetersilie, Aethusa cynapium. 4, 4a Gefleckter Schierling, Conium maculatum. 5, 5a Wasserschierling, Cicuta virosa. 6, 6a Hecken-Kälberkropf, Chaerophyllum temulum. 7 Kümmel, Carum carvi. 8 Fenchel. 9, 9a Koriander, Coriandrum sativum. 10, 10a, 10b Anis, Pimpinella anisum. 11, 11a, 11b Dill, Anethum graveolens.

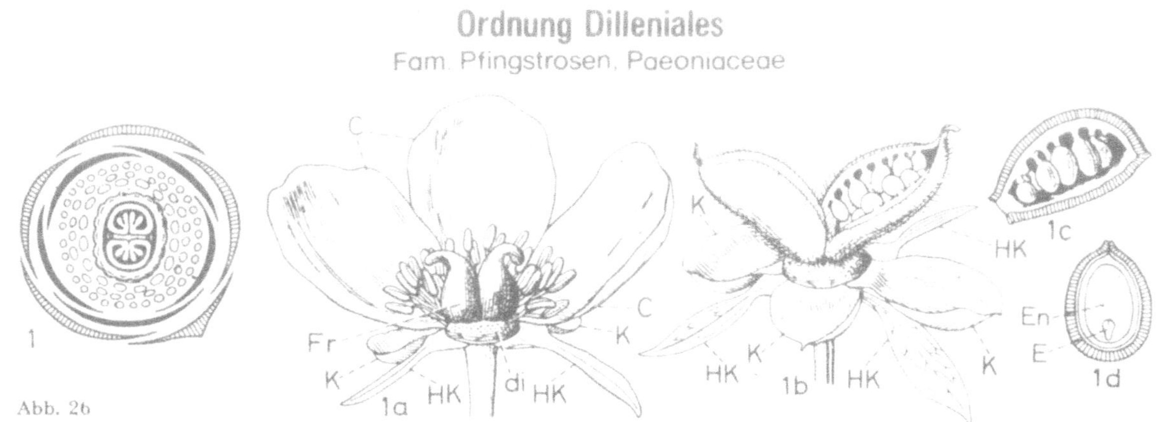


Abb. 26

1 Echte Pfingstrose, Paeonia officinalis, Blütengrundriß. 1a Blüte längs. 1b Fruchtstand mit 2 Balgfrüchten, eine sich öffnend, 1c Großblumige Pfingstrose, P. foemina, geöffnete Balgfrucht; Samen längs der Bauchnaht. 1d Frucht längs.

C Krone. di Diskus. E Embryo. En Endosperm. Fr Fruchtknoten. HK Hochblattkelch. K Kelch.

## 4. Unterklasse Dilleniidae

Die Überordnung *Dillenianae* umfaßt die Ordnungen *Dilleniales, Theales, Violales, Capparales, Salicales, Bego niales* und *Cucurbitales.*

### Ordnung Dilleniales Abb. 26

Noch freiblättrige Gynoeceen, sekundär polyandrische Androeceen, Samen mit fleischigem Arillus, reichlichem Endosperm und kleinem Embryo.

**Fam. Pfingstrosen,** *Paeoniaceae,* mit der einzigen Gattung *Paeonia.* Systematische Stellung noch unsicher. Früher den *Ranunculaceae,* **Hahnenfußgewächsen,** neuerdings (Ehrendorfer) den *Dilleniales* zugeordnet. Gleitende Übergänge zwischen den einzelnen Blattformationen: Hochblattkelch- oder Involukralblätter HK, Kelchblätter K und Kronblätter C (1a). Kelchblätter meist 5, bleibend grün oder in Kronblätter übergehend (1a, 1b). Kronblätter 5-8, rot oder weiß, selten gelblich, größer als Kelch. Staubblätter zahlreich, mit zentrifugaler Entstehung,am Grunde in den Drüsenring oder Diskus di verwachsen. 2-5 Fruchtknoten Fr, mit sehr kurzem Griffel und fast sitzender, breiter Narbe, dickwandig. Samen in 2 Reihen an Bauchnaht (1b,1c). Balgfrüchte getrennt abstehend. Samen mit kleinem Keimling E und reichlichem, ölhaltigem Nährgewebe En (1d).

### Ordnung Theales (= Guttiferales) Abb. 27

**Fam. Johanniskraut- oder Hartheugewächse, Hypericaceae.**
**Blütenbauplan.**
Blüten strahlig, zwittrig, Kelch und Krone 5zählig, freiblättrig; Kelch an der Frucht erhalten bleibend; Kronblätter in der Knospenlage gedreht, bisweilen mit Honigschuppen. Staubblätter meist viele in 2-5 Bündeln vor den Kronblättern stehend, zentrifugale Entwicklung nachgewiesen. Fruchtblätter 5-3; Fruchtknoten vollständig oder unvollständig gefächert. Griffel meist getrennt. Plazentation meist zentralwinkelständig, seltener mit wandständigen Samenleisten. Nur einige Arten haben einen 1fächerigen Fruchtknoten mit wandständiger Plazentation, die andern sind 3- oder 5fächerig mit axiler Plazentation, z.B. hat unser H.perforatum einen 3fächerigen Fruchtknoten. Kapsel scheidewandspaltig. Samen ohne Nährgewebe. – 8 Gattungen mit 350 Arten.

Abb. 27 a Kanten-Hartheu, Hypericum quadrangulum. b Tüpfel-Hartheu, H.perforatum, Blüte. c H.quadrangulum, Beispiel von 3 deutlich gespaltenen Staubblättern. d H.perforatum, Blüte längs. e H.quadrangulum, Fruchtknoten quer. f H.perforatum, Frucht.

## Ordnung Violales Tfl. 22

**Blütenbauplan.**
Fruchtknoten verwachsenblättrig, 1fächerig mit wandständiger (parietaler) Plazentation oder durch vorspringende Plazenten unvollständig mehrfächerig; Endosperm; Neigung zur Ausgestaltung der Blütenachse; Blüten zwittrig; Kelch und Krone 5zählig.

### Familie Zistrosengewächse, Cistaceae 1-1f

**Blütenbauplan.**
Blüten strahlig, zwittrig. 5 freie Kelchblätter, gleich oder ungleich (1, 1b). 5-3 freie Kronblätter. Viele Staubblätter, ungleich lang. Fruchtknoten oberständig, meist aus 3-5 Fruchtblättern gebildet, 1fächerig, oder durch vorspringende Samenleisten unvollständig mehrfächerig, mit wandständigen Samenleisten (1, 1d). Einfacher Griffel (1c), meist am Grunde gebogen oder sehr kurz, mit einfacher oder geteilter Narbe. Kapsel lokulicid (1e). Same mit stärkereichem Nährgewebe. Embryo meist stark gekrümmt (1f). – 8 Gattungen mit 175 Arten. Blütenformel: K5 C5 A $\infty$ G (5-3). Cistus mit 5 (-10), Helianthemum mit 3 Fruchtblättern.

Gattung *Cistus*, **Zistrose.** 5 Fruchtblätter; einen durch die weit vorspringenden laminalen Samenleisten 5fächerigen Fruchtknoten bildend. Weiße und rote Blüten. Von den Kanaren durch das Mittelmeergebiet bis Orient; im Mittelmeergebiet wesentlicher Bestandteil der Macchien und Cistusheiden.

Gattung *Helianthemun*, **Sonnenröschen** 1-1f. Kelchblätter 5, sehr ungleich (1b). Kronblätter 5, weiß, gelb, orange, rosa oder rot. Staubblätter meist zahlreich. Fruchtknoten aus 3 Fruchtblättern gebildet, 1fächerig oder durch die vorspringenden laminalen Samenleisten 3kammerig. 1 Griffel mit großer Narbe (1c). Kapsel durch Auseinandertreten der Fruchtblätter 3klappig aufspringend (1e). –

**Gemeines S.,** *H.numularium.* Blüten gelb. – **Graufilziges S.,** *H.canum.* Blüten gelb. – **Italienisches S.,** *H.italicum.* Blüten gelb. – **Apenninen-S.,** *H.apenninum.* Kronblätter weiß, am Grunde zitronengelb. – **Sandröschen,** *Tuberaria guttata.* Kronblätter zitronengelb.

### Familie Veilchengewächse, Violaceae 2-2n

**Blütenbauplan.** Blüten zwittrig, meist 2seitig-symmetrisch, Kelchblätter 5, frei, bis zur Fruchtreife bleibend. Kronblätter 5, frei, ungleich; das vordere meist größer, am Grunde ausgesackt oder gespornt (2,2b). Staubblätter um den Fruchtknoten einen Zylinder bildend (2c). Staubfäden sehr kurz (2d); Staubbeutel aufrecht, auf der Innenseite mit 2 Längsrissen aufspringend, mit einem zu häutigem Anhängsel ausgezogenen Mittelband (2d). Fruchtknoten aus 3 Fruchtblättern gebildet (2), 1fächerig, mit wandständigen Samenleisten (2g) und vielen Samenanlagen. Griffel endständig, oberwärts oft verdickt und S-förmig gekrümmt (2f). Narbe einfach, sehr verschieden gestaltet. Frucht eine elastisch fachspaltig mit 3 Klappen aufspringende Kapsel (2k). Gerader Keim (2n). – Blütenformel K5 C5 A5 G(3). – 16 Gattungen mit 850 Arten.

Gttg. *Viola.* Bei *Viola tricolor* (2-2n) sitzt die Narbe (2f/N) auf der Vorderseite des Griffelkopfes (Gk) vor dem Gange, der zum Sporn führt (2b,2f). Die unter der Narbe sitzende Klappe Kl wird beim Einführen des Rüssels mit Pollen belegt, beim Herausziehen aber geschlossen, wodurch Kreuzbestäubung erreicht wird. 1 Kronblatt mit Sporn (2,2b/Spo), in den 2 zu 2 Staubblättern gehörende Nektarien Ne hineinragen. Narbe N in einer Grube des Griffelkopfes (2f).

### Familie Passionsblumen, Passifloraceae 3-3d

**Blütenbauplan.** Blüten ♀ oder infolge Abort ♂♀. Kelchblätter meist 5, seltener 8-3, oft petaloid; Kronblätter ebensoviele oder 0; Staubblätter 10-6 oder meist 5 mit bisweilen 5 Staminodien, im Grunde seltener an der Blütenachse oder am Androgynophor stehend. Fruchtblätter meist 3, selten 4-5; Fruchtknoten 1fächerig mit parietalen, nur wenig vorspringenden Plazenten; Griffel getrennt oder verwachsen mit oft kopfiger Narbe. Kapsel oder Beere. Samen meist mit Arillus und fleischigem Endosperm. Charakteristisch ist: innerhalb der Kronblätter am Rande der Blütenachse eine häutige oder fleischige, einfache oder oft mehrfache Nebenkrone NC in Form von Schuppen, eines Saumes, einer gefalteten oder zerschlitzten Röhre oder strahliger Fäden. Typische Blütenformel * K5 C5 A5 G3.

**Passionsblume,** *Passiflora coerulea* 3-3d.
Blüte oft groß und schön gefärbt, strahlig, zwittrig. Blütenachse (4b) Ba in der Regel zu einem napfförmigen Receptaculum ausgebreitet. Zwischen Krone C und Staubblättern St entspringt Kranz fadenartiger Auswüchse, Corona oder Nebenkrone NC genannt (3,3a). Diese wird im Volksmund als ein Sinnbild der Dornenkrone Christi betrachtet, worauf der Name Passionsblume zurückgeht. Die Staubblätter werden durch die verlängerte Blütenachse Ba (Androgynophor AG) über das Receptaculum emporgehoben (3a, 3b) und darüber sitzt noch der Fruchtknoten mit 3 freien Griffeln (Gr in 3a), die kopfförmige Narben N haben. Fruchtknoten Fr oberständig (3a), 3 bis 5blättrig, 1fächerig, mit 3 wandständigen Samenleisten (3c). Kapsel oder Beere (3d). Same mit sackförmigem Arillus. Bestäubung durch Insekten, angelockt durch den im Receptaculum erzeugten Nektar. Ferner Besuch der Blüten durch Kolibri. – 12 Gattungen mit 600 Arten in den Tropen und Subtropen, meist in Amerika und Afrika. – *P. coerulea* bei uns aus Südamerika stammende Zimmerpflanze. – *P.edulis,* Früchte eßbar.

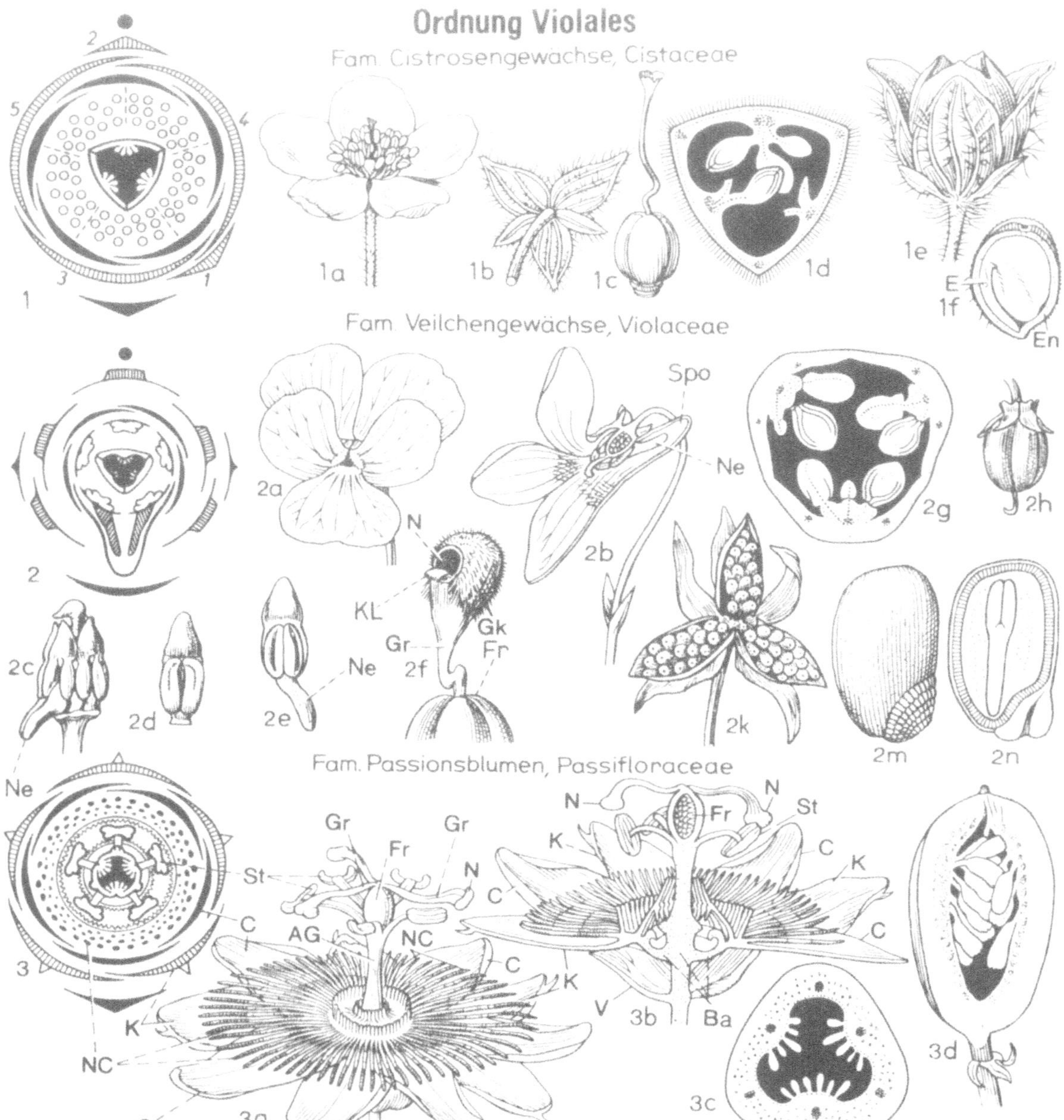


**Tafel 22** – 1 Gelbes Sonnenröschen, Helianthemum nummularium. 1 a Blüte. 1 b Kelch von außen, 1 c Fruchtknoten mit Griffel. 1d Apeninnen-Sonnenröschen, H.apenninum (polifolium), Fruchtknoten quer, n.einem Schnitt gezeichnet. 1e H.nummularium, Blüte im Fruchtzustand. 1f H.apenninum, Same längs. – 2 Viola. 2a Ostalpen-Stiefmütterchen, Viola alpina, Blüte. 2b Blüte längs. 2c Staubgefäß mit Fortsätzen. 2d Staubgefäß. 2e Staubgefäß. 2f Griffel auf dem Fruchtknoten. 2g V.cucullata, Fruchtknoten quer, n.einem Schnitt gezeichnet. 2h Frucht. 2k Aufspringende Frucht. 2m Acker-Stiefmütterchen, V.tricolor, Same. 2n Same längs. – 3 Passiflora. 3a P.coerulea, Blüte. 3b Blüte längs. 3c Fruchtknoten quer. 3d Frucht längs. –

AG Androgynophor. Ba Blütenachse. C Krone. E Embryo. En Endosperm. Fr Fruchtknoten. Gr Griffel. Gk Griffelkopf. K Kelch. Kl Klappe. N Narbe. NC Nebenkrone. Ne Nektarium. Spo Sporn. St Staubblatt. V Vorblätter.

## Ordnung Capparales (=Rhoeadales z.T.) Tfl.23

Blüten zwittrig, oft 4zählig. Gyno- oder Androgynophore. Diskusbildungen bzw. Honigdrüsen. Parietale Plazentation, reife Samen endospermlos.

Früher *Capparales* mit *Papaverales* zur Ord. *Rhoeadales* zusammengefaßt. Neuerdings wegen verschiedener Inhaltstoffe sowie durch serologische und embryologische Befunde getrennt.

**Fam. Capparaceae (Capparidaceae). Kapernstrauch,** *Capparis spinosa*, liefert Gewürz, **Kapern.** – Fam. *Brassicaceae (Cruciferae)*, **Kreuzblütler.** Blütenbau ähnlich dem der ursprünglicheren Stammform der *Capparaceae.*

**Blütenbauplan** der *Brassicaceae (Cruciferae)*, **Kreuzblütler**

Traubige Blütenstände ohne Gipfelblüte. Blüten disymmetrisch; Kelch und Krone 4zählig, beide alternierend, 2 äußere, kürzere und 4 innere längere Staubblätter, 1 oberständiger, oft ± gestielter Fruchtknoten mit falscher Scheidewand; Fruchtknoten vielleicht aus 2 fruchtbaren und 2 unfruchtbaren Fruchtblättern gebildet. Folglich wäre typische Formel der **Kreuzblüten** K4 C4 A2+4 G$\underline{4}$ bzw. $\underline{2}$. Frucht meist eine Schote; ein Schötchen, wenn die Länge die 3fache Breite nicht erreicht. Beim Öffnen bleibt häutige Scheidewand mit Samen zunächst noch am Fruchtstiel. Samen aus campylotropen Anlagen hervorgehend, haben gekrümmten ölhaltigen Keim.

Der Bau der Kreuzblüte läßt sich nach Ehrendorfer „gut auf die ursprünglicheren Verhältnisse bei ihren Stammformen, den *Capparaceae*, zurückführen. Frühere Versuche einer Homologisierung mit den 2 gliedrigen Wirteln der *Papaverales* sind daher überholt"!

Für die Gliederung der Familie sind n. Ehrendorfer „die Fruchtformen neben sich öffnenden Schoten auch Schließfrüchte, z.B. Bruch-Schoten (D), Spaltfrucht-Schoten (Ɨc) und 1- oder wenigsamige Nuß-Schoten , die Lagerung des Keimlings im Samen (A-C) und die Anordnung der Nektardrüsen (die Mehrzahl der Arten sind Insektenblütler!) von Bedeutung." Blüten zwittrig; 4 freie Kelchblätter, 4 freie, langgenagelte Kronblätter in 1 Kreis; 2 äußere kurze und 4 innere, paarweise gestellte, längere Staubblätter; Fruchtknoten aus 2 Fruchtblättern gebildet, mit einer häutigen Scheidewand 2fächerig. Frucht eine Schote, die von der Basis her mit 2 Klappen aufspringt, wobei die Scheidewand samt den Samenleisten, die um die Scheidewand herum einen Rahmen bilden, stehenbleiben. –

5 Verschiedene Formen der Schote: 1. Schotenfrüchtige; Frucht eine Schote, die wenigstens 1 1/2 mal länger als breit ist: **Raps** Tfl. 23, 1d. –
2. Schötchenfrüchtige, Breitwandige.Schötchen mit flachen Klappen und einer Scheidewand, die ebenso breit als die Klappe ist: *Draba* Tfl. 23 H. – 3. Schötchenfrüchtige Schmalwandige. Scheidewand schmäler als die stark gewölbten Klappen: **Hirtentäschel** Tfl. 23 G. – Gliederfrüchtige Frucht durch Querwände in ebenso viele Fächer geteilt, als Samen vorhanden sind. Bei der Reife Spaltung der Breite nach in eine entsprechende Zahl nußartiger Stücke; Gliederschote: **Meer-** Nußschoten
**senf, Hederich, Meerkohl** Tfl. 23, D. – 5. Nußfrüchtige. Kurze, ungegliederte, einfächerige und einsamige Nuß: **Waid,** *Isatis tinctoria Tfl. 23 K.*

---

## Fam. Resedengewächse, Resedacae Abb. 28

Deutliche Beziehungen bestehen zu den Capparaceen durch Diskusbildungen, Gyno- und Androgynophor, Zygomorphie der Blüte. Von den *Parietales* weicht die Fam. der *Resedaceen* besonders dadurch ab, daß die Zahl der Blätter des Perianths nicht konstant ist.

Gattung *Reseda,* **Wau.** Blütenstände traubig oder ährig. Kronblätter gelblich, weißlich oder grünlich. Fruchtblätter, zu einem 1fächerigen, oben offenen Fruchtknoten verwachsen, mit wulstigen, sitzenden Narben N. Frucht eine dünnhäutige Kapsel mit vielen Samen. Die Gattung hat ca. 80 Arten.

**Bauplan** der Resedablüte

Blüten zwittrig, dorsiventral. Blütenachse in kurzem Fruchtträger, Gynophor Gy, endigend, nach oben zwischen Staubfäden und Krone zu einem exzentrischen Diskuspolster (Nektardrüsen) erweitert. Durch diese starke Entwicklung der Rückseite der Blüte, die besonders auch bei den Kronblättern zum Ausdruck kommt, kommt Zygomorphie zustande. 5-8 freie Kelch- und Kronblätter; letztere bestehen aus großem, schuppenförmigem Scheidenteil und geschlitzter Platte. Zahlreiche Staubblätter. Fruchtknoten oberständig, mit 2-6 freien oder verwachsenen Fruchtblättern, die Fruchtknotenhöhle aber oben nicht schließend; 1 fächerig; wandständige Samenleisten. Frucht eine oben offene Kapsel oder Beere. Samen nierenförmig, mit gekrümmtem Keim, ohne Nährgewebe.

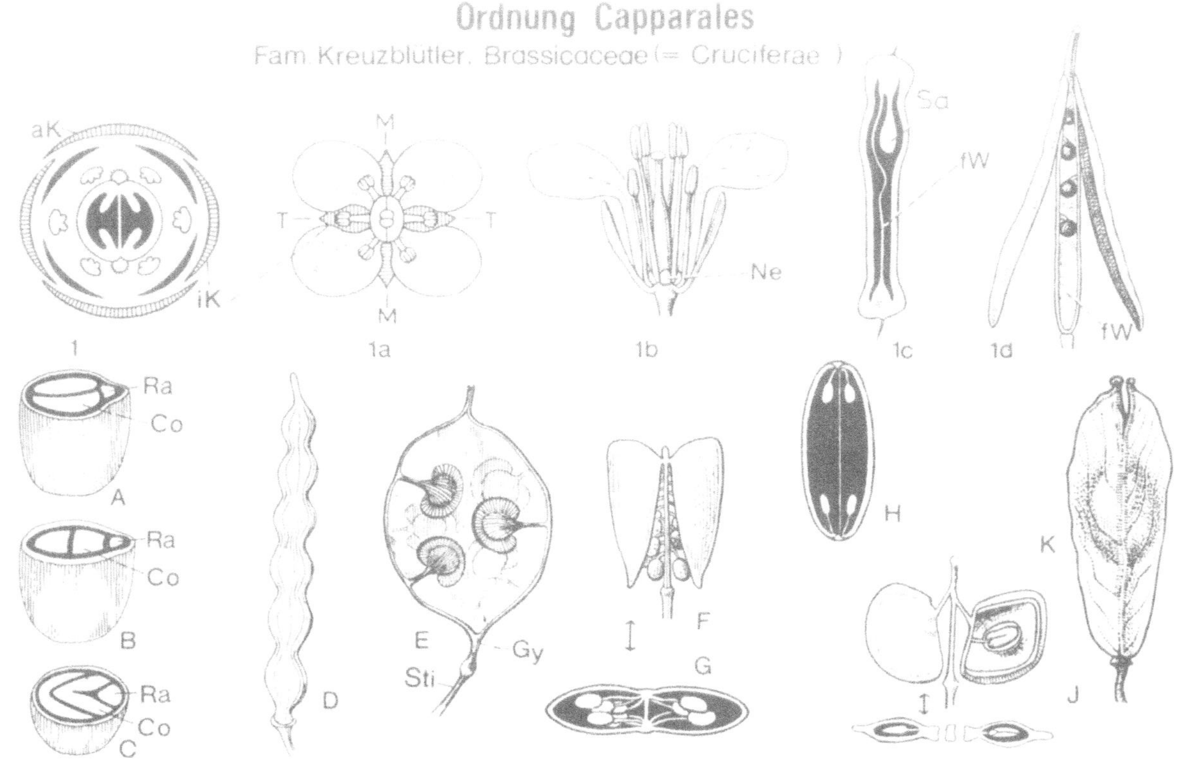


**Tafel 23** — 1 Raps, Brassica oleracea, Blütengrundriß. 1a Blüte von oben, 1 b Blüte längs, 1 c Lunaria annua, Frucht, Querschnitt, 1 d B. oleracea, reife Frucht aufspringend. – A-C Samenquerschnitte, verschiedene Lage des Keimlings mit Kotyledonen Co, Hypocotyl und Radicula Ra. – A pleurorhiz: Keimwurzel mit dem hypocotylen Glied längs des Randes der flachen Keimblätter liegend; z.B. Cardamine, Nasturtium, Cheiranthus, Draba u.a. – B notorhiz: Keimwurzel längs des Rückens des einen der flachen Keimblätter liegend; z.B. Capsella, Hesperis, Sisymbrium, Lepidium u.a. – C orthoplok, wenn die Keimblätter nicht flach, sondern zusammengelegt sind; z.B. Brassica, Sinapis, Raphanus, Crambe u.a. – D Gliederschote von Hederich, Raphanus raphanistrum. Verwachsenblättrige Bruchfrucht: Durch Querwände in soviel Fächer geteilt, als Samen vorhanden sind; spaltet sich bei der Reife quer in entsprechende Zahl nußartiger Stücke. – E Lunaria annua, Schötchen, Fruchtklappen entfernt, Rahmen und durchsichtige Scheidewand mit Samen.– F Capsella bursa pastoris, schmalwandige Schote. – G Capsella, Frucht quer. – H Draba aizoides, breitwandige Schote. – J Biscutella laevigata, Brillenschötchen; oben Frucht aufgesprungen, unten Same quer. – K Waid, Isatis tinctoria, 1fächerige, 1samige Nuß, meist länglich, schmalflügelig.

aK äußeres Kelchblatt. Co Cotyledon, Keimblatt. fW falsche Scheidewand. Gy Gynophor. iK inneres Kelchblatt. Ra Radicula. Sa Samenanlage. Sti Stielchen. Ne Nektarium, Honigdrüse. M–M Medianebene. T–T Transversalebene.

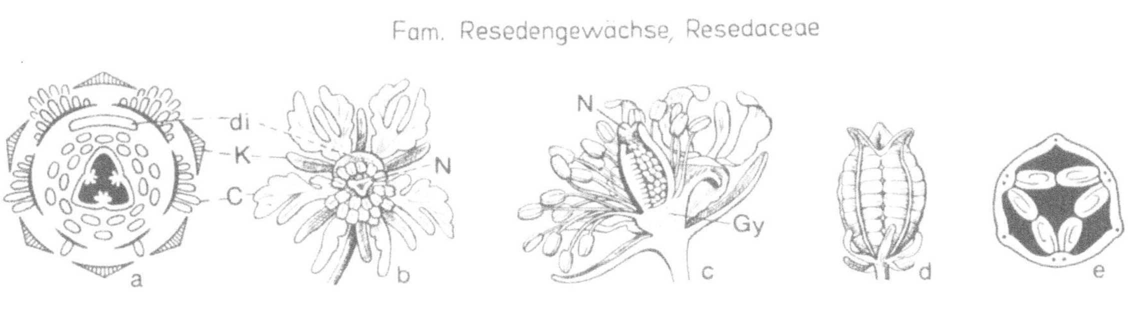


Abb. 28 – a Wohlriechender Wau, Reseda odorata, Blütengrundriß. b Gelber Wau, R.lutea, Blüte von oben. c Blüte längs. d Frucht. e Fruchtknoten quer. C Krone, di Diskus, Gy Gynophor (Fruchtträger), N Narbe.

## Ordnung Salicales Tfl. 24

**Blütenbauplan** der Salicales

♂ und ♀ Blütenstände sind Kätzchen, die zum Unterschied von den *Betulaceen* einfache Trauben sind. Blüten bei **Weiden** und **Pappeln** am stärksten reduziert: **ohne Blütenhülle, 1geschlechtig, diözisch** (ausnahmsweise *S.medemii* (Iran) vollkommen monözisch, andere bisweilen mit androgynen Ähren). Bei den windblütigen **Pappelarten** ein becherförmiger Blütenboden vorhanden; bei den insektenblütigen **Weiden** sind nur 1-2 fingerförmige Nektarien vorhanden. ♂ Blüte: Staubblätter viele -5 -2. ♀ Blüte: Fruchtblätter 2; Fruchtknoten 1fächerig mit wandständigen Plazenten und vielen anatropen Samenanlagen mit 1 Integument, bei einigen **Pappel**-Arten mit 2 Integumenten. Kurzer Griffel teilt sich in mehrere Narben. Kapsel mit vielen Samen, einen der Windverbreitung dienenden Haarschopf tragend. Kein Endosperm. Z.T. Aporogamie.

Ob die *Salicales* primitive oder stark abgeleitete Formen sind, steht nicht fest.

**Fam. Weidengewächse, Salicaceae 1-2f**

Blütenstände meist vielblütige Ähren („Kätzchen"). Blüten 1geschlechtig, 2häusig, nur ausnahmsweise (*Salix medemii*) 1häusig, andere bisweilen mit androgynen Ähren. Blüten äußerst einfach gebaut.

Gattung *Salix*, **Weide 1-1g**

Kätzchen vor den Laubblättern oder gleichzeitig erscheinend, am Grunde gewöhnlich mit ungeteilten Deckschuppen oder Tragblättern T. Blüten insektenblütig, mit 1-2 kleinen Honigschuppen dr, seltener Honigring. ♂ Blüten meist mit 2 Staubblättern (3 Staubblätter hat S.triandra, 5 S.pentandra). Fruchtknoten oberständig, 2blättrig, 1fächerig, mit vielen wandständigen Samenanlagen (1d). Griffel fehlend oder lang, 2 kurze Narben; Frucht eine 2klappig aufspringende Kapsel (2e) mit vielen kleinen Samen mit grundständigem Haarschopf.

Gattung *Populus*, **Pappel 2-2f**

Kätzchen vor den Blättern erscheinend, zuletzt hängend (c,d), am Grunde nicht beblättert. Tragblatt T gezähnt oder zerschlitzt (2,2a). Blüten am Grunde vom schräg becher- oder krugförmigen Blütenboden umgeben. Staubblätter stets mehr als 2, und zwar 3-30. Fruchtknoten gestielt, oberständig, mit 2 Fruchtblättern, 1fächerig, mit vielen wandständigen, anatropen Samenanlagen; 1 Integument, bei einigen Arten 2 Integumente. Griffel kurz. Narben meist 2, seltener 3 oder 4. Windblütig. Kapsel meist 2klappig aufspringend, seltener 3- oder 4klappig, mit vielen kleinen Samen; diese mit basilärem Haarschopf, ohne Endosperm. Z.T. Chalazogamie.

---

## Ordnung Begoniales Abb. 29

Diese Ordnung wurde früher als Fam. *Begoniaceae* den *Violales* zugeordnet.

**Fam. Schiefblattgewächse, Begoniaceae.** Blüten strahlig oder meist dorsiventral, 1geschlechtig, monoecisch; die ersten (ältesten) sind männlich, während weibliche Blüten sich nur auf den späteren Achsen befinden. Männliche Blüte (a,c) hat meist 5-2 Kelchblätter K und 5-4 Kronblätter C. Fruchtknoten unterständig (d), selten der obere Teil frei, meist nur mit 1-3 Rippen, Hörnern oder Flügeln, 1fächerig mit 5 parietalen Plazenten (f), oder infolge starken Verwachsens der Plazenten gefächert mit zentralwinkelständigen, gegabelten oder gelappten Plazenten (e), die zurückgebogenen Ränder der Fruchtblätter. Samenanlagen viele. 3 2spaltige Griffel (d), frei, zuweilen unten verwachsen. Lokulicide Kapsel, selten Beere. Samen viele, klein. Embryo gerade.

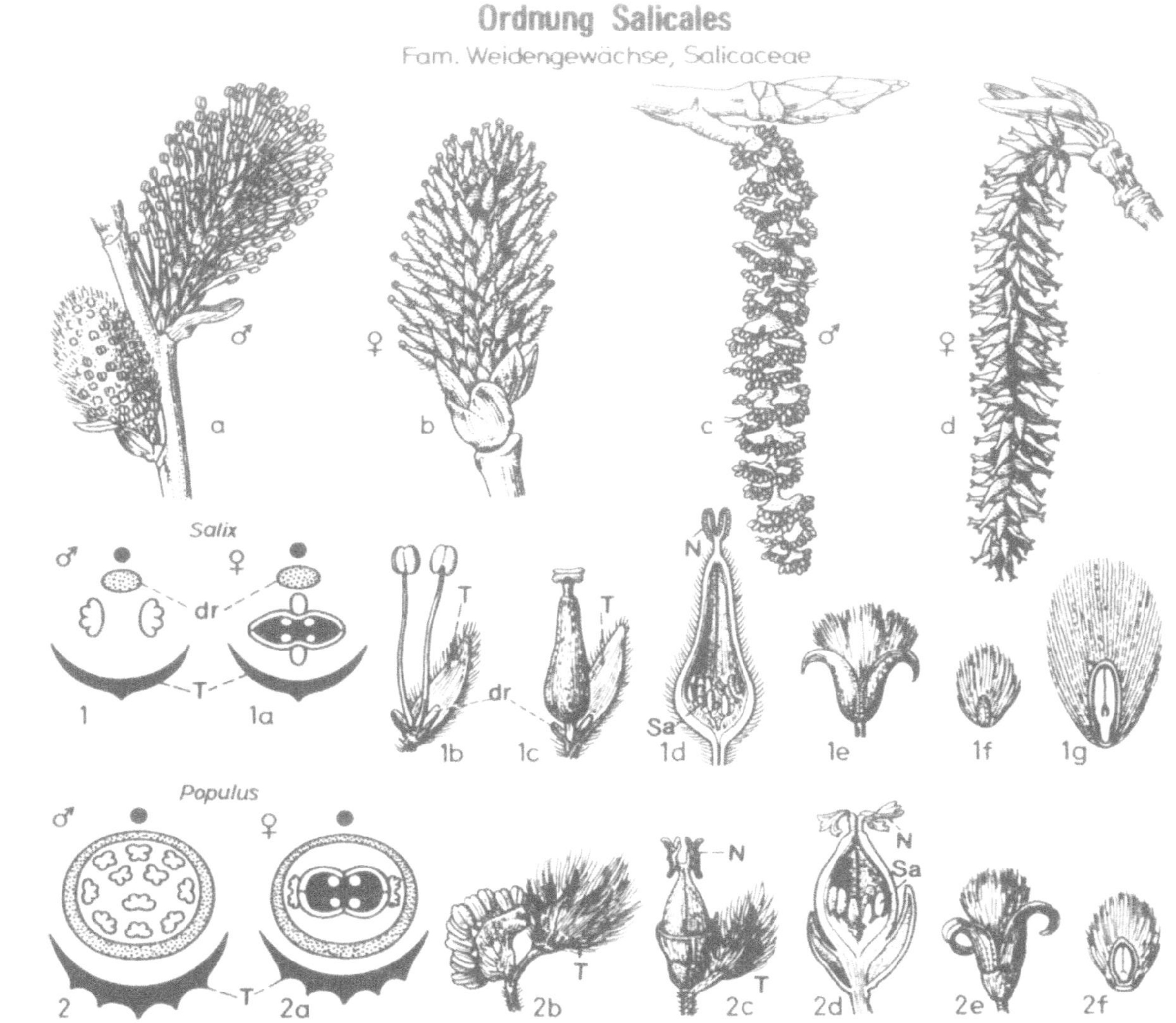


**Tafel 24** – a ♂ Blütenstand der Kriech-Weide, Salix repens. b ♀ Blütenstand der Stumpfblättrigen Weide, S.retusa. c ♂ Blütenstand der Rosenkranz-Pappel, Populus deltoides. d ♀ Blütenstand der Zitter-Pappel, Espe, P.tremula. – 1 und 1a Blütengrundrisse von Salweide, Salix caprea. 1b ♂ Blüte von Bruch-Weide, S.fragilis, 1c ♀ Blüte. 1d S.caprea, Fruchtknoten längs. 1e S.fragilis, reife Kapsel. 1f Same. 1g Same längs. – 2 und 2a P.tremula. 2b ♂ Blüte. 2c ♀ Blüte. 2d Fruchtknoten längs. 2e Frucht aufgesprungen. 2f Same längs.

Bb Blütenbecher, becherartiger Blütenboden. dr Drüse, Drüsenring, Nektarium. N Narbe. Sa Samenanlage. T Trag- oder Deckblatt.

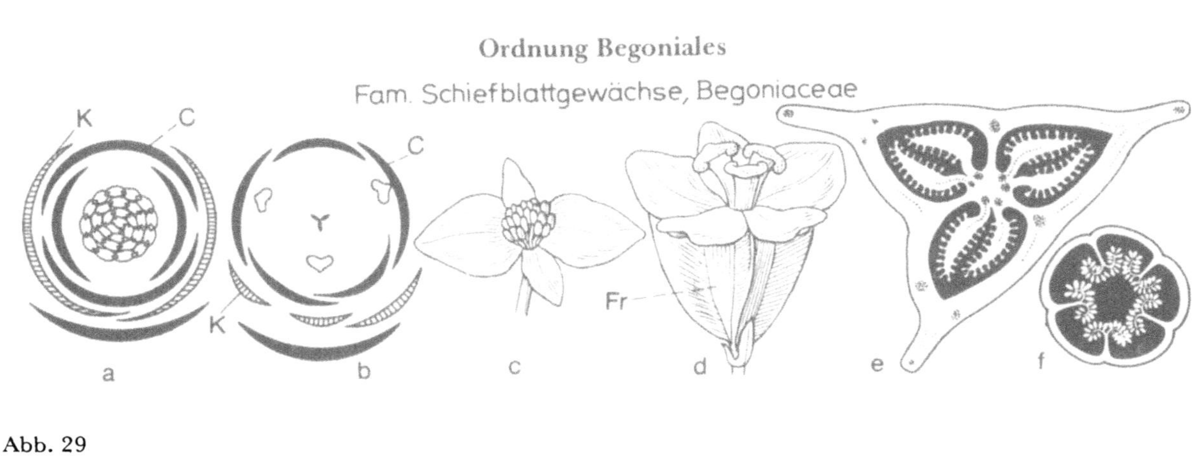


Abb. 29

## Ordnung Cucurbitales Tfl. 25

**Familie Kürbisgewächse, Cucurbitaceae.**
Gut charakterisierte Ordnung mit einer einzigen Familie. Wesentliche Merkmale, wie die häufig noch freien Kronblätter, der Bau des Fruchtknotens und die parietalen Samenanlagen mit 2 Integumenten sprechen für eine nähere Verwandtschaft mit den Parietales, und zwar mit den Passionsblumen, die auch in den Ranken übereinstimmen.

**Blütenbauplan der Cucurbitales.**
Blüten strahlig, meist getrennt-geschlechtig, 1 oder 2häusig, seltener zwitterig; meist mit Rudimenten des anderen Geschlechts. Blüte 5zählig mit Ausnahme des Gynoeceums. Kelch oberständig, 5spaltig. Blütenachse zu einem teller- oder röhrenförmigen Blütenbecher verbreitert und verlängert. Blumenkrone trichterig, glockig oder fast radförmig, meist vereintkronblättrig, selten choripetal. Staubblätter meist ± hoch dem Blütenbecher angewachsen. Fruchtblätter 3, bisweilen 5 oder 4, ihre miteinander verwachsenen und oft stark vorgezogenen Ränder tragen die kräftigen, meist nach außen zurückgebogenen Plazenten. Fruchtknoten parakarp, bei axialer Verwachsung der Plazenten 3fächerig. Griffel meist 1, mit 3 meist gegabelten Narben. Frucht meist nicht aufspringend, beerenartig, mit fleischiger Mittel- und Innenschicht (Panzerbeere); Same ohne Endosperm; Embryo gerade,mit großen,breiten,ölreichen Keimblättern. –
Nach Engler (1964) „dürfte der Prototyp der C. zwitterige Blüten, freie Petalen, freie Stamen mit dithezischen Antheren sowie 5 Karp. besessen haben, Merkmale, die sich noch heute bei einzelnen Gattungen etc. vorfinden. “

**Kürbis,** *Cucurbita* 1-1m. Blüten einhäusig; einzeln in Blattachseln. Krone glockig, ungefähr bis zur Mitte geteilt, 5zipfelig, goldgelb. Kelch 5spaltig, oberständig, mit deutlicher Röhre, die mit dem unteren Teil der Kronröhre zu einem gemeinsamen Basalteil verwachsen ist. Kronzipfel liegen in der Knospe mit stark eingerollten Rändern klappig aneinander. Die Kelchteile sind frei. Bei den ♂ Blüten sind die Staubblätter in ein längliches, von gemeinsamer Filamentsäule getragenes Köpfchen verwachsen. Die Konnektive sind verwachsen und tragen außen die Antheren in Form langer, schmaler, oben und unten umgebogener Bänder. Der Querschnitt zeigt am Rande 15 2fächerige Antheren. Der Querschnitt durch das Antherenköpfchen zeigt bei Pentamerie 5 gleichweit abstehende Fugen, von den an der Peripherie stehenden 2fächerigen Pollenbehältern kommen je 3 auf die einzelnen Stücke; jedes der letzteren hat ein besonderes Gefäßbündel (1), die Filamentsäule zeigt an der Basis 5 jenen Fugen entsprechende Spalten, durch Sonderung in die einzelnen Filamente, aus denen sie oberwärts verwachsen ist. Statt 5 sieht man häufig auch nur 4 oder 3 Fugen in dem Antherenköpfchen 1a, 1b und dementsprechend nur 4 bzw. 3 Spalten der Filamentsäule. Von den Antheren ist in Fig. 1a 1 Paar Antheren miteinander verschmolzen, in Fig. 1b 2 Paar, wie man auch an den Gefäßbündeln erkennt. Wir können also annehmen, daß es sich um ursprünglich 5 Antheren handelt. Daß diese je 3 Doppelfächer tragen, liegt an der Längsfaltung. Mitten in der Blüte ist eine halbkugelige Vorragung, das Rudiment des Fruchtknotens. Im Grunde des Androeceums findet sich ein Ring drüsiger Schwielen (Dr in 1). Ihre Zahl entspricht der der einzelnen Staubgefäße. Die ♀ Blüten haben im Grunde des für Kelch und Krone gemeinsamen Bechers einen doppelten drüsigen Ring mit stumpfen Erhebungen (Dr in 1f). Die des äußeren Kreises sind deutlich als rudimentäre Staubgefäße zu erkennen, da sie zuweilen Spuren von Pollenfächern zeigen. Die Vorragungen des inneren Ringes bilden breite stumpfe Schwielen; es sind ihrer, wie bei dem Schwielenringe der ♂ Blüten, stets soviel vorhanden als Staminodien, mit denen sie abwechseln (1f). Der unterständige Fruchtknoten besteht bald aus 5 (1f), bald aus 4 (1g) oder 3 (1h) Fruchtblättern. – Der Fruchtknoten trägt einen kurzen Griffel, der sich, je nach der Zahl der Fruchtblätter, in 5-3 dicke 2schenkelige Narben spaltet (1l).
Die innere Struktur des Fruchtknotens ist wie bei den auf gewöhnliche Art gefächerten Fruchtknoten, nur sind einesteils die eingeschlagenen Seitenteile sehr stark verschmolzen, sodaß die Fugen im ausgebildeten Zustande kaum oder garnicht mehr zu erkennen sind (in Fig. 1f–1h durch die punktierten Linien angegeben), sodann biegen sich die 2schenkeligen Plazenten, deren Schenkel gleichfalls dicht aneinanderliegen, aber doch durch deutliche Fugen geschieden sind, zurück, und die Samenanlagen werden nur an den den echten Scheidewänden zugekehrten Endigungen entwickelt (1m). Die Samenanlage ist anatrop, besitzt einen dicken Funiculus, einen großen Nucellus und 2 Integumente. Der Nucellus ist schnabelförmig ausgezogen. Dieser Fortsatz ist nach oben umgebogen, ihm folgt das innere Integument der oberen Seite, während das äußere in der so entstehenden Falte endigt. Auf der unteren Seite geht das innere Integument nicht bis zum Ende des Nucellus, sodaß dessen Schnabel aus einer schräg abgeschnittenen Mikropyle hervorragt; das äußere ist unten nur durch einen Vorsprung des Funiculus angedeutet. Der Embryosack ist ganz klein und liegt dicht unter der Mikropyle. Nach Engler, Syllabus 1964,besteht bei dem inneren Integument Neigung zur Verkümmerung. Das große Nucellusgewebe wird samt Endosperm von dem heranwachsenden Keim verdrängt, denn der reife Same hat in dieser Familie kein Nährgewebe, sondern nur einen geraden Keim, dessen große Keimblätter reich an Öl sind (1n).

**Gurkenpflanze,** *Cucumis sativus.* Die ♀ Blüten stimmen im wesentlichen mit der **Kürbispflanze** überein, nur fehlt der Schwielenring. – Die **Melone,** *Cucumis melo,* verhält sich im Blütengrundriß wie die Gurke.

**Spritzgurke,** *Ecballium elaterium.* Das Diagramm der Blüten beider Geschlechter stimmt gleichfalls im Wesentlichen mit Cucumis überein. Früchte 4 cm lang, gurkenähnlich. Beim Ablösen der reifen Frucht vom Stiel spritzt aus der Öffnung der schleimige Inhalt mit dem Samen heraus. In den Mittelmeerländern heimisch, bei uns selten in Gärten.

**Zaunrübe,** *Bryonia.* 2 Arten als einzige heimische Kürbisgewächse. *Bryonia alba* 1häusig, schwarzbeerig. *B.dioica* 2häusig, rotbeerig. Frucht 1 kleine kugelige Beere mit wenigen Samen.

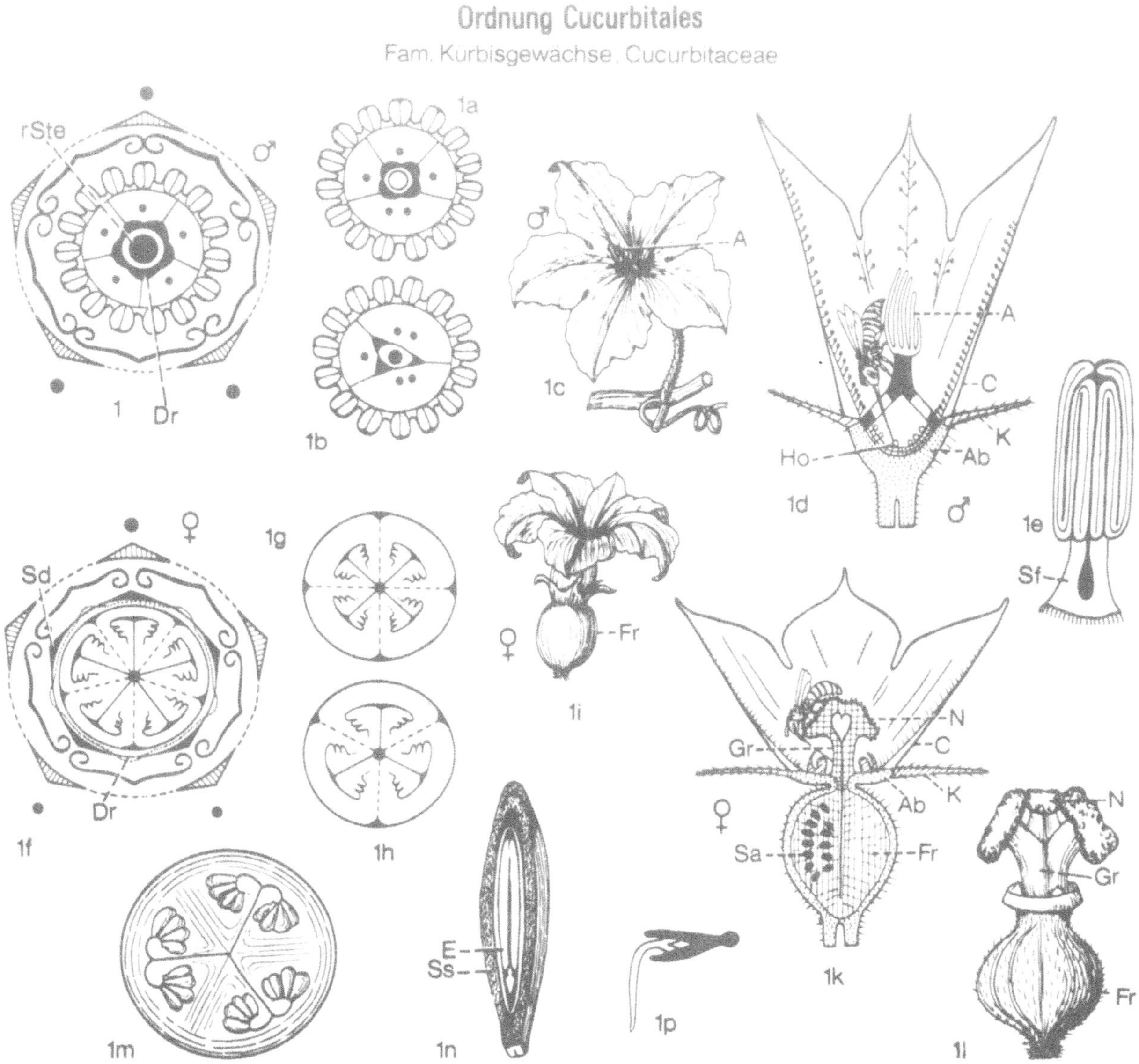


**Tafel 25** – Kürbis, Cucurbita pepo. 1 Grundriß einer ♂ 5zähligen Blüte mit 5 Staubgefäßen. 1a Grundriß einer ♂ Blüte, bei der 2 Staubgefäße der Fig. 1 völlig verwachsen sind. 1b Grundriß, bei dem 2 Paare von Staubgefäßen verschmolzen sind. 1c ♂ Blüte. 1d ♂ Blüte längs. 1e Androeceum. 1f Grundriß der ♀ Blüte mit 5zähligem Fruchtknoten. 1g Tetramerer Fruchtknoten in schematischem Querschnitt. 1h Trimerer Fruchtknoten in schematischem Querschnitt. 1i ♀ Blüte. 1k ♀ Blüte längs. 1l Stempel. 1m Frucht quer. 1n Same längs. 1p Keimender Same.

A Androeceum. Ab Achsenbecher. C Blumenkrone. Dr Drüsenring. E Embryo. Fr Fruchtknoten. Gr Griffel. Ho Honig. K Kelch. N Narbe. rSte reduzierter Stempel. Sd Staminodium. Sf Staubfaden. Ss Samenschale.

## Überordnung Malvanae

Zur Überordnung *Malvanae* können zusammengefaßt werden die Ordnungen *Malvales, Thymelaeales.*

## Ordnung Malvales (= Columniferae) Tfl. 26

**Blütenbauplan.** Blüten zwittrig, meist strahlig, in Kelch und Krone gegliedert; gewöhnlich 5zählig. Kelch mit klappiger Knospenlage. Krone mit 5 freien Blättern vielfach in gedrehter Knospenlage. Staubblätter in 2 Kreisen, der äußere meist fehlend (1) oder teilweise unterdrückt, d.h. als 5 unfruchtbare Staubblätter (Staminodien) vorhanden (1 Sd), während der innere Kreis durch Spaltung zentrifugal vermehrt ist (1,3). Ihre Filamente bilden Bündel (3d, 3a) oder sind, besonders bei den *Malvaceen*, zu einer das Gynoeceum umschließenden Säule (columna) verwachsen (1c–1d). Fruchtknoten oberständig (1c,2c,3b,4c); Zahl der Fruchtblätter sehr verschieden, 2 – ca. 50, zu mehrfächerigem Fruchtknoten verwachsen (2b,3e,4d). Typische Blütenformel * K5 C5 A5-o+5$^{\infty}$ G ($\underline{5-\infty}$).

**Familie Malvengewächse, Malvaceae** 1-2f

**Blütenbauplan.** Hüll- oder Außenkelch Ak mit 3–10 Blättern. Die Familie unterscheidet sich von den beiden anderen durch ihre 2-, zuletzt 1fächerigen Antheren. Der innere verbliebene Staubblattkreis wird durch Spaltung stark zentrifugal vermehrt (1). Auch die Zahl der Fruchtblätter stark vermehrt: 3 – ca. 50 Fruchtblätter sind zu Fruchtknoten verwachsen. Der einzige Griffel teilt sich an der Spitze gewöhnlich in ebensoviele narbentragende Zweige als Fruchtblätter da sind. Spaltfrucht mit vielen Teilfrüchten.
Bei der **Baumwolle** 3-5klappige Kapsel mit vielen Samen. Keim gekrümmt und Keimblätter Co gefaltet (1g, 2f). Typische Formel * K5 C5 A $\infty$ G($\underline{\infty}$). Blüten oft mit Außenkelch (Ak in 1-1c), aus Hochblättern gebildet, bei einigen 3, bei anderen mehr. Kelch 5-zählig, vereintblättrig, bleibend. Kronblätter 5, in der Knospenlage gedreht (1b), am Grunde untereinander und mit den Staubblättern verwachsen (1c). Fruchtknoten oberständig (1c,2c) 3–vielblättrig, synkarp (1,2b). Einziger Griffel teilt sich an der Spitze in narbentragende Zweige, soviel als Fruchtblätter da sind. Jedes Fruchtknotenfach mit 1 bis vielen zentralwinkelständigen Samenanlagen (1,2b). Frucht in Teilfrüchte zerfallende Spaltfrucht (1f,1g) oder Kapsel (2d,2e). Gattung **Malve,** *Malva* (1-1b, 1d-1g). Außenkelch (Ak in 1) 3, selten 2blättrig. Frucht eine Spaltfrucht, abgeplattet, scheibenförmig, kreisrund, mitten eingedrückt, von der Mittelsäule überragt, in viele nicht aufspringende, von der Mittelsäule sich loslösende, 1samige Teilfrüchtchen zerfallend (1f, 1g). – Gttg. **Eibisch, Stockrose,** *Althaea* (1c). Hüllkelch Ak 6-9spaltig. Frucht eine Spaltfrucht, mitten eingedrückt, von der Mittelsäule nicht überragt; zahlreiche Fruchtblätter bei der Reife sich voneinander lösend: Teilfrüchte. – Gttg. **Baumwolle,** *Gossypium* (2-2f). Blüte mit 3 großen Außenkelchblättern (Ak in 2a), einem fast ganzrandigen, niedrigen Kelch (K in 2a) und großer, meist gelber Krone (C in 2); 3-5klappige Kapsel (2d, 2e) mit vielen Samen (2e, 2f). Samenoberfläche mit Wolle aus langen, 1zelligen, lufterfüllten, weißen Haaren.

**Familie Lindengewächse, Tiliaceae** 3-3h

**Blütenbauplan.** Bei *Tilia* stehen die 5 Staubblätter den Kronblättern gegenüber. Sie sind sehr tief in große Zahl Staubfäden geteilt, sodaß die Blüte schwach mehrbündelig erscheint. Außerdem haben sie 4fächerige und introrse Staubbeutel. In einzelnen Gattungen findet man 10 freie und einfache Staubblätter in 2 Kreisen, diplostemon, einige haben sogar nur 5 Staubblätter, meistens aber Gruppen freier Staubfäden in einzelnen Bündeln. Fruchtknoten 2-vielfächerig, mit 1 – vielen Samen in jedem Fach, Griffel einfach. Samen mit fleischigem Nährgewebe, Keim mit flachen Keimblättern (3h). Typische Formel * K5 C5 A$^{\infty}$ G($\underline{5}$).

***Tilia*, Linde** 3-3h. Blüten strahlig, meist zwittrig, selten ♀ und ♂. Kelch und Krone 5blättrig (3,3a). Staubblätter zahlreich, frei oder nur am Grunde zu 5-10 Bündeln verbunden (3, 3a, 3d), manchmal mit dem Fruchtknoten zusammen etwas gestielt (3b). Antheren mit 4 Pollensäcken, Fruchtknoten aus 5 vor den Kronblättern stehenden Fruchtblättern verwachsen, 5fächerig, in jedem Fach mit meist vielen oder 2 aufsteigenden, anatropen Samenanlagen (3, 3b); bei manchen Gattungen nur 1 Samenanlage je Karpell (3e). Frucht eine 1samige (3f) Nuß (3g), die sich nicht von der Blütenstandsachse löst, sondern mit ihr und dem großen, als Fallschirm dienenden Hochblatt vom Winde verweht wird.

**Familie Sterkuliengewächse, Sterculiaceae** 4-4m

**Kakaobaum,** *Theobroma cacao.* Blüten malvenähnlich, zu Büscheln auf Stamm oder dickeren Zweigen (4a): Stammbürtigkeit (Kauliflorie); entstehen aus „schlafenden Augen", die sich schon vor Jahren als Anlagen in den Achseln von inzwischen längst abgefallenen Blättern bildeten. Kelchblätter (K in 4c, 4b) 5, schmal. Kronblätter C rötlich, gestielt, mit fahnenartiger Spreite und am Grunde bauchig erweitert (4b). Staubblattröhre kurz, mit 5 fruchtbaren Staubblättern (St in 4c) und 5 pfriemenförmigen Staminodien. Frucht eine große, gurkenähnliche, rotgelbe, anfangs fleischige Beere (4e, 4f); 5 Fächer mit je 2 Reihen mandelgroßer, ölreicher Samen, „Kakaobohnen"; kein Nährgewebe, aber 2 dicke Keimblätter (4k, 4m).

Ordnung Thymelaeales, Familie **Seidelbastgewächse,** *Thymelaeaceae.* Systematische Stellung noch unsicher.

**Tafel 26** – 1 Malve, Malva, Blütengrundriß. 1a Wilde Malve, Malva silvestris, Blüte. 1b Knospe. 1c Stockrose, Althaea rosea, Blüte längs. 1d Käsepappel, Wegemalve, Malva neglecta. 1e Verschiedene Stufen der Geschlechtssäule. 1f Kleinblütige Malve, M.pusilla, Kelch von innen mit Frucht. 1g M.silvestris, Teilfrucht längs.– 2 Baumwollpflanze, Gossypium, Blüte. 2a Blüte ohne Kronblätter. 2b Fruchtknoten quer. 2c Fruchtknoten längs. 2d Frucht mit Kelch. 2e Aufgesprungene Frucht. 2f Teilfrüchtchen längs. – 3 Winterlinde, Tilia cordata, Blütengrundriß. 3a Blüte. 3b Sommerlinde, T.platyphyllos, Blüte längs. 3c Knospe längs. 3d Knospe quer. 3e Fruchtknoten quer, bei der Blüte. 3f Fruchtknoten quer, bei halbreifer Frucht. 3g T.cordata, Frucht. 3h Nuß quer. – 4 Kakaobaum, Theobroma cacao, Blütengrundriß. 4a Blühender Ast. 4b Blüte. 4c Blüte längs. 4d Fruchtknoten quer. 4e Ast mit Früchten. 4f Frucht längs; oben durchschnitten, unten Fruchtschale abgehoben. 4g Frucht quer. 4h Same. 4k Same quer. 4m Same längs.
Ak Außenkelch. C Krone. Co Cotyledon. E Embryo. En Endosperm. fH fleischige Hülle. K Kelch. Kw Keimwurzel. S Same. Sd Staminodium. Ss Samenschale. St Staubblatt. Ste Stempel. T Tragblatt. vFb verkümmerte Fruchtblätter.

Ordnung Malvales
Fam. Malvengewächse, Malvaceae
Sd
Gr
Co
E
1g
En
1e
1d
1
Ak
1a
K
1b
1c
Ak
1f
C
2b
2c
2
K
2a
Ak
2d
2e
2f
Co
Fam. Lindengewächse, Tiliaceae
3
K
3b
3g
St
Ste
C
Co
En
vFb
C
3a
Ste
St
3c
3d
3e
3f
S
3h
Fam. Sterkuliengewächse, Sterculiaceae
Sd
Sd
St
K
C
S
4
4a
4c
4f
4e
Sd
St
K
C
S
fH
Ss
Co
Kw
4b
4d
4g
4h
4k
4m

Zur Überordnung *Ericanae* können zusammengefaßt werden die Ordnungen *Ericales, Ebenales* und *Primulales.*

## Ordnung Ericales (=Bicornes) Tfl. 27

Innerhalb der *Ericales* vollzieht sich der Übergang von freien zu verwachsenen Kronblättern. Daher wird die Ordnung am Anfang der *„Sympetalae"* aufgeführt. Ableitung wohl von *Guttiferales* oder *Celastrales.*

**Blütenbauplan.** Blüten zwittrig, strahlig, selten schwach zygomorph, durch alle 5 Kreise 5, seltener 4gliedrig, meist obdiplostemon. Kronblätter meist vereint, seltener frei, Staubblätter unmittelbar auf der Blütenachse befestigt und gewöhnlich von den Kronblättern ganz frei. Ein ober- bis unterständiger, einzelner Fruchtknoten mit einem ungeteilten Griffel. Fruchtknoten mehrfächerig mit zentraler Plazenta, die stark in die Fächer vorspringt und viele Samenanlagen trägt. Staubbeutel haben oft 2 hornförmige Anhängsel (Name Bicornes) und öffnen sich meist mit 2 Löchern. Staubkörner bei den meisten in Vierergruppen (Tetraden) vereinigt. Blüten rot oder weiß, aber geruchlos.

**Blütenbauplan der Wintergrüngewächse, Pyrolaceae** 1-2e. Kronblätter untereinander noch frei. Die Staubblätter öffnen sich mit Gipfelporen (1c) oder einer gemeinsamen Querplatte. An dickfleischiger Plazenta (2d, 2e) sitzen sehr kleine Samen mit äußerst einfachem, wenigzelligem Keim, der weder Keimblätter noch ausgeprägten Stengel- und Wurzelteil hat.

Gttg. **Wintergrün,** *Pyrola,* 1-1e. Blüten zwitterig, strahlig oder schwach zygomorph. Fruchtknoten oberständig (1b, 1c). Kronblätter 5, noch frei, kugelig zusammengeneigt. Staubblätter mit oder ohne Hörner, durch Gipfelporen sich öffnend (1b, 1c). Fruchtknoten 5fächerig, mit dicker, zentraler Plazenta (1d). 5höckerige Narbenscheibe (1b, 1c). Kapsel mit 5 tiefen Einschnürungen (1d), vom Grunde her in der Mitte der Fächer aufspringend (1d, 1e), fachspaltig. – **Fichtenspargel,** *Monotropa hypopitys* 2-2e. Blüten in Trauben. Gipfelblüte 5-, Seitenblüten 4zählig (2,2a). Kelchblätter fehlend, durch Hochblätter ersetzt (2a). Hochblätter braun, kelchblattartig, Kronblätter an der Basis ausgesackt. Antheren öffnen sich mit halbringförmigem Querspalt. Fruchtknoten unvollkommen 4-5fächerig (2), am Grunde mit 8 (10) Diskusdrüsen (2b). Frucht mit 2 ungleichen Klappen aufspringend. Samen sehr klein, spindelförmig, an beiden Enden lang ausgezogene Schale (2e).

**Fam. Heidekrautgewächse, Ericaceae** 3-5f

Unterfam.: **Heidekräuter,** *Ericoideae* 3-3e
Blüte 4zählig (3). Kronblätter vereint (3, 3a), nach dem Blühen trockenhäutig, bleibend. Staubblätter mit Endporen aufspringend; häufig schwanzförmige Anhängsel an der Rückenseite des Konnektivs (3c). Septicide oder loculicide Kapsel (3d, 3e). Same rundlich, ungeflügelt (3e). Gttgn.: *Calluna, Erica.*

Unterfam. **Heidelbeergruppe,** *Vaccinioideae* 4-4f
Blüte 4- oder 5zählig. Kronblätter vereint (4a, 4c). Kelch mit dem ± unterständigen Fruchtknoten verwachsen (4a, 4c). Staubbeutel mit 2 Hörnern (4d). Frucht eine Beere (4e) oder Steinbeere, selten kapselartig. **Heidelbeere,** *Vaccinium myrtillus;* **Preißelbeere,** *V.vitis-idaea;* **Moosbeere,** *V.oxycoccus;* **Rausch- oder Trunkelbeere,** *V.uliginosum.*

Unterfam. *Arbutoideae*
Kronblätter 4-5, verwachsen. Staubblätter 8-10, mit oder ohne Anhängsel. Fruchtknoten oberständig, 2-10fächerig, loculicide Kapsel oder 4-10samige beerenartige Steinfrucht, oder wenig- bis vielsamige Beere. Gttg. *Andromeda.* **Rosmarinheide,** *A.polifolia,* auf Hochmooren.

Unterfam. **Alpenrosen,** *Rhododendroideae* 5-5f
Blüten meist 5zählig (5). Kronblätter 3-8, frei oder verwachsen (5a, 5b), nach dem Blühen abfallend. Staubblätter 4-14, mit aufrechten oder langangewachsenen Antheren ohne Anhängsel, an der Spitze mit 2 Löchern sich öffnend (5c). Fruchtknoten oberständig (5b), 2-20fächerig. Septicide Kapsel (5e). – Gttgn. *Rhododendron, Azalea, Ledum,* **Sumpfporst,** *L. palustre;* in Mooren, enthält verschiedene Glycoside. In verwandtschaftlicher Beziehung zu den Heidekrautgewächsen steht der Zwergstrauch **Krähen- oder Rauschbeere,** *Empetrum nigrum.*

**Fam. Krähenbeerengewächse, Empetraceae** 6-6e

**Krähenbeere,** *Empetrum* 6-6c. Blüten unscheinbar, einzeln; unterhalb der Blüte einige dachig sich deckende Hochblätter (Hb in 6a, 6b). Blüten regelmäßig (6), meist 2häusig, mit ± verkümmerten Resten des fehlenden Geschlechts, seltener 1häusig oder zwitterig (6b). Kelch und Krone getrennt 3blättrig (6). Kronblätter blaßrot bis dunkelpurpurn, selten weiß. Staubblätter 3, dunkelpurpurn, mit Längsspalten sich öffnend. Fruchtknoten oberständig (6b) 6-9fächerig (6), mit ebensovielen Narbenstrahlen (6b, 6c). Frucht eine schwarzglänzende, kugelige Steinbeere mit 6-9 1samigen Steinkernen (6d, 6e).

**Tafel 27** – 1 Rundblättriges Wintergrün, Pyrola rotundifolia, Blütengrundriß. 1a Einblütiges Wintergrün, P.uniflora, Blüte von oben. 1b Blüte noch geschlossen, längs geöffnet. 1c Blüte stäubend längs geschnitten. 1d Kleinblütiges Wintergrün, P.minor, Frucht quer. 1e Reife Kapsel aufspringend. – 2 Fichtenspargel, Monotropa hypopitys, Grundriß einer vollzähligen Seitenblüte. 2a Blüte mit Deckblatt T. 2b Blüte längs. 2c Frucht. 2d Frucht längs geöffnet. 2e Same. – 3 Schneeheide, Erica carnea, Blütengrundriß. 3a Besenheide, Calluna vulgaris, Blüte. 3b Blüte längs. 3c Stempel längs und 2 stäubende Antheren. 3d Frucht quer. 3e Frucht, aufgesprungene Kapsel. – 4 Preißelbeere, Vaccinium vitis-idaea, Blütengrundriß. 4a Blüte. 4b Staubblatt. 4c Heidelbeere, V.myrtillus, Blüte längs. 4d Staubblatt. 4e Preißelbeere, reife Frucht, Beere. 4f Frucht quer. – 5 Alpenrose, Rhododendron, Blütengrundriß. 5a Blüte. 5b Rostblättrige Alpenrose, R.ferrugineum, Blüte längs. 5c Anthere. 5d Behaarte A., R.hirsutum, Stempel. 5e Rostblättrige A., aufgesprungene Kapsel. 5f Same. – 6 Schwarze Krähenbeere, Empetrum nigrum, Blütengrundriß. 6a Männliche Blüte. 6b Zwitterblüte. 6c Fruchtknoten mit Narbe. 6d Steinfrucht längs. 6e Steinkern (Same) längs.

Ak Außenkelch. C Krone. di Diskusdrüse. E Embryo. Ed Endokarp. En Endosperm. Ep Epidermis. Hb Hochblatt. Ho Honigdrüse. K Kelch. Mk Mesokarp. N Narbe. S Same. Sa Samenanlage. T Tragblatt. V Vorblatt.

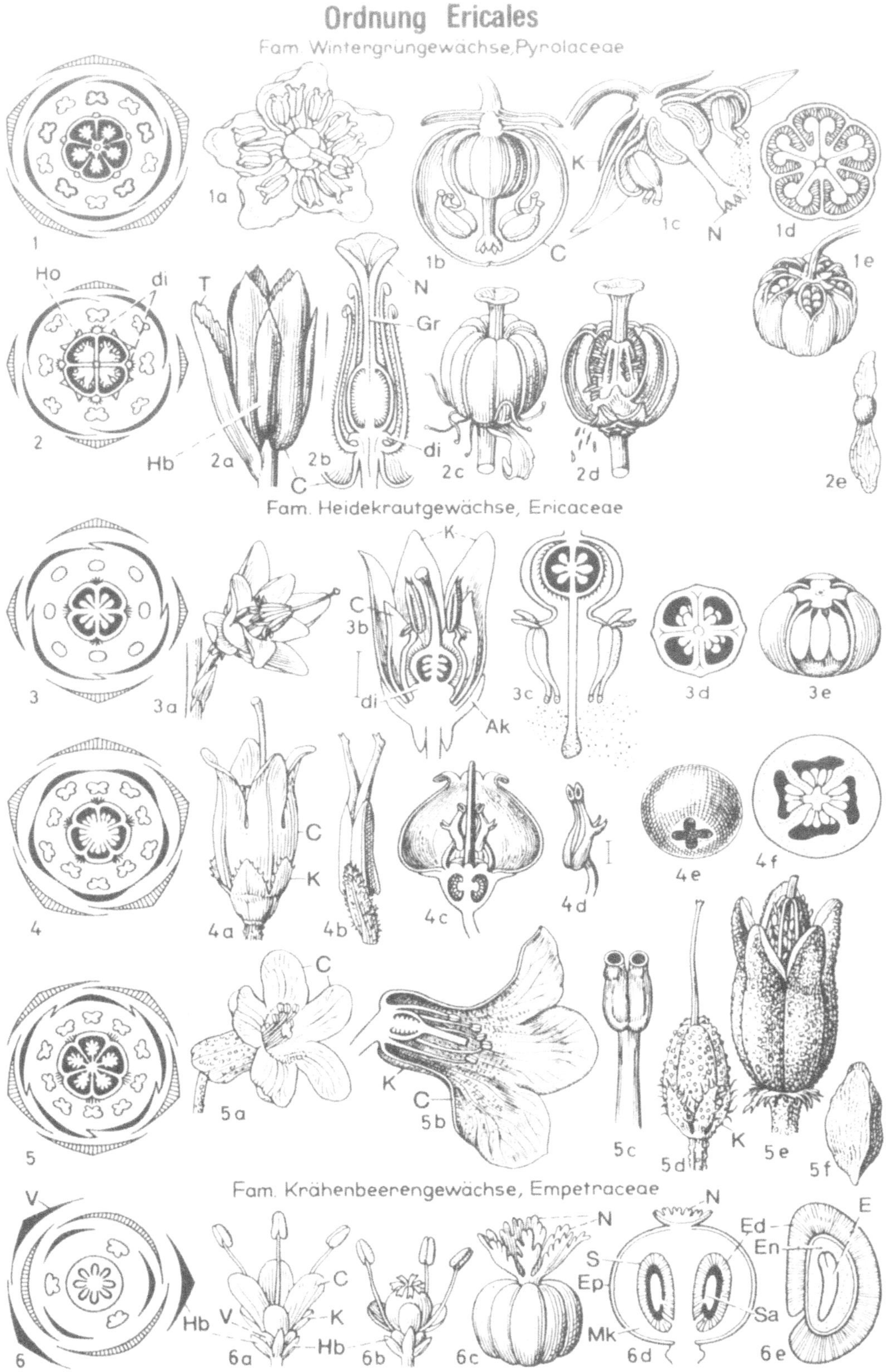
Ordnung Ericales
Fam. Wintergrüngewächse, Pyrolaceae
1
1a
1b
K
C
1c
N
1d
1e
Ho
di
2
T
Hb
2a
C
2b
N
Gr
di
2c
2d
2e
Fam. Heidekrautgewächse, Ericaceae
3
3a
K
C
3b
di
Ak
3c
3d
3e
4
4a
C
K
4b
4c
4d
4e
4f
5
C
5a
K
C
5b
5c
5d
K
5e
5f
Fam. Krähenbeerengewächse, Empetraceae
V
Hb
6
C
V
K
Hb
6a
6b
N
6c
N
S
Ep
Mk
6d
Sa
Ed
En
E
6e

## Ordnung Primulales Tfl. 28

### Familie Schlüsselblumengewächse, Primulaceae

**Blütenbauplan.** Blüten zwittrig, strahlig, fast immer 5zählig, selten 4zählig, Kelch verwachsenblättrig, meist 5spaltig, seltener 5teilig, bleibend. Form der Krone verschieden. Kronblätter selten fast frei, meist zu einer kürzeren oder längeren Röhre vereint, mit 5lappigem Saum, seltener glockenförmig oder mit zurückgeschlagenen Zipfeln. Staubblätter 5, vor den Kronblättern stehend; Unterdrückung der Kelchstaubblätter ist hier durchgeführt: In den allermeisten Fällen keine Spur derselben vorhanden, aber bei gewissen Arten oder Gattungen *(Lysimachia thyrsiflora, Soldanella* usw.) finden sich noch einige kleine Körper anstelle der unterdrückten Staubblätter: Staminodiale Bildungen, die als Reste des anderen Staubblattkreises aufzufassen sind; oder es sind die diese versorgenden Gefäßbündel noch erhalten; deshalb doch zu den Pentacyclicae gezählt. Fruchtknoten oberständig, pentamer, 1fächerig, mit zentraler, frei aufsteigender Plazenta. Noch 2 Integumente. Griffel 1, meist fadenförmig, mit kopfförmiger Narbe. Samenanlagen viele bis wenige. Kapsel 5zähnig oder -klappig, selten durch Querriß mit Dekkel sich öffnend. Samen zusammengedrückt, kantig. Embryo klein, gerade, mitten im fleischigen Endosperm liegend. Blütenformel * K5 C5 A0+5 $G\underline{5}$ (Ausn. *Trientalis,* Blüten meist 7zählig und *Centunculus* 4zählig). *Lysimachia thyrsiflora* hat oft 6 Staubgefäße.

– Verwandt mit den *Caryophyllales,* an die sich die *Primulales* anschließen lassen.

*Primuleae (Androsaceae) Formel * K(5)* [C(5)A5] $G(\underline{5})$. 1-3a. Krone mit dachiger Knospenlage und deutlich ausgebildeter Röhre. –*Primula,* **Himmelsschlüssel** 1-1d). Eine unten röhrenförmige Krone mit tellerförmigem oder trichterförmigem Rand. Kapsel öffnet sich an der Spitze mit Zähnen (1d). Blüten bei mehreren Arten heterostyl, d.h. lang- oder kurzgriffelig (1b,1c). – Nahe verwandt **Mannsschild,** *Androsace*-Arten (2,2a). Meist alpin, vielfach lockerrasige Polster bis Kugelpolster bildend. Eiförmig-krugförmige Kronröhre und mit Schuppen im Schlunde, die mit den Kronzipfeln abwechseln. – **Alpenglöckchen,** *Soldanella* 3, 3a. Krone trichterförmig, violett mit vielzipfeligem Saum, meist Schlundschuppen. Deckelkapsel. *Cyclamineae* 4-4c. Krone mit gedrehter Knospenlage, kurzer Röhre und stark zurückgeschlagenen Kronlappen. Einzelne, langgestielte Blüten, radförmige Krone. Kapselstiel rollt sich schraubenförmig zusammen. Honigblumen. *Lysimachieae* 5-7b. Krone mit gedrehter Knospenlage und sehr kurzer oder fast fehlender Röhre. Aufrechter **Gilbweiderich,** *Lysimachia thyrsiflora.* Kelch bis zum Grunde gespalten, mit 5 (bis 7) Zipfeln. Anstelle der 5 (bis 7) Kelchstaubblätter finden sich noch kleine Körper (Schuppen, Zähne). Fruchtknoten oberständig, mit zentraler Plazenta. Kapsel 5 (bis 7)lappig. – **Siebenstern,** *Trientalis europaea* (6-6c). Blüte meist 7zählig. Krone weiß; Kronblätter lanzettlich, flach ausgebreitet. – **Gauchheil,** *Anagallis arvensis* (7-7b). Blüten einzeln, achselständig, gestielt, strahlig, zwittrig. Kelch tief 5teilig. Krone strahlig, mit 5teiligem Saum, mennigrot, selten blau. Staubgefäße 5, vor den Kronenlappen stehend. Frucht eine kugelige, mit halbkugeligem Deckel aufspringende, vielsamige Kapsel.

**Tafel 28** – Primuleae: Schlüsselblume, Primula. 1 Schaftlose Schl. P.vulgaris, Blütengrundriß. 1a Duftende Sch., P.officinalis ssp. veris, Blüte. 1b Hohe Sch., P.elatior, langgriffelige Blüte längs. 1c Kurzgriffelige Blüte längs. 1d Duftende Sch., reife Frucht aufgesprungen; ohne Kelch. – 2 Nordischer Mannsschild, Androsace septentrionalis, Blüte. 2a Zwerg-Mannsschild, A.chamaejasme, Blüte längs. – 3 Kleine Alpen-Troddelblume, Soldanella pusilla, Blüte von oben. 3a Alpen-T., S.alpina, Blüte längs. – Cyclamineae: Alpenveilchen, Cyclamen. 4 C.persicum, eine westasiatische Art. 4a Blüte längs. 4b Alpenveilchen, C.europaeum, Frucht quer. 4c Frucht aufgesprungen. – Lysimachieae: 5 Aufrechter Gilbweiderich, Lysimachia thyrsiflora, Blütengrundriß. 5a ♂ Stadium bei voller Entfaltung der Blüte. 5b Samenköpfchen. 5c Pfennigkraut, L.vulgaris, Kapsel mit Kelch. – 6 Europäischer Siebenstern, Trientalis europaea, Blüte von oben. 6a Blüte ohne Krone und Staubblätter. 6b Reife Kapsel. 6c Kapsel längs. – 7 Acker-Gauchheil, Anagallis arvensis, Blüte von oben. 7a Blüte längs. 7b Aufgesprungene Kapsel.

C Blumenkrone. K Kelch. N Narbe. Sa Samenanlagen.

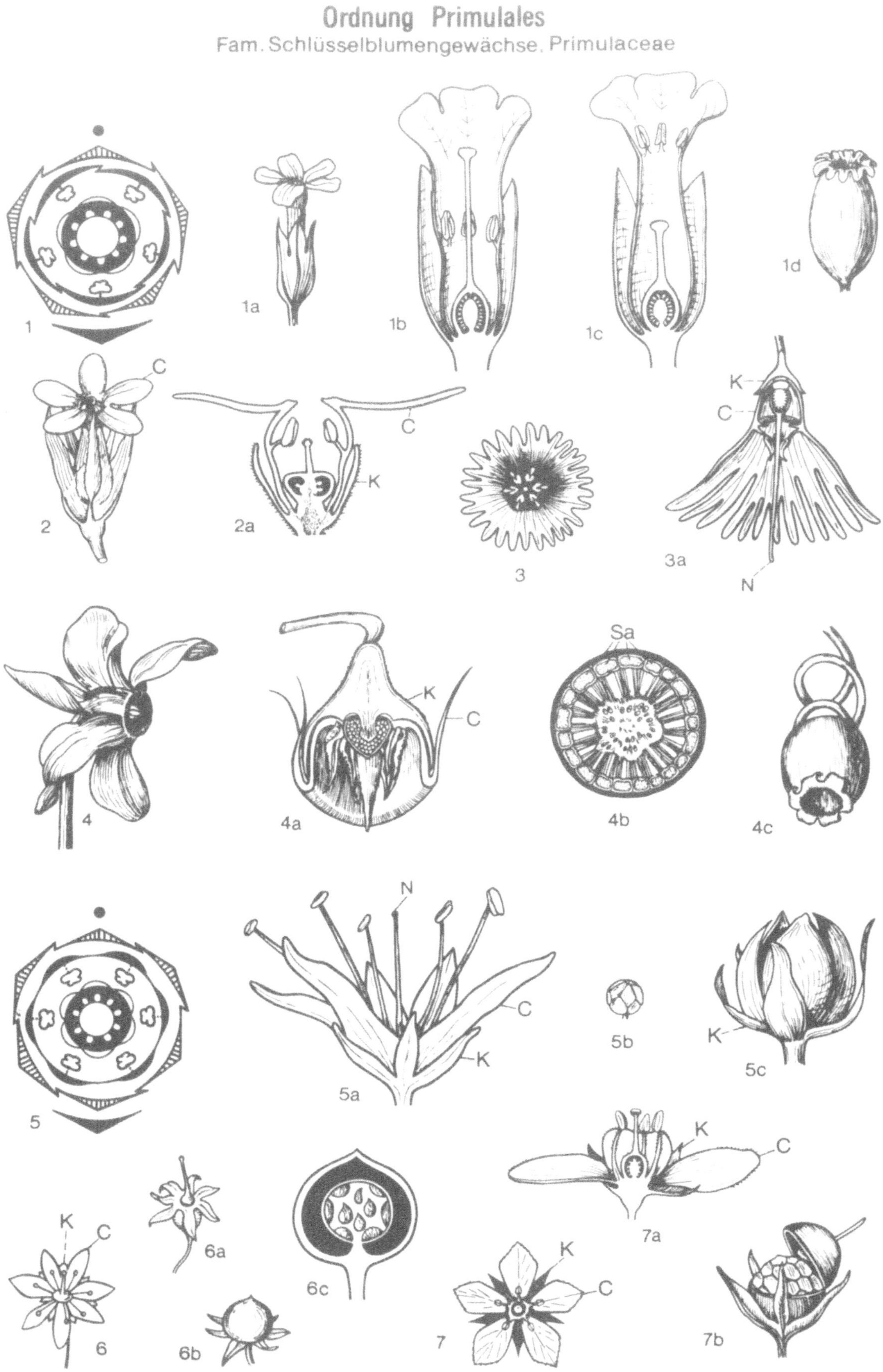
Ordnung Primulales
Fam. Schlüsselblumengewächse, Primulaceae
1
1a
1b
1c
1d
2
C
2a
C
K
3
3a
K
C
N
4
4a
K
C
4b
Sa
4c
5
5a
N
C
K
5b
5c
K
6
K
C
6a
6b
6c
7
K
C
7a
K
C
7b

## 5. Unterklasse Caryophyllidae

Radiäre und meist 3- oder 5zählige, fast immer zyklische Blüten mit doppelter oder einfacher Blütenhülle. Umwandlung von mehrblättrigen, ± frei- und verwachsenblättrigen, zu meist 1fächerigen Gynoeceen mit zentraler Plazenta und Rückbildung von ursprünglich zahlreichen auf eine einzige basale Samenanlage. Diese oft krummläufig, mit 2 Integumenten und vielfach mit Perisperm. Androeceum ursprünglich diplostemon, d.h. 2 Wirtel Staubblätter in regelmäßiger Abwechslung zu Krone und Gynoeceum. Zentrifugales Dédoublement bei sekundär polyandrischen Gruppen wie *Dilleniidae,* aber doch größere Neigung zur Rückbildung auf 1 Staubblattkreis.

### Ordnung Caryophyllales (=Centrospermae) Tfl. 29

Da vereinzelt noch ± freie Fruchtblätter und häufig noch zahlreiche Samenanlagen auftreten, soll diese Ordnung an den Anfang gestellt werden.

**Blütenbauplan.**
Das Androeceum ursprünglich offenbar 2kreisig; es kann aber durch zentrifugales Dédoublement stark vermehrt werden, manchmal aber auch auf 1 Kreis reduziert sein. Kennzeichnend ist der Übergang von ± chorikarpen zu synkarpen und infolge Scheidewandreduktion zu 1fächerigen (parakarpen) Gynoeceen mit zentraler Plazentation, zuerst noch mit zahlreichen, dann aber nur noch mit einer einzigen basalen Samenanlage. Blüten radiär, mit einfacher oder doppelter Hülle, meist 5zählig. Das Hauptmerkmal der Ord. ist die Plazentation und Samenstellung. Fruchtknoten meist aus 2-5 verwachsenen Fruchtblättern gebildet, aber infolge Rückbildung der Scheidewände 1fächerig oder höchstens noch am Grunde gefächert (1,1a,1d,2d). Die Samenanlagen nehmen am Grunde des Fruchtknotens eine zentrale Stelle ein; daher der frühere Name der Ordnung. *Kampylotrope* Samenanlagen (3d, 5e) und demzufolge Samen mit einem gekrümmten Keim, der um ein mehliges Perisperm Pp gelagert ist (Tfl. 29/4e u.Tfl. 30/1g, 6f, 7e). Perisperm als alleiniges Nährgewebe. Wir beobachten auf Tfl. 29 in der Richtung von oben nach unten eine zunehmende Vereinfachung im Blütenbau. Diese wird durch Rückbildung und Ausfall von Blütenteilen erreicht. Betroffen davon werden alle Kreise der Blüte mit Ausnahme des Kelches. Bei *Viscaria* beobachten wir das Schwinden der Scheidewände im Fruchtknoten (1, 1a). Diese sind bei einigen Gattungen (**Pechnelke**) nur noch im unteren Teil des Fruchtknotens (1) vorhanden. Außerdem besteht die Tendenz zur Verminderung der Karpellzahl. **Leimkraut**, *Silene* (2) und **Mieren** (4) haben nur noch 3 Karpelle. *Dianthus* (3) sowie die **Knaulgruppe** (5) haben nur noch 2 Karpelle. Die Reduktion kann sogar auf die Krone übergreifen, sodaß Blüten mit 1 nur vom Kelch gebildeten Perianth entstehen, wie dies bei den *Chenopodiaceen* und *Amaranthaceen* die Regel ist. Die Staubblattzahl bei der **Vogelmiere** unterliegt größeren Schwankungen. Das Diagramm ihrer vollkommensten Blüte, d.h. mit 10 Staubblättern, stimmt mit dem Diagramm von *Silene* (Tfl. 29/2) völlig überein. Bei der **Vogelmiere** können in seltenen Fällen die Kronblätter ganz fehlen. In solchen Variationen ist verwirklicht, was bei *Scleranthus* und *Paronychia* Artcharakter ist (Tfl. 29/5). Hier können wir also annehmen, daß deren Blüten durch Reduktion aus vollkommeneren Blüten, wie sie z.B. bei *Silene* vorliegen, hervorgegangen sind.

**Familie Nelkengewächse, Caryophyllaceae 1-5f**

**Blütenbauplan**
Blüten strahlig, zwittrig, manchmal auch 1geschlechtig (1f, 1g). Kelch bleibend, 5zählig. Blumenkrone freiblättrig, 5- (selten 4-)zählig (1b, 2a, 3a, 4a). Die vollständige typische Blüte hat die Formel * K(5) C5 A5+5 G(5) (1). Charakteristisch ist die als Säulchen frei in der Mitte des Fruchtknotens stehende Plazenta mit vielen an ihr befestigten Samenanlagen (Tfl. 29/1c, 1f, 2b, 2c, 3b, 3e, 4c, 5b): Zentrale Plazentation. Ihre Entstehung aus einem 5fächerigen, synkarpen Fruchtknoten mit zentralwinkelständigen Plazenten (Tfl. 29/1, 1d) läßt sich noch gut nachweisen. (Siehe oben!). Es entsteht aus dem synkarpen Fruchtknoten mit zentralwinkelständiger Plazenta durch ontogenetischen Schwund der Scheidewände (1a) eine zentrale Plazentarsäule. Meist sind 2 mal 5 Staubblätter vorhanden. Bisweilen nur 1 Staubblattkreis (4, 5), oder auch der Kronblattkreis ist unterdrückt (5, 5a, 5c); oder Reduktion bis auf 1 Staubblatt: *Scleranthus biflorus.* In den vereinfachten Blüten ist auch die Zahl der Samenanlagen häufig bis auf 1 verringert, und an die Stelle der Kapseln treten dann 1samige Nüsse *(Scleranthus, Herniaria 5f).*

**A. Nelkengruppe,** *Silenoideae* 1-3e
Kelchblätter zur Kelchröhre verwachsen. Kronblätter benagelt, d.h. sie haben einen schmalen, in den Kelch eingeschlossenen Abschnitt und eine davon senkrecht abgehende breitere Platte; häufig vom Grunde der Platte ein 2-oder mehrspaltiger Auswuchs, die Schlundschuppen, zusammen die sog. Nebenkrone NC oder

**Tafel 29** — 1 Pechnelke, Viscaria vulgaris, Fruchtknoten quer, am Grunde 5fächerig. 1a Kapsel quer, im oberen Teil unvollkommen 5fächerig. 1b Blüte. 1c Blüte längs. 1d Unterer Teil des Fruchtknotens quer; 1 u.1a zeigen den Schwund der Scheidewände. 1e Samenkapsel im geöffneten Kelch. 1f Taglichtnelke, Melandrium album, ♀ Blüte längs. 1g ♂ Blüte längs. — 2 Aufgeblasenes Leimkraut, Silene inflata, Blütengrundriß. 2a Blüte. 2b Nickendes Leimkraut, S.nutans, Blüte längs. 2c Kapsel geöffnet. 2d S.inflata, Kapsel, unterer Teil quer. 2e S.nutans, Blüte nachts. 2f Blüte am Tag. 2g Kronblatt, Staubgefäß, Fruchtknoten. — 3 Karthäuser Nelke, Dianthus carthusianorum, Blütengrundriß mit den 4 Involukralblättchen, Hochblattkelch Hk = Außenhülle oder Involukrum. 3a Blüte. 3b Blüte längs. 3c Kuhkraut, Vaccaria pyramidata, Fruchtknoten quer. 3d Unreife Samenknospe längs. 3e Kornrade, Agrostemma githago, Frucht längs. — 4 Vogelmiere, Stellaria media, Blütengrundriß. 4a Blüte. 4b Acker-Hornkraut, Cerastium arvense, Blüte längs. 4c St.media, Fruchtkapsel längs. 4d C.arvense, aufgesprungene Kapsel. 4e Same längs. — 5 Mauerraute, Paronychia, Blütengrundriß. 5a 1jähriger Knäuel, Scleranthus annuus, Blüte. 5b Blüte längs. 5c Frucht längs. 5d Illyrische Mauerraute, P.kapela, Blüte längs. 5e Kahles Bruchkraut, Herniaria glabra, Blüte längs. 5f Frucht.

E Embryo. HK Hochkelch, Hochblattkelch, Involukrum, auch Hüllblattkelch, Hüllbecher, Hüllkelch genannt. NC Nebenkrone. Ne Nektarium. Pp Perisperm. Sa Samenanlage. Schu Schuppe.

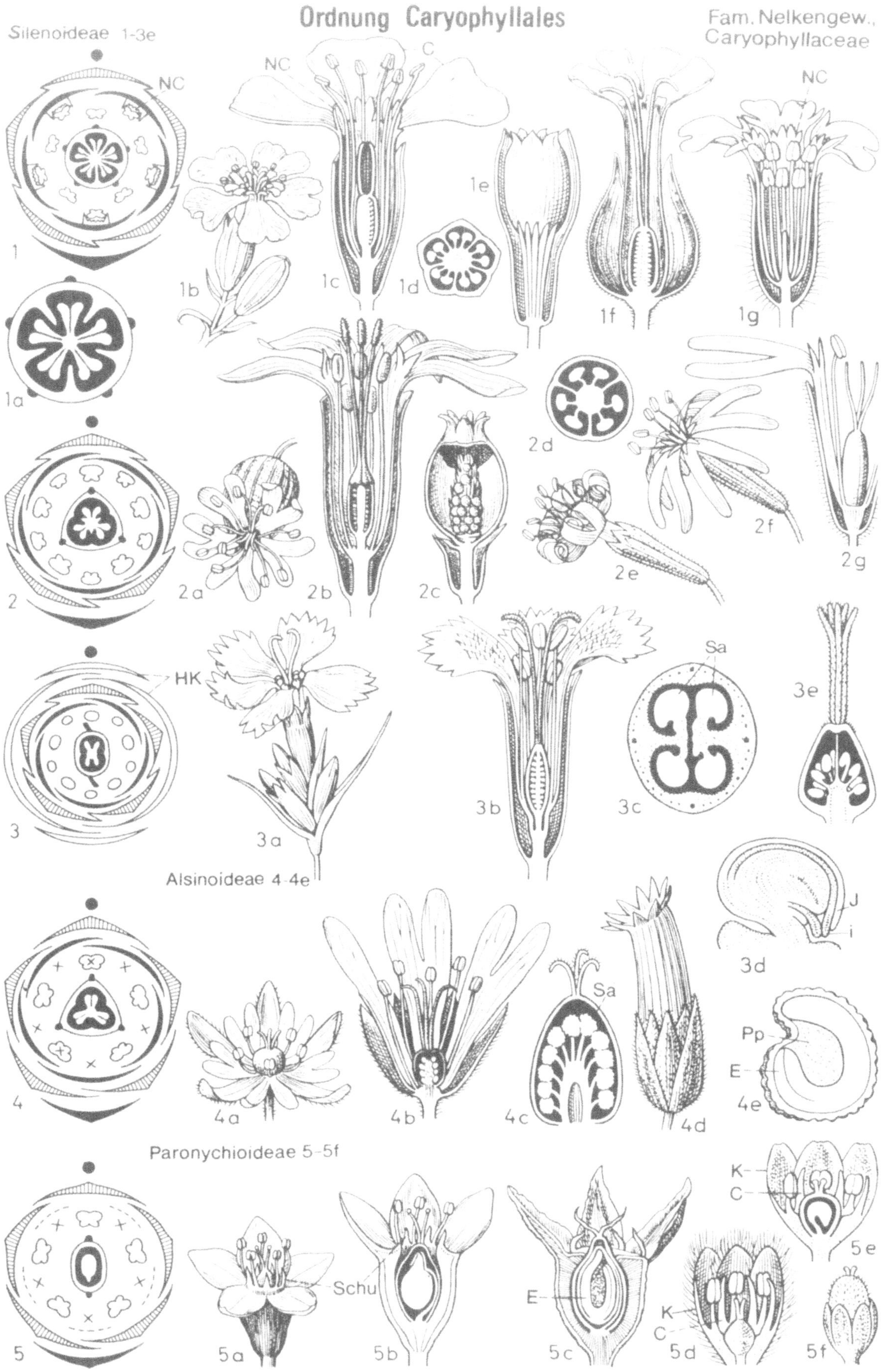
Ordnung Caryophyllales
Fam. Nelkengew., Caryophyllaceae
Silenoideae 1-3e
NC
C
1
1a
1b
1c
1d
1e
1f
1g
2
2a
2b
2c
2d
2e
2f
2g
HK
Sa
3
3a
3b
3c
3d
3e
J
i
Alsinoideae 4-4e
4
4a
4b
4c
4d
4e
Pp
E
Paronychioideae 5-5f
Schu
K
5
5a
5b
5c
5d
5e
5f

das Krönchen (Ligula) bildend (1c,1f,1g,2b,2g,3a). Kronblätter weiß oder rot. Oft ein verlängertes Internodium zwischen Kelch und Krone (1c,2b,3b). **Pechnelke,** *Viscaria vulgaris* 1-1e. 5 Rote Kronblätter, selten weiß. Staubblätter 10, davon 5 etwas länger. Das Androeceum zeigt eine Unregelmäßigkeit, die man als scheinbare Obdiplostemonie bezeichnet. Die Glieder des äußeren Staubblattkreises stehen nicht – wie es sonst die Regel ist – vor den Lücken der Kronblätter, sondern direkt vor diesen (1). Der innere Staubblattkreis dagegen wechselt wieder normal mit dem äußeren ab. – Griffel 5. Der Fruchtknoten der Nelkengewächse ist immer synkarp, wobei die Höhlung von den Fruchtblättern gemeinsam gebildet wird. Oft sind aber noch Reste der ehemaligen Scheidewände, besonders am Grunde der Fruchtknotenhöhlung, in Form von Schwielen oder Lamellen vorhanden, z.B. bei den *Silenoideae* (1a). Die Kapsel der **Pechnelke** hat am Grunde nur noch unvollkommene Scheidewände (1a). Die reife Frucht ist am Grunde nur noch unvollkommen 5fächerig. Der ontogenetische Schwund der Scheidewände führt zu einer zentralen Plazentarsäule. – **Taglichtnelke,** *Melandrium album* 1f, 1g. Blüten 2häusig. 1f ♀, 1g ♂ Blüte. Bei der **Roten Nachtnelke,** *Melandrium diurnum* (M.rubrum) ♂ Blüten mit 10 Staubblättern, von denen 5 kleiner sind. – **Aufgeblasenes Leimkraut,** *Silene inflata,* 2, 2a, 2d. Blüten vielehig=zweihäusig. Kapsel im unteren Teil 3fächerig (2d); 2 zeigt Querschnitt oberhalb der Fächerung. – **Nickendes Leimkraut,** *Silene nutans* 2b, 2c, 2e, 2f, 2g. Kronblätter schmutzigweiß. Blüte am Tag 2e, nachts 2f. Bestäubung durch Nachtfalter. – **Karthäuser-Nelke,** *Dianthus carthusianorum* 3-3b. Blüte mit 4 Hochblattkelchblättchen, Involukrum HK (3). 2zähliges Gynoeceum (3). Blüten in Büscheln (3a). Blüte variiert sehr stark. – **Kuhkraut,** *Vaccaria pyramidata* (3c). Fruchtknoten quer. Reste der ehemaligen Scheidewände am Grunde des Fruchtknotens in Form von Lamellen. 2 Fruchtblätter. – **Kornrade,** *Agrostemma githago* 3e. Unreife Frucht längs; oberer Abschnitt der Scheidewände verkümmert und als Rest noch vorhanden: Beweis, daß es sich bei den Nelkengewächsen um eine sekundäre oder falsche Zentralplazenta und nicht um „basiläre" Plazentation handelt.

**B. Mierengruppe,** *Alsinoideae* 4-4e.
Freie Kelchblätter, kurzgenagelt, sternförmig ausgebreitet (4a). **Vogelmiere,** *Stellaria media 4, 4a, 4c.* Sehr variabel. 5 Kelchblätter. Kronblätter schneeweiß, tief 2teilig, selten fehlend. Staubblätter meist 2-5, selten bis 10; häufig fallen die in 4 mit + bezeichneten Staubgefäße noch aus. Griffel 3 (4a). Kapsel mit zentraler Plazentation (4c). – **Acker-Hornkraut,** *Cerastium arvense* 4b, 4d, 4e. Blüten 5zählig. Kronblätter weiß, bis zur Mitte 2spaltig. Kelchblätter häutig berandet. Griffel 5. Kapsel (4d) 1fächerig, hornartig gekrümmt (Name), an der Spitze mit 10 Zähnchen aufspringend. Samen kugelig oder nierenförmig, körnig-warzig (4e). Keimling E fast ringförmig (4e); Pp Perisperm.

**C. Knaulgruppe,** *Paronychioideae* 5-5f. K5 A5 G2. Kelchblätter frei oder nur schwach verwachsen.
5 **Mauerraute,** *Paronychia,* Blütengrundriß. **Einjähriger Knäuel,** *Scleranthus annuus* (5a, 5b, 5c). Blüten grünlich, klein, zu end- und achselständigen Knäueln vereinigt. Kronblätter fehlen. Staubblätter meist 5. Kronstaubblätter fehlend oder rudimentär; können durch Schuppen (Schu) vertreten sein; auch einige Kelchstaubblätter können fehlen, mitunter bis auf 1 *(Scleranthus biflorus)* reduziert. Fruchtknoten halb unterständig (5b, 5c), 1fächerig (5), von der Kelchröhre eingeschlossen (5b, 5c). Frucht (5c) eine nicht aufspringende Schließfrucht, mit Kelch abfallend: 1samige Nuß. **Illyrische Mauerraute,** *Paronychia kapela* 5d. Kelchblätter 5. Kronblätter 5, borstlich, kürzer als der Kelch. Staubblätter 5, zusammen mit den Kronblättern dem Blütenbecher eingefügt. 1 Griffel, 2spaltig. Fruchtkapsel vom Kelch eingeschlossen, 1samig, nicht aufspringend: 1samige Nuß. – **Kahles Bruchkraut,** *Herniaria glabra* 5e, 5f. Blüten sehr klein, grün, 5zählig, in blattachselständigen Knäueln, von Tragblättchen gestützt. Kelchblätter 5, grün, eiförmig, stumpf, hautrandig, kahl. Kronblätter 5, sehr klein, gelbgrün, pfriemlich, kürzer als der Kelch. Staubblätter 5. Fruchtknoten dem Blütenboden fast eingesenkt, mit 2 kurzen Griffeln (5e). Frucht eiförmig, 1samig (5e), nicht aufspringend (5f), Nuß.

## Ordnung Caryophyllales Tfl. 30

### Familie Gänsefußgewächse

**Blütenbauplan**

Die bei den **Nelkengewächsen** beobachtete stufenweise zunehmende Vereinfachung der Blüte nimmt bei den **Gänsefußgewächsen** ihren Fortgang. Blüten meist nach der Fünfzahl gebaut. Die Blütenhülle P ist einfach und kelchartig. Das einfache Perigon ist nicht als ein ursprüngliches, sondern als ein abgeleitetes Merkmal aufzufassen. Bei den **Gänsefußgewächsen** geht die Vereinfachung noch weiter, indem auch der Rest des Perigons davon ergriffen wird, z.B. bei *Corispermum* (2-3a). Hier variiert die Zahl der Kelch- und Staubblätter nach den Arten. Öfter fehlen 2 Kelchblätter und zuweilen sogar 4. Bei *Corispermum marschallii* (3) schwindet dazu meist noch das Blütenhüllblättchen P, und es entsteht das Diagramm 3. Die Reduktion des Gynoeceums schreitet hier bis zum 2blättrigen Fruchtknoten fort mit einer einzigen, grundständigen, an kurzem Stiele hängenden, gekrümmten Samenanlage 5-6f. Diese Blüte wird nicht als primitive, sondern als reduzierte Form aufgefaßt, und zwar ergibt sich dies aus dem Vergleich mit den Nelkengewächsen.

**A. Gänsefußgruppe,** *Chenopodiae* 1-3b

**Blütenbauplan**
Blüten strahlig, klein und unansehnlich; Blütenhülle einfach, grün oder rötlich, 5-1blättrig, krautig oder häutig, nach dem Blühen stehenbleibend, oft sich vergrößernd, fleischig und hart werdend (1c). Staubblätter 5 oder weniger, den kelchartigen Perigonblättern P gegenüberstehend (1 u.2). Nirgends eine Andeutung von Krone und Kronstaubblättern. Fruchtknoten bis auf eine einzelne Ausnahme (Beta 1b, 1c) oberständig; 2-5blättrig, 1fächerig (1-7), mit einer einzigen, grundständigen Samenanlage und 2 (seltener 3-5) fadenförmigen oder pfriemlichen Narben. Frucht eine Nuß, bleibt von der Blütenhülle ganz oder teilweise eingeschlossen, nur 1 Samen enthaltend. Dieser meist nieren- oder linsenförmig (1g). Nährgewebe vom Keimling E ringförmig umgeben. Typische Blütenformel * P5 A5 G($\underline{2}$).

1 Diagramm von *Chenopodium album,* **Weißer Gänsefuß;** so bei den meisten Arten von *Chenopodium, Beta* u.a. Gattungen. Blüten zwittrig, selten durch Fehlschlagen weiblich, in knäueligen oder lockeren Wickeln (1a), die in Achseln von Laub- und Hochblättern stehen. Blütenhülle 5 (3-4)blättrig, frei, krautig. Staubblätter 5 oder weniger. Narben 2, (selten 3-5), fadenförmig oder pfriemlich.
Gttg. **Beta** mit 5 oder 6 veränderlichen Arten. Blütenformel bei typischer Ausbildung: *P5 A5 G($\underline{2}$). Blütenhülle abstehend, gelblich bis bleichgrün; 3 längliche Narben. *Beta vulgaris,* **Mangold, Runkelrübe, Zuckerrübe** 1a-1f. Unterschied von allen anderen Gattungen: Das zuletzt knorpelig werdende Perigon ist epigyn (1c). Blüte zwittrig, sitzend, je 2-4 zu Knäueln vereinigt, in einer langen, unterbrochenen Ähre sitzend (1a). Ein Knäuel (1e) fällt später als Ganzes ab, Blütenhülle 5teilig, am Grunde mit dem Fruchtknoten verbunden (1c). Blütenhüllblätter bei Fruchtreife erhärtend und die Frucht (1e) einschließend. Scheinfrucht. Staubblätter 5 (1-1b). Fruchtknoten halbunterständig (1c). Griffel kurz, mit 2 o.3 Narben (1b). Samenanlage kampylotrop (1d). Same kugelig-nierenförmig (1f). Keimling fast ringförmig um das Nährgewebe gekrümmt (1g).
Ysopblättriger **Wanzensame,** *Corispermum hyssopifolium* 2-2d. Blütenhüllblätter 1-3(5), hie und da verwachsen, sehr selten fehlend; zuweilen ungleich große unregelmäßig buchtig gezähnte, zur Fruchtzeit sich nicht verändernde Schüppchen (2, 2a), das nach hinten gewendete Hüllblatt größer. Staubblätter 5-2, meist ungleich lang. Perigon- und Staubblätter zuweilen in der 5zahl und in gewöhnlicher Orientierung, aber nach dem Deckblatt hin stark an Größe abnehmend (2, 2a); öfter jedoch fehlen die 2 vorderen Glieder (2a), und zuweilen auch die 2 mittleren, sodaß nur 1 nach hinten gekehrtes Perigonblatt nebst gegenüberstehendem Staubblatt vorhanden ist. – **Grauer Wanzensame,** *Corispermum marschallii* 3-3b. Blütenhüllblätter P 1-2 oder fehlend (3), sehr klein, oft eingeschnitten. Staubblätter 1-3. Früchte rundlich, am Rande breit geflügelt (3b), bei der Reife frei hervortretend, nackt abfallend, einer Wanze oder Schildlaus täuschend ähnlich (Name).

**B. Meldengruppe,** *Atriplicieae* 4-4c.

**Strandmelde,** *Atriplex litoralis* 4, weiblicher Blütengrundriß. Nach Eichler sind die weiblichen Blüten „auf einen median-dimeren Fruchtknoten reduziert, der jedoch, gleichsam zum Ersatz für das mangelnde Perigon, in 2 ansehnliche, bei der Reife sich noch vergrößernde Vorblätter V eingeschlossen ist."(4). – **Spieß-Melde,** *A.hastatum* 4a-4c. Blüten meist 1geschlechtig; männliche Blüte hat 4-5teiliges Perigon (4a); Fruchtknoten in männlichen Blüten verkümmert; weibliche Blüte meist ohne Blütenhülle (4b), mit 2 meist 3eckigen, bei der Fruchtreife stark vergrößerten, miteinander verwachsenen und oft erhärtenden Vorblättern V (4c); dazwischen ein von der Seite her zusammengedrückter Fruchtknoten mit 2 fadenförmigen Narben. Scheinfrucht mit den Vorblättern als Fruchthülle.

**C. Salzkrautgruppe,** *Salsoleae* 5-5b.

**Kali-Salzkraut,** *Salsola kali* 5. Blüten zwittrig, meist zu 1-2 blattwinkelständig. Vorblätter 2, wie das Tragblatt die Blüten überragend, häutig berandet. Blütenhüllblätter P 5 (seltener 4) eirund, oben dünnhäutig, die Frucht einschließend. Staubblätter 5. Narben 2-3, lang. Frucht 1samig. Samen fast kugelig, mit 1 Integument. Embryo spiralig eingerollt, zuweilen die Keimblätter nochmals für sich schneckenförmig eingerollt (5b).

**D. Glasschmalzgruppe,** *Salicornieae* 6-6f.

**Queller, Krautiges Glasschmalz,** *Salicornia herbacea* 6-6f. Blüten zwittrig, meist zu 3 (6b) in den Achseln der scheidenförmigen Deck- o. Tragblätter T, am Grunde etwas verwachsen und in Vertiefungen der Stengelglieder eingesenkt (6c). Mittelblüte steht höher als die 2 seitlichen, alle 3 ein Dreieck bildend (6b). Blütenhülle ungeteilt, sackförmig (6c). Staubblätter 1 oder 2 (6-6d).

## Fam. Fuchsschwanzgewächse, Amaranthaceae
7-7f

Die Blüten der **Amaranthaceen** (7) haben denselben Grundplan wie die *Chenopodiaceen* (30/1) und wie die am meisten reduzierten *Caryophyllaceen.* Geruchlose, unscheinbare Blüten bilden dichte, häufig knäuelige Einzelblütenstände, die zu kopfförmigen oder verlängerten Ähren zusammengesetzt sind.
**Garten-Fuchsschwanz,** *Amaranthus caudatus.* Blüten klein, unscheinbar, radiär, weißlich-grünlich, gelb oder rot; ♀ o.selten ♂♀, polygam o.diözisch; 2 große Vorblätter V von derselben Beschaffenheit wie die Blütenhülle, das Perigon P (7b, 7c). Dieses ist einfach, aus 3-5 meist trockenhäutigen, oft lebhaft gefärbten Perigonblättern bestehend. Staubblätter soviele als Perigonblätter (7b). Fruchtknoten oberständig (7d), 2-3 blättrig, 1fächerig (7e), mit meist 1, selten mehreren grundständigen, aufrechten, umgewendeten Samenanlagen (7e). Frucht 1samig (7e), eiförmig, trockenhäutig, eine geschlossenbleibende Nuß oder eine durch Querriß sich öffnende Kapsel (7f). Keim E der Samenschale anliegend, das mehlige Nährgewebe ringförmig umgebend (7e). ♂ Blüten zuweilen mit Fruchtknotenrudiment rFr (7c).

## Weitere Familien der Caryophyllales

**Fam.Phytolaccaceae. Kermesbeere,** *Phytolacca americana* (NAm.). Fam. in unserer heimischen Flora nicht vertreten. Trauben oder Ähren. Blüten strahlig, zwittrig. Perianth einfach, kelchartig oder gefärbt, 4-5blättrig. Gewöhnlich eine Beere. Keim immer gekrümmt.

**Fam.Portulakgewächse,** *Portulacaceae.* Blüten regelmäßig (bei *Montia* schwach zygomorph), zwittrig, wenig auffällig. Perianth einfach, oft korollinisch, meist 4-5blättrig. Frucht eine fachspaltige oder mit Deckel aufspringende Kapsel. Keim gekrümmt, oft fast gerade.

**Gelber Portulak,** *Portulaca oleracea.* 5 gelbe Kronblätter; 2 dem Perianth genäherte kelchähnliche Hochblätter.

**Fam. Wunderblumengewächse,** *Nyctaginaceae.* Trugdolden. Am Grunde der Blüten bilden Hochblätter oft kelchartige Hüllen. Einfaches Perianth, korollinisch oder unscheinbar. 1fächeriger Fruchtknoten mit 1 grundständigen Samenanlage. Schließfrucht. — **Wunderblume,** *Mirabilis jalapa.* Kraut. Große Blüten, nachts geöffnet. Zierpflanze; Vererbungsversuche.

Den *Caryophyllales* verwandt:

**Fam. Kaktusgewächse,** *Cactaceae.* Fast ausschließlich in Amerika (besonders Mexiko, Peru u.Süden der USA). Spiralig an röhriger Blütenachse sitzen viele Perianthblätter, die allmählich in zahlreiche Kronblätter übergehen. Staubblätter zahlreich,spiralig. Viele Fruchtblätter verwachsen zu unterständigem Fruchtknoten; dieser ist 1fächerig, mit vielen umgewendeten Samenanlagen, die an langen, gekrümmten Nabelsträngen sitzen und sich auf eine zentrale Plazenta zurückführen lassen. Frucht eine fleischige Beere. — Die *Cactaceae* werden von manchen zu einer eigenen Ord. erhoben.

**Tafel 30** — 1 Weißer Gänsefuß, Chenopodium album, Blütengrundriß. 1a Runkelrübe, Beta vulgaris, Blütenstand. 1b Blüte. 1c Blüte längs. 1d Samenanlage. 1e Knäuel von reifen Früchten, gewöhnlich „Same" genannt. 1f Same. 1g Same längs. — 2 Ysopblättriger Wanzensame, Corispermum hyssopifolium, Blütengrundriß nach Eichler „im (ziemlich seltenen) Falle der Vollzähligkeit." 2a Blüte. 2b Fruchtknoten längs. 2c Frucht. 2d Frucht längs.-3 Grauer Wanzensame, C.marschallii, Blütengrundriß. 3a Blüte. 3b Frucht. — 4 Strand-Melde, Atriplex litoralis, ♀ Blütengrundriß. 4a Spießblättrige Melde, A.hastata, ♂ Blüte. 4b ♀ Blüte. 4c Frucht mit den beiden ausgebreiteten Vorblättern. — 5 Salzkraut, Salsola kali, Blüte, 2 Perigonblätter entfernt. 5a Blüte längs. 5b Embryo, etwas auseinandergezogen. — 6 Glasschmalz, Queller, Salicornia europaea, diandrisch. 6a monandrisch. 6b Blütensproß. 6c Blütensproß längs. 6d Fruchtknoten mit Narbe längs. 6e Same. 6f Same längs. — 7 Weißer Fuchsschwanz, Amaranthus albus, Grundriß einer Blüte, bei der die 2 innersten Blütenhüllblätter reduziert und die ihnen gegenüberstehenden Staubblätter unterdrückt sind; nicht selten (7a) fehlt beides zugleich. Man beachte die doppelte Karpellstellung, wie sie auch bei den Chenopodiaceen vorkommt. — 7b Grüner Fuchsschwanz, A.viridis, ♂ Blüte mit Vorblättern V. 7c Zurückgekrümmter Fuchsschwanz, A.retroflexus, ♂ Blüte längs. Reduzierter Fruchtknoten rFr. 7d ♀ Blüte mit Vorblättern V. 7e Fruchtknoten längs. 7f Aufgesprungene Fruchtkapsel.

E Embryo. Pp Perisperm. P Perigon. rFr reduzierter Fruchtknoten. St Staubblatt. T Deck- oder Tragblatt. V Vorblatt.

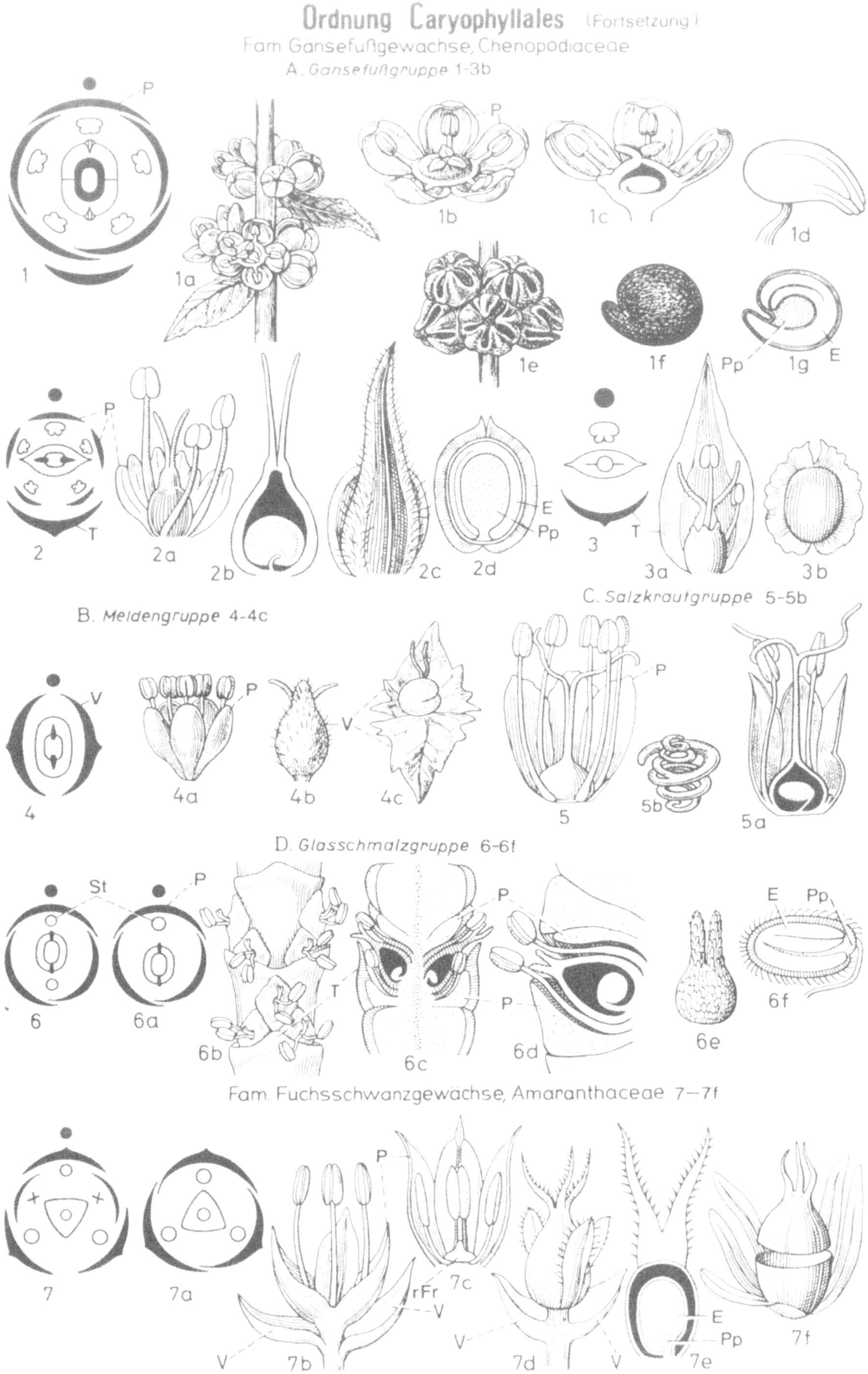
Ordnung Caryophyllales (Fortsetzung)
Fam. Gänsefußgewächse, Chenopodiaceae
A. Gänsefußgruppe 1-3b
P
1
1a
1b
1c
1d
1e
1f
Pp
1g
E
P
T
2
2a
2b
2c
2d
E
Pp
3
T
3a
3b
C. Salzkrautgruppe 5-5b
B. Meldengruppe 4-4c
V
P
V
4
4a
4b
4c
P
5
5b
5a
D. Glasschmalzgruppe 6-6f
St
P
P
T
P
E
Pp
6
6a
6b
6c
6d
6e
6f
Fam. Fuchsschwanzgewächse, Amaranthaceae 7–7f
P
7
7a
7c
rFr
V
V
7b
V
7d
V
E
Pp
7e
7f

## Ordnung Polygonales Tfl. 31

**Blütenbauplan.** Blüte klein, strahlig, zwittrig oder 1geschlechtig. 5-6 freie Blütenhüll- o.Perigonblätter, Androeceum mit 2 Dreierwirteln; im äußeren Wirtel kann Verdoppelung eintreten, ferner können einzelne Glieder ganz fehlen (2 u.3); deshalb Schwankung zwischen 6 (2) und 9 (1) Staubblättern. 1 oberständiger Fruchtknoten, z.T. mit Diskusgebilden (1b, 3a, 3b/di) umgeben, mit meist 3 Fruchtblättern, 1 Fach, 1 grundständigen, aufrechten Samenanlage (1b) und 2-3 freien Griffeln (1,2,3,1b,2a,2d,3a,3b). Frucht eine 2-3kantige Nuß. Samen mit mehligem Endosperm (3e); Keimling gerade oder gekrümmt, seltener gefaltete Keimblätter. Systematische Stellung recht isoliert; verwandtschaftliche Beziehungen zu den *Urticales, Piperales, Ranunculales* und besonders zu den Caryophyllales werden angenommen.

**Fam. Knöterichgewächse,** *Polygonaceae*
(Einzige Familie).

Wir bezeichnen die Blütenhülle oder das Perianth bei den *Polygonaceae* als Perigon P.

Gttg. *Rheum,* **Rhabarber** 1-1c.
Blüte klein, in rispig angeordneten, büschelförmigen Wickeln, in den Achseln tutenförmiger Hochblätter stehend. Perigon Pa+Pi 6blättrig (1,1a), nach dem Blühen welkend. 9 Staubblätter; 6 davon wie Ampfer (2) und ein weiterer 3zähliger Kreis (1). Fruchtknoten (1) 3kantig, beim Reifen zu 3flügeliger Nuß auswachsend (1c); nicht vom Perigon umschlossen.

Gttg. *Rumex,* **Ampfer. Großer Sauerampfer,** *R.acetosa* 2-2e.
Viele kleine Blüten zu traubigen oder rispigen Gesamtblütenständen vereinigt. Perigon aus 2 x 3 grünlichen oder rötlichen Blättchen gebildet, die 3 inneren Perigonblätter Pi meist größer als die äußeren und aufwärts gerichtet, später sich vergrößernd und die Frucht als „Fruchtklappen" eng umschließend und außen oft mit einer zuletzt gelblichen, rötlichen oder braunen Schwiele Sch; Fruchtklappen ein wichtiges Verbreitungsorgan bildend: Große, häutige Flügel als Anpassung an Windverbreitung; nahe der Basis sehr kleine, zurückgebogene, schwammige, als Schwimmorgan dienende Schwiele bei Verbreitung durch das Wasser; Stachel- und Hakenbildung bei Verbreitung durch Tiere. Griffel kurz, an den Kanten des Fruchtknotens herabgeschlagen (2a, 2c, 2d), mit 3 großen, pinselartigen, meist rötlichen Narben. Frucht 3kantig, ungeflügelt, mit dem inneren Perigon abfallend, 1fächerig, 1samig (2d, 2e). Keim liegt seitlich im Nährgewebe. Einige Arten sind 1geschlechtig (2häusig): **Kleiner Sauerampfer,** *R.acetosella.* Ohne Schwiele.
**Buchweizen,** *Fagopyrum* 3-3e. Blüten zwittrig; in ährenartigen, blattwinkel- oder endständigen Wickeln. Perigon 5teilig, kronblattartig (3, 3a), später die Frucht umhüllend (3c, 3d). 8 freie Staubblätter (3, 3a). Fruchtknoten von drüsigem Ring di umgeben (3a, 3b). 3 Griffel mit kopfförmigen Narben (3b). Kurz- und langgriffelige Blüten. Nuß 3kantig. aus dem Perigon P hervorragend (3c). Keimling mit sehr breiten, zusammengefalteten Keimblättern (3e). – **Buchweizen,** *Fagopyrum esculentum.* Frucht (Buchweizenkorn) 3kantig wie Buchecker (Name).

## Ordnung Plumbaginales

**Familie Grasnelkengewächse,** *Plumbaginaceae*

**Gemeine Grasnelke,** *Armeria maritima ssp. elongata.* – **Meernelke,** *Armeria maritima ssp. maritima* – **Echte Strandnelke, Widerstoß,** *Limonium vulgare = Statice limonium.* – In Gärten häufig Grasnelken der Gttg. Goniolimon.

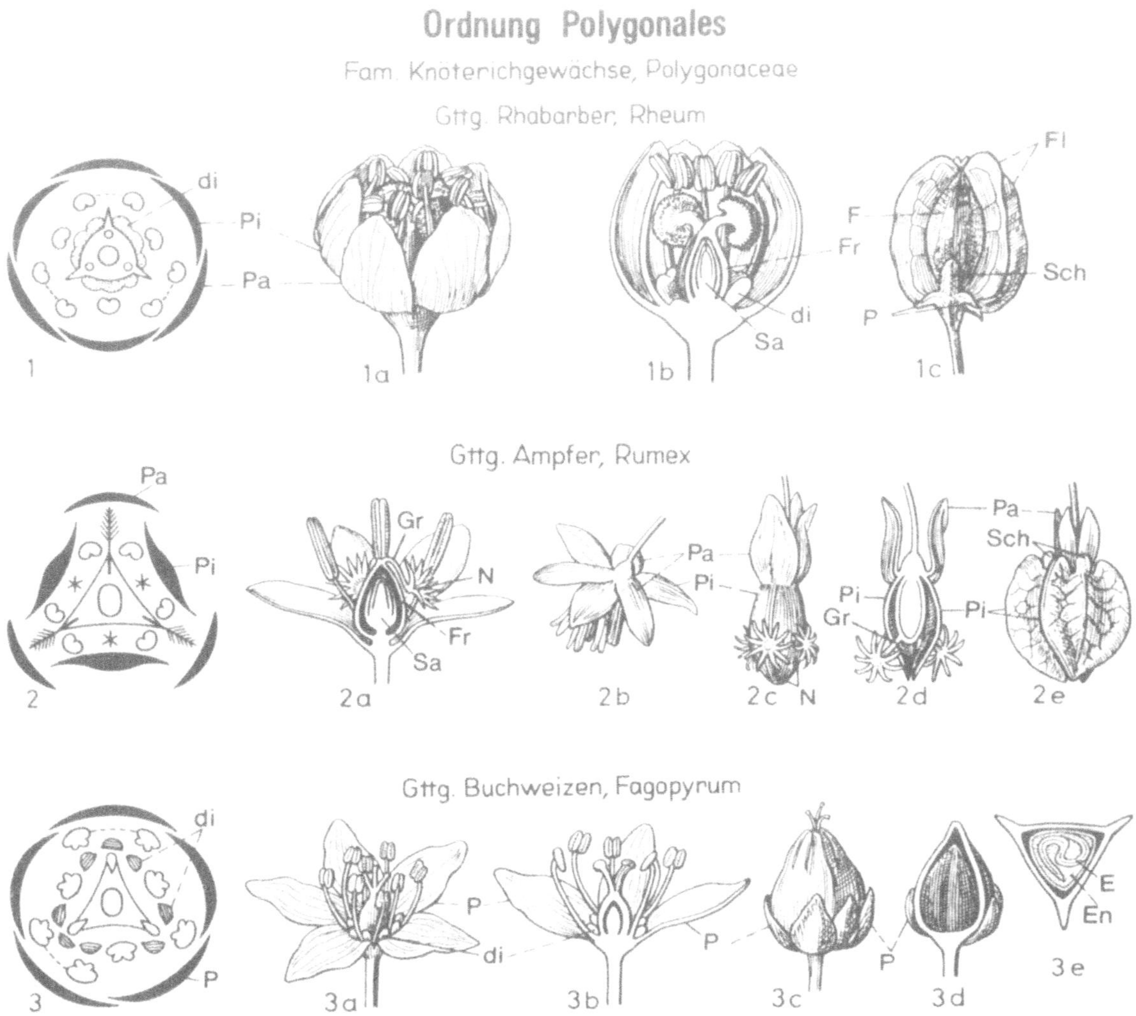


**Tafel 31** – 1 Rhabarber, Rheum officinale, Blütengrundriß. 1a Blüte. 1b Blüte längs. 1c Frucht. – 2 Großer Ampfer, Rumex acetosa, Blütengrundriß. 2a Blüte längs. 2b ♂ Blüte. 2c ♀ Blüte. 2d ♀ Blüte längs. 2e Frucht vom inneren Perigon Pi umgeben. – 3 Buchweizen, Fagopyrum esculentum, Blütengrundriß. 3a Blüte. 3b Blüte längs. 3c Frucht. 3d Frucht längs. 3e Frucht quer.

di Diskus. E Embryo. En Endosperm. F Frucht. Fl Flügel der Frucht. Fr Fruchtknoten. Pa äußeres Perigonblatt. Pi inneres Perigonblatt. Sch Schwiele.

## 6. Unterklasse Asteridae (=Sympetalae tetracyclicae)

Nur 1 Staubblattkreis, der mit den Kronblättern abwechselt: Blüten tetrazyklisch; vielfach strahlig, oft aber auch dorsiventral, zwittrig, meist an Tierbesuch angepaßt. Keine sekundäre Polyandrie. Staubblätter fast immer mit der Krone verwachsen. Perianth meist 5zählig. Häufig nur 2 Fruchtblätter. Sympetalie. Gynoeceen synkarp oder parakarp. Zentralwinkelständige bis parietale Plazentation. Zahlreiche bis 1 Samenanlage. Nur noch 1 Integument. Mehrere Reihen führen zu Pseudanthien. Blütenformel etwa K(5) [C(5) A5] G(2).

Die Überordnung Lamianae umfaßt die Ordnungen *Gentianales, Dipsacales, Oleales, Polemoniales, Scrophulariales* und *Lamiales.*

## Ordnung Gentianales Tfl. 32 u. Abb. 30 (=Contortae + Rubiales z.T.)

**Blütenbauplan**

Bei allen Familien nur 1 Staubblattkreis, also tetrazyklisch. Krone in der Knospenlage oft gedreht (1a, 2,4a). Blüten strahlig, meist 5zählig, aber auch klappig und seltener dachig. 5 Staubblätter der Krone angewachsen (1c, 2b,4c,5c). Fruchtknoten oberständig (1c, 2b,3a,4c,5c) oder unterständig, mit 2 Fruchtblättern, die oft erst im Bereich des Griffels und der Narbe miteinander verwachsen (2d,5c, 5f). 1 Integument.

### Familie Enziangewächse, Gentianaceae 1-2d

**Blütenbauplan der Enziangewächse**

Blüten meist 5-4zählig, zwittrig, strahlig. Kelchblätter meist vereint, selten frei. Krone im Knospenzustand oft gedreht, selten dachig. Staubblätter soviel wie Kronblätter, der Krone eingefügt. Fruchtknoten oberständig, 2blätterig, 1fächerig, parietale, ins Innere vorspringende, z.T. gegabelte Plazenta. Diskusbildungen häufig. Frucht septizide Kapsel.

*Gentiana* 1-2d, *Centaurium* 2-2d. Kelch röhren- oder glockenförmig, verschieden tief geteilt. Krone in Knospenlage gedreht, selten dachig, verwachsenblättrig, trichter- oder glockenförmig, am Saume gelappt oder gezähnt bis gefranst oder mit Zwischenzipfeln, auf der Innenseite manchmal gefranste Honiggrübchen oder Schlundschuppen (1b,1c). Staubblätter der Krone eingefügt. 2 Fruchtblätter vollständig zu 1fächerigem Fruchtknoten verwachsen (1,1c,1d) mit 2 wandständigen Samenleisten, die oft in mehreren Reihen viele Samenanlagen tragen. Frucht eine 2klappige, an den Wandnähten aufspringende Kapsel (1d, 2d), an deren eingebogenen Rändern die Samen sitzen (1c). Kleiner Keimling.

### Familie Fieberkleegewächse, Menyanthaceae 3-3c

**Fieberklee,** *Menyanthus trifoliata* **(Sumpf-Bitterklee).** Blüten in Trauben mit Endblüte. Klappige Knospenlage der Blumenkrone. Krone sehr zart, etwas fleischig, bis zur Mitte 5teilig, mit zurückgerollten Zipfeln, innen dichtbärtig. Fruchtknoten oberständig bis halbunterständig (3a); am Grunde Diskusbildungen. Kapsel rundlich bis eiförmig, 1fächerig, mit 2 dicken, wandständigen Samenleisten (3b), unregelmäßig mit 2 Klappen ± tief aufspringend (3c) oder sich nicht öffnend. Wenige, zusammengehörige Gattungen.

### Familie Hundsgiftgewächse, Apocynaceae 4-4f

**Blütenbauplan**

Blüten typisch 5zählig, zwittrig, strahlig. Krone fast immer rechts gedreht. Antheren noch frei, zusammenneigend oder fest mit dem Griffelkopf verbunden. Äußere Pollensäcke z.T. am Grunde leer, Antheren dann geschwänzt. Diskus meist vorhanden (4). Fruchtknoten ober- bis halb unterständig. Karpelle meist 2, selten bis 5. Gynoeceum coenokarp. Griffel und Narben zur Blütezeit verbunden, an der Spitze zu Griffelkopf verdickt. Samenanlagen anatrop. Frucht häufig aus 2, dann meist balgartig aufspringenden Teilfrüchten. **Typische Blütenformel** K5 C5 A5 G2.

*Vinca,* **Singrün** 4-4f. Krone tellerförmig, mit enger, zylindrischer Röhre und 5 breiten, in der Knospenlage schraubigen, nach rechts gedrehten Zipfeln (4,4a,4b). Staubblätter 5, der Kronröhre eingefügt, mit geknickten Staubfäden und mit verbreitertem, großem, behaartem Mittelband (4d). Am Grunde des Fruchtknotens 2 Honigdrüsen (Ho in 4c gleichbedeutend mit di in Fig. 4). Griffel an der Spitze mit häutigem Ring, verdickt und behaart (4e). Frucht 2, nur am Grunde miteinander verbundene, lineal-walzliche balgartig aufspringende Teilfrüchte (4f). **Oleander,** *Nerium.* Krone trichterförmig, rechts gedreht. Nebenkrone.

### Fam. Schwalbenwurzgewächse, Asclepiadaceae 5-5k

Voriger Familie sehr nahe stehend; wie diese oft giftigen Milchsaft. – Einheimisch: **Schwalbenwurz,** *Vincetoxicum officinale.*

**Tafel 32** — 1 Frühlings-Enzian, Gentiana verna, Blütengrundriß. 1a Brauner Enzian, G.pannonica, Blütenknospe. 1b G.verna, Blüte. 1c Blüte längs .1d Punktierter E., G.punctata, junge Frucht. – Tausendguldenkraut, Centaurium (=Erythraea). 2-2d. 2 Dichasium, Blütenknospen. 2a Blüte. 2b Blüte längs. 2c Strand-T., C.vulgare, Frucht quer. 2d Frucht. – Bitterklee, Manyanthes trifoliata 3-3c. 3 Blüte. 3a Blüte längs. 3b Fruchtknoten quer. 3c Reife Frucht. – 4 Immergrün, Vinca minor, Blütengrundriß. 4a Blütenknospe. 4b Blüte. 4c Blüte längs. 4d Staubblatt. 4e Stempel. 4f Frucht. – 5 Echte Seidenpflanze, Asclepias syriaca (=cornuti), Blütengrundriß. 5a Schwalbenwurz, Cynanchum vincetoxicum. 5b Blüte von oben. 5c Seidenpflanze, Blüte längs, Kelch und Blumenkrone entfernt, um das aus Staub- und Fruchtblättern bestehende Gynostegium zu zeigen. 5d Schwalbenwurz; der von den Antheren At umgebene Griffelkopf GK. 5e Translator: Klemmkörper mit Pollinien. 5f Fruchtknoten; dem Griffelkopf hängen die Pollinien po an. 5g Die beiden verwachsenen Fruchtknoten mit dem gemeinsamen Griffel- oder Narbenkopf. 5h Fruchtknoten, Querschnitt. 5k Schwalbenwurz, aufgesprungene Frucht.

AF Antherenfach mit darin befindlichem Pollinium. At Anthere. Ar Arm des Klemmkörpers. C Krone.di Diskus. Fr Fruchtknoten. f Fortsätze des Konnektivs (= Mittelband des Fadens). GK Griffelkopf. Ho Honiggrube, Honigblatt. K Kelch. kl Klemmkörper. Ls Leitschiene. N Narbe (Narbenkammer). NKr Äußere, fleischige Anhänge der Antheren (Nebenkrone). po Pollinium. sp Spalt. St Staubblatt.

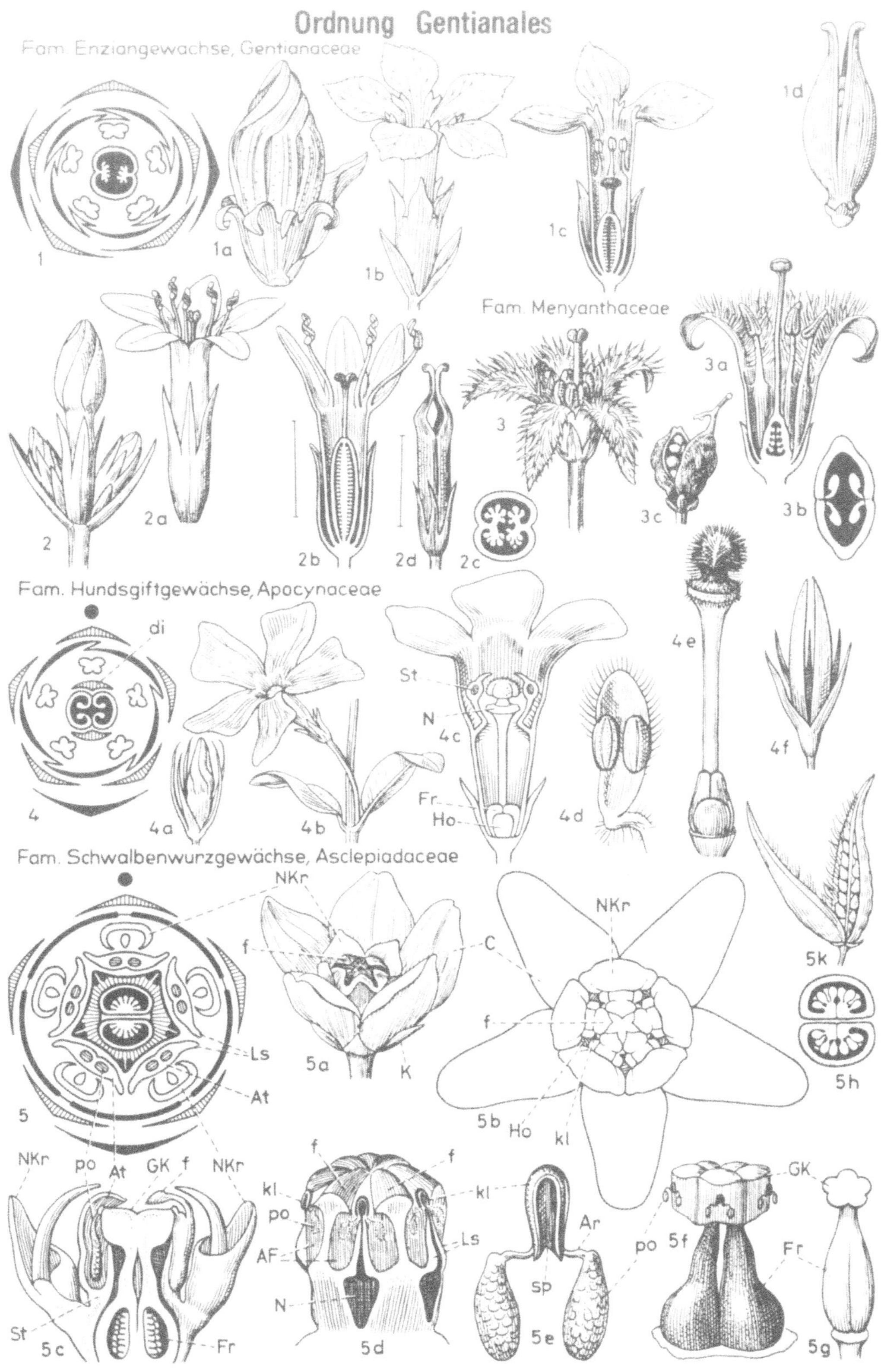
Ordnung Gentianales
Fam. Enziangewächse, Gentianaceae
1
1a
1b
1c
1d
Fam. Menyanthaceae
2
2a
2b
2c
2d
3
3a
3b
3c
Fam. Hundsgiftgewächse, Apocynaceae
di
4
4a
4b
St
N
4c
Fr
Ho
4d
4e
4f
Fam. Schwalbenwurzgewächse, Asclepiadaceae
NKr
f
C
K
5a
Ls
At
5
5b
Ho
kl
5k
5h
NKr
po
At
GK
f
NKr
St
5c
Fr
kl
po
AF
N
5d
f
kl
Ls
sp
Ar
5e
po
5f
GK
Fr
5g

**Blütenbauplan der Schwalbenwurzgewächse.**

Blüten 5zählig. Bei einigen klappige Knospenlage (5), sonst gedreht. Die 2 Fruchtblätter Fr bei ihrer Anlage im Fruchtknotenteil frei (5c,5f), aber oben zu großem, 5kantigem Griffel- oder Narbenkopf GK verwachsen (5c,5f,5g). Auf dessen Unterseite die eigentlichen Narbenflächen (N in 5d). Nebenkronbildungen häufig, die von der Krone, dem Androeceum oder von beiden ausgehen können. Androeceum mit dem Gynoeceum eng verbunden, meist mit ihm zu einem Gynostegium verwachsen. Antheren 2-, seltener 4fächerig. Fruchtknoten oberständig, selten etwas eingesenkt, apokarp. Griffelkopf bildet durch Sekretion 5, zwischen den Staubblättern liegende, nichtzellige Translatoren zur Pollenübertragung. Samenanlagen hängend, anatrop. Frucht: 2 Balgfrüchtchen mit meist vielen Samen mit Haarschopf (5k). Formel: K5 C5 A5 G2.

**Bestäubung. Klemmfallenblume.** Wachsgelbe Blüte lockt mit Honigduft Fliegen an. Napfförmige Krone hat 5 sternartig ausgebreitete, stumpfe Randlappen (C in 5a,5b); ferner in ihrem Mittelraum eine Nebenkrone aus 5 fleischigen Höckern (NKr in 5,5a,5b,5c), die auf Lücke mit den Kronlappen stehen und ein inneres grünes Fünfeck umschließen, das am Rande durch 5 weißliche Läppchen teilweise überdeckt wird (f in 5a,5b,5c,5d). Die Nebenkrone wird durch Anhängsel auf dem Rücken der Staubblätter gebildet (5). Die 5 weißlichen Läppchen f sind jeweils das verlängerte Mittelband der 5 Staubblätter (5c). Wie der Längsschnitt (5c) durch das aus Staub- und Fruchtblättern bestehende Gynostegium zeigt, sind die Staubblätter St unten zu einer geschlossenen hohlen Säule verwachsen, die die 2 länglichen Fruchtknoten Fr umschließt. Die oben miteinander verwachsenen Fruchtblätter bilden daselbst einen dicken, schwach 5kantigen, grünen Griffel- oder Narbenkopf (GK in 5c,5f,5g). Die 5 belegungsfähigen Stellen, die eigentliche Narbe (N in 5d), befinden sich am unteren Rande des Narbenkopfes. Die 5 weißlichen Läppchen f, die den Narbenkopf am Rande überdecken (5a,5b,5c), verhindern das Eindringen des Insektenrüssels an falschen Stellen. Zwischen je zweien der 5 Höcker der Nebenkrone (NKr in 5-5c) befindet sich nämlich jeweils der Eingang zur tiefen Nektargrube (Ho in 5b), deren Nektar von der Außenseite der Staubblättersäule abgeschieden wird. Diskus nicht vorhanden. Jedes Staubblatt ist mit seinen seitlichen Rändern, den Leitschienen (Ls in 5, 5d) nach außen vorgewölbt, wodurch jeweils eine Rinne gebildet wird, die bei der Bestäubung den Rüssel bzw. den Fuß des besuchenden Insekts leitet. Die Zahl der Pollenfächer (AF in 5d) beträgt bei fast allen Asclepiadaceen jeweils 2, was vielleicht darauf zurückzuführen ist, daß die 2 fehlenden Fächer in die Leitschienen Ls umgewandelt sind. Die Leitschienen überwölben an ihrem oberen Ausgang die befruchtungsfähige Narbe oder Narbenkammer (N in 5d). An jedem dieser Ausgänge befindet sich ein bügelartiger Translator (5d,5e). Dieser besteht aus dem meist eiförmig abgeflachten Klemmkörper (Kl in 5e,5d), in den von unten her ein senkrechter, schmaler Spalt sp zum Einklemmen des Insektenrüssels eingelassen ist (5e). An dem Klemmkörper sitzen 2 sog. Arme (Ar in 5e). Dies sind dünne, fadenförmige, stets hygroskopische Stäbe, an denen die Pollinien po ansetzen. In jedem der 2 Pollenfächer (AF in 5d) sind alle Pollenkörner zu keulenförmiger Pollenmasse, dem Pollinium, vereinigt (po in 5,5c,5d,5e, 5f). Auf jeder Ecke des 5kantigen Griffelkopfes befindet sich in jedem Eingang zum Honigraum (Ho in 5b) eine Drüse, die jeweils 2 Pollinien zweier benachbarter Staubblätter miteinander verbindet, sich schließlich samt ihrem später erhärtenden Inhalt ablöst und als Klemmkörper (kl in 5b,5d,5e) am Insekt haften bleibt. So werden die Pollinien auf andere Blüten übertragen. Gerät z.B. eine Borste des Insektenrüssels in den Spalt sp des Klemmkörpers (5e), so bleibt letzterer daran haften, wird samt den beiden Pollinien hervorgezogen und beim Weiterfliegen fortgetragen. Sehr bald erschlaffen die beiden Arme des Translators (5e,5f), die Pollinien neigen sich gegeneinander und werden beim Besuch der nächsten Blüte gemeinsam mit dem Rüssel in die Nektargrube (Ho in 5b) eingeführt, wo sie an der klebrigen Stelle der Narbe hängen bleiben (5f). Bei manchen Gattungen erfolgt die Übertragung der Pollinien durch Klebscheiben wie bei den **Orchideen.**

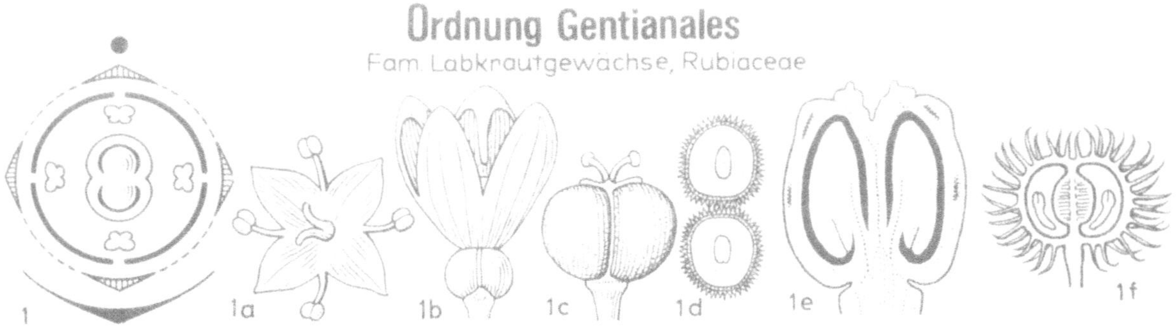


Abb. 30. 1 Acker-Waldmeister, Asperula arvensis, 1a Gem. Labkraut, Galium mollugo, Blüte von oben. 1b Blüte von d. Seite. 1c Frucht. 1d Rundblätteriges Labkraut, G.rotundifolium, Frucht quer, mit Keimling. 1e. G.mollugo, Fruchtknoten längs. 1f Waldmeister, Frucht längs.

**Fam. Rötegewächse, Rubiaceae 1-1f**

Einheimische Gattungen: **Waldmeister,** *Asperula (*1,1f). – **Labkraut,** *Galium* (1a,1b,1c,1d,1e). – **Krapprot,** *Rubia tinctorum.*
**Blütenbau.** Blüten radiär, zwittrig, 4- oder 5zählig. Staubblätter gewöhnlich den Kronblättern gleichzählig. Krone mit kurzer bis sehr langer Röhre und dachigen oder linksgedrehten Zipfeln. Vereintkronblättrig. Fruchtknoten unterständig, meist 2blätterig und 2fächerig (1,1c). Häufig in jedem Fach nur 1 anatrope Samenanlage (1,1e). Als 2teilige Spaltfrucht in 2 1samige Teilfrüchtchen zerfallend (1d). Dies ist schon im Bau des Fruchtknotens angedeutet (1c,1e), indem sich die beiden Fruchtblätter oben etwas voneinander trennen, wo jedes die Ansatzstellen der Griffel und übrigen Blütenteile trägt. 2 freie oder fast freie Griffel (1a,1c).**Krapp, Röte,** *Rubra tinctorum.* Kronenform fast wie **Labkraut,** aber meist 5zählige Blüte. – *Coffea,* **Kaffee.** Nur 1 Same in jedem der 2 Fruchtfächer; Steinfrucht mit 2 Steinen. 2 Samen (-Steine) sind auf der einander zugekehrten Seite flach mit Furche (Kaffeebohne), von dünner, pergamentartiger Schale und dünnem Fruchtfleisch eingeschlossen; im hornartigen, harten Endosperm liegt im unteren Teil der kleine Keimling. – Blütenformel von *Galium* und *Asperula* * K4 C(4) A4 G $(\overline{2})$.
Ursprünglich Kapseln mit vielen Samenanlagen, z.B. **Chinarindenbäume,** *Cinchona*; daraus entstanden aber häufig Steinfrüchte z.B. *Coffea* oder Spaltfrüchte, z.B. **Krapp, Färberröte,** *Rubia tinctorum.*

## Ordnung Dipsacales (Rubiales z. T.) Tfl. 33

Blüten tetrazyklisch. 4-5zählig, vereintkronblättrig, bald radiär, bald dorsiventral oder asymmetrisch und dann oft geringere Staubblatt- und Furchtblattzahl (3,4). Kelchblätter klein, oft zahnförmig, bei extremen Formen verschwindend (4). Fruchtknoten unterständig, 1-bis mehrfächerig, Samenanlage mit 1 Integument (4e).

### Fam. Geißblattgewächse, Caprifoliaceae 1-2f

Übergang von strahligen Blüten bei **Holunder,** *Sambucus* und **Schneeball,** *Viburnum* zu stark zygomorphen Blüten bei *Lonicera,* **Geißblatt, Heckenkirsche.** In der Regel 3- oder 2fächeriger Fruchtknoten, der beim **Holunder** zu einer Steinfrucht mit 3 1samigen Steinkernen, bei den **Heckenkirschen,** *Lonicera* zu wenigsamigen, oft zu je 2 verwachsenen Beeren, Doppelbeeren, sich entwickelt. Ursprünglicher als die beiden folgenden Familien,da noch 5 Staubblätter und mehr- bis 1samige Fruchtknotenfächer. Meist 3 Fruchtblätter. Frucht eine Beere oder Steinfrucht (1d-1f, 2c,2d,2f). Kelch unbedeutend.

Unterfam. Holundergruppe, *Sambuceae* 1-1e. Blütenstand eine Schirmrispe Abb.2a S.12. Krone rad- oder kurz glockenförmig, strahlig (1a). Griffel sehr kurz, dick, mit 3 teiliger Narbe (1a,1c). Fruchtknoten 3fächerig mit je 1 hängenden Samenanlage (1,1b). Sambucus: Steinfrucht mit 1-3 1samigen Steinkernen (1d). Unterfam. *Linnaeeae.* Krone trichterförmig oder glockig. – **Moosglöckchen,** *Linnaea borealis* trägt 2blütiges Dichasium. – **Schneebeere,** *Symphoricarpus:* Fruchtknoten hat 4 Fächer (1f). In dem hier fast scheibenförmigen Durchschnitt liegen rechts und links 2 große, ovale Fächer, ausgefüllt von den durchschnittenen Samenknospen; oben und unten keilen sich 2 kleinere Fächer dazwischen mit mehreren rudimentären Samenanlagen, die alle fehlschlagen. Die Frucht wird eine 2samige Beere. So auch bei den übrigen *Linnaeeae,* z.B. **Moosglöckchen.**

Unterfam. Lonicereae, Geißblattgruppe 2-2f. Krone oft zygomorph; bei einigen Arten stark 2lippig, mit 4 Zipfeln der Ober- und 1 Zipfel der Unterlippe (2a), bei anderen die Krone mehr strahlig, röhrig oder glokkig. Griffel lang, fadenförmig, meist mit kopfförmiger Narbe (2a). Fruchtknotenfächer mit mehreren Samenanlagen (2e). Frucht meist eine Beere (2c,2f). Gepaarte Blüten: die 2 Fruchtknoten eines Paares der dicht zusammenstehenden Blüten werden von den verwachsenen Vorblättern eingeschlossen (V in 2e). – **Heckenkirsche,** *Lonicera xylosteum* (2a,2f): 2 Beeren beieinander und am Grunde verwachsen. – *Lonicera alpigena:* Doppelbeere rundlich-eiförmig (2b,2c,2d).

### Fam. Baldriangewächse, Valerianaceae 3-3g

Blüten ganz asymmetrisch, mit einer vorwiegend 5zähligen, oft gespornten Krone und nur 4-1Staubblättern. Im 3fächerigen Fruchtknoten ist nur 1 Fach fruchtbar; er wird zu einer 1samigen Nuß (3e). Der Kelch an der Frucht wird zu einem Flugorgan, das an den Pappus der Asterales erinnert. Blütenstände sind Dichasien oder Wickel. Blüten asymmetrisch, oft gespornt (3,3a,3b). Kelch und Krone 5zählig. Kelch K oft zuerst unentwickelt, selten blattartig, meist häutig oder borstig, bildet später eine der Verbreitung dienende Haarkrone (3e). Von den 5 Staubblättern meist nur 3 (4-1) entwickelt (3,3a). 3 Fruchtblätter bilden 3fächerigen Fruchtknoten, aber nur 1 Fach fruchtbar (fr in 3c), mit 1 hängenden, umgewendeten Samenanlage (3b). 1 Griffel mit 3teiliger Narbe (3a,3b). Frucht eine Nuß mit bleibendem Kelch (3e). Kein Nährgewebe (3f,3g); gerader Keim mit aufwärts gerichteter Keimwurzel (3e).

### Fam. Kardengewächse, Dipsacaceae 4-4h

Blütenstand richtiges Köpfchen mit einer Hülle aus Hochblättern (4a). Leicht Verwechslung mit **Korbblütlern** möglich. Wahrscheinlich aber keine verwandtschaftliche Beziehung. Vielmehr sind diese Scheinblüten typische Konvergenzerscheinungen, wie der Haarkranz an der Frucht des **Baldrians** 3e/K. Die Tragblätter der einzelnen Blüten sind meist noch als „Spreublätter" 4b/Sr vorhanden. 1fächeriger, 1samiger Fruchtknoten, der von einem Außenkelch umschlossen ist. Kelch häutig oder borstig.

Blüten des Köpfchens von gemeinsamem Hüllkelch HK umgeben (4a). Randblüten oft vergrößert. Blüten zwittrig, mit oder ohne Deckblätter (Spreublätter Sr) (4a,4b). Kelch mit unterständigem Außenkelch (AK in 4,4b,4f,4g,4h). Der verschieden gestaltete Kelch K besteht aus 4-5 oder mehr federig-behaarten Borsten (4h, 4f,4g). Der Außenkelch besteht aus 2 völlig miteinander verwachsenen Vorblättern (4h), ist meist trockenhäutig, becher- oder schüsselförmig. Krone C mit verschiedenlanger Röhre (4a-4d) und einem 4 bis 5spaltigen, 2seitig-symmetrischen Saum (4b, 4c). Staubblätter 4, selten 2 (4b,4c). Fruchtknoten 1fächerig mit einer von dem oberen Rande meist frei herabhängenden Samenknospe, die ein dickes Integument besitzt und ihre Mikropyle nach oben kehrt (4d,4e). Ober verjüngt sich der den Fruchtknoten einschließende Achsenbecher und trägt die Blütenteile. Frucht (4f,4h) eine 1samige, von den als Flug- oder Haftorgan dienenden Kelch und Außenkelch gekrönte Schließfrucht (Nuß). Same mit Nährgewebe, geradem Keimling und aufwärts gewandter Keimwurzel.

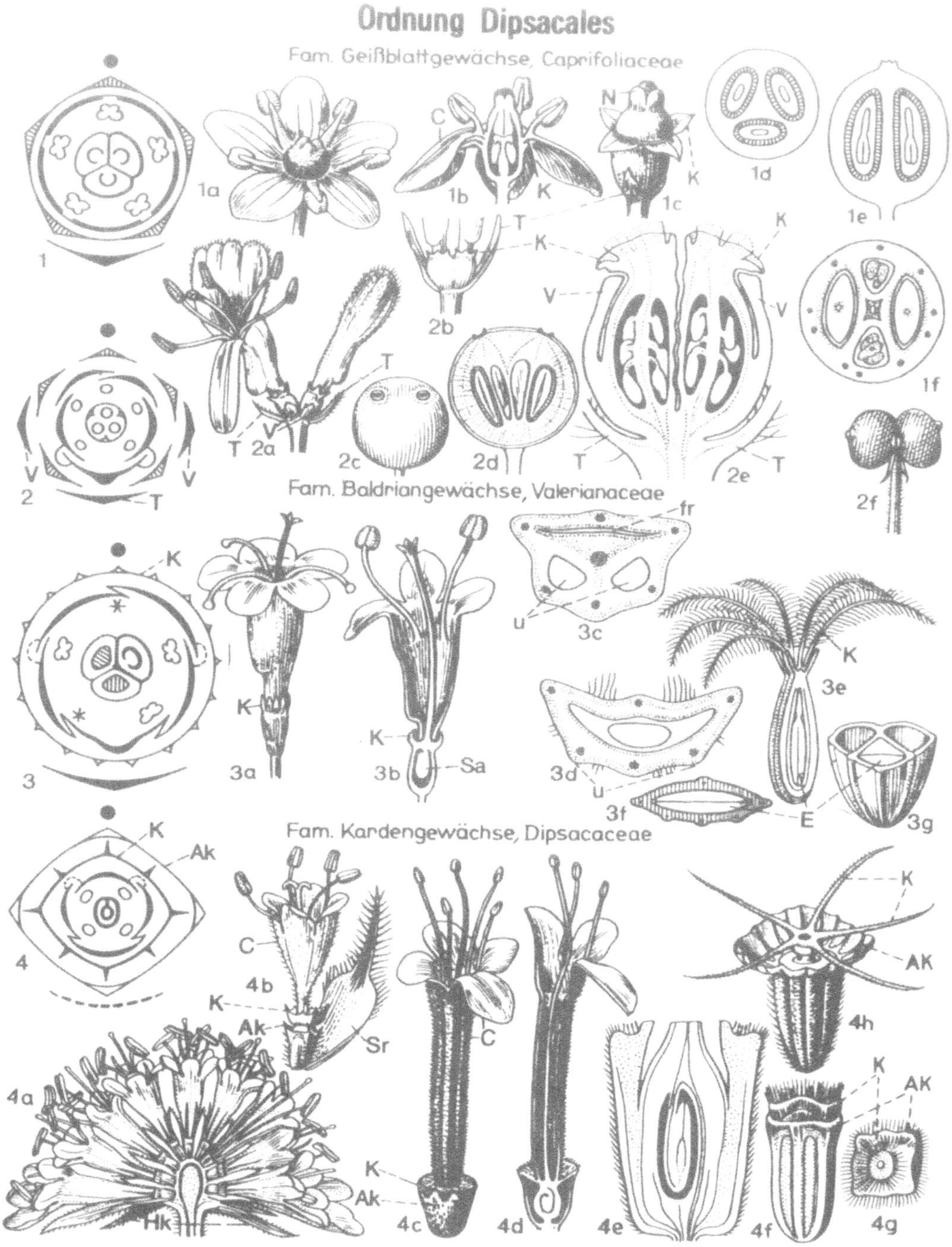


**Tafel 33** – 1 Zwergholunder, Attich, Sambucus ebulus. 1a Schwarzer Holunder, S.nigra; Blüte. 1b Blüte längs. 1c Blüte nach Entfernung der Blumenkrone. 1d Frucht quer. 1e Frucht längs. 1f Schneebeere, Symphoricarpus albus, Frucht quer. – 2 Tataren-Heckenkirsche, Lonicera tatarica. 2a Gem. Heckenkirsche. L.xylosteum, Blüte offen und noch geschlossen. 2b Alpen-Heckenkirsche, L.alpigena, Blütenpaar mit Tragblättern. 2c Doppelbeere. 2d Doppelbeere längs. 2e Blaue H., L.coerulea; 2 Fruchtknoten längs: V die sie verbindenden Vorblätter, K Kelch der 2 Blüten. 2f Gem.H., Fruchtstand. – 3 Gemeiner Baldrian, Valeriana officinalis, 3a Blüte. 3b Blüte längs. 3c Fruchtknoten ganz oben quer; fr fruchtbares Fach, u unfruchtbare Fächer. 3d Fruchtknoten in der Mitte quer; u die den beiden unfruchtbaren Fächern entsprechenden Vorsprünge. 3e Fruchtknoten längs, E Keimling. 3f Fruchtknoten quer. 3g Zwerg-Baldrian. Frucht quer. – 4 Behaarte Karde, Dipsacus pilosus. 4a Tauben-Skabiose, Scabiosa columbaria, Blütenkopf längs, mit Hüllblättern Hk. 4b Behaarte Karde, Blüte mit Spreublatt Sr, rückgebildetes Tragblatt. 4c Weber-Karde, Dipsacus sativus, Blüte; Ak Außenkelch, K Kelch. 4d Blüte längs. 4e Fruchtknoten längs mit Samenanlage. 4f Wilde Karde, D.silvester, Frucht mit Außen- (Ak) und Innenkelch K. 4g Frucht von oben: äußerer (Ak) und innerer (K) Kelchsaum. 4h Tauben-Skabiose, S.columbaria, Frucht mit Außenkelch Ak und Kelch K. – Ak Außenkelch. C Blumenkrone. E Embryo. fr fruchtbares Fach. Hk Hüllkelch. K Kelch. Sr Spreublatt. T Tragblatt. u unfruchtbares Fruchtknotenfach. V Vorblatt.

## Ordnung Oleales Tfl. 34

### Einzige Familie Ölbaumgewächse, Oleaceae

Blüten tetrazyklisch, Kelch und Krone typisch 4zählig, strahlig, meist sympetal, selten choripetal oder apopetal. Knospenlage der Kronblätter dachig oder eingefaltet-klappig. Blüten ☿, seltener ♂ ♀. Kelch meist klein, Kronblätter 4 (–12). Staubblätter 2, selten 4. Filamente kurz, am Grunde des Fruchtknotens oder an der Kronröhre eingefügt. Fruchtknoten oberständig. Fruchtblätter 2. Synkarpie. Fruchtknoten 2fächerig, mit 2, 1 oder 4 – 8 Samenanlagen je Fach an der Scheidewand. Griffel einfach, kurz. Narbe meist 2lappig. Samenanlagen anatrop. 1 Integument. Endospermbildung zellulär. Fachspaltige Kapsel, Flügelnuß, Beere oder Steinfrucht, oft 1samig. Embryo gerade (2f, 3f, 4c, 4d). Die einzelnen Gattungen lassen sich zu einer Entwicklungsreihe anordnen, in der die Tendenz zur Reduktion der Blütenteile besteht. Am Anfang der Reihe stehen Formen mit doppeltem Perianth, 2 Staub- und 2 Fruchtblättern. Am Ende der Entwicklungsreihe stehen perianthlose, 1geschlechtige Blüten. Die Reduktion steht im Zusammenhang mit dem Übergang von Insektenbestäubung zur Windbestäubung. Die am Anfang der Reihe stehenden Formen werden als ursprünglich, und die am Ende stehenden als abgeleitete Formen betrachtet. Die **Manna-Esche** vertritt einen ursprünglichen Typus der Gattung; die einheimische **Esche** zählt zu den abgeleiteten windblütigen Formen. Typische Blütenformel * K (4) [ C (4) A2 ] G ($\underline{2}$).
Unterfam. *Jasminoideae.* 1–1g. Aufsteigende Samenanlagen (1e). Gttg. *Jasminum*, **Echter Jasmin.** Blüten in Doldentrauben, zwitterig, strahlig, gelb, rot oder weiß. Kelch glockig, 4–9zipfelig. Krone tellerförmig, mit Röhre und 4–6zipfelig, ätherisches Öl, Wohlgeruch. – *Forsythia europaea.* Kronröhre deutlich. Flügelnuß oder lederige bis harte, nicht holzige Kapsel.
Unterfam. *Oleoideae* Fruchtknotenfächer mit je 2 hängenden Samenanlagen.

**Flieder,** *Syringa vulgaris.* * K (4) [ C (4) A2 ] G ($\underline{2}$). Gilt auch für die **Manna-Esche.** Zwitterige und ♀ Blüten in derselben Infloreszens bei *Syringa*-Arten. Die Urform hat verhältnismäßig kleine, straußförmige Rispen, die stets violette Blumenkronen aufweisen. Die zahlreichen Spielarten besitzen größere und schönere Blütenstände, deren einfache oder gefüllte Blüten auch weiß oder rosa sein können.
**Ölbaum,** *Olea europaea* 3–3f. Blüten klein, weißlich, in blattwinkelständigen, zusammengesetzten Trauben, wohlriechend. Kelch 4zähnig, bleibend. Krone kurzröhrig, 4zipfelig, weiß. Staubblätter 2. Steinfrucht 1, seltener 2samig, fleischig, reif schwarzblau, bis 3,5 cm lang, pflaumenähnlich. Samen reich an Nährgewebe. Fruchtfleisch und Samen reich an fettem Öl.
**Rainweide,** *Ligustrum vulgare* 4–4d. Häufig als **Liguster** bezeichnet. Kelch meist sehr undeutlich 4zähnig. Krone trichterförmig, grünlich-weiß oder weiß; Zipfel 4, flach ausgebreitet, an der Spitze grünlich. Staubblätter 2, nicht aus der Krone hervorragend. Fruchtknoten 2fächerig, in jedem Fach mit 2hängenden Samenanlagen (4a). Narbe 2lappig. Frucht kugelige, schwarze, glänzende Beere. Samen 1–2 in jedem Fach.
**Esche,** *Fraxinus excelsior* 5, 5b–5g. Blütenformel: A2 G ($\underline{2}$) bzw. nur A2 oder G (2). Blüten zwittrig, perianthlos, mit 2 Staubblättern und 2 zu 1 Stempel verwachsenen Fruchtblättern. Daneben rein weibliche und rein männliche Blüten mit Übergängen zur zwitterigen Blüte. Auftreten von Staminodien bzw. eines Pistillodiums (r Fr in 5c, 5d).
**Manna-Esche,** *Fraxinus ornus.* Kelch 4teilig, Krone aus 4 freien linealischen unansehnlichen, weißen Blättchen, insektenblütig. Auch beim Flieder werden die Kronblätter zuerst frei angelegt, vereinigen sich aber bald. Staubblätter 2. Fruchtblätter 2, zu 2fächerigem Fruchtknoten verwachsen; jedes Fach mit 2 hängenden Samenanlagen. Frucht ein geflügeltes 1samiges Nüßchen.

**Tafel 34** – 1 Jasminum azoricum, Blütengrundriß. 1a Jasminum nudiflorum, blühender Sproß. 1b Blüte. 1c Forsythia suspensa, Blüte. 1d Staubblätter und Stempel. 1e J. nudiflorum, Fruchtknoten längs. 1f J. azoricum, Frucht. 1g Frucht längs. – 2 Gemeiner Flieder, Syringa vulgaris, Blütengrundriß. 2a Blüte. 2b Blüte längs. 2c Fruchtknoten längs. 2d Frucht. 2e Frucht quer. 2f Same längs. – 3 Ölbaum, Olea europaea, Blütengrundriß. 3a Blüte. 3b Blüte längs. 3c Frucht (Kulturrasse). 3d Frucht längs. 3e Frucht und Same längs. 3f Same längs. – 4 Rainweide, Liguster, Ligustrum vulgare, Blüte. 4a Blüte längs. 4b 2 Früchte. 4c, 4d Frucht quer. – 5 Gemeine Esche, Fraxinus excelsior, Blütengrundriß. 5a Manna-Esche, F.ornus, Blüte. 5b F.excelsior, Zwitterblüte. 5c ♂ Blüte. 5d ♂ Blüte (z. T. mit Fruchtknotenrudiment). 5e ♂ Blüte. 5f ♀ Blüte mit Staminodien (Staubblätter ohne Pollen). 5g ♀ Blüte. 5h F.ornus, Fruchtknoten im medianen Längsschnitt. 5i Frucht. 5k Frucht quer.

C Krone. E Embryo. En Endosperm. K Kelch. rFr Fruchtknotenrudiment. Sa Samenanlage. Sd Staminodium.

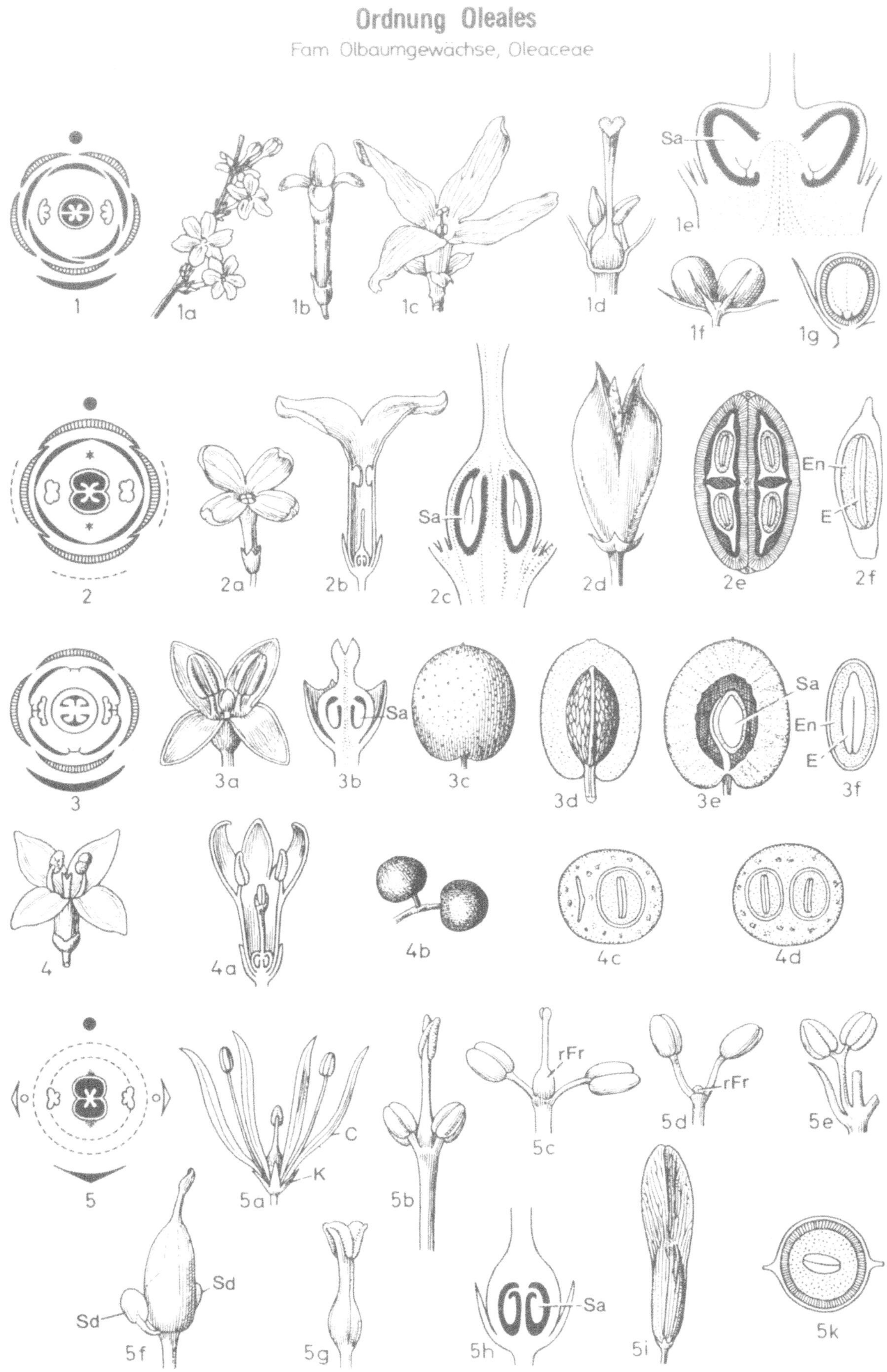
Ordnung Oleales
Fam. Ölbaumgewächse, Oleaceae
Sa
1e
1
1a
1b
1c
1d
1f
1g
Sa
En
E
2
2a
2b
2c
2d
2e
2f
Sa
Sa
En
E
3
3a
3b
3c
3d
3e
3f
4
4a
4b
4c
4d
rFr
rFr
C
K
5
5a
5b
5c
5d
5e
Sd
Sd
Sa
5f
5g
5h
5i
5k

## Ordnung Polemoniales (Tubiflorae z. T.) Tfl. 35

**Blütenbauplan**
Blüten noch radiär, 5–4zählig, gleichviele Staubblätter, 3-bis 2blätterige Fruchtknoten, zahlreiche bis wenige Samenanlagen. Krone aus 5 verwachsenen Blättern bestehend, die am Grunde häufig eine Röhre (Tubus) bilden. Die einzelnen Familien stellen eine Entwicklungsreihe dar. Diese beginnt mit strahligen und führt zu schwach dorsiventralen Blüten. Der oberständige Fruchtknoten besteht aus 2 medianen Fruchtblättern, von denen jedes nur 2 Samenanlagen trägt. Bei den **Windengewächsen** sind die Blüten noch radiär, und die Früchte sind 4samige Kapseln. Bei den **Rauhblättrigen** und **Lippenblütlern** entstehen sekundäre Scheidewände, welche die 2 ursprünglich vorhandenen Fruchtknotenfächer teilen und 4 Fächer oder „Klausen" bilden, in denen sich je 1 Same befindet. Später lösen sich die Klausen voneinander und werden als 4 Nüsschen verbreitet.
**Fam. Polemoniaceae. Sperrkraut, Himmelsleiter,** *Polemonium coeruleum.* **Flammenblume,** Phlox. Meist 3 Fruchtblätter; Samenanlagen nach unten gerichtet; Kapselfrüchte. –

**Familie Windengewächse, Convolvulaceae 1–1d**

**Blütenbauplan** der Windengewächse
Krone (1a, 1b) fast ganzrandig oder wenig 5lappig: in der Knospenlage der Länge nach gefaltet und stark rechts gedreht. Fruchtknoten hat 2 mediane Fruchtblätter bzw. Fächer (1); jedes Fruchtblatt trägt meist nur 2 aufrechte Samenanlagen auf nicht besonders verdickter Samenleiste (1, 1c); Griffel mit 2lappiger Narbe (1b). Frucht meist eine kugelige Kapsel (1c, 1d); bisweilen jedes Fach durch sekundäre Wand in 2 Fächer geteilt; Kapsel dann 4fächerig mit je 1 Samen im Fach. Blütenformel * K (5) [ C (5) A5 ] G ($\underline{2}$).
**Acker-Winde,** *Convolvulus arvensis.* Blüten einzeln in den Laubblattachseln auf langen Stielen oder zu 2–3 2 lineale, kleine Vorblätter. Kelch mit 3 längeren und 2 kürzeren Zipfeln, Krone im Knospenzustand in Falten gelegt und zusammengedreht, breit-trichterförmig, undeutlich zipfelig, weiß mit rosafarbenen Streifen oder rosa, außen meist dunkler. Staubfäden am Grunde verbreitert, mit der Krone verwachsen (1b) und die unterhalb des Fruchtknotens sitzenden Honigdrüsen Ho verdeckend, daß zu ihnen nur 5 enge Zugänge führen. Die Filamente legen sich dicht an den Griffel. Staubbeutel violett, seltener gelb. Narbenäste mehr oder weniger waagrecht abstehend. Kapsel rundlich-eiförmig, 2fächerig, meist 4–5samig.
**Zaunwinde,** *C.sepium.* 2 große Hochblätter unter dem Kelch. Blüte größer als bei voriger Art und weiß. –
**Hopfenseide,** *Cuscuta europaea* (**„Teufelszwirn"**), *Cuscuta* Parasiten.
**Fam. Hydrophyllaceae.** Kapselfrüchte. *Phacelia tanacetifolia,* Bienenfutterpflanze in NA.

**Familie Rauhblattgewächse, Boraginaceae 2–2m**

**Blütenbauplan.**
Blüten meist radiär (2a, 2e, 2f), vereinzelt schwach dorsiventral (2g). Häufig ist die Krone nach innen zu 5 Schlundschuppen Sl (2f) ausgestülpt, die den Eingang zum Nektar, der sich am Grunde des Fruchtknotens befindet, verschließen und den Zutritt nur bestimmten Insektenarten gestatten (besonders Bienen). Die Schlundschuppen dienen außer als Honigmale und Honigdecke auch zur Führung des Insektenrüssels an der Narbe vorbei.
Der oberständige, in der Regel 2blättrige Fruchtknoten trägt an jedem Fruchtblatt nur 2 Samenanlagen. Durch Bildung einer falschen Scheidewand zwischen den beiden Samenanlagen eines jeden Fruchtfaches wird der anfangs 2fächerige Fruchtknoten zum Teil tief eingeschnürt und hierdurch 4teilig. Schon in der Blüte ist die tiefe Vierteilung des Fruchtknotens zu erkennen. (2c,2f,2k). Bei der Reife entstehen so 4 einsamige, als „Klausen" bezeichnete Bruchfrüchtchen (2k), den *Lamiaceae* ganz ähnlich, die Keimwurzel aber aufwärtsgewandt (2n). Griffel grundständig (2f,2k,2m); nur bei *Heliotrop* noch endständig (2d) wie bei den **Windengewächsen** (1b). Bei *Echium,* **Natterkopf,** ist die Krone schief trichterförmig (2g). Diese Entwicklung zur Zygomorphie kommt bei den *Lamiaceae* zur vollen Ausprägung (Tfl. 38 2a,3a). Blütenformel wie **Windengewächse,** aber jedes der 2 Fruchtknotenfächer in 4 Klausen mit je 1 Samen zerfallend. Blütenformel i.d.Regel
* K5 [C(5) A5 ] G($\underline{2}$).

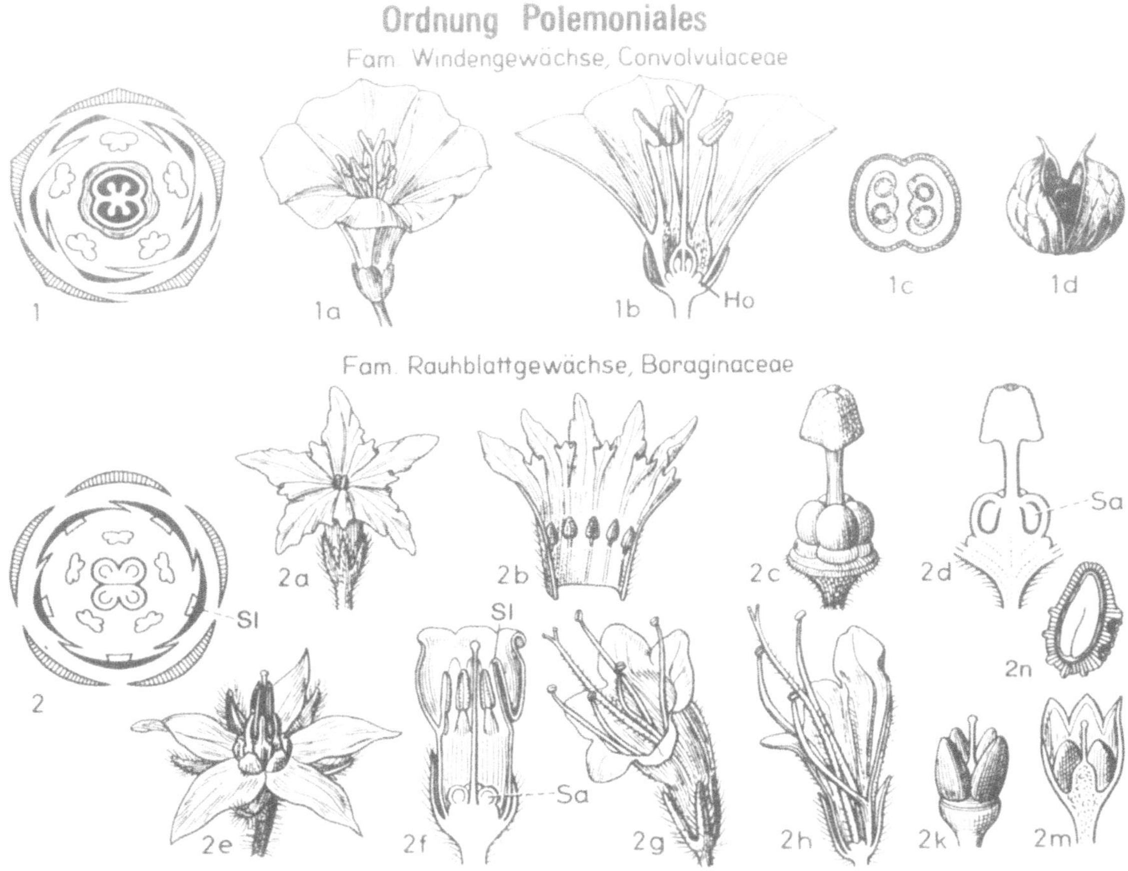


Tafel 35 – 1 Großblütige Zaunwinde, Convolvulus sepium, Blütengrundriß. 1a Ackerwinde, C.arvensis, Blüte. 1b Blüte längs. 1c Fruchtknoten quer. 1d C.sepium, aufspringende Frucht. – 2 Gemeine Ochsenzunge, Anchusa officinalis, Blütengrundriß. 2a Sonnenwende, Heliotropium europaeum Blüte. 2b Krone von innen. 2c Stempel. 2d Stempel längs. 2e Boretsch, Borago officinalis, Blüte. 2f Gemeiner Beinwell, Symphytum officinalis, Blüte längs. 2g Natterkopf, Echium vulgare, Blüte. 2h Blüte längs. 2k Vergißmeinnicht, Myosotis, Frucht. 2m Frucht mit Kelch, längs. –

Ho Honigdrüse. Sa Samenanlage. Sl Schlundschuppe.

## Ordnung Scrophulariales (=Personatae) Tfl. 36 u. 37

Typische Merkmale im Blütenbau. Blüten ± dorsiventral; Neigung zu starker Staubblatt-Reduktion, oft A5→A4→A2; Fruchtknoten meist 2blättrig; Kapselfrüchte oder Beeren mit vielen Samenanlagen.

### Familie Nachtschattengewächse, Solanaceae 1-2e

**Blütenbauplan** der Nachtschattengewächse.

Blütenstand meist eine Wickel ohne Hochblätter. – Blüten meist strahlig; zygomorph beim Bilsenkraut (2,2a,2b,2c). Kelch 4- oder 5spaltig; Krone vereintblättrig, röhren- oder trichterförmig, 4- oder 5zipfelig; 5 Staubblätter; 1 Stempel. Die Scheidewand des 2blättrigen Fruchtknotens steht meist schief zur Mediane (1 u. 2), eine nur dieser Familie zukommende Eigentümlichkeit. An dicker, scheidewandständiger Plazenta zahlreiche Samen. Blütenformel meist noch * oder ↓K (5) [C(5) A5] G (2).

A. mit Beeren. **Kartoffel,** *Solanum tuberosum* 1-1d. Staubbeutel öffnen sich an der Spitze mit Löchern (1c). – Hierher gehören z.B. **Nachtschatten, Tomate, Tollkirsche, Erdkirsche;** *Physalis*: Aufgeblasener, gefärbter Kelch umschließt lose die kugelige Beere. **Span. Pfeffer,** *Capsicum.*

B. mit Kapseln. **Bilsenkraut,** *Hyoscyamus,* 2-2e. Deckelkapsel. **Stechapfel,** *Datura.* Stachelige Kapsel, oben 2-, unten 4fächerig, scheidewandspaltig, mit 4 Klappen sich öffnend. Bei den Kapselfrüchtigen finden wir die am meisten durch zygomorphe Blüten abweichenden Formen, die den Übergang zu den Rachenblütlern vermitteln.

### Fam. Rachenblütler, Scrophulariaceae 3-3d

**Schuppenwurz,** *Lathraea 3-3d.* Hinterstes Kelchblatt fehlt (3). Krone stark 2lippig. Fruchtknoten 1fächerig mit 2 wandständigen Plazenten (3d); nähert sich hierdurch der tropischen Familie *Gesneriaceae* sowie den beiden folgenden Familien: **Sommerwurzgewächse** und **Wasserschlauchgewächse.** Mit diesen beiden Familien teilt sie auch die Sonderstellung bezüglich der Ernährung.

### Familie Sommerwurzgewächse, Orobanchaceae 4-4f

Parasitische Kräuter ohne Chlorophyll, mit schuppenförmigen Blättern und Haustorien. Blüten entomogam, in traubigen oder ährigen Blütenständen, selten einzeln endständig. Blüten stark zygomorph; das hintere Kelchblatt fehlt oft und die anderen werden zu 2 seitlichen vereinigt (4b). Nur 1 Fach im Fruchtknoten und 2 oder 4 seitenwandständige Plazenten (4e).

### Fam. Wasserschlauchgewächse, Lentibulariaceae 5-5f

Blätter oft dimorph, mit besonderen Einrichtungen zum Insektenfang: Blattfläche mit Fangblasen, Verdauungsdrüsen. Blüten einzeln oder in traubigen oder ährigen Blütenständen.

Abweichungen von den **Rachenblütlern:** haben nur 2 Staubblätter (5), und zwar die vorderen, sowie einen 1fächerigen Fruchtknoten mit freier, zentraler Plazenta (5,5c), wie bei den *Primulaceen.* Kelch und Krone stark 2lippig; Krone gespornt, beim **Wasserschlauch** *Utricularia* auch maskiert. Frucht eine Kapsel.

### Fam. Wegerichgewächse, Plantaginaceae 6-6c.

Verwandtschaftliche Beziehung noch umstritten. Blüten strahlig, zwittrig; Kelch 4teilig, bleibend (6a,6b); Krone vereintblättrig, trockenhäutig, mit 4 abstehenden Zipfeln (6a,6b); 4 lang herausragende Staubblätter; vorwiegend Windbestäubung; 2 Fruchtblätter; Fruchtknoten mit einem langen, fadenförmigen, ungeteilten, behaarten Griffel, oberständig (6c), meist 2fächerig (6c), bisweilen durch falsche Scheidewände 3-4fächerig. Frucht eine Deckelkapsel (6d).

Die Blüte der **Wegerichgewächse** läßt sich von der zygomorphen Blüte der **Rachenblütler** und ihrer Verwandten ableiten. Der **Blütenbau** ist scheinbar ein strahliger. Die Reduktion, die man bei *Veronica* beobachtet (Tfl. 37), ist auch bei den **Wegerichgewächsen** durchgeführt; nur ist hier die ganze Blüte 4zählig geworden. Der hintere Kronenlappen ist aus zweien verwachsen, entspricht also der 2blättrigen Oberlippe der **Rachenblütler.** Das hintere Staubblatt und das hintere Kelchblatt sind ganz unterdrückt (6). Die Übereinstimmung mit *Veronica* (Tfl. 37) wird vollständig, wenn wir bei dieser noch die beiden vorderen unterdrückten Staubblätter ergänzen. Wir können daher auch für *Plantago* die nämliche Erklärung annehmen wie bei *Veronica,* daß nämlich der Bauplan ursprünglich 5zählig sei. Der 2lippige Charakter ist beim **Wegerich** ganz unter einem strahligen, anscheinend 4zähligen Äußeren verborgen.

Die Familie ist auch ein Beispiel des Überganges von Insektenblütigkeit zur Windblütigkeit und von starker Reduktion des Diagrammes. *P.maior* und *P.lanceolata* haben nachstäubende (protogyne) Windblüten. *P. media* hat 3 Arten Blüten: einige windblütig: große Narbe und große Staubfäden; andere sind insektenblütig: kleine Narbe und kleine Staubfäden (6a,6b).

**Tafel 36** – 1 Kartoffel, Solanum tuberosum. Blütengrundriß. 1a Blüte von vorn. 1b Staubblatt. 1c Blüte längs, Pollen herausrieselnd. 1d Frucht quer. – 2 Helles Bilsenkraut, Hyoscyamus albus, Blütengrundriß. 2a Blüte von vorn. 2b Blüte von der Seite. 2c Blumenkrone, innen mit Staubblättern und Stempel. 2d Kapsel, aufgesprungen. 2e Unterer Teil der Frucht, quer. – 3 Rötliche Schuppenwurz, Lathraea squamaria, Blütengrundriß. 3a Blüte von der Seite. 3b Blüte längs. 3c Reife Frucht. 3d Fruchtknoten quer. – 4 Ästige Sommerwurz, Orobanche ramosa, Blütengrundriß. 4a Kleine Sommerwurz, O.minor, Blüte von vorn. 4b Blüte von der Seite. 4c O.ramosa, Blüte längs. 4d Weiße Sommerwurz, O.alba, Staubblätter und Stempel. 4e Blutrote Sommerwurz, O.gracilis, Fruchtknoten quer. 4f Reife Fruchtkapsel. – 5 Alpen-Fettkraut, Pinguicula alpina, Blütengrundriß. 5a Gemeines Fettkraut, P.vulgaris, Blüte. 5b Gemeiner Wasserschlauch, Utricularia vulgaris, Blüte längs. 5c P.alpina, Fruchtknoten längs mit 1 Staubblatt. 5d Fruchtknoten quer. 5e P.vulgaris, Frucht längs. 5f Frucht aufgesprungen. – 6 Mittlerer Wegerich, Plantago media, Blütengrundriß. 6a Blüte, der Windbestäubung angepaßt. 6b Blüte, der Insektenbestäubung angepaßt. 6c Großer Wegerich. P.major, Blüte längs. 6d Aufspringende Kapsel. 6e Spitz-Wegerich, P.lanceolata, Frucht quer.

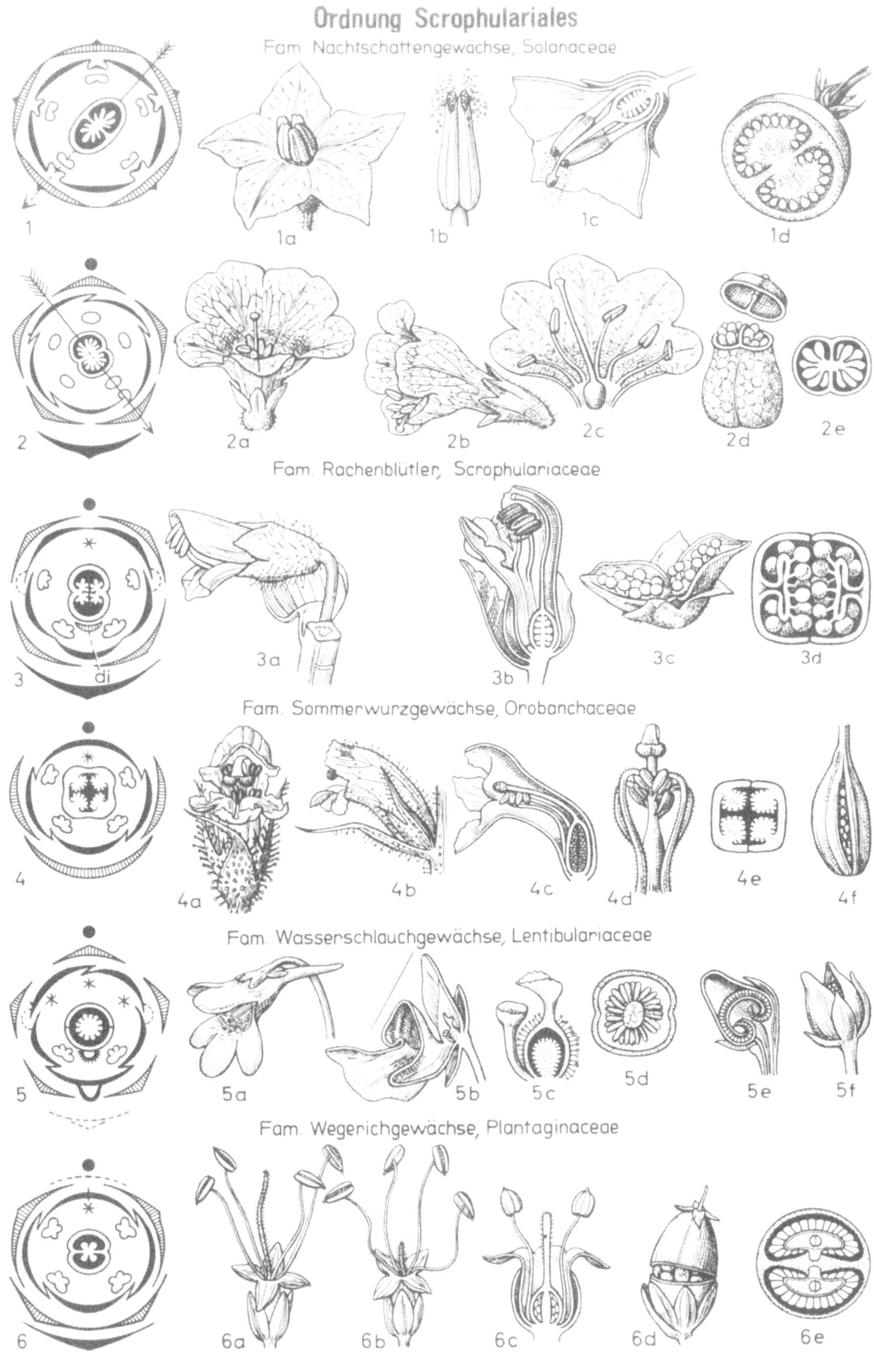
Ordnung Scrophulariales
Fam. Nachtschattengewächse, Solanaceae
1
1a
1b
1c
1d
2
2a
2b
2c
2d
2e
Fam. Rachenblütler, Scrophulariaceae
3
di
3a
3b
3c
3d
Fam. Sommerwurzgewächse, Orobanchaceae
4
4a
4b
4c
4d
4e
4f
Fam. Wasserschlauchgewächse, Lentibulariaceae
5
5a
5b
5c
5d
5e
5f
Fam. Wegerichgewächse, Plantaginaceae
6
6a
6b
6c
6d
6e

**Familie Rachenblütler, Scrophulariaceae Tfl. 37**

**Blütenbauplan**

Typisch sind 2 in der Mediane stehende Fruchtblätter. Fruchtknoten oberständig, 2blättrig, Frucht 2fächerige, 2klappige Kapsel mit scheidewandspaltigem Aufspringen. Meist dicke, zentrale Plazenta mit vielen Samen. Die einzelnen Gattungen lassen sich in einer Reihe anordnen, die eine schrittweise Entwicklung erkennen läßt. Von den in der Entwicklungsreihe eintretenden Veränderungen werden alle Blütenteile ergriffen, am stärksten das Androeceum durch Reduktion. Der Kelch ist fast überall noch regelmäßig 5zähnig. Nur bei Veronica (7-7d) ist das mediane, dorsal stehende Kelchblättchen kleiner oder fehlt meist ganz (7). Die Krone ist bei der **Königskerze**, *Verbascum*, fast strahlig, radförmig (1a); bei allen anderen Gattungen in verschiedenem Grade zygomorph: **Braunwurz**, *Scrophularia*, hat eine krugförmig-glockige, kurz 2lippige Krone (2-2b); bei *Linaria* (4-4b) und *Antirrhinum* (3) ist die Krone 2lippig; die stark emporgewölbte Unterlippe verschließt mit dem Gaumen den Schlund und verbirgt so Staubblätter und Stempel (daher *Personatae* von persona = Maske). Die Kronröhre ist am Grunde ausgesackt, bei Linaria ein Sporn. Staubblätter sind bei *Verbascum* noch 5 entwickelt; diese sind aber nur selten gleich gestaltet, unterscheiden sich vielmehr durch Länge und Behaarung. Bei *Scrophularia* ist das mediane Staubblatt nur noch als Staminodium Sd vorhanden oder ganz ausgefallen wie z.B. bei *Digitalis*. Bei *Gratiola* und *Veronica* sind nur noch 2 fruchtbare Staubblätter vorhanden, da die beiden unteren rückgebildet sind oder fehlen. Blütenformel für Verbascum K5 [C(5) A5] G(2). Blütenformel für *Veronica* ↓K4 [C4 A2] G(2).

Unterfam. **Klappertopfgruppe**, *Rhinanthoideae*. Einjährige Kräuter als Halbschmarotzer, die mit Hilfe von Saugwarzen den Wurzeln anderer Pflanzen Nährstoffe entziehen, mit Ausnahme von der Schuppenwurz *Lathraea* (Tfl. 36), alle mit grünen Laubblättern. Kelch meist 4teilig (Tfl. 36/3,3a); Krone stark 2lippig; 4 zweimächtige Staubblätter; Staubbeutel am Grunde oft mit Spitzen oder Haaren; Kapsel mit fachspaltigem Aufspringen.

Gattungen: **Augentrost**, *Euphrasia;* **Wachtelweizen**, *Melampyrum;* **Klappertopf**, *Rhinanthus;* **Zahntrost**, *Odontites;* **Läusekraut**, *Pedicularis;* **Schuppenwurz**, *Lathraea*.

**Tafel 37** – 1 Schwarze Königskerze, Verbascum nigrum, Blütengrundriß. 1a Großblütige Königskerze, V.thapsiforme, Blüte von vorn. 1b Krone aufgeschnitten mit Staubblättern. 1c Frucht aufgesprungen. – 2 Gemeine Braunwurz, Scrophularia nodosa, Blüte im weiblichen Zustand, die Narbe N ragt aus dem Schlunde hervor. 2a Männlicher Zustand: Spitze des Griffels abwärts gebogen, die frühere Stelle der Narbe jetzt von den Staubblättern eingenommen. 2b Blüte längs, die zurückgebogenen Staubblätter zeigend. 2c Reife Kapsel geöffnet. – 3 Großes Löwenmaul, Antirrhinum majus, Blüte längs. 3a Reife Kapsel. 3b Kapsel längs. – 4 Gemeines Leinkraut, Linaria vulgaris, Blütengrundriß. 4a Blüte. 4b Blüte längs. 4c Wohlriechendes Leinkraut, L.odora, Fruchtkapsel. – 5 Roter Fingerhut, Digitalis purpurea, Blüte längs. 5a Reife Kapsel aufgesprungen. – 6 Gnadenkraut, Gratiola officinalis, Blütengrundriß. 6a Blüte. 6b Blüte längs. 6c Aufgesprungene Kapsel. – 7 Gamander-Ehrenpreis, Veronica chamaedris, Blütengrundriß. 7a Blüte von vorn. 7b Blüte längs. 7c Fruchtkapsel. 7d Reife Kapsel aufgesprungen.

A Anthere. K Kelch. N Narbe. O Oberlippe. Sd Staminodium. U Unterlippe. V Vorblatt.

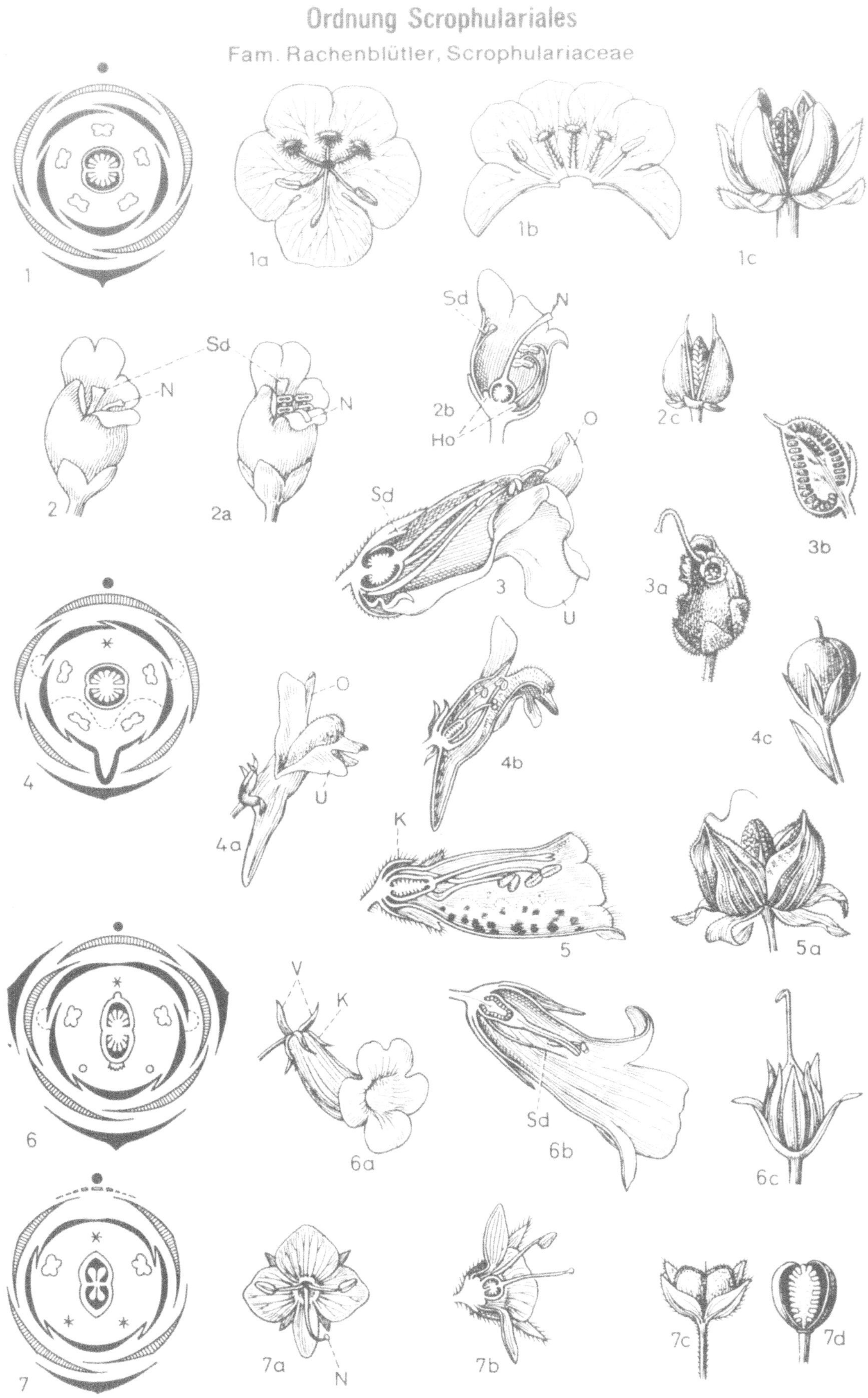
Ordnung Scrophulariales
Fam. Rachenblütler, Scrophulariaceae
1
1a
1b
1c
Sd
N
2
2a
2b
2c
Ho
O
3
3a
3b
U
4
4a
4b
4c
K
5
5a
V
6
6a
6b
6c
7
7a
7b
7c
7d

## Ordnung Lamiales Tfl. 38

**Blütenbauplan der Lamiales.**

Die **Eisenkrautgewächse** mit teils strahligen und teils dorsiventralen Blüten bilden einen Übergang von den **Rauhblättrigen** (Tfl.35) zu den *Lamiaceae*. Sie sind mit letzteren eng verwandt, unterscheiden sich aber u.a. durch den auf dem Scheitel des Fruchtknotens aufgesetzten Griffel. Die Blüte der Lamiaceae ist dorsiventral-2lippig. Die Oberlippe entsteht aus den 2 oberen, die Unterlippe aus den 3 unteren Kronblättern. Staubblätter meistens 4. Kelch verwachsen, häufig 2lippig. Die 4 Staubblätter (das mediane fehlt) sind paarweise ungleich lang. Bei der Gattung Salvia (**Salbei**) sind nur die 2 unteren Staubblätter vorhanden und nur je eine Theka erzeugt Pollen. Der tief 4teilige Fruchtknoten bildet Klausen. Mikropyle und Radicula sind nach unten gekehrt; (bei den **Rauhblättrigen** nach oben). Blütenformel meist ↓ K(5) [C(5) A4:1°] G(2).

**Fam. Eisenkrautgewächse, Verbenaceae 1-1e**

Teils aktinomorphe, teils zygomorphe Blüten (1a,1b). Mit den Lamiaceae nah verwandt. 5 Kelch-, 5 Kronblätter in vereintblättriger, zygomorpher Krone,nicht so stark lippig (1a,1b) wie bei den *Lamiaceae*; 4 oder 2 Staubblätter; Fruchtknoten aus 2 Fruchtblättern bestehend, aber nicht 4lappig mit grundständigem Griffel (2c,2d), sondern ungeteilt und mit endständigem Griffel (1b,1c); gewöhnlich 4teilige Spaltfrucht (1d).

**Fam. Lippenblütler, Lamiaceae (=Labiatae) 2-3f**

Blüten meist zu blattachselständigen Scheinquirlen zusammengedrängt. Diese bilden häufig kopfigen oder ährenartigen Gesamtblütenstand.

**Blütenbauplan.**

Krone nur bei *Mentha*, **Minze** annähernd aktinomorph, sonst überall zygomorph mit Röhre und meist 2lippigem Saum (2a,2b,3a,3b). Staubblätter mit der Krone verwachsen. Das in die Mediane fallende Staubblatt wird, wie es bei Zygomorphie häufig vorkommt, reduziert, so daß nur 4 Staubblätter vorhanden sind (2). Fruchtknoten oberständig (2d), tief 4teilig, bei der Reife 4 Klausen bildend (2e, 2f). Mikropyle und Keimwurzel sind nach unten gekehrt (2d, 2e). Bei der Gattung *Salvia*, **Salbei** lautet die Blütenformel: K(5) [C(5) A2] G(2).

**Weiße Taubnessel**, *Lamium album* 2-2f. Die Fünfzipfeligkeit des Kelches weist darauf hin, daß das Perianth insgesamt nach der Fünfzahl gebaut ist. Die Krone ist nach allgemeiner *Sympetalenart* in Tubus und Saum gegliedert. Der Kronsaum gliedert sich in Ober- und Unterlippe. Die Oberlippe besteht aus 2, die Unterlippe aus 3 verwachsenen Kronblättern; die seitlichen sind zurückgebildet (2a). 2 kurze und 2 lange Staubblätter; das hintere Staubblatt fehlt (2,2c). Der 2blättrige, aber schon zur Blütezeit tief 4teilige, oberständige Fruchtknoten bildet Klausen, in denen Mikropyle und Radicula nach unten gekehrt sind. Der Griffel ist zwischen ihnen eingefügt. Diese extrem dorsiventrale Blütenform läßt sich aus radiären Bauverhältnissen ableiten.

**Wiesen-Salbei**, *Salvia pratensis* 3-3f. Bei genauer Untersuchung entdeckt man in der Blüte noch 2 rudimentäre Staubblätter (rSt in 3b, im Diagramm 2 Punkte). Die beiden fruchtbaren Staubblätter weichen in ihrem Bau stark vom normalen Staubgefäß ab, an dem man Staubfaden, 2 Staubsäckchen mit Mittelband unterscheidet. Betrachtet man eines der 2 Staubgefäße des Salbei von den ersten Jugendstadien an genauer, so ergibt sich (3c-3f), daß nur 1 Staubsäckchen ausgebildet wird (3c). Das wie ein Staubfaden aussehende Gebilde (Ko in 3c,3d) ist in Wirklichkeit die sehr stark in die Länge gewachsene Hälfte des Mittelbandes, während die andere Mittelbandhälfte sich zu einer Platte (st) löffelartig verbreitert. Das dieser zugehörende Staubsäckchen verkümmert so stark, daß kaum noch eine Spur davon nachweisbar ist (3c). Der eigentliche Staubfaden (Sf in 3c) bleibt ganz kurz. Er ist durch ein Gelenk (Ge in 3e) drehbar mit dem Mittelband Ko verbunden. Wie ein Druck (Pfeil) auf die beiden an ihrer Spitze in loser Verbindung stehenden Platten st zeigt, ist das Ganze um die 2 Gelenke drehbar (3f). Die beiden an der Druckplatte st miteinander verbundenen Staubgefäße stellen einen 2armigen Hebel dar, dessen langer Hebelarm mit den Staubsäckchen der Biene auf den Rücken klopft, wenn diese mit dem Kopfe gegen die Druckplatte st stößt, um den Weg zum Nektar im Grunde der Blütenröhre freizumachen. Der Griffel Gr wächst erst nach der Pollenreife aus der Oberlippe heraus und biegt die gespreizte Narbe N soweit nach unten, daß diese in Höhe des Bienenrückens kommt (3a,3b), wobei dieser mitgebrachten Pollen an der Narbe abstreift.

**Fam. Wassersterngewächse, Callitrichaceae 4-4m**

**Großblütiger Wasserstern**, Callitriche stagnalis, 4 Grundriß der ♂ Blüte. 4a Grundriß der ♀ Blüte. 4b Grundriß zweier Blüten einer Blattachsel: die obere ♂ mit 2 Vorblättern, die untere ♀ ohne Vorblätter. 4c Zweigstück mit ♂ und ♀ Blüten. 4d ♂ Blüte mit einem Staubblatt. 4e ♀ Blüte. 4f ♀ Blüte längs. 4g Frucht von der Breitseite. 4h Frucht von der Schmalseite. 4k Frucht von oben. 4m Frucht quer.

In den Blattachseln sitzen einzeln unscheinbare Blüten, sehr klein, stark reduziert, perianthlos, aber meist mit 2 sichelförmig gebogenen, länglichen Vorblättern, stets 1geschlechtig und 1häusig. ♂ Blüten nur 1 Staubblatt (4d,4c); Staubfaden lang, fadenförmig; Staubbeutel 4fächerig (4). ♀ Blüten 1 Fruchtknoten, von 2 Fruchtblättern gebildet (4e,4a,4c). Fruchtknoten ursprünglich 2fächerig, wird durch Bildung falscher Scheidewände 4fächerig (4a,4b); jede der 4 Klausen mit 1 hängenden, umgewendeten Samenanlage, die nur 1 Integument hat (4f,4a,4b); aufwärts gewendete Mikropyle. Frucht seitlich zusammengedrückt, nicht aufspringend, sondern in 4 1samige Teilfrüchtchen (Nüßchen) zerfallend (4k,4m) Frucht mit geflügelten Außenkanten (4g,4h).

Systematische Stellung infolge der starken Reduktion der vegetativen und generativen Organe sehr umstritten. Früher meist als abgeleitete Form der *Euphorbiaceae* oder auch als selbständige Ordnung angesehen. Neuerdings hinsichtlich der embryologischen u.a. Tatsachen (1Integument) den *Lamiaceae* angeschlossen.

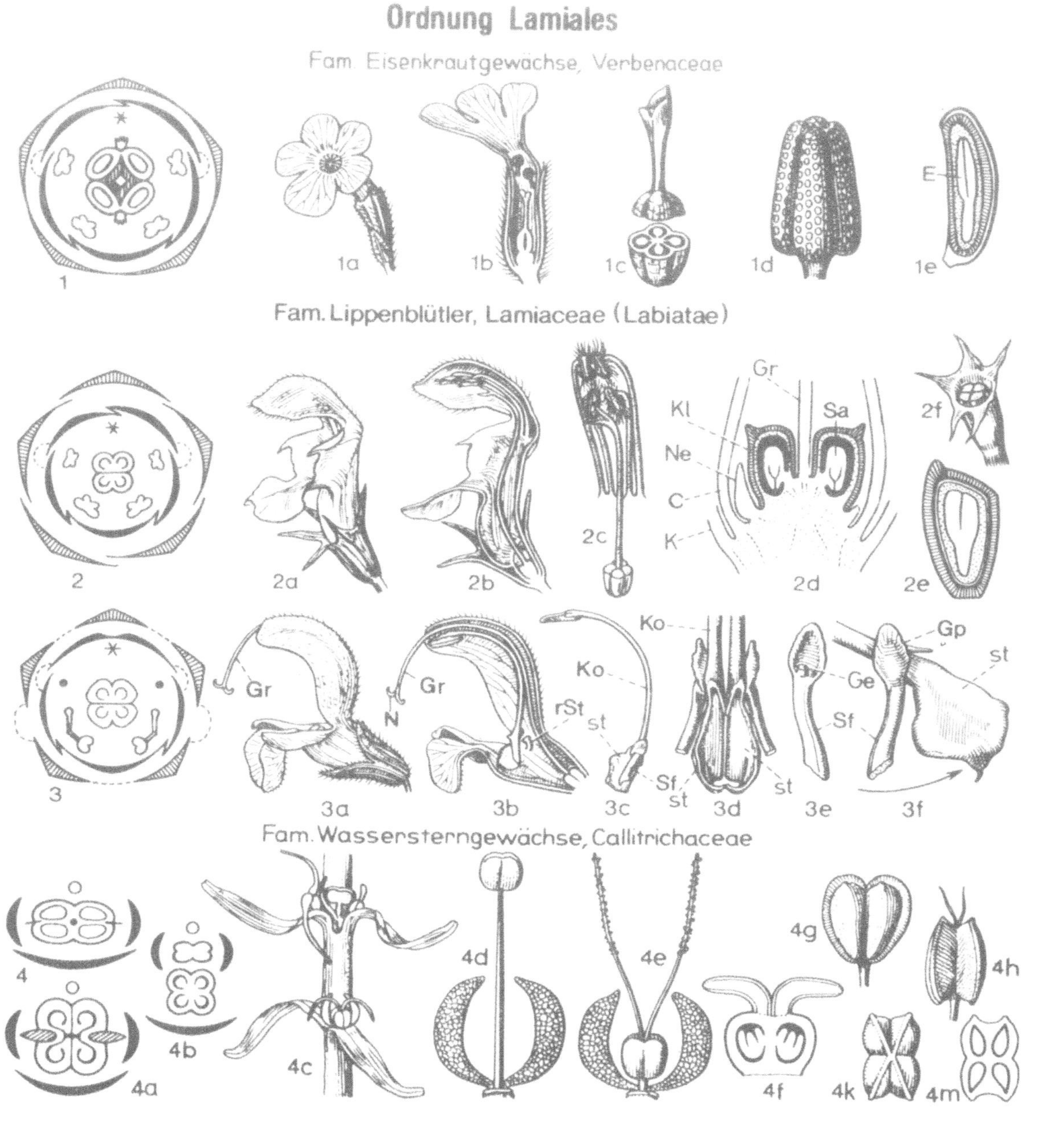


**Tafel 38** – 1 Eisenkraut, Verbena officinalis, Blütengrundriß. 1a Blüte. 1b Blüte längs. 1c Stempel; Fruchtknoten quer. 1d Ganze Frucht. 1e Einzelne Fruchtklause, längs. – 2 Weiße Taubnessel, Lamium album, Blütengrundriß. 2a Blüte. 2b Blüte längs. 2c Stempel und Staubblätter. 2d Gefleckte Taubnessel, L.maculatum, unterer Teil der Blüte längs. 2e L.album, Reife Klause längs. 2f Kelch mit 4 Klausen. – 3 Wiesen-Salbei, Salvia pratensis, Blütengrundriß. 3a Blüte. 3b Blüte längs. 3c Staubblatt in Außenansicht: Ko die stark in die Länge gewachsene Hälfte des Mittelbandes (Konnektiv); st die andere Mittelbandhälfte zur Platte verbreitert; Sf der eigentliche Staubfaden, das Filament. 3d Staubblätter, unterster Abschnitt. 3e Filament und Gelenk. 3f Staubfaden bei Druck (Pfeil) auf die unfruchtbare Hälfte des Mittelbandes.

C Krone. E Embryo. Ge Gelenk. Gp Gelenkpfanne. Gr Griffel. Ho Honigdrüse. K Kelch. Kl Klause. Ko Konnektiv. N Narbe. Ne Nektarium. rSt rudimentäres Staubblatt. Sa Samenanlage. Sf Staubfaden, Filament. st sterile Antherenhälfte, Mittelbandhälfte, Platte.

Die Überordnung *Asteranae* umfaßt die Ordnungen *Campanulales* und *Asterales.*

## Ordnung Campanulales Tfl. 39

**Fam. Glockenblumengewächse, Campanulaceae, Blütenbauplan.**

Krone oft glockenförmig. Blüte strahlig. Fruchtknoten meist 3, seltener 2-5blättrig; entsprechende Zahl Narben und Fächer (1,1a). Zentrale Plazentation mit vielen Samenanlagen (1,1b,2,3b). Staubblätter frei oder die Antheren zur Röhre verklebt. Honigscheibe Ho auf dem Fruchtknoten von den oft breiten, freien Grundteilen der Staubblätter bedeckt. Die lose sich zusammenschließenden Staubbeutel trennen sich nach der Pollenentleerung (1e,2e,3b). Die Teufelskralle hat auch anfangs verklebte Kronzipfel (2a,2b), die sich später trennen. Frucht eine 3(2-5)fächerige Kapsel, die sich mit Löchern öffnet (1g,3c), selten eine Beere. Viele Samen. Blütenformel K5 C(5) A5 G3 (2-5).

Gattung **Glockenblume,** *Campanula* 1-1g. Blüten meist in lockeren Rispen, einzeln endständig, zwittrig, strahlig. Kelch oberständig (1b,1c) mit 5 freien Zipfeln, zuweilen mit Anhängseln. Blumenkrone glockig, blau oder violett, seltener blaßgelb, ausnahmsweise weiß, trichterförmig, mit 5lappigem Saum und dreieckigen bis lanzettlichen Zipfeln. Staubblätter 5,mit am Grunde verbreiterten Staubfäden (1c-1e). Fruchtknoten unterständig, 3-oder 5fächerig mit zahlreichen, zentralwinkelständigen Samenanlagen. Kapsel mit 3-5 seitlichen Löchern sich öffnend (1g).

Gattung **Teufelskralle,** *Phyteuma,* 2-2d. Blüten in dichter Ähre oder kugeligem Köpfchen vereinigt. Kelch K oberständig, mit 5 lanzettlichen Zipfeln (2a,2b). Blumenkrone C tief 5spaltig; Zipfel zuerst an der Spitze miteinander verbunden (2a,2b). Staubblätter St 5. Fruchtknoten Fr unterständig, 2-3fächerig (2). Griffel Gr verlängert, zuletzt mit zurückgerollten Narben N (2d,2e). Kapsel 2-3fächerig, jedes Fach mit 1 Loch sich öffnend.

Gattung **Sandglöckchen,** *Jasione,* 3-3c. Blüten klein, in endständigem, kugeligem, von Hüllblättern umgebenem Köpfchen (3a). Kelch K mit 5 schmalen Zipfeln (3-3c). Krone C aus 5 schmalen, freien Zipfeln bestehend, zuerst vereinigt, dann vom Grunde her sich teilend. Kapsel öffnet sich an der Spitze mit 2 kurzen Klappen (3c).

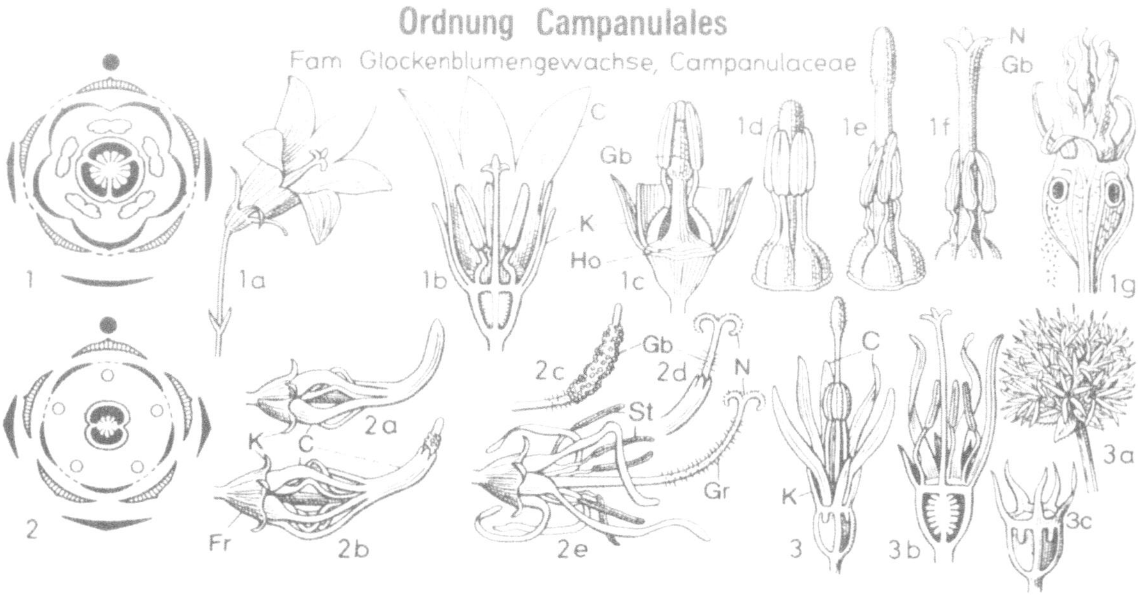


**Tafel 39** – 1 Glockenblume, Campanula, Blütengrundriß. 1a Wiesen-Glockenblume, C.patula. 1b Blüte längs. 1c-1f Kleine Glockenblume, C.cochleariifolia (pusilla). 1g Pfirsichblättrige Glockenblume, C.persicifolia. Kapsel, Samen ausstreuend. – 2 Teufelskralle, Phyteuma spicatum, Blütengrundriß. 2a-2e Bestäubung. – 3 Gebirgs-Sandglöckchen, Blüte. 3a Blütenstand: Köpfchen. 3b Blüte längs. 3c Frucht.

C Krone, Corolle. Gb Griffelbürste. Fr Fruchtknoten. Gr Griffel. Ho Honigdrüse. K Kelch. N Narbe. St Staubblätter.

## Ordnung Asterales (=Compositae, Korbblütler) Tfl. 40

Einzelblüten zu Körbchen vereinigt. Die Blumenkrone C der Einzelblüte kann sein:
a) röhrenförmig, d.h. mit einem unteren röhrenförmigen Abschnitt und einem strahligen, 5zähligen Saum: Röhrenblüten (1-1c,2a,3,4,4a,5-5c).
b) zungenförmig, d.h. die Krone ist hinten weit hinab gespalten und vorne in einen langen, zungenförmigen Teil ausgezogen. Man unterscheidet die echte und die unechte zungenförmige Krone. Erstere hat 5 Zähne an der Spitze (6,7) und enthält alle Kronblätter in sich vereinigt, so bei allen *Cichoriaceae.* Bei der unechten zungenförmigen Krone trägt die Zunge nur 3 Zähne (1d, 1f,2c,3b), oder sie ist unregelmäßig 2-3zähnig (1f). Sie besteht nur aus 3 Blättern. Bei der **Sonnenblume** und vielen anderen *Asteraceae* treten die Zähne so stark hinter die ihnen gemeinsame Grundfläche zurück, daß sie bei oberflächlicher Betrachtung dem Auge ganz entgehen (Zu in 1d), so daß die Ähnlichkeit mit einem einfachen Blumenblatt entsteht.

**Blütenbauplan** der Asterales.

Eine stark abgeleitete, natürliche Verwandtschaftsgruppe. Traubig-ähriger Blütenstand als Köpfchen („Blütenkörbchen“: Pseudanthien) mit kelchartigen Blütenhüllblättern, Hochblattkelch Hk, Involukrum. Die Blütenstandsachse, der Blütenboden, ist entweder kegelig verlängert oder flach; bisweilen noch schuppenförmige Tragblätter T in 1,1a (Spreublätter) vorhanden, teils fehlen sie. In den Körbchen entweder strahlige 5zipfelige Röhrenblüten Rö (1d), auch Scheibenblüten genannt, oder dorsiventrale Zungenblüten Zu in 1d (Strahlblüten mit 3 bzw. 5 Kronzipfeln einseitig zu einer Zunge ausgezogen), oder beide Blütentypen nebeneinander: Zungenblüten außen, Röhrenblüten innen. Kelch zu Schuppen, Borsten oder Haaren (Pappus) Pap in 7c, umgebildet oder völlig rückgebildet; dient oft der Fruchtverbreitung. 5 Staubblätter mit freien Staubfäden an der Krone sitzend; Staubbeutel durch Kutikula zur Röhre SR verklebt, in die der Pollen Po entleert wird (1b,5b,5e). Griffelbürste Gb (1a,1b,5b,5d-5f) fegt den Pollen aus der Staubbeutelröhre SR infolge Streckung des Griffels (1a,1b) oder durch Verkürzung der Staubfäden (5b-5f) heraus. Danach spreizen die beiden Narbenlappen auseinander, so daß die empfängnisfähige Innenseite frei ist; die Blüten sind also vorstäubend (proterandrisch). Fruchtknoten unterständig, 2blättrig, 1fächerig mit 1 Samenanlage; Nußfrüchte, fehlendes Nährgewebe (1g).
Blütenformel der Asterales K0 [C(5) A(5)] G($\overline{2}$).

Die Ordnung wird in 2 Familien eingeteilt: Fam. *Asteraceae (-Compositae-Tubuliflorae)* und Fam. *Cichoriaceae (=Compositae=Liguliflorae).*

Die Reihenfolge der Gruppen bei den *Asteraceae* ist auf Tafel 40 keine natürliche, sondern es werden zuerst bekannte Schulbeispiele zwecks Erklärung wichtiger Grundbegriffe vorangestellt. Fam. *Asteraceae.* **Sonnenblume,** *Helianthus annuus.* Fig. 1 ist der Grundriß einer Röhrenblüte. Die Trag- oder Deckblätter T sind zu Spreublättern zurückgebildet. Sie stehen zwischen den Einzelblüten (1a-1d) oder fehlen ganz. Kelch, Krone und Androeceum 5zählig; 2 mediane Fruchtblätter bilden den Fruchtknoten (1). Kelch meist rudimentär (K in 1-1d). Staubbeutel zu einer den Griffel umgebenden Röhre verklebt: SR. Fruchtknoten unterständig, 1fächerig, mit 1 aufrechten, umgewendeten Samenanlage Sa (1e). Frucht eine 1samige, dünnschalige Nuß (Achäne) 1g. Same ohne Nährgewebe (1g). Die bei allen *Asterales* angetroffene Achäne bleibt bei der Reife geschlossen, da die pergamentartige Fruchthülle mit der Samenschale ± verwachsen ist. Blüten vorstäubend. Durch Insekten gelangt der Pollen auf die Narbe einer Blüte, deren 2 Äste sich schon ausgebreitet haben. Bei der **Sonnenblume** (1a-1e) besitzen die Röhrenblüten einen normal ausgebildeten Stempel mit Fruchtknoten, Griffel und Narbe. Die Zungenblüten haben nur schwach entwickelten Fruchtknoten; Griffel mit Narbe fehlt meist ganz (1d). Zungenblüten unfruchtbar; Röhrenblüten liefern Früchte. Verkümmert ist bei diesen nur der Kelch, der aus 2 oder 3 Spreublättchen besteht und bei den Zungenblüten ganz fehlt. Schutz der Blüten nur durch den Hüllkelch Hk. – **Ringelblume** *Calendula* 2-2d. Die Röhrenblüten besitzen alle Teile der Blüte bis auf den Kelch (2,2a,2b); liefern keine Frucht, da der Fruchtknoten schwach entwickelt (2a). Die Strahlenblüten haben fruchtbaren Stempel mit Fruchtknoten, Griffel und Narbe, während außer Kelch auch noch die Staubblätter fehlen (2c). Die Röhrenblüten sind nur Pollenlieferanten. Bei Calendula haben die Scheibenblüten den Fruchtknoten zurückgebildet rFr, sind also rein männlich geworden. – Bei **Arnica** (3-3b) sind die Scheibenblüten fruchtbar und die Randblüten unfruchtbar; Pappus vorhanden. – **Gem.Wasserdost,** *Eupatorium cannabinum* (4,4a). Nur Röhrenblüten; alle zwittrig, röhrig, 5zähnig. Pappus aus einfachen Haaren. – **Kornblume,** *Centaurea cyanus* 5-5f. Nur Röhrenblüten; Scheibenblüten Sb (5b-5f) fruchtbar, Randblüten (5a) unfruchtbar. Bei diesen Krone trichterförmig erweitert, mächtig entwickelt und stark nach außen gebogen (5,5a). Bei Berührung (5d,5e) Verkürzung der reizbaren Staubfäden rZ und Herabziehen der Staubbeutelröhre, so daß durch den behaarten Griffel (5f) der Blütenstaub herausgeschoben wird. Kranz von Fegehaaren Gb unterhalb der sich später spreizenden Narbe.

Fam. *Cichoriaceae.* Nur Zungenblüten; Zunge aus 5 Kronzipfeln verwachsen; Milchröhren. Auf der Tafel: **Wegwarte 6,6a; Löwenzahn** 7-7c.

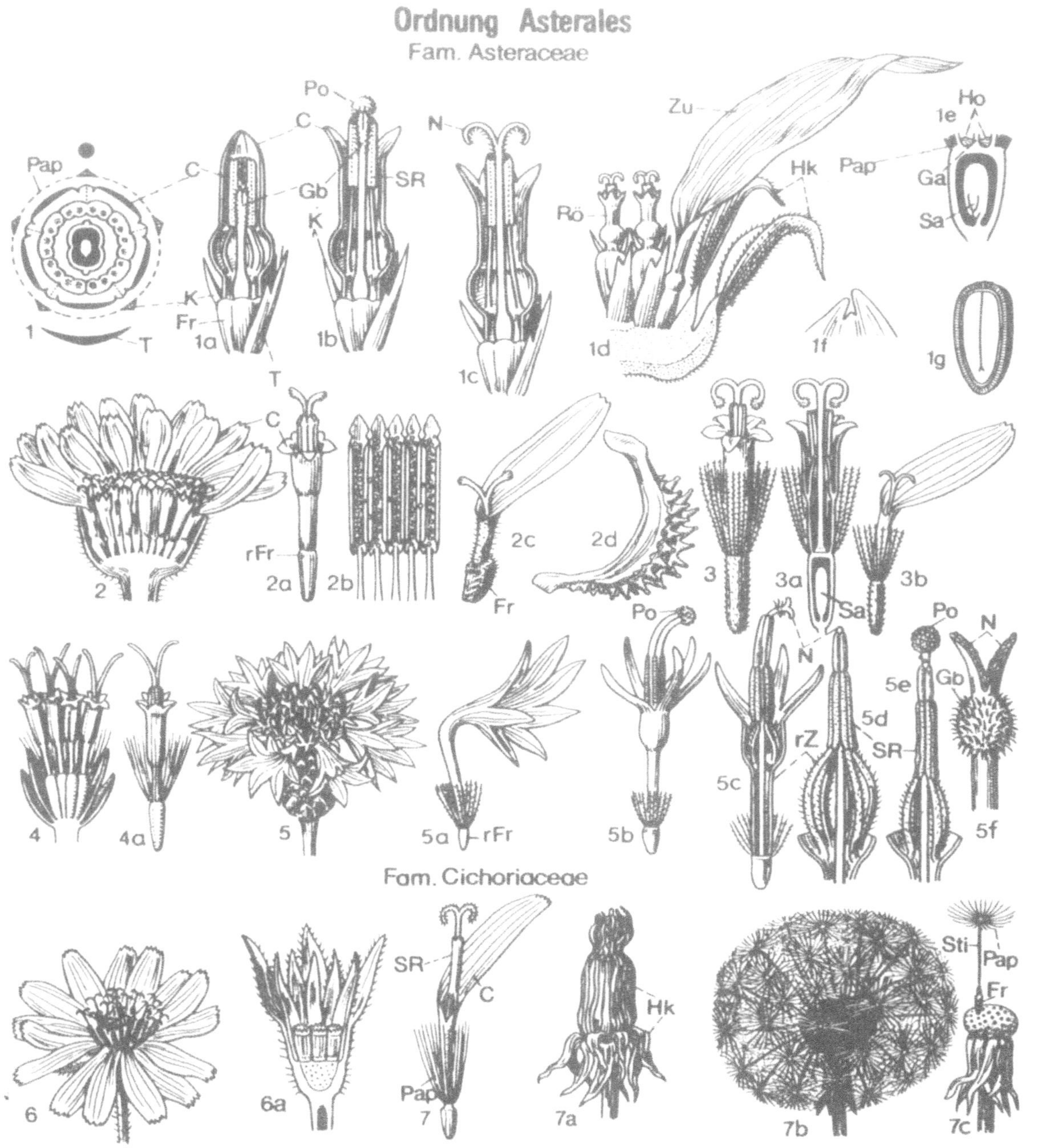


**Tafel 40** – 1 Grundriß einer Compositen-Röhrenblüte. 1a-1d Sonnenblume Helianthus. 1a-1c Bestäubung. 1d Randteil eines Blütenkorbes. 1e Fruchtknoten längs von Vernonia corymbosa. 1f Endabschnitt einer Zungenblüte bei der Sonnenblume. 1g Same längs. – Ringelblume, Calendula 2-2d. 2 Köpfchen längs. 2a Röhrenblüte. 2b Staubbeutelröhre ausgebreitet. 2c Zungenblüte. 2d Frucht. – Arnica montana 3-3b. 3 Röhrenblüte. 3a Röhrenblüte längs. 3b Zungenblüte. – Wasserhanf, Eupatorium cannabinum 4-4a. 4 Blütenköpfchen längs. 4a Einzelblüte. – Kornblume, Centaurea cyanus 5-5f. 5 Blütenkorb. 5a Röhrenblüte. 5b Röhrenblüte. 5c-5f Bestäubung. 5c Röhrenblüte geöffnet. 5d,5e oberer Teil der Röhrenblüte. 5f Griffelende. – 6,6a Gem. Wegwarte, Cichorium intypus. 6 Blütenkopf. 6a Fruchtkopf längs. – 7-7c Löwenzahn, Taraxacum officinale. 7 Einzelblüte. 7a Fruchtkopf geschlossen. 7b Fruchtkopf offen. 7c 1 Einzelfrüchtchen auf dem Blütenboden.

C Krone. Fr Fruchtknoten. Ga Griffelansatz. Gb Griffelbürste. Gr Griffel. HK Hüllkelch. Ho Honig. K Kelch. N Narbe. Pap Pappus. Po Pollen. rFr verkümmerter Fruchtknoten. Rö Röhrenblüte. rZ reizbare Staubfäden. SR Staubbeutelröhre. Sti Stielchen. T Trag- oder Deckblatt. Zu Zungenblüte.

## II. Klasse: Monocotyledoneae, Einkeimblättrige Decksamer

Nur 1 Keimblatt (Kotyledon), das vielfach bei der Keimung als Saugorgan zur Aufnahme der Nährstoffe aus dem Endosperm dient. Meist ist das Keimblatt am Keimling endständig angelegt, während seine Scheide den seitenständigen Vegetationspunkt umschließt. Haupt- oder Primärwurzel kurzlebig, wird bald durch sproßbürtige Wurzeln ersetzt (Homorrhizie). Der Stamm zeigt kein dauerndes (sekundäres) Dickenwachstum. Die Gefäßbündel, die keine Wachstumszone (Kambium) enthalten, sind geschlossen und auf dem Querschnitt zerstreut angeordnet. Sie durchziehen getrennt den Stengel. Dieser ist nicht deutlich in Rinde, Holz und Mark gegliedert. Die Verzweigung ist sehr gering. Im allgemeinen stehen die Blätter abwechselnd. Sie sind meistens ganzrandig, bandartig und parallelnervig. Ein Stiel fehlt gewöhnlich, dafür ist aber eine stengelumfassende Blattscheide vorhanden. Die Blätter der Blütenhülle sind vorherrschend in 3gliedrigen Wirteln angeordnet, häufig fehlen sie auch ganz. Seitensprosse mit 1 adossierten Vorblatt, d.h. dieses ist mit der Rückseite der Abstammungsachse zugekehrt.

1. Unterklasse Alismatidae (Helobiae)

Wie bei den *Magnoliidae* für die Dicotyledonen, so finden wir bei den Alismatidae für die Monocotyledonen wichtige ursprüngliche Merkmale: Das Gynoeceum ist freiblättrig (chorikarp) oder falsch coenokarp, da bisweilen mit der Blütenachse verwachsen; die Fruchtblätter sind teilweise noch schraubig angeordnet. Androeceum und Blütenhülle (Perianth) sind dagegen bereits zyklisch, in 3gliedrigen Wirteln; Staublattzahl gelegentlich durch sekundäre Polyandrie vermehrt (Dédoublement). Früher stellte man sie systematisch vor die *Magnoliatae*, da man annahm, daß sie von *Magnoliidae*-ähnlichen Vorfahren abstammen würden, und daher vor den *Magnoliatae* einzuordnen seien. Da sie mit den *Nymphaeaceae* weitgehend übereinstimmen - z.B. Poly- und Chorikarpie – teilweise noch schraubige Stellung der Fruchtblätter und laminale Plazentation aufweisen, betrachtet man *Nymphaeaceen*-ähnliche Formen als ihre Vorfahren, zumal nur die Zweikeimblättrigkeit einer Einordnung der *Nymphaeaceen* in die Klasse der *Monocotyledonen* im Wege steht.

Als ursprüngliche Merkmale der *Alismatidae* finden sich noch: Es sind durchweg Sumpf- und Wasserkräuter, zum Teil mit sehr primitiven Tracheen im Wurzelstock. Radiäre Blüten häufig von zwittrig zu 1geschlechtig bzw. zu 2häusig abgeändert. Ursprünglich 2 bis mehrere 3gliedrige Wirtel der Blütenhülle; diese teils kelch- und kronartig differenziert, teils auf 1 Kreis oder völlig reduziert. Ursprünglich wohl 2 Staubblattkreise; diese können durch seitliches (Tfl.41/1) oder zentrifugales Dédoublement vermehrt oder auf 1 Kreis oder gar 1 Staubblatt rückgebildet werden. Freie Fruchtblätter oberständig oder in Blütenboden eingesenkt.

Die Reduktion im Blütenbau steht im Zusammenhang mit der Anpassung an Windbestäubung, Wasserleben und Bestäubung durch Wasser.

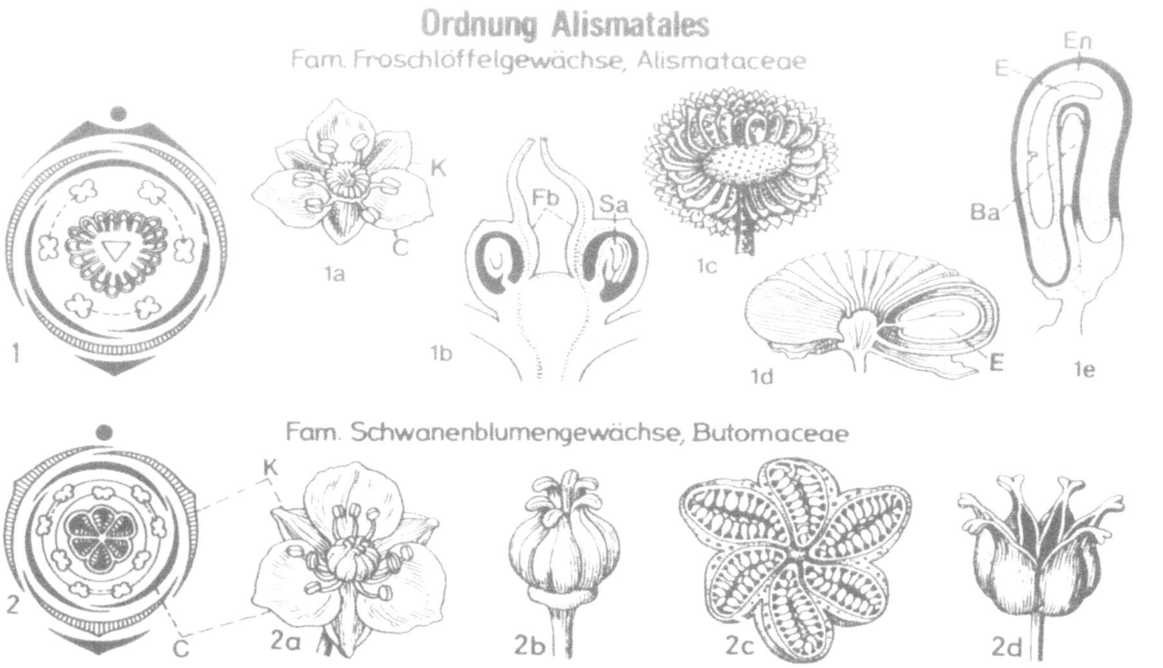


**Tafel 41** – 1 Gem. Froschlöffel, Alisma plantago-aquatica, Blütengrundriß. 1a Blüte von oben. 1b Gynoeceum längs: freie Fruchtblätter. 1c Reifes Gynoeceum vom Pfeilkraut, die zahlreichen Einblatt-Nüsse schraubig angeordnet, teilweise schon abgefallen. 1d Froschlöffel, Stempel (Pistill) halbreif mit Samen und Keimling, längs. 1e Pfeilkraut, Sagittaria sagittifolia, Same halbreif längs. – 2 Schwanenblume, Butomus umbellatus, Blütengrundriß. 2a Blüte. 2b Junge Frucht. 2c Gynoeceum quer. 2d Reife Frucht.

Ba Blütenachse. C Krone. E Embryo. Fb Fruchtblatt. K Kelch. S Same. Sa Samenanlage.

## Ordnung Alismatales Tfl. 41

### Blütenbau der Alismatales.

Wir finden noch die ursprünglichsten Merkmale der Unterklasse. Meist noch doppelte Blütenhülle, oberständiges Gynoeceum (1a,1b,2a); die *Butomaceae* haben noch Balgfrüchte mit laminaler Plazentation (2, 2c). – Dagegen haben die **Froschlöffelgewächse** wenig- bis 1samige Nußfrüchte. Ihre Blüten sind zwittrig. – Das **Pfeilkraut** ist 1häusig und hat zahlreiche Staubblätter.

#### Fam. Froschlöffelgewächse, Alismataceae 1-1e

**Froschlöffel,** *Alisma plantago.* Blüten zwittrig (1,1a), selten 1häusig, strahlig. Perianth 6blättrig (1), meist 3 äußere kelchartige und 3 innere kronblattartige, weiße Blätter; Staubblätter 6 in einem Kreis (1-1a), paarweise vor den Kelchblättern (1); gewöhnlich 6 Staubblätter im äußeren Kreis (durch Spaltung der 3) (1), und oft mehrere 3zählige Kreise innerhalb derselben. Fruchtknoten oberständig (1b). 6 bis viele, freie, zyklisch oder schraubig gestellte Fruchtblätter. Selten nur 3 Fruchtknoten. Bei größerer Zahl stehen Staub- und Fruchtblätter in mehreren Wirteln oder auch schraubig. Samenanlagen an der Bauchnaht der Fruchtknoten, einzeln oder in Mehrzahl. Embryo E gekrümmt; Same ohne Nährgewebe. Schließfrüchte. K3C3A6G$\underline{\infty}$.

* K3 C3 A6 G$\infty$ (selten nur 3). – **Pfeilkraut,** *Sagittaria sagittifolia* 1c,1e Blüten durch Fehlschlagen immer 1geschlechtig, monözisch, seltener diözisch oder 2geschlechtig, in entfernten meist 3zähligen Quirlen; die unteren meist ♀, die oberen ♂. Früchtchen auf der gewölbten Blütenachse kugelförmiges Köpfchen bildend (1c). Staubblätter zahlreich. Sammelfrucht mit zahlreichen spiralig gestellten apokarpen Nüßchen (1c). Früchte fast immer 1samige Nüsse (1c), ein Unterschied von den nahe verwandten *Butomaceen* mit vielsamigen Bälgen. (2c).

#### Fam. Schwanenblumengewächse, Butomaceae 2–2d

**Schwanenblume,** *Butomus umbellatus* 2–2d. Blütenstand eine aus Schraubeln zusammengesetzte Dolde. Blüten zwittrig, strahlig. I. d. R. * K3 C3 A6+3 G3+3. Blütenhülle 6blättrig, rötlich-weiß, die Kelchblätter grünlich angelaufen. Staubblätter 9, davon 6 vor den Kelchblättern, 3 vor den Kronblättern stehend (2); Spaltung im äußeren Kreis wie bei Alisma. 6–8 oberständige Fruchtblätter, oft am Grunde untereinander oder im Zentrum mit der Blütenachse verwachsen (2-2d). Sammelfrucht aus Balgfrüchten (2d), bauchseits aufspringend, mit vielen Samen, die wie bei den *Nymphaeaceen* auf ungefähr der ganzen Fläche der Fruchtblätter sitzen (2,2c). Samen ohne Nährgewebe, mit geradem Embryo.

## Ordnung Hydrocharitales Tfl. 42

**Blütenbau der Hydrocharitales.**
Fruchtknoten unterständig (1e) und häufig schon 1geschlechtige Blüten. Blütenhülle beim **Froschbiß** noch in Kelch und Krone gegliedert K3C3. Die ♂ Blüten besitzen Rudimente der ♀ u. ♂ Organe, und die ♀ Blüten besitzen Rudimente der ♂ Organe. Honigdrüsen in ♀ Blüten (1a). Unter den übrigen Pflanzen schon völlig untergetauchte Formen mit Befruchtung an der Wasseroberfläche (2h); Frucht reift unter Wasser.

**Fam. Froschbißgewächse, Hydrocharitaceae 1–3a**

**Froschbiß,** *Hydrocharis morsus – ranae* 1–1g. K3 C3. ♂ Blüten (1 1b, 1c).9–15 Staubblätter, innerste unfruchtbar (Sd in 1, 1b). In der Mitte der Blüte deutliches Fruchtknotenrudiment rFr in 1c. ♀ Blüten einzeln: 6 Karpelle und 3 Staminodien Sd (1a). Fruchtknoten 1fächerig, mit vielen Samenanlagen auf weit nach innen vorspringenden sogenannten Plazenten (1g); 6 kurze, 2teilige Griffel (1f). ♀ Blüten mit Honigdrüsen am Grunde der Kronblätter (Ho in 1a). – **Wasseraloe, Krebsschere,** *Stratiotes aloides.* Blüte wie vorige, aber 12 Staubblätter; auch in ♂ Blüten Honigdrüsen. – **Sumpfschraube,** *Vallisneria spiralis 2–2k* Blüte grundständig, rosettenartig, linealisch, flutend (2h). 2häusig. ♂ Blüten sehr klein, in großer Zahl an Kolben, der von Spatha Spa umhüllt ist (2c). Einzelblüte (2) mit 3, etwas ungleichen äußeren Pa und in der Regel mit innerem, schuppenförmigem Perigonblatt Pi; meist nur 2 Staubblätter und das dritte zu 1 schuppenartigen Staminodium Sd verkümmert (2, 2e). ♀ Blüten einzelstehend, auf langem,spiralig gewundenem Stiel (2b), die Wasseroberfläche erreichend (2h). Äußere Perigonblätter zur Röhre verwachsen, die 3 inneren klein, schuppenförmig (2a). Fruchtknoten so lang wie die Spatha (Spa in 2g), mit vielen aufrechten Samenanlagen (2i, 2k). Narben breit-eiförmig, ausgerandet (2f, 2g). Männliche Blüten lösen sich unter Wasser los, steigen empor und werden an die weiblichen Blüten herangetrieben. Fehlt in Deutschland gänzlich! Bei uns Aquariumpflanze. – **Kanadische Wasserpest,** *Elodea canadensis* 3, 3a. Nur ♀ Pflanzen in Europa. Von NAm seit 1836 als ♀ Exemplare eingeschleppt. Blüten 2häusig oder 2geschlechtig, aus 2klappiger Hülle hervorbrechend. Kelchblätter 3, grünlich; Kronblätter 3, weißlich; Staminodien oft 3; Narben 3, linealisch, unterteilt oder alle 2spaltig (3). Meist 3 Fruchtblätter. ♂ Blüte sich lösend oder auf fadenförmigem Stiel die Wasseroberfläche erreichend: Bestäubung! – **Dichtblättrige Wasserpest,** *Elodea densa,* beliebte Aquariumpflanze.

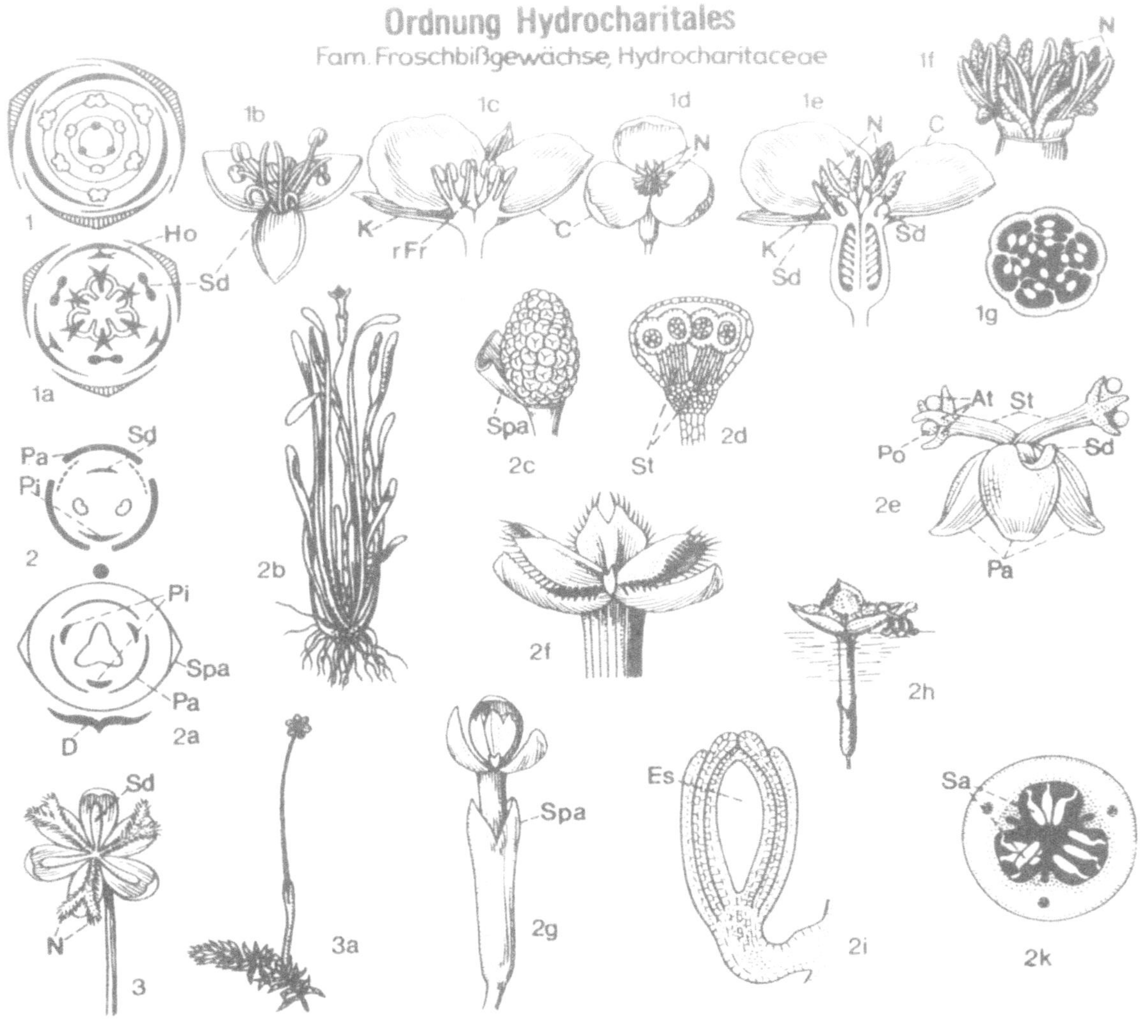


Tafel 42 – 1 Froschbiß, Hydrocharis morsus-ranae, Grundriß der ♂ Blüte. 1a Grundriß der ♀ Blüte. 1b ♂ Blüte. 1c ♂ Blüte längs. 1d ♀ Blüte. 1e ♀ Blüte längs. 1f Gynoeceum. – 2 Schraubige Vallisnerie, Vallisneria spiralis, Grundriß der ♂ Blüte. 2a Grundriß der ♀ Blüte, mit Vorblattspatha und Deckblatt. 2b Vallisneria, ganze Pflanze. 2c ♂ Blütenstand mit unterem Teil der Spatha. 2d ♂ Blüte im optischen Längsschnitt. 2e ♂ Blüte geöffnet, mit geöffneten Antheren. 2f ♀ Blüte, oberster Teil mit 3lappiger Narbe. 2g ♀ Blüte, Teil der Narbe entfernt. 2h oberster Teil einer ♀ Blüte, mit anliegender ♂ Blüte. 2i Samenanlage längs. 2k Fruchtknoten quer. – 3 Wasserpest, Elodea canadensis, oberer Teil einer ♀ Pflanze. 3a ♀ Pflanze.

At Anthere. C Krone. D Deckblatt. Es Embryosack. Ho Honigdrüse. K Kelch. N Narbe. Pa äußeres Perigonblatt. Pi inneres Perigonblatt. Po Pollen. rFr reduzierter Fruchtknoten. Sd Staminodium. Spa Spatha. St Staubblatt.

## Ordnung Najadales Tfl. 43

**Blütenbau der Najadales.**
Diese haben nur noch 1 einfache oder überhaupt keine Blumenhülle mehr. Besondere Beachtung verdient die binsenähnliche Hochmoorpflanze **Blumenbinse,** *Scheuchzeria palustris* (1) mit der Blütenformel P3+3 A3+3 G3–6. Sie besitzt mehrsamige Balgfrüchte. Alle anderen Familien sind stärker rückgebildet und besitzen 1samige Nußfrüchte. Blüten der **Laichkrautgewächse** 2-2f noch zwittrig, aber nackt und statt des Perianths ein unscheinbares Konnektivanhängsel KA. Fruchtblätter frei mit je 1 Samenanlage. Windbestäubung. Früchtchen reifen unter Wasser. Die ♀ Blüten vom **Seegras,** *Zosteraceae* (3-3b) sind auf 1 Staub- und 1 Fruchtblatt reduziert; Bestäubung unter Wasser durch Fadenpollen.– *Zannichelliaceae:* 4–4e. 1 häusig; ♂ Blüten nackt mit 1–2 Staubblättern; ♀ Blüten mit 4 freien Fruchtblättern Fb und Perigon P. Bestäubung unter Wasser. – **Nixkrautgewächse,** *Najadaceae* 5–5f. ♂ Blüte (5–5c) nur noch 1 Staubblatt; ♀ Blüte 5d nur noch 1 Fruchtblatt Fb. Fruchtknoten mit 1 Samenanlage (5e). Bestäubung unter Wasser. Nüßchen ohne Nährgewebe (5f).

**Fam. Blumenbinsen, Scheuchzeriaceae 1**

Nur 1 Art: **Sumpf-Blumenbinse,** *Scheuchzeria palustris.* Perigonblätter 6, länglich-eiförmig, gelblichgrün; Staubblätter meist 6; Fruchtblätter 3–6, an der Basis leicht verwachsen. Früchtchen getrennt, gelbgrün, aufgeblasene Balgfrüchtchen (Blasenbinse), an der Bauchnaht aufspringend, mit je 2 Samen, die auf dem Wasser schwimmen. Blüten in endständiger, armblütiger Traube; windblütig. Stellenweise in nassen Hochmooren. – Isoliert stehender Typ, der keine weiteren Formen bildet.

**Fam. Laichkrautgewächse, Potamogetonaceae** 2–2f

**Gttg. Laichkraut,** *Potamogeton* 2–2f. Blüten zwittrig und nackt in einfachen Ähren, beim Blühen über dem Wasserspiegel. Perianth durch basale Konnektivanhängsel KA ersetzt; diese einfach, unscheinbar, niemals kronblattartig, 4–1blättrig oder ganz fehlend (2–2d). Staubblätter 4–1. Fruchtblätter Fb 4–1, frei (Apokarpie 2d), mit je 1 Samenanlage (Sa in 2c). Windbestäubung. Nach Befruchtung Herabziehen der Blütenstände ins Wasser. 4 Früchtchen, steinfruchtartig (2f). Embryo E oft gekrümmt.

**Fam. Zosteraceae 3–3b.**

**Gttg. Seegras,** *Zostera marina* 3–3b. Blüten zwittrig, auf 1 Staub- St und 1 Fruchtblatt Fb reduziert (3). Staubblatt St mit getrennten Antherenhälften (Theken). P Perigonblatt. Fadenförmiger Pollen. Bestäubung unter Wasser.

**Fam. Zannichelliaceae** 4–4e

**Sumpf-Teichfaden,** *Zannichellia palustris.* 1häusig, Blüten sehr klein, einzeln; ♂ Blüten nackt mit 1–2 Staubblättern (St in 4). ♀ Blüten mit becherförmigem Perigon P und 4 apokarpen Fruchtblättern (Fb in 4, 4c). Hydrogamie.

**Fam. Nixkrautgewächse, Najadaceae** 5–5f

Blüten 1 geschlechtig, 1- oder 2häusig, einzeln. ♂ Blüte mit 2 becherförmigen Hüllen (5, 5b, 5c) und 1 endständigen Staubblatt (5–5c). ♀ Blüte 1 nacktes Fruchtblatt Fb (5d). Fruchtknoten 1fächerig, mit 1 umgewendeten Samenanlage (5e) und 3 Narbenästen (5d). Bestäubung unter Wasser. Samen ohne Nährgewebe, mit harter Schale. Frucht ein Nüßchen (5f). **Meer-Nixenkraut,** *Najas marina.* Vereinzelt in stehenden und langsam fließenden Gewässern, in Altwässern.

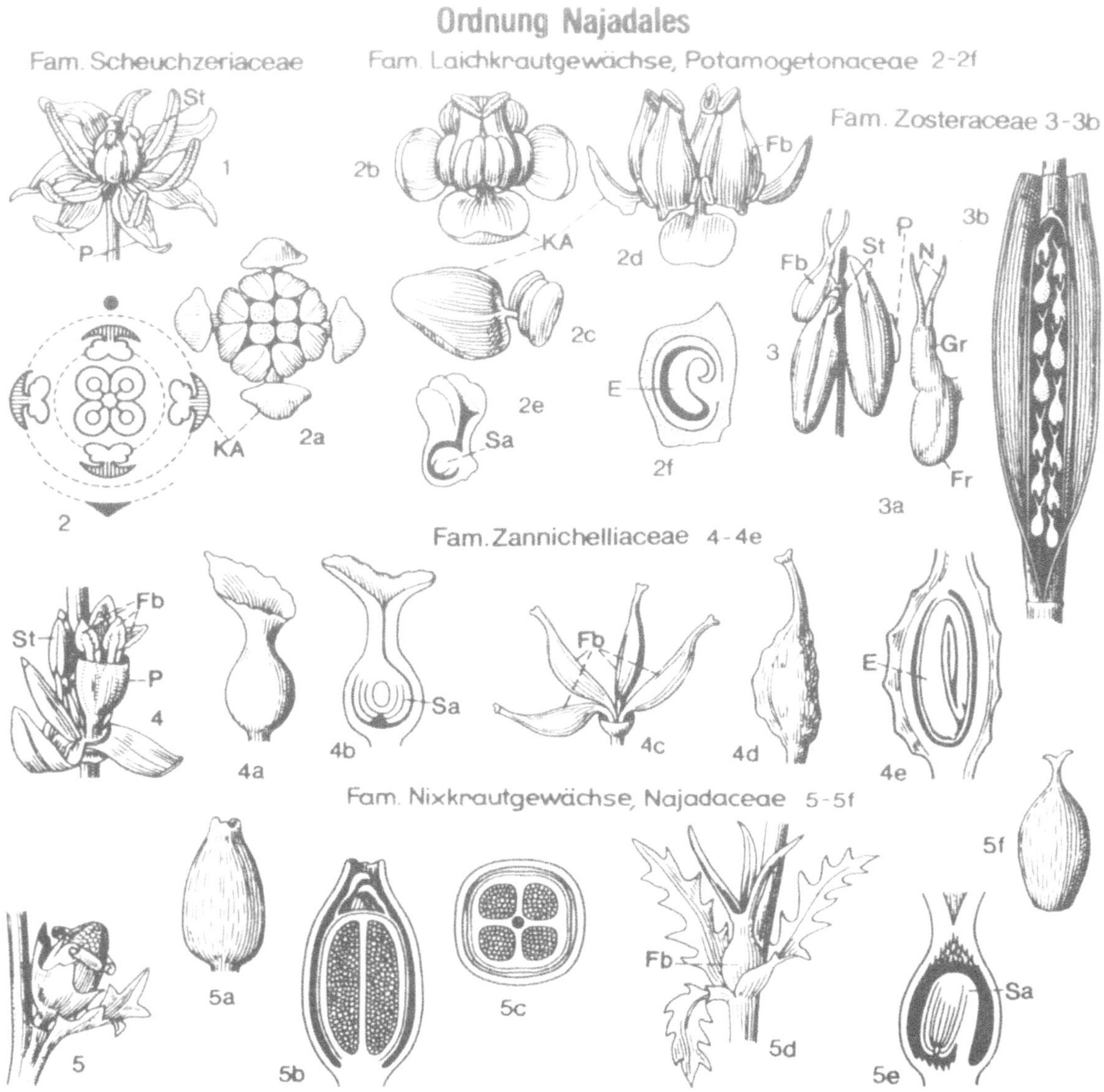


Tafel 43 – Fam. Scheuchzeriaceae. 1 Blumenbinse, Scheuchzeria palustris, Blüte. – Fam. Laichkrautgewächse, Potamogetonaceae (2–2f). 2 Laichkraut, durchwachsenes, Potamogeton perfoliatus, Blütengrundriß. 2a Blüte von oben. 2b Krauses L., P.crispus, Blüte. 2c Anthere mit Konnektivanhängsel KA. 2d Blüte im Fruchtzustand (Apokarpie). 2e Rötliches L., P.rutilus, Fruchtblatt längs mit Samenanlage. 2f Flutendes L., P.nodosus (fluitans), Früchtchen längs. – Fam. Zosteraceae (3–3b). 3 Gemeines Seegras, Zostera marina, Blüte. 3a Stempel (Pistill). 3b Geöffneter Fruchtkolben. – Fam. Zannichelliaceae (4–4e). 4 Teichfaden, Zannichellia palustris, Blütenstand, der ♀ Blüte mit Perigon P und 4 Fruchtblättern sowie 1 ♂ Blüte entfaltet hat. 4a Reifer Stempel von außen. 4b Stempel längs. 4c Fruchtstand. 4d Frucht. 4e Frucht längs, den Embryo zeigend.– Fam. Nixkrautgewächse, Najadaceae (5–5f). 5 Meer-Nixenkraut, Najas marina, ♂ Blüte geöffnet. 5a ♂ Blüte geschlossen. 5b ♂ Blüte längs. 5c ♂ Blüte quer. 5d ♀ Blüte. 5e ♀ Blüte längs. 5f Frucht.

E Embryo. Fb Fruchtblatt. Fr Fruchtknoten. Gr Griffel. KA Konnektivanhängsel. N Narbe. P Perigon. Sa Samenanlage. St Staubblatt.

## 2. Unterklasse Liliidae

Gynoeceum coenokarp, 3verwachsene Fruchtblätter. Blüte zyklisch, und zwar vielfach pentazyklisch, nach der allgemeinen Formel P3+3 A3+3 G (3). Perianth im Zusammenhang mit Tierblütigkeit mehrfach in Kelch und Krone gegliedert sowie Verwachsungen. Herausbildung unterständiger Fruchtknoten und dorsiventraler Blüten, ferner Honigdrüsen des Blütengrundes als Septalnektarien zwischen den verwachsenden Fruchtblattwänden (2b). Staubblätter nicht selten reduziert auf 1 Kreis, sogar bis auf 2 Staubblätter (**Frauenschuh**) oder auf 1 (*Monandrae* der **Orchideen** und *Marantaceae*), 1/2 Staubblatt bei *Cannaceae*. Bei Windblütlern Blüten 1geschlechtig, Perianth reduziert oder ausgefallen, Honigdrüsen, Staub- und Fruchtblattzahl vermindert, Samenanlagen bis auf 1 reduziert, und Bildung von Nußfrüchten, sonst Kapsel und Beeren. Samenanlagen mit 2 oder 1 Integument.

Die Überordnung **Lilianae** umfaßt die Ordnungen *Liliales* und *Orchidales*.

## Ordnung Liliales (= Liliiflorae) Tfl. 44

**Blütenbauplan**
Blüten im allgemeinen 5 3zählige Wirtel. Perianth meist kronblattartig. Von den 2 Staubblattkreisen kann 1 ausfallen *(Iris)*. Fruchtknoten aus 3 Fruchtblättern verwachsen (1c–1f), meist 3fächerig, mit zentralwinkelständigen Samenanlagen. Samenanlage immer anatrop (1e, 5d, 6k). 2 Integumente. Embryo stets von Endosperm umgeben; dieses meist öl- und eiweißreich.

### Fam. Liliengewächse, Liliaceae 1–3d

**Blütenbauplan** der Liliengewächse, Liliaceae. Blüten meist zwittrig und strahlig, 3-, seltener 2-, 4- oder 5zählig. Beide Wirtel des Perianths in der Regel von gleicher Beschaffenheit, und zwar meist korollinisch, dabei frei oder ± miteinander verwachsen. 2 Staubblattkreise: Staubblätter fast stets soviel als Perianthblätter. Fruchtknoten meist oberständig (1b,2a,3a), in der Regel 3blättrig, selten dabei 1fächerig, meist 3fächerig mit marginalen Samenanlagen. Frucht eine Kapsel oder Beere. Formeln siehe (Tfl. 44).

1. Unterfam. : **Eigentliche Lilien,** *Lilioideae 1–1g*

Wichtigste Vertreter: **Wald-Tulpe,** *Tulipa silvestris 1a;* **Garten-Tulpe,** *T. gesneriana* 1b-1g. Blüten 5 3zählige Wirtel. Perianth kronblattartig. 2 Staubblattkreise. 3 Fruchtblätter verwachsen. **Tulpe,** *Tulipa:* freie Perigonblätter 2 3blättrige Kreise, die sich nicht in Kelch und Krone gliedern; meist aufrechte, einzelne Blüte ohne Honig; Stempel ohne Griffel (1c). 3 Fruchtblätter zum Stempel verwachsen (1c–1f). 1f: einem Fruchtblatt entsprechender Sektor des Stempels. 1d Stempel: quer im basalen Teil, 1e im oberen Teil; 3 Fächer mit je 2 Samenanlagen an den Karpellrändern; in 1e enden die 3 Scheidewände frei im Zentrum der Fruchtknotenhöhle; in 1d sind sie zur Plazentarsäule verwachsen. Frucht fachspaltige Kapsel (1g).

2. Unterfam. **Herbstzeitlosen,** *Melanthioideae 2-2e*

**Herbstzeitlose,** *Colchicum autumnale* 2-2e. Unterirdischer Stamm, treibt unmittelbar lange Perigonröhre Pr nach oben, die in 6 Perigonblättern endigt. Auf dem Basalstück (Bs in 2a) der Blüte sitzt der Fruchtknoten Fr mit 3 langen Griffeln Gr, die mit je 1 Narbe (N in 2b) endigen. Fruchtknoten und Griffel von enger Perigonröhre Pr umgeben. Am Grunde der 6 Perigonblätter entspringt je 1 Staubblatt (St in 2b) mit einer Honigdrüse Ho daselbst. Im nächsten Frühjahr wächst das Basalstück (Bs in 2a) der Blüte zu oberirdischem Stengel aus, der 3 Laubblätter und die Frucht trägt (2e). Frucht eine scheidewandspaltige Trockenkapsel (2d,2e).

Ferner gehören hierher: **Weiße Lilie, Feuerlilie, Tigerlilie, Türkenbund, Schachblume, Kaiserkrone, Echte Meerzwiebel,** Stammpflanze für die offizinelle **Meerzwiebel,** *Bulbus scillae.*

3. Unterfam. **Spargelartige,** *Asparagoideae* 3-3d

**Spargel,** *Asparagus officinalis* 3-3d. In den Blüten entweder Stempel (3a) oder Staubblätter rudimentär (3b). Frucht eine Beere (3d; 3c im Querschnitt). Zu dieser Unterfamilie gehören noch: **Maiglöckchen,** sehr giftig. **Gemeine Weißwurz, Salomonssiegel, Vielblütige**

Tafel 44 — 1 Maiblume, Convallaria majalis, Blütengrundriß. 1a Wald-Tulpe, Tulipa silvestris, Blüte. 1b Gartentulpe, Blüte längs. 1c Stempel. 1d u. 1e Gartentulpe, T.gesneriana, Stempelquerschnitte: 1d in der unteren Hälfte des Fruchtknotens; 1e in dessen Endabschnitt. 1f 1 Fruchtblatt vom Stempel herausgelöst. 1g Tulpe, aufspringende Frucht mit Samen, fachspaltige Kapsel. — 2 Herbstzeitlose, Colchicum autumnale, Blüte. 2a unterer Teil der Blüte längs. 2b oberer Teil der Blüte längs. 2c Fruchtknoten mit den 3 freien Karpellenden oder Griffelansätzen. 2d Junge Frucht quer. 2e Aufspringende Frucht, fachspaltige Kapsel. — 3 Spargel, Asparagus officinalis, Blüten. 3a ♂ Blüte längs. 3b ♀ Blüte längs. 3c Beere quer. 3d Reife Beeren. — 4 Schneeglöckchen, Galanthus nivalis, Blütengrundriß mit der Vorblattspatha Spa. 4a Weiße Narzisse, Narcissus poeticus, Blüte. 4b Blüte längs. — 5 Schneeglöckchen, Blüte. 5a Blüte längs. 5b Stempel. 5c Frucht. 5d Frucht quer. — 6 Wasserschwertlilie, Iris pseudacorus, Blütengrundriß, adossiertes 2kieliges Vorblatt mit Blüte in der Achsel, die ein ebensolches Vorblatt besitzt. 6a Blütengrundriß in Höhe der Stylodien. 6b Blüte. 6c Blüte längs. 6d Iris-Blüte längs, Schnittrichtung x–x von 6a. 6e Stylodium in Oberansicht. 6f Stylodium in Unteransicht. 6g Stylodium (Griffelblatt) quer. 6h Aufspringende Kapsel mit Samen. — 7 Krokus, Crocus, Blütengrundriß in Höhe der Stylodien x–x. 7a Blüte (A Ansatzstelle des Scheidenblattes). 7b Blüte längs. 7c Blüte längs, wie 6d. 7d Griffelende mit den 3 Stylodien. 7e Stylodium in Oberansicht. 7f Stylodium quer. 7g Frühlings-Safran, Crocus albiflorus, Fruchtkapsel. 7h Echter Safran, C.sativus, Fruchtknoten quer. 7k C. albiflorus, Fruchtkapsel aufgesprungen.

Bs Basalstück der Perigonröhre. C Krone. Fl Flügelartiger Saum. Fr Fruchtknoten. Gr Griffel. Ho Honigdrüse. N Narbe. Pa äußeres Perigonblatt. Pi inneres Perigonblatt. Pr Perigonröhre,Rinne. Sk Stylodienkanal. St Staubblatt. Sty Stylodium od. Griffelblatt. T Tragblatt. V Vorblatt. Zi Endzipfel.

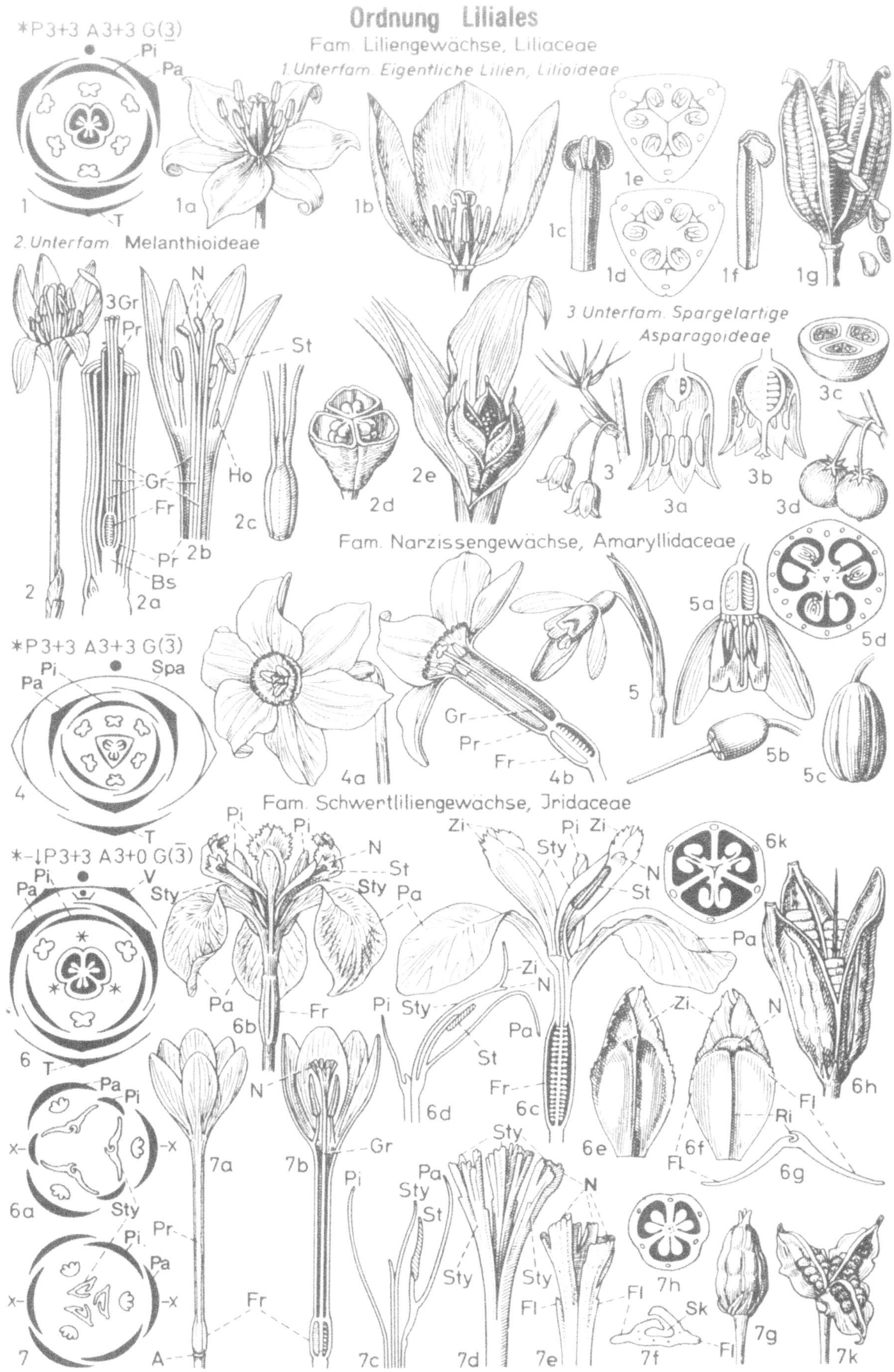
Ordnung Liliales
Fam. Liliengewächse, Liliaceae
1. Unterfam. Eigentliche Lilien, Lilioideae
*P3+3 A3+3 G(3)
2. Unterfam. Melanthioideae
3. Unterfam. Spargelartige Asparagoideae
Fam. Narzissengewächse, Amaryllidaceae
*P3+3 A3+3 G(3̄)
Fam. Schwertliliengewächse, Iridaceae
*-↓P3+3 A3+0 G(3̄)

**Weißwurz, Schattenblume, Einbeere,** *Paris quadrifolia,* giftig. Blütenformel: K4 C4 A4+4 $G(\overline{4})$. **Schildblume,** *Aspidistra* (aus Ostasien), Zimmerpflanze. Schmutziggelbe oder rötliche, 4zählige Blüten dicht über dem Boden.

Unterfamilie *Asphodeloideae.* Wurzelstock oder oberirdischer Stamm mit Blattschopf. **Lilienschweif,** *Asphodelus* (mediterran). **Graslilie,** *Anthericum* (Afrika, Europa), mit radförmiger Krone. *Aloe* (Afrika).

Unterfamilie *Allioideae.* Zwiebel oder kurzes Rhizom. Blütenstand doldenähnlich, mit 2 oft verwachsenen Hüllblättern. – **Lauch,** *Allium,* artenreiche Gattung. **Knoblauch, Perlzwiebel, Porree, Schnittlauch, Schalotte** (Kleinasien), **Speisezwiebel, Winterzwiebel.**

**Fam. Narzissengewächse, Amaryllidaceae 4-5d**

**Blütenbauplan.**

Fruchtknoten unterständig; sonst wie *Liliaceen.* Früchte ebenfalls Kapseln oder Beeren. Blütenformel *P3+3 A3+3 $G(\overline{3})$.

Unterfamilie *Amaryllidoideae:* Zwiebeln. Blattlose Blütenschäfte mit einem von Involukralblättern umhüllten Blütenstand oder einer Einzelblüte.

**Schneeglöckchen,** *Galanthus nivalis* 4,5-5c; **Weiße Narzisse,** *Narcissus poeticus* 4a,4b. Fruchtknoten unterständig; sonst Blüte und Frucht wie *Liliaceae.* Am Schlunde der Perigonröhre deutlich ausgebildete Nebenkrone bei *Narcissus* (4a,4b). Bei **Schneeglöckchen** die 3 inneren Perigonblätter kürzer als die 3 äußeren (5,5a).

Unterfamilie *Agavoideae.* Blütenstand traubig oder rispig. – **Amerikanische Agave** (aus Mexiko). **Sisalagave.**

**Fam. Schwertliliengewächse, Iridaceae 6-7k**

**Blütenbauplan.**

Blüten aktinomorph oder zygomorph. Perianth aus 2 korollinischen Wirteln bestehend, die oft sehr verschieden sind. Durch Ausfall des inneren Staubblattkreises nur 3 Staubgefäße mit extrorsen Antheren. 1 Griffel mit 3 Griffelzweigen oder Stylodien (Sty in 6c,6d,7c, 7d). Fruchtknoten unterständig, 3blättrig, 3-1fächerig. Fachspaltige Kapseln. Blütenformel: *–↓P3+3 A3+0 $G(\overline{3})$.

Unterfamilie *Iridoideae.* 6-6k Irisblüte. Perigonblätter in Nagel und Platte gegliedert (6b,6c). Die inneren Perigonblätter Pi sind kleiner und stehen aufrecht (6b,6c,6d). Die Platten der äußeren Perigonblätter Pa lippenartig nach unten geneigt (6b,6c,6d). Jedem äußeren Perigonblatt Pa (6c,6d) steht 1 kronblattartiges Stylodium Sty gegenüber und in dessen Wölbung jeweils 1 Staubblatt St. Auf der Unterseite des Stylodiums ein quer verlaufendes Häutchen, die Narbe (N in 6b,6c,6d, 6f). Die Iris-Blüte ihrer Gestalt nach keine Einheit, sondern in 3 Teilblüten von zygomorph-2lippigem Gepräge aufgelöst. Nur so gesehen, ist die Sondergestalt der Stylodien und die Anordnung der Staubblätter verständlich.

Unterfamilie *Crocoideae.* Crocusblüte (7-7k) wie bei **Herbstzeitlose** unterirdisch entspringend; lange Perigonröhre Pr mit 6zipfeligem Perigonsaum (7a,7b). Perigonröhre bei **Herbstzeitlose** unterständig (2a), bei *Crocus* oberständig (7b). 1 Griffel, der sich oben im Schlund in 3 Stylodien auflöst (7b,7d). Diese sind röhrenförmig, haben aber auf der Innenseite einen Längsspalt (7d: Griffelende mit 3 Stylodien; 7e: einzelnes Stylodium; 7f: dasselbe im Querschnitt; flügelartige Säume Fl wie bei Iris in 6f,6g. Als Narbe funktioniert bei *Crocus* der oben zerschlitzte Rand des Stylodiums (N in 7b,7d,7e). 6e zeigt das Stylodium von *Iris* in Oberansicht mit Längsrinne Ri, die durch Übereinandergreifen der Ränder verdeckt wird, wie der Querschnitt (6g) zeigt. Diese Längsrinne entspricht dem Stylodienkanal Sk von *Crocus* (7e,7f), wie der Querschnitt (7f) deutlich zeigt. Stellt man sich vor, daß der obere Rand des Stylodiums (Abb.31) in der Mitte (schraffiert) sein Wachstum früher einstellt als die seitlichen Teile, daß diese sich außerdem stark verbreitern, so gelangt man zu Schema III, das den Stylodienbau von *Iris* wiedergibt. Bei der Gemeinsamkeit der Baupläne konnte dies nach dem „Prinzip der variablen Proportionen" (W.Troll) ohne weiteres geschehen. Dies würde also bedeuten, daß die dorsale Rinne von *Crocus* (Ri in 6g) dem Stylodienkanal Sk in 7f entspricht. – Die Fig. 7 (*Crocus*) und 6a *(Iris)* zeigen Querschnitte durch die Stylodien. In der Ebene x-x sind die Längsschnitte Fig. 6d (*Iris*) und 7c *(Crocus)* geführt. Auch dieser Vergleich der Längsschnitte zeigt deutlich, wie es bei *Iris* zu einer 2lippigen Teilblüte kommen konnte. Die inneren Perigonblätter Pi sind von der Aufteilung ausgeschlossen. Da sie gewissermaßen einen verbliebenen Rest darstellen, können sie auch der Rückbildung verfallen, die bei *I.pseudacorus* schon eingeleitet ist (6a,6b).

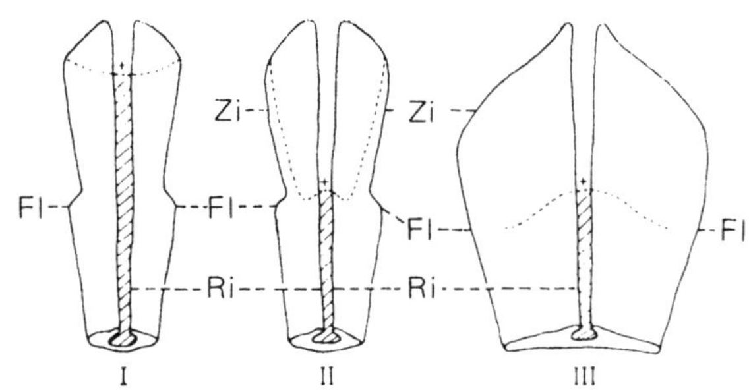


Abb. 31. Schematische Figuren zur Ableitung der Stylodiengestaltung von *Iris* (Oberansichten). Fl Flügelartige Säume; Zi Endzipfel. Die Spitze des Organs ist bei ✤ zu suchen. Nach W. Troll.

**Fam. Agavaceae.** Blüten ☿, selten ♂♀, strahlig oder schwach zweiseitig symmetrisch. Kronblätter kronartig (korollinisch), frei oder ± vereint. Staubblätter 3+3, Fruchtknoten ober- oder unterständig, 3fächerig (Ausnahme Dasylirion). Samenanlagen zentralwinkelständig, anatrop, ∞ - 6 - 2 - 1 je Fach; in 2 Reihen übereinander. Griffel schlank. Blütenboden hohl, eng und verlängert, der unterständige Fruchtknoten darin versenkt. Meist nur 1 Narbe vorhanden, bisweilen aber ist die Griffelspitze 3lappig. Die anfänglich fleischige Frucht wird später zur trockenen Kapsel, die sich fachspaltig öffnet. Die Gattung Agave kann als Typus der Familie betrachtet werden. Die Blütenstände stellen mächtige terminale Rispen dar, deren letzte Auszweigungen in armblütige Schraubeln übergehen.

**Yamsfamilie, Dioscoreaceae.** Die Blüte ist strahlig, oberständig, klein und grünlich, meist diözisch, aber sonst typisch: P3 + 3 und A3 + 3 oder 3 + 0 G3; meist 2 Samenanlagen in jedem Fach. Die Blütenstände sind ähren- oder traubenförmig, bisweilen reich verzweigt, rispenförmig.

Die Blüten sind trimer durch alle 5 Quirle. Bei den weiblichen pflegen die Staubgefäße bis auf drüsige Rudimente oder auch spurlos zu schwinden; bei den männlichen ist der Fruchtknoten verkümmert. Fruchtknoten unterständig, 3fächerig. – Tamus hat Beeren, Yams, Dioscorea eine dünnwandige, dreikantige oder dreiflügelige Kapsel. Bei manchen Arten ist das erste auf die Keimblätter folgende Stengelglied knollig angeschwollen. Dioscorea bildet zugleich oft knollige Knospen aus den Laubblattachseln. Die Knollen mehrerer Yams-Arten werden hauptsächlich in China und Japan angebaut.

## Ordnung Orchidales (=Gynandrae) Tfl. 45

**Fam. Knabenkrautgewächse** o. **Orchideen** *(Orchidaceae)*

**Bauplan** der Orchideenblüte.

Blüten in der R. zwittrig, median-zygomorph. Nach dem gewöhnlichen 3zähligen, 5wirteligen Typus mit kronblattartigem Perianth gebaut. Durch Verwachsungen kann die Zahl der Perianthblätter kleiner werden. 2 Staubblattkreise, die aber niemals vollständig zur Entwicklung kommen; am häufigsten ist das dem Tragblatt zugewendete Staubblatt des äußeren Kreises fertil *(Monandrae,* **z.B.** *Orchis); es* kommt aber auch vor, daß die 2 dem Tragblatte zugewendeten Staubblätter des inneren Kreises fertil sind (*Diandrae,* z.B. **Frauenschuh**), und das vorderste, später hinterste Staubblatt des äußeren Kreises ist zu einem großen, unfruchtbaren, schildförmigen Körper umgebildet (Staminodium). Außer den fertilen Staubblättern finden sich bei einzelnen Gattungen auch Staminodien. Pollen meist zu Pollinien vereint. Fruchtknoten unterständig, meist gedreht, 3blättrig, 3fächerig oder 1fächerig, Griffel und Staubblatt (ohne Beteiligung der Blütenachse) vereint, auf der die Staubblätter und die 3 Narben stehen. Samenanlagen marginal, zahlreich. Kapseln, seltener Beeren. Samen und Keim sehr klein. Nährgewebe fehlt vollständig.

**Knabenkraut,** *Orchis* 1-1p.

Blüten stets zwittrig und zygomorph. Fruchtknoten mit 3 Fruchtblättern ungefächert (1,2,1m). Blütenhülle besteht aus 2 3blättrigen Kreisen. Sie haben mannigfache Ausbildung und oft wunderbare Färbung. Das mediane, stets größere Perigonblatt des inneren Kreises, die Lippe, (L in 1-1c, 2-2c) ist oft anders gestaltet und häufig in einen langen, honigführenden Sporn (Spo in 1b,1c) ausgezogen. Die Lippe, ursprünglich der Achse zugekehrt, wird durch die Drehung des Fruchtknotens um 180° während der Blütenentfaltung nach vorn verlagert. Das Androeceum ist gewöhnlich auf 1 fruchtbares Staubblatt St reduziert, das median stehende des äußeren Kreises (1); die anderen fehlen ganz oder sind rudimentär. Ausnahme **Frauenschuh,** *Cypripedium:* hier sind die 2 seitlichen Staubblätter des inneren Kreises ausgebildet (2,2d). Man unterscheidet danach innerhalb der Familie die beiden Gruppen: *Monandrae* und *Diandrae.* Das fruchtbare Staubblatt St der *Monandrae* trägt eine 2fächerige Anthere (At in 1b,1d). Diese **ist** – wie die 2 Antheren bei *Cypripedium* – mit dem Griffel zur „Griffelsäule" (GS in 1c,1d), dem Gynostemium, verwachsen; daher der Name *Gynandrae,* d.h. **Weibmännige.** Die 3 Narben N befinden sich auf der Innenseite der Säule, und zwar ist der unpaare Narbenlappen meist rudimentär oder zu dem Schnäbelchen (Rostellum Ro) umgebildet, das sich zwischen die 2 getrennten Fächer des Staubbeutels einschiebt (Ro in 1b, 1c,1d). Beiderseits der Anthere befindet sich oft je 1 drüsiges, zuweilen auch blattartiges Anhängsel, die sogenannten „Säulenöhrchen"; dies sind reduzierte Staubblätter oder Staminodien (Sd in 1b). Im Mikroskop sieht man, daß viele Pollenkörner zu einem Paket (Massula) vereinigt sind (1h), und diese Pakete eines Antherenfaches werden durch einen Klebstoff (Viscin) zu einem gestielten Kolben, dem Pollinium po, vereinigt (1c, 1e).
Der Stiel des Staubkölbchens endet mit einer Klebscheibe (Kb in 1e,1f,1g). Das dünne Häutchen, die sog. Tasche oder das Beutelchen, Bursikula (Be in 1b,1e), die die Klebscheibchen der beiden Staubkölbchen überdeckt, stellt den unteren Teil des Schnäbelchens dar (1e). Wenn das Insekt mit seinem Rüssel aus der inneren Wand des Sporns den süßen Saft holt, zerreißt es mit dem Kopf die zarte Haut des Täschchens, das über dem Sporneingang steht (1b), und berührt die beiden Klebscheibchen, die am Kopfe so fest haften, daß beim Verlassen der Blüte die beiden Staubkölbchen herausgezogen werden. Bis das Insekt in eine zweite Blüte eindringt, haben sich die Staubkölbchen gesenkt, so daß sie die über dem Sporneingang befindliche Narbe N berühren, wobei Staubkornpaketchen haften bleiben.

Der Fruchtknoten hat 3 wandständige, gabelig geteilte Samenleisten mit vielen Samenanlagen (1m). Frucht meist eine durch 6 Längsspalten aufspringende trockene Kapsel (1n). Samen und Keim sehr klein; Nährgewebe fehlt vollständig.

**Frauenschuh,** *Cypripedium calceolus 2-2f.*

Alle Hüllblätter einschließlich der Lippe sind abstehend; ihre Zahl ist 5 (2,2b), da die 2 äußeren seitlichen Perigonblätter (Pa in 2) miteinander zum unteren Blatt (in der gedrehten Blüte) verwachsen sind; in 2a sind die 2 ursprünglich getrennt angelegten Blätter an den 2 grünen Zipfelchen zu erkennen (Pa in 2a,2b). Schuhförmige Lippe (L in 2a,2b,2c) 3-4 cm lang, vorn abgerundet, kürzer als die 4 übrigen, purpurbraunen Perigonblätter, bauchig aufgeblasen, zitronengelb, mit enger Mündung. Die gelblich-grüne Griffelsäule (Gs in 2b,2c) ist kurz, nach vorn übergebogen, mit 3 auseinandergehenden Fortsätzen (2d,2e,2f); 2 seitliche tragen die 2 1fächerigen Staubbeutel St, der mittlere trägt die fast 3lappige Narbe N (2d) und ein gestieltes, blumenblattartiges Gebilde mit roter Zeichnung, das die Narbe überdeckt; es ist der fehlgeschlagene dritte Staubbeutel, ein Staminodium (Sd in 2d,2e,2f). Die zwei Antheren St haben staubförmigen Pollen, und die 3 Narben sind empfängnisfähig.

**Tafel 45** – 1 Knabenkraut, Orchis, Blütengrundriss. 1a Knabenkraut, nach der Drehung des Fruchtknotens (Resupination), Blütengrundriß. 1b Geflecktes K., O.maculata, Blüte von vorn. 1c Längsschnitt der Blüte. 1d Griffelsäule, von der Seite gesehen. 1e Die Caudicula und das Beutelchen Be von vorn gesehen: die Klebdrüsen Kb liegen innerhalb des letzteren, dessen Rand herabgedrückt ist. 1f Ein Pollinium mit den Massulae m der Pollenkörner, der Caudicula c und der Klebdrüse Kb. 1g Ein Pollinium vergr.: mehrere Massulae m sind abgenommen. 1h Wanzen-K., O.coriophora, Massula aus einem Pollinium, oben in Tetraden zerfallend. 1i Großes Zweiblatt, Listera ovata, eine Pollentetrade. 1k Echte Sumpfwurz, Epipactis palustris, Fruchtknoten quer: mi die Mittelrippen der Fruchtblätter, im Innern die Plazenten mit den unreifen Samenanlagen. 1m Kuckucks-Knabenkraut, O.masculus, Fruchtknoten quer. 1n Fruchtkapsel aufspringend. 1p Same. – 2 Frauenschuh, Cypripedium calceolus, Blütengrundriß vor der Umdrehung des Fruchtknotens. 2a Blüte von vorn gesehen. 2b Blüte von der Seite. 2c Blüte längs. 2d Griffelsäule (Gynostemium) von vorn. 2e Griffelsäule von hinten. 2f Griffelsäule von der Seite.

At 2fächerige Anthere. Be Beutelchen (Bursikula). c Caudicula (Stielchen) Fr Fruchtknoten. GS Griffelsäule (Gynostemium). L Lippe. m Massulae. mi Mittelrippe eines Fruchtblattes. N Narbe. Pa äußeres Perigonblatt. Pi inneres Perigonblatt. po Pollinium. Ro Rostellum (-Schnäbelchen). Sd Staminodium. Spe Sporneingang. Spo Sporn der Lippe. St Staubblatt. T Tragblatt.

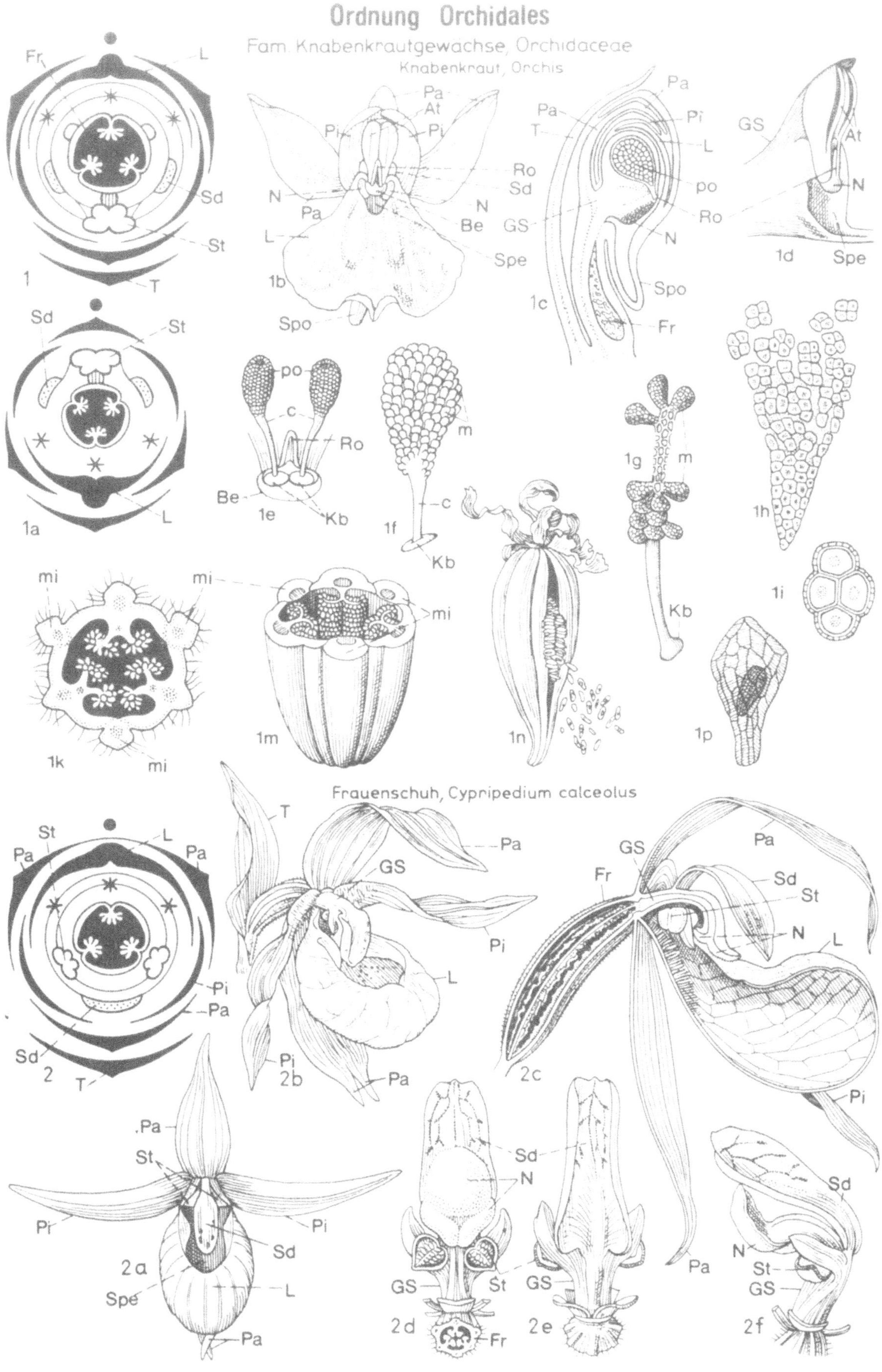
Ordnung Orchidales
Fam. Knabenkrautgewächse, Orchidaceae
Knabenkraut, Orchis
1
1a
1b
1c
1d
1e
1f
1g
1h
1i
1k
1m
1n
1p
Frauenschuh, Cypripedium calceolus
2
2a
2b
2c
2d
2e
2f

Die Überordnung *Bromelianae* umfaßt die Ordnungen *Bromeliales* und *Zingiberales.*

## Ordnung Zingiberales (=Scitamineae) Tfl. 46

Die genannten Familien bilden einen natürlichen Verwandtschaftskreis. Sie stehen einander nahe, sind hochentwickelt und stellen eine Abwandlung des *Lilialestypus* dar, so daß man sie unmittelbar an die *Liliales* anschließen kann.

### Fam. Bananengewächse, Musaceae 1-1h

Die bekannteste Gattung ist *Musa,* **Banane** oder **Pisang.** Blütenstand sehr groß, eine endständige Ähre mit schraubig gestellten Hochblättern; in der Achsel eines jeden Hochblattes viele Blüten; die untersten im Blütenstand ♀, die mittleren ☿, die obersten ♂. Deshalb hat nur der untere Teil des Blütenstandes Früchte.

Bei *Musa* Perigonblätter Pa + Pi verwachsen, die sog. Unterlippe bildend (1a/U), nur das mediane Innere ist frei und heißt Oberlippe (1,1a,1b/O). 5 Staubblätter, das 6. fehlend oder staminodial (1,1a/Sd). Der Schnitt durch den unteren Teil der Blütenknospe (1d) zeigt außen die aus 5 Perigonblättern verwachsene Unterlippe (1d/U), ferner die Oberlippe (1d/O), 5 Staubblätter und 1 Griffel. 1e zeigt die Unterlippe U, die 5 Antheren umfaßt; in der Mitte das 3teilige Griffelende Gr. Die sog. Unterlippe spaltet sich am oberen Rand in 5 Zipfel (1a). Auffallend ist das stark in die Breite gezogene Konnektiv (1e). Frucht, die sog. Banane, stumpf 3-5kantig, bis ca. 30cm lang; bei den kultivierten Arten mit stärkemehlreichem Fleisch, aber ohne Samen (1g/rS). Fig. 1f zeigt eine teilweise geschälte Banane. Das Perikarp Pk (1f u. 1h) ist in eine faserige Außenschicht (Exokarp Ex) und eine weiche Innenschicht (Endokarp Ed) differenziert. Der Querschnitt (1g,1h) zeigt zentralwinkelständige Samenrudimente rS und die 3 nicht zur vollen Ausbildung gelangten Scheidewände Wa des Fruchtknotens.

Bei den Musaceen zeigen die verschiedenen Gattungen starke Abänderungen in der Verwachsung des Perianths (1a,1b,1c,), besonders auch im Hinblick auf die Anpassung an die Bestäubung, sowie in der Ausgestaltung von Frucht und Samen.

### Fam. Ingwergewächse, Zingiberaceae 2-2f

Blütenstände endständig, Ähre, Kopf oder Wickel; oft gefärbte Hochblätter.

Blüten meist ♀, Perianth 6blättrig, Kelch und Kronblätter ± röhrenförmig verwachsen (2a,2b). Nur 1 fruchtbares Staubblatt (2/St), nämlich das hintere, dem inneren Kreis angehörend, den dünnen Griffel Gr in eine Rinne aufnehmend (2a,2b,2c); Staminodien (Sd) 2 oder 4, das mediane des äußeren Kreises immer fehlend; die 2 seitlichen (Seitenstaminodien) zahnförmig (2d), linealisch, petaloid oder fehlend; die 2 seitlichen im inneren Kreis zur sog. Lippe (L in 2,2a,2b,2d) verwachsen. Fruchtknoten (2/Fr) 3-, selten 1fächerig, Narbe N oft trichterförmig. Viele Samenanlagen (2d). Frucht bei einigen Arten lederige, 3klappige, fachspaltig aufspringende Kapsel, bei anderen beerenartig. Same mit Samenmantel (Arillus) (al in 2e,2f) und großem, mehligem Perisperm Pp, das ein kleineres Endosperm (Ed) umschließt. Keim gerade.

### Fam. Blumenrohrgewächse, Cannaceae 3-3e

1 Gattung: *Canna.* Blüten ♀, asymmetrisch. 3 freie Kelchblätter K; 3 Kronblätter C, das eine stets kleiner. Staubblätter kronblattartig (Sd), bis auf 1 (das hintere St) unfruchtbar; alle am Grunde zu gedrehter Röhre verwachsen. Fruchtbares Staubblatt (3,3a,3b/St) nur an einer Seite mit 1 Theka (3b). Die andere Antherenhälfte ist in petaloiden Flügel verwandelt, in den auch das Filament einbezogen ist. Das dem fruchtbaren Staubblatt gegenüberstehende Staminodium etwas herabgebogen, sehr groß, gefärbt, heißt Lippe (L in 3,3a,3b). Griffel blattartig (3a,3b/Gr), mit kleiner Narbe (3a/N). Fruchtknoten 3fächerig. Viele zentralwinkelständige, anatrope Samenanlagen (3,3c). Kapsel warzig oder weichstachelig (3d). Same (3e) mit hartem, weißem Perisperm Pp, daneben dünnes Endosperm (3e/En). Keim E gerade.

### Fam. Marantagewächse, Marantaceae 4-4d

Blüten ☿, asymmetrisch mit Kelch und Krone; 3 freie Kelchblätter (4,4a/K). Kronblätter C zu 3lappigem Tubus verwachsen, 1 Lappen kappenartig: Kapuzenblatt Kp. Nur 1 Staubblatt des inneren Kreises (St) fertil mit 1 Theka an einer Seite (4,4b,4c/St), die andere Seite kronblattartig; 4-2 Staminodien (4,4b/Sd), die des äußeren Kreises kronblattartig oder fehlend, die des inneren Kreises kronblattartig und umgebildet zu Kapuzenblatt (4,4b,4c/Kp) und Schwielenblatt (4, 4b/Sch). Fruchtknoten (Fr/4a) unterständig, 3fächerig oder durch Unterdrückung von 2 Fächern nur 1fächerig (4d); in jedem Fach 1 Samenanlage. Griffel kräftig, an der Spitze gelappt, vor dem Aufblühen im Kapuzenblatt eingeschlossen; Narbe zwischen den Lappen in einer Höhlung (4b/N). Kapseln, Beeren und Nüsse. Same mit mehligem Perisperm. Arillus meist vorhanden.

**Tafel 46** — 1 Banane, Musa rosacea, Blütengrundriß. 1a ♂ Blüte von Gem. Banane, Obstbanane, M.sapientum. 1b ♀ Blüte. 1c ☿ Blüte der Schmuck-Banane, Abessinische Banane, Ensete. 1d Japanische Faserbanane, M.basjoo sieboldi, unterer Teil der Blütenknospe quer; empirisches Diagramm. 1e oberer Teil der Blütenknospe quer. 1f Banane, Frucht teilweise geschält. 1g Frucht quer. 1h Frucht quer. — 2 Ingwer. Zingiberaceenblüte, Diagramm. 2a Kurkuma, Curcuma aromatica, Blüte. 2b Ingwer, Zingiber officinale, Blüte. 2c Staubblatt mit Griffel und Kronblatt Cl. 2d Kardamompflanze, Elettaria cardamomum, Blüte längs. 2e Elettaria cardamomum, Same längs. 2f Hedychium gardnerianum, Same längs. — 3 Blumenrohr, Canna, Blütengrundriß. 3a Garten-Canna Blüte. 3b Blütenknospe quer, ohne Kelch. 3c Fruchtknoten quer. 3d Früchte. 3e Same mit Embryo, längs. — 4 Pfeilwurz, Maranta bicolor, Blütengrundriß. 4a Blüte. 4b Blüte auf einer Seite geöffnet. 4c Kapuzenblatt und Staubblatt der Blüte frei präpariert. 4d Stromanthe sanguinea, Fruchtknoten quer.

al Arillus. C Krone. Co Cotyledon (Keimblatt). E Embryo. Ed Endokarp. En Endosperm. Ex Exokarp. Fr Fruchtknoten. fr fruchtbares Fruchtknotenfach. Gr Griffel. K Kelch. Kp Kapuzenblatt. L Lippe. N Narbe. O Oberlippe. Pa äußeres Perigonblatt. Pi inneres Perigonblatt. Pk Perikarp. Pp Perisperm. rS verkümmerte Samenanlage. Sa Samenanlage. Sch Schwielenblatt. Sd Staminodium. Ss Samenschale. St Staubblatt. T Trag- oder Deckblatt. U Unterlippe. u unfruchtbares Fruchtknotenfach. V Vorblatt. W Wurzel. Wa Wandschicht.

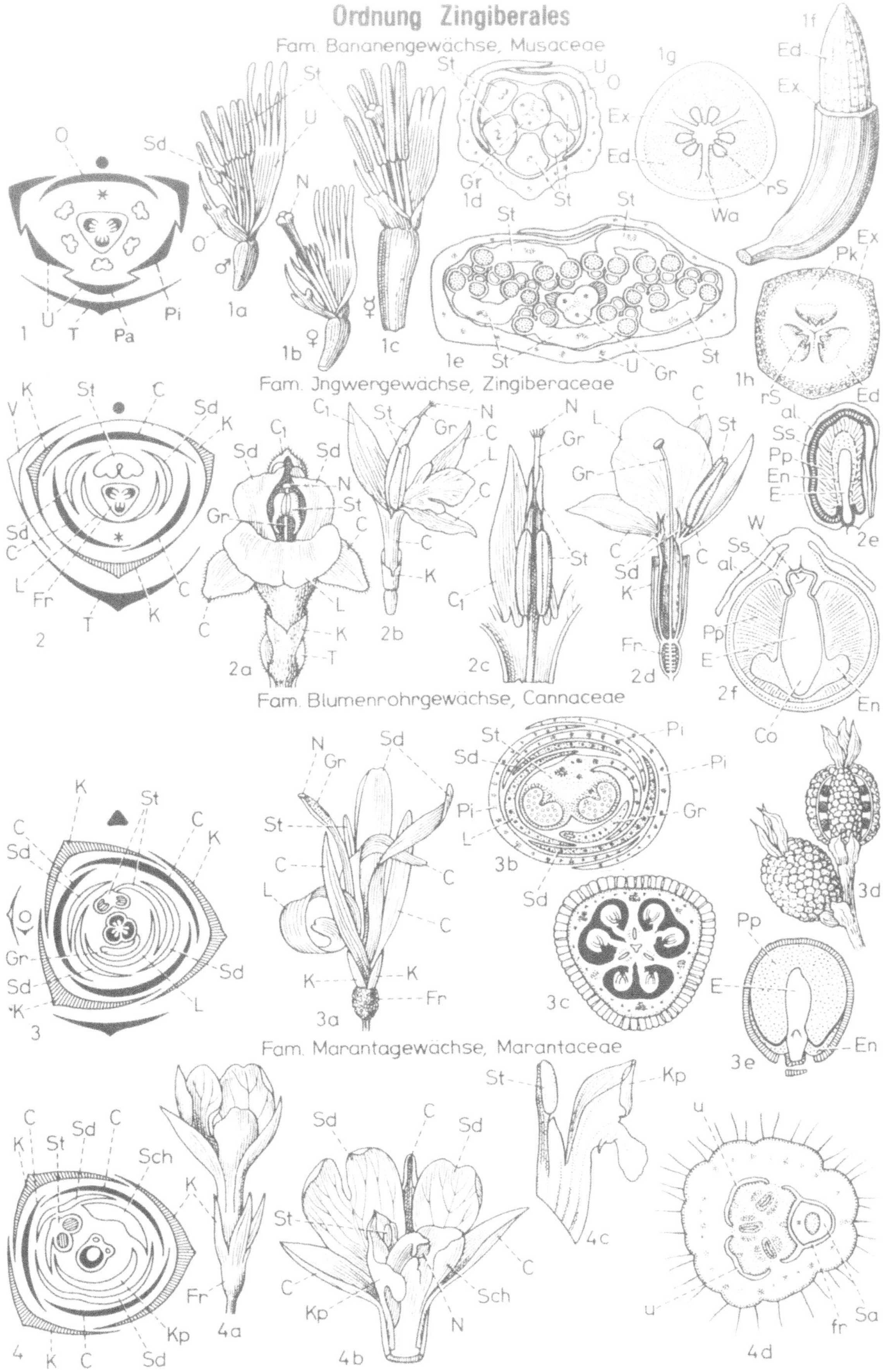
Ordnung Zingiberales
Fam. Bananengewächse, Musaceae
Fam. Jngwergewächse, Zingiberaceae
Fam. Blumenrohrgewächse, Cannaceae
Fam. Marantagewächse, Marantaceae

Die Überordnung *Juncanae* umfaßt die Ordnungen *Juncales und Cyperales.*

## Ordnung Juncales Tfl. 47

**Fam. Binsengewächse, Juncaceae 1-2i**

**Bauplan** der Juncaceenblüte.

Blüten klein, meist in reichblütigen Rispen, Spirren, Sicheln (1b) oder Fächeln. Perigon unansehnlich, spelzenförmig; Windblütler. Blüten typisch 5zyklisch, selten 4- oder 3zyklisch; wie bei den Liliaceen in allen Wirteln 3zählig; strahlig, zwittrig, selten ♂♀ und diözisch. Pollen in tetraedrischen Tetraden (1g). Synkarpie. Fruchtknoten oberständig, 3-1fächerig, Samenanlagen ∞-3, anatrop. 2 Integumente (2d). Nucellus groß, vielzellig. Nährgewebe stärkehaltig, umschließt den kleinen, geraden Keimling (2i). Blütenformel: *P3+3 A3+3 G(3).

Verwandtschaftliche Beziehungen. Blüten 5 3zählige Kreise (wie die *Liliaceen*), weshalb manche die **Binsengewächse,** *Juncaceae,* bei den *Liliifloren* einordnen, zumal sie wie die meisten Liliaceen Kapselfrüchte ausbilden. Sie weichen aber von diesen durch das stärkehaltige Endosperm, den kleinen Keim (2i), die spelzenartige Blütenhülle, Tetradenpollen (1g) usw.ab.Verwandtschaftliche Beziehungen bestehen vielleicht zu den *Cyperales, Commelinales* und *Bromeliales.* Häufig werden die *Juncaceae* auch mit den *Cyperaceen* zu einer Ordnung vereinigt. Um diese Zwischenstellung zu betonen, wird neuerdings ihre Abtrennung als eigene Ordnung (Reihe) vorgenommen.

Gattung *Juncus,* **Binsen** 1-1p. Kahle, meist stielrunde Halme und Blätter; offene Blattscheide, d.h. die Ränder der Blattscheide sind frei und decken einander. Von den zahlreichen Juncus-Arten haben viele runde, spitze, blattlose Sprosse, die am Grunde von Scheiden umgeben sind und innen Luftkammern enthalten. Bei diesen Arten scheinen die Blütenspirren seitlich am Sproß hervorzubrechen. In Wirklichkeit wird dieser von dem Deck- oder Tragblatt zur Seite gedrängt, das in der Fortsetzung des Stengels steht und diesem äußerlich und innen ähnlich ist. Die Blätter wurden früher als „unfruchtbare Stengel" aufgefaßt, da sie stielrund und stengelähnlich sind, und die Pflanzen hat man als „blattlos" bezeichnet. Andere Arten haben deutlich endständige Blütenstände und rinnige Blätter.

*Juncus bufonius, J.compressus u.a.*
Die Blütenstände sind sehr oft Spirren (1b), bei denen die Seitenachsen die Hauptachse überragen.

Blüten strahlig, 2geschlechtig, unterständig (1c). Blütenformel: P3+3 A3+3 G(3); selten auch A3+0. Blütenhülle (Perigon P) 3+3 freie, sternförmig abstehende, braune oder grüne, selten weiße oder anders gefärbte, oft trockenhäutige Blättchen (1c). Staubblätter 3+3, bisweilen innerer Kreis ausgefallen, frei. Fruchtblätter 3, zu 1 Stempel verbunden (1h, 1m). Fruchtknoten 3-1fächerig. 1 Griffel, der oben 3 lange, gedrehte Narbenäste trägt (1f,1k). Frucht eine 1- (1a,1m) oder 3fächerige (1) Kapsel mit fachspaltigem Aufspringen (1n, 1o) und vielen Samen. Samenanlagen ± wand- (1m) bzw. zentralwinkelständig (1). Nährgewebe stärkehaltig, umschließt den kleinen, geraden Keimling (wie bei 2i).

Gattung *Luzula,* **Hainsimsen 2-2i.** Grasartiger Habitus. Stengel stets bis oben beblättert. Laubblätter mit geschlossener Scheide, d.h. die Ränder der Blattscheide sind verwachsen; Spreite flach, am Rande i.d. Regel lang weißbewimpert. Blüten in Spirren, deren letzte Verzweigungen zuweilen köpfchenartig gedrängt sind. Vorblätter V vorhanden (2). Perigonblätter spelzenartig, häutig, grünlich oder bräunlich. 3 Fruchtblätter bilden ungefächerten Fruchtknoten (2c). 1 Griffel mit 3 fadenförmigen Narben. 3 basale Samenanlagen anatrop (2d), vor den 3 Fruchtblättern stehend (2). Frucht eine Kapsel, mit 3 Samen (2f,2g), oft mit Caruncula (2h/Ca) an Chalaza oder Mikropyle.

## Ordnung Cyperales Tfl. 48

Einzige Familie: **Sauergräser, Riedgräser,** *Cyperaceae.* Kräuter von grasartiger Tracht. Blütenstand traubig, ährig, kopfig, rispig oder spirrig, aus 1-vielen „Ährchen" bestehend (A-D) S. 137.

**Blütenbauplan** der Cyperales.

Blüten klein, unscheinbar, am vollständigsten bei der Gattung *Scirpus:* P3+3 als Schuppen, bei *Eleocharis* Borsten, bei *Eriophorum* nur Haare. Fruchtblätter 3-2 (1,2,4a); Fruchtknoten oberständig (1c,2b,4d), 1fächerig, mit einer grundständigen, umgewendeten Samenanlage (1c). Integumente 2 (1c), Samen mit reichlichem, stärkehaltigem Endosperm En (4f). Frucht eine 1samige Nuß (1d) oder von Fruchtschlauch (Utriculus) umschlossen (4e/Ut). Staubblätter 3-1 (1,2,4), selten mehr. Fruchtknoten mit einem in 3-2 (selten mehr) Narben übergehenden Griffel (1b,1c,2a,3a).

Verwandtschaftliche Stellung noch unsicher. Gewisse Gemeinsamkeiten mit den *Gramineae* (Habitus, schuppenartige Blätter im Blütenbereich [Spelzen], anemophile Blüten, 1fächeriger Fruchtknoten mit 1 Samenanlage). Übereinstimmungen im Habitus mit den *Gramineae* sind sicher die Folge konvergenter Entwicklung; die Vereinigung der *Cyperales* mit den *Gramineae* zu einer Ordnung *(Glumiflorae)* ist kaum noch gerechtfertigt. –

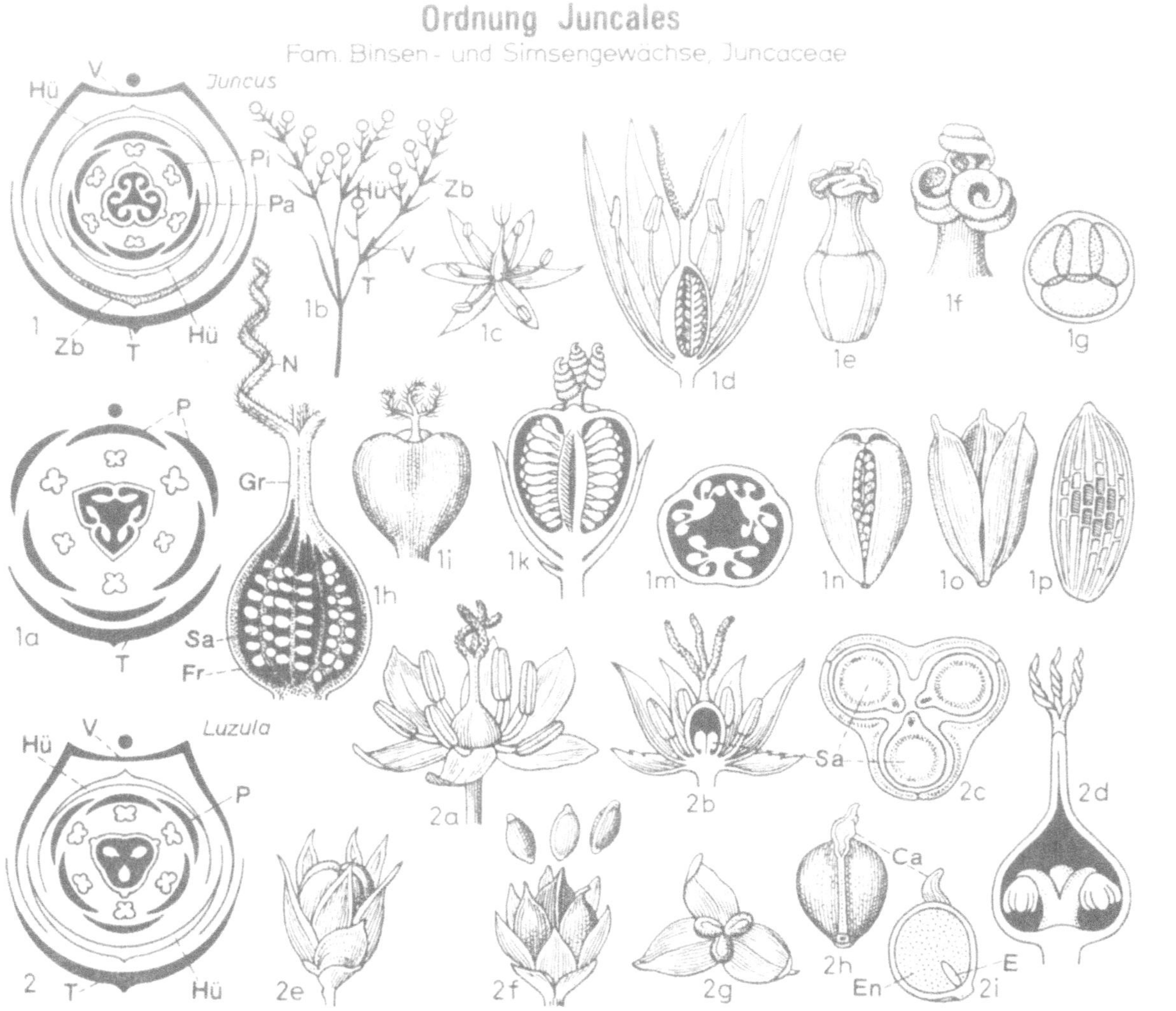


**Tafel 47** – 1 Kröten-Binse, Juncus bufonius, Grundriß einer Blüte. 1a Glanzfrüchtige Binse, J.articulatus, Grundriß der vorblattlosen Blüte. 1b Aufriß eines Blütenstandes mit mehreren Sicheln. Bez. wie 1. 1c Faden-Binse, J.filiformis, Blüte. 1d Rasen-Binse, J.bulbosus, halbierte Blüte. 1e Zusammengedrückte Binse, J.compressus, Fruchtknoten mit Narbe. 1f J.bufonius, Narbe. 1g J.articulatus, Pollentetrade. 1h Pistill. 1i Flatter-Binse, J.efusus, Kapsel und Narbe. 1k Kapsel längs. 1m J.filiformis, Kapsel quer. 1n Frosch-Binse, J.ranarius, Kapsel aufspringend. 1o J.effusus, Kapsel aufgesprungen. 1p Alpen-Binse, J.alpinus, Same. – 2 Feld-Simse, Luzula campestris, Blütengrundriß. 2a Hainsimse, Luzula, Blüte. 2b L. campestris, Blüte längs. 2c Behaarte Hain-Simse, L.pilosa, Fruchtknoten quer, mit 3 Samenanlagen. 2d Weiße Hainsimse, L.albida, Pistill seitlich aufgeschnitten. 2e Feld-Simse, L.campestris, reife Frucht geschlossen. 2f L.albida, reife Frucht geöffnet, darüber 3 Samen. 2g Wald-Hainsimse, L.silvatica, Fruchtkapsel geöffnet. 2h L.pilosa, Same von außen. 2i Schnitt durch den Samen.

Ca Caruncula. E Embryo. En Endosperm. Fr Fruchtknoten. Gr Griffel. Hü Hüllblatt. N Narbe. P Perigon. Pa äußeres Perigonblatt. Pi inneres Perigonblatt. Sa Samenanlage. T Tragblatt. V Vorblatt. Zb Zwischenblatt.

---

Die häufige Ansicht, daß die *Cyperales* einen stark reduzierten Endzweig der *Liliales* darstellen, ist durch neuere Untersuchungen in Frage gestellt. Hiernach sind die Zwitterblüten der *Cyperoideae* Synanthien (Pseudanthien), d.h. als aus mehreren 1geschlechtigen Blüten bestehende androgyne Teilblütenstände hervorgegangen zu betrachten, die durch Reduktion funktionell zu Zwitterblüten geworden sind. Die Blüten der *Cyperaceae* (1,2) sind nach dieser Auffassung ursprünglich 1geschlechtig und können daher nicht mit den typischen Zwitterblüten der *Liliaceae* in Zusammenhang gebracht werden.

Die *Cyperaceae* gliedern sich in 2 Unterfamilien: Unterfamilie *Cyperoideae (Scirpoideae)* 1-3b. Blüten ursprünglich 1geschlechtig, meist aber zu zwitterblütenartigen Synanthien (Pseudanthien) zusammengedrängt. Hypogyne Schuppen, Borsten oder Fäden (häufig als „Perigon" gedeutet), oft vorhanden; durch Reduktion von Teilblütenständen ♂♀sind Blüten entstanden.

Gattung **Simsen**, *Scirpus* 1-1d
Meist ausdauernde Kräuter von sehr verschiedener gras- oder binsenartiger Tracht (A); Stengel am Grunde scheidig, rund oder 3kantig. Blätter flach und grasartig oder stielrund; Spreite bisweilen stark reduziert, z.T. bis auf Scheide (A). Blütenstand am Grunde mit 1–∞ laubartigen oder stark reduzierten Hochblättern (A), endständig oder scheinbar seitenständig, da am Grunde des Blütenstandes ein Blatt entspringt, das gleichsam

die Fortsetzung des Stengels bildet (A). Oft reich verzweigte Spirre, bisweilen ährig oder kopfförmig oder zu 1 Ährchen reduziert. Ährchen 1—∞, end- oder seitenständig, 3—vielblütig. Tragblätter schraubenförmig geordnet, dachziegelig, alle fruchtbar.

Die Gattung *Scirpus* hat unter den *Cyperaceen* die vollständigste Blüte. Formel P3+3 A3+0 G(3).

Stempel aus 2-3 Fruchtblättern (1). Narbe 3 oder 2 teilig (1b). Im 1fächerigen Fruchtknoten 1 einzige grundständige, aufrechte, anatrope Samenanlage (1c). Frucht eine Nuß, deren Samen nicht mit dem Perikarp verwachsen ist. Keim klein, am Grunde des Samens liegend, von Nährgewebe eingeschlossen.

Gattung **Wollgräser,** *Eriophorum* 2-2d
Stengel beblättert (B). Blütenstand endständig, aus 1 oder mehreren Ährchen bestehend. Ährchen groß, vielblütig. Deckblätter schraubig angeordnet, häutig. An Stelle des Perigons nur Fäden, zahlreich, glatt, nach dem Blühen stark verlängert, weiß, Wollschopf bildend (B). Staubblätter 3(2,2a). Narben 3 (2a). Griffel am Grunde nicht verdickt (2a,2b), abfallend. Frucht zusammengedrückt, 3kantig (2d).

Gattung **Sumpfbinse** oder **Sumpfried,** *Eleocharis* 3-3b
Sumpfpflanzen von binsenartiger Tracht (C). Stengel blattlos, nur am Grunde spreitenlose Scheiden. Blütenstand 1 einziges, endständiges Ährchen ohne Hüllblatt (C). Ährchen wenig- bis vielblütig. Schraubig angeordnet (C). Reduziertes Perigon mit (0-) 3-9 (-12) meist rückwärts rauhen hypogynen Borsten (3,3a,3b). Staubblätter 2 oder 3 (3). Narben 2 oder 3 (3,3a). Griffelgrund meist stark verdickt (3,3a), an der Fruchtwand bleibend (3b). Frucht 3kantig oder bikonvex. Mit Scirpus nah verwandt. Unterschiede: nur 1 Ährchen, ohne Hüllblätter; Frucht mit bleibendem, verdicktem Griffelgrund.

Gattung **Zypergras,** *Cyperus*
Stengel 3kantig. Deutlich 3zeilig angeordnete Blätter. Oberste Stengelblätter fast wirtelig den kopfigen oder doldig-spirrigen Blütenstand umgebend (Hüllblätter), zuweilen sehr große Blüten zwittrig, die obersten oft ♂. Bei uns nur in wenigen und seltenen Arten: **Ägyptische Papierstaude,** *Cyperus papyrus.*

Unterfamilie *Caricoideae:* 4-7. Blüten stets ♂♀; Teilblütenstände nie zu zwitterblütenartigen Synanthien vereinigt.

Gattung **Seggen,** *Carex* D und 4-4f.
Ausdauernde horstbildende Stauden (D). Stengel 3kantig. Blätter flach, breit bis borstenförmig oder rinnig. Blattscheiden. Blüten 1geschlechtig, 1 oder 2häusig; in Ähren; diese einzeln oder zu ährigen, kopfigen oder traubigen Blütenständen vereinigt.

Bei den *Caricoideae* kommt es zur stärksten Reduktion der Blüte. Ursprünglich androgyne Teilblütenstände (6a) werden stufenweise bis auf eine ♀ Blüte (6) reduziert *(Carex).* Der Achsenfortsatz der Teilinfloreszenz ist z.B. bei der Grannen-Segge *Carex microglochin* an der ♀ Blüte noch sichtbar (SA Tfl. 48/6); bei anderen Arten ist er entwicklungsgeschichtlich nachweisbar.
Blüten in Achseln von Tragblättern. Perigon fehlend. ♂ Blüten mit 3 Staubblättern (4b), ♀ Blüten mit einem mit den Rändern verwachsenen Tragblatt, das als krugförmig geschlossener Schlauch (Utriculus Ut) den Fruchtknoten umhüllt (4a,4c). Dieser Schlauch fällt mit der 3kantigen oder platten Frucht als Scheinfrucht ab (4e). Narben 2 oder 3 (4c). Frucht 1samig (4a,4d,4f). Der kegelförmige Bau des Keimlings E ist besonders der Gattung *Carex* eigen (4f) und dessen Lage am Grunde des Samens in der Mittellinie der Frucht ist für die ganze Familie der *Cyperaceen* charakteristisch, besonders gegenüber den *Gramineen,* bei denen der Keim seitlich außerhalb des Endosperms liegt.

Bei *Carex* fehlt das Perianth ganz, und die Blüten sind 1geschlechtig (4-4c). Der innere Staubblattkreis fehlt bei allen Cyperaceen. Die 1geschlechtigen Blüten stehen in gemischt- oder getrenntgeschlechtigen Ähren, und zwar in der Achsel jedes Deckblattes sitzt auf kurzer Achse die mit 3 Staubblättern gebildete ♂ Blüte (4b). Dagegen sind die ♀ Ährchen zusammengesetzt (6). Bei diesen entspringt in der Achsel jedes Deckblattes ein kleiner Seitenzweig (SA in 4a,6), der nur 1 2kieliges Tragblatt (4a) trägt, nach seiner Form Schlauch oder Utriculus genannt (Ut in 4a,4c,4d). In der Achsel dieses Blattes sitzt die Blüte, deren Fruchtknoten von dem Utriculus umwachsen ist. Der Fruchtknoten besteht aus 2-3 verwachsenen Fruchtblättern (4a). Aus der Mündung des Utriculus ragt der Griffel hervor. Die Seitenachse SA verlängert sich borstenförmig, bleibt aber in den meisten Fällen unfruchtbar. Manchmal trägt sie mehrere Deckblätter, die ♂ Blüten stützen. Bei der nahverwandten Gattung *Elyna* sitzt unten auf der Seitenachse eine ♀ Blüte, vom Tragblatt gestützt und oben eine ♂ Blüte von einem anderen Hochblatt gestützt. Es handelt sich also bei Fig. 5 um einen Teilblütenstand. Denkt man sich diesen nun dadurch vereinfacht, daß die ♂ Blüte unterdrückt und die Seitenachse verkürzt wird,und daß das Tragblatt der ♀ Blüte den Fruchtknoten ganz umwächst, dann hat man die normale Carexblüte (4c) vor sich. Bei manchen Arten ist bei der ♀ Blüte tatsächlich noch ein kleiner Rest der Seitenachse erkennbar (SA in 6). Die Carexblüte ist also ein auf eine einzige Blüte reduzierter Teilblütenstand.

**Tafel 48** — A Seebinse, Scirpus lacustris, Blühende Spitze des Stengels; Wurzelstock und unteres Ende des Stengels. — B Schmalblättriges Wollgras, Eriophorum angustifolium, blühende und fruchtende Pflanze. — C Gem. Sumpfried, Eleocharis palustris. — D Ufer-Segge, Carex riparia. — 1 Wald-Simse, Scirpus silvaticus, Blütengrundriß. 1a Seebinse, S.lacustris, Deckblatt. 1b Sumpf-Binse, Blüte. 1c S.silvaticus, Blüte längs. 1d S.lacustris, Frucht. — 2 Wollgras, Eriophorum, Blütengrundriß. 2a Schlankes Wollgras, E.gracile, Blüte. 2b Breitblättriges Wollgras, E.latifolium, Blüte längs. 2c Frucht mit Haarschopf. 2d Frucht ohne Haarschopf. — 3 Gemeines Sumpfried, Eleocharis palustris, Blüte. 3a Stempel. 3b Frucht mit hypogynen Borsten und Filamenten. — 4 Segge, Carex, Grundriß der ♂ Blüte. 4a Grundriß der ♀ Blüte. 4b ♂ Blüte. 4c ♀ Blüte mit Utriculus (dem Tragblatt entsprechend). 4d wie 4c, halbiert. 4e Schnabel-Segge, Carex rostrata, Frucht vom Utriculus umgeben. 4f Stachel-Segge, C.muricata, Frucht längs. — 5 Nacktried, Elyna myosuroides (bellardi) mit einer ♀ und einer ♂ Blüte. — 6 Aufriß einer ♀ Blüte von Carex, 6a eines Teilblütenstandes mit ♂ und ♀ Blüte von Elyna: SA Seitenachse in der Achsel eines Tragblattes (Spelze), Ut dessen zum Utriculus werdendes 2kieliges Tragblatt. — 7 Uncinia kingii, ♀ Blüte mit hakig gebogener Infloreszensachse mit Utriculus.
E Keimling. En Endosperm. Fs Fruchtschale. Gr Griffel. Hä Härchen. P Perigon. SA Seitenachse. Ss Samenschale. Ut Utriculus.

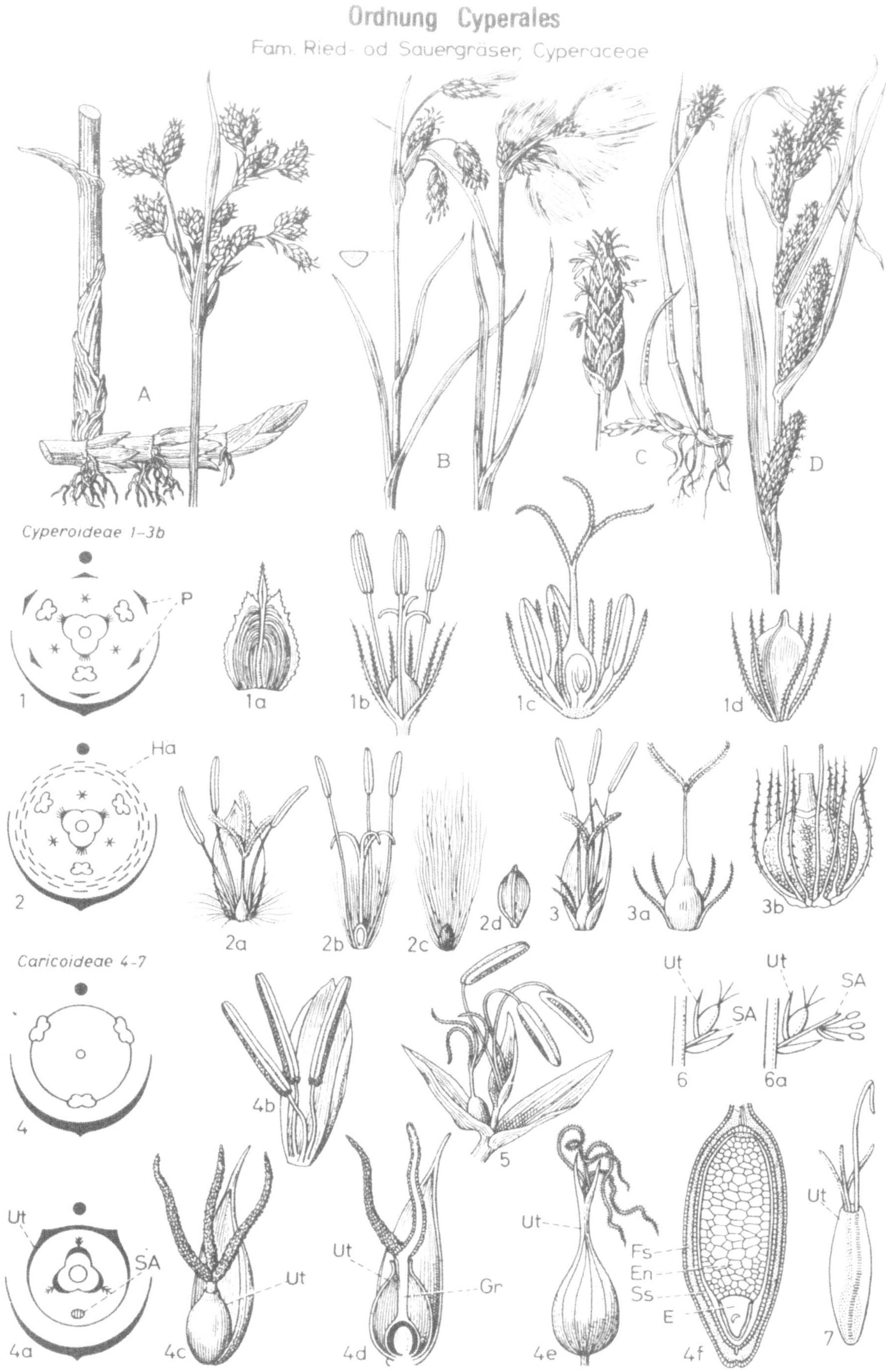
Ordnung Cyperales
Fam. Ried- od. Sauergräser, Cyperaceae
A
B
C
D
Cyperoideae 1–3b
P
1
1a
1b
1c
1d
Ha
2
2a
2b
2c
2d
3
3a
3b
Caricoideae 4–7
Ut
SA
6
6a
4
4b
5
4a
4c
4d
4e
4f
Gr
Fs
En
Ss
E
7

Die Überordnung *Commelinanae* umfaßt die Ordnungen *Commelinales* (Zimmerpflanze *Tradescantia), Eriocaulales, Restionales* und *Poales.*

## Ordnung Poales (=Glumiflorae=Graminales) Tfl.49

**Familie Süßgräser, Gramineae**

Die Hochblätter im Blütenbereich heißen Spelzen. Die meist zwittrigen Blüten stehen in Ährchen mit 2zeiligen Hochblättern. Die Ährchen sind Teilblütenstände. Mehrere treten zu einem Gesamtblütenstand zusammen. Dieser kann sein: ährenartig (**Ährengräser**), rispenartig (**Rispengräser**) oder ähren- und rispenartig (**Ährenrispengräser**).
Das Ährchen zeigt bei allen Süßgräsern folgenden charakteristischen Bau: 1–2
Die Spelzen sind wie die Blätter 2zeilig angeordnet (1). Am Grunde der Ährenachse A stehen meist 2 Spelzen ohne Achseltriebe, die Hüllspelzen h (Glumae). Die folgenden Hochblätter stützen je 1 Blüte und heißen Deckspelzen d. Sie können eine Granne tragen, die vom Rücken der Mittelrippe ausgeht. Die Granne auf der Deckspelze ist der Spreite des Grasblattes und die Spelze selbst dem Scheidenteil der Ligula homolog. Die obersten Deckspelzen eines Ährchens sind bisweilen unfruchtbar.

**Bauplan** der Gramineenblüte.
Blüte zwittrig, selten 1geschlechtig. Blütenhülle im Zusammenhang mit Windbestäubung stark zurückgebildet. In viel- bis 1blütigen Teilblütenständen (Ährchen). Das Ährchen ist die Grundeinheit der Blütenregion. Spelzen an der Ährenachse 2zeilig, die untersten, meist 2, steril (Hüllspelzen h), die folgenden viele bis 1 fertil (Deckspelzen d), oft begrannt; in ihrer Achsel ein kleiner Blütensproß mit 1 adossierten 2nervigen Vorblatt vo (Vorspelze); unmittelbar oberhalb des Vorblattes folgen: a) einige zarte Schüppchen, Schwellkörper (Lodiculae Lo) genannt; b) 3 Staubblätter, deren Beutel mit dem Rücken am Faden beweglich befestigt ist; c) aus 1 Fruchtblatt gebildeter oberständiger, 1fächeriger Fruchtknoten mit 2 fiedrig verzweigten Narben. Samenanlage 1, herabhängend, gerade oder nur schwach gekrümmt. 2 Integumente (7). Schließfrucht, Karyopse genannt, deren Same stets mit dem dünnen Perikarp fest verwachsen ist. Endosperm reichlich, stärkehaltig; Keimling seitlich anliegend, Keimblatt zu schildförmigem Saugorgan (Scutellum) umgebildet. Sproß- und Wurzelanlage von geschlossenen Scheiden umgeben, bei der Keimung durchbrochen.
Die Frage nach der morphologischen Natur des 1fächerigen Fruchtknotens ist noch umstritten: dieser entweder aus 1 Fruchtblatt mit 2–3teiliger Narbe bestehend oder aus 3 Fruchtblättern, bei denen die Samenanlage an der Naht der 2 hinteren Fruchtblätter ausgebildet ist (3a).

Bei der Ableitung der Grasblüte von der typischen Monokotylenblüte mit 5 3zähligen Kreisen herrschen verschiedene Ansichten. Nach der im theoretischen Diagramm 3a gegebenen Darstellung erweist sich die Gramineenblüte als hochgradig reduziert. Die beiden Schüppchen (Lodiculae) werden als Reste des inneren Perianthkreises aufgefaßt (Lo) und die 2kielige Vorspelze (vo) ist durch Verwachsung von 2 Blättern des äußeren Perianthkreises entstanden. Das 3. Glied im Wirtel ist jeweils ausgefallen (schwarz). Außerdem ist der innere Staubblattkreis ganz ausgefallen (schwarz), und der 1fächerige, 2narbige Fruchtknoten ist aus dem ursprünglichen mit 3 Fruchtblättern durch Reduktion hervorgegangen. Diese Deutung wird durch bestimmte Tatsachen gestützt. Die Trennung der Vorspelze in 2 Blätter ist bei einer Gattung der Gramineen verwirklicht und im übrigen ist die Vorspelze meist 2kielig. Ferner sind bei *Oryza*, bei gewissen *Bambuceen* u. a. noch alle 6 Staubgefäße in 2 Kreisen, sowie 3 Schüppchen und 3 Narben vorhanden.
Nach einer anderen Auffassung nimmt die Vorspelze die Stellung eines gewöhnlichen Vorblattes ein, das ja bei den Monokotylen durch Verwachsung zweier Blätter entstanden sein soll. Ferner nimmt man an, daß die beiden Schüppchen die Hälften eines, bei *Melica* ungeteilt bleibenden, zweiten Vorblattes sind; ein hinteres Schüppchen, ein drittes Vorblatt, haben *Stipa, Bambuceen* u. a. Oder man hält die beiden Schüppchen (Lodiculae) für eine Neubildung zum Öffnen der Grasblüte, wie sie auch in den Achseln der Rispenäste als Gelenkpolster vorkommen und die Blütenstände während der Blüte zum Spreizen bringen. Nach dieser Deutung ist die Gramineenblüte ursprünglich perianthlos, also nackt und nicht eine reduzierte Form der Monokotylenblüte.
Jede dieser Ansichten bedingt eine besondere Einordnung der Süßgräser unter den Monokotylen.
Wichtig für die Einteilung der Familie sind: Die Art des Blütenstandes, ob Ähre, Rispe oder eine Mittelform von diesen; die Blütenzahl im Ährchen, die Größe der Spelzen, die Ausbildung von Grannen usw.

Der dickwandige Fruchtknoten 7 (Fr) hat nur 1 Samenanlage Sa, die seitlich angeheftet ist und die Mikropyle Mp nach unten wendet, was das regelmäßige Verhalten der Süßgräser zeigt. Die 2 Integumente umschließen einen großen Nucellus Nu mit großem Embryosack (Es).

Tafel 49 1 3blütiges Ährchen eines Grases im Aufriß. 1a im Grundriß: A Ährenachse. Hüllspelzen (h) doppelt, Deckspelzen (d) einfach schraffiert. Vorspelzen (vo) punktiert. – 2 Roggen, Ährchen. – 3 Einzelne Grasblüte, wirkliches Diagramm. – 3a Theoretisches Diagramm: die fehlenden Glieder in der Blütenhülle und bei den Staubblättern sind schwarz eingezeichnet. – 4 Junge Roggenblüte im Augenblick des Aufbrechens. – 4a Roggenblüte aufgeblüht. – 5 Reis, Oryza, Blüte mit Schwellkörperchen. – 6 Ruchgras, Anthoxanthum, Blüte. – 7 Roggen. Unterer Teil des Stempels längs. – 8 Weizen, Frucht von außen. – 8a Weizen, Frucht längs. – 9 Gerste, Hordeum vulgare, Längsschnitt durch den unteren Teil der Frucht. – 10 Embryo von Haar-Pfriemengras Stipa capillata (juncea). – 11 Hafer, Avena sativa. Teil eines Querschnittes der Frucht. – 12 Weizen, Triticum. Frucht mit Embryo längs. – 13–16 Keimender Roggen.
A Ährenachse. Á Ährchenachse. Bl Blattanlage. d Deckspelze. E Embryo. Eb Epiblast. El Epikotyl, Achsenglied. En Endosperm. Es Embryosack. Fr Fruchtknoten. Gr Griffel. h Hüllspelze. HW Hauptwurzel. J äußeres Integument. i inneres Integument. k Kleberschicht. Kn Knospe. KS Knospenscheide (Koleoptile). Lo Lodiculae (Schwellkörperchen). Mp Mikropyle. N Narbe. Nu Nucellus. NN Nebenwurzel. Pk Perikarp. Pl Plumula (Sproßknospe). sc Schildchen (Scutellum). Ss Samenschale. St Staubblatt. Sti Stielchen. Stk Stärke. Sz Spelze. vB vollständige Blüte. veB verkümmerte Blüte. vo Vorspelze. WA Wurzelanlage. WH Wurzelhaube (Kalyptra). WS Wurzelscheide (Koleorrhiza).

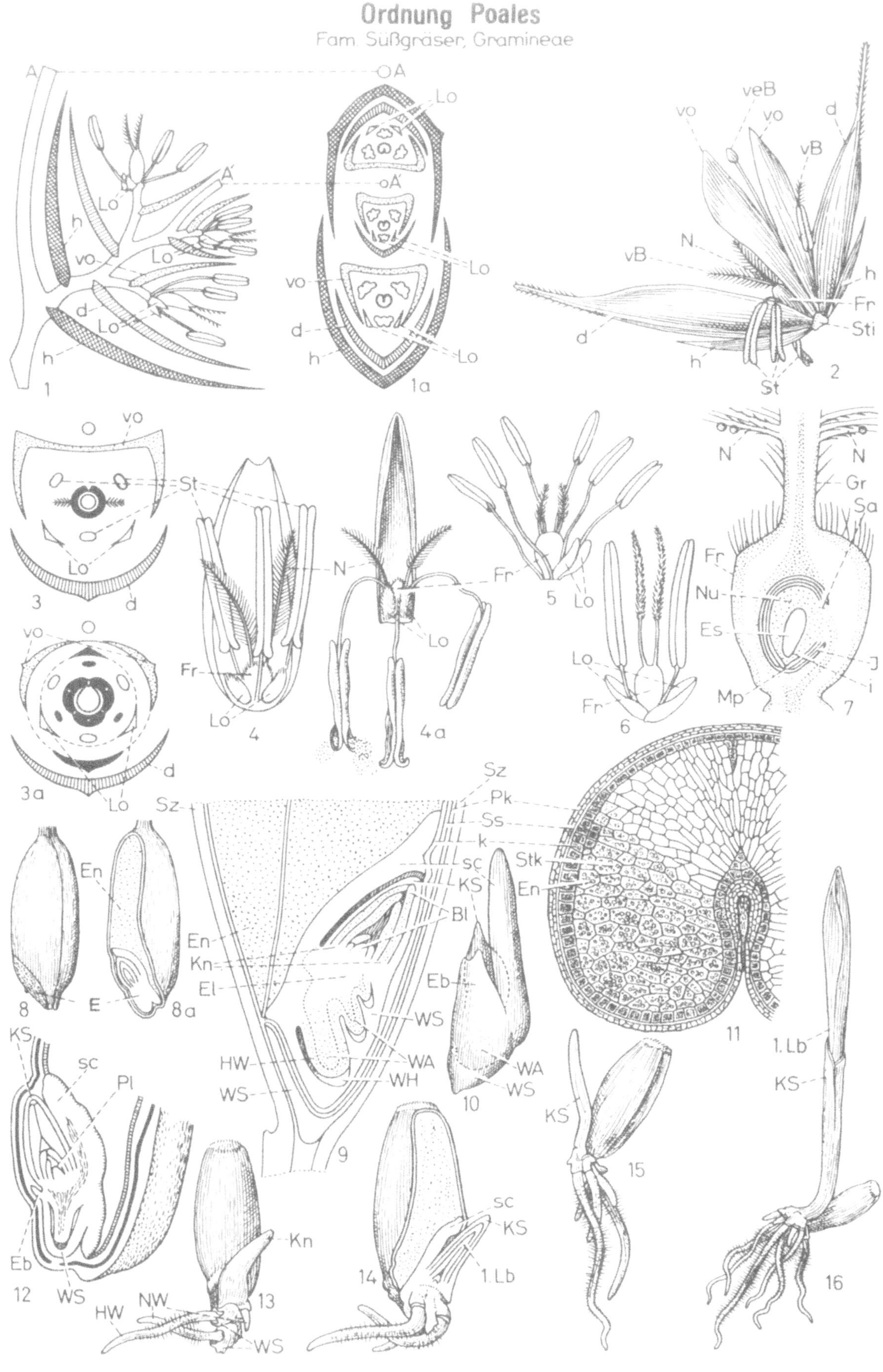
Ordnung Poales
Fam. Süßgräser, Gramineae
A
A'
Lo
h
vo
d
veB
vB
N
Fr
Sti
St
Gr
Sa
Nu
Es
Mp
Sz
Pk
Ss
k
sc
KS
Stk
En
Bl
Kn
El
Eb
E
WS
WA
HW
WH
Pl
NW
1.Lb
1
1a
2
3
3a
4
4a
5
6
7
8
8a
9
10
11
12
13
14
15
16

Die Frucht der Süßgräser enthält nur 1 Samen. Samen- und Fruchtschale, die beide sehr dünn sind, verwachsen bei den meisten Gräsern miteinander zur „Haut", die das Korn schützend umgibt (11 Ss,Pk). Die Frucht ist in diesen Fällen eine Schalfrucht oder Karyopse. Da sie sich bei den meisten Gräsern findet, spricht man von einer Grasfrucht. Bei manchen Gräsern ist eine Scheinfrucht ausgebildet, die durch ± starkes Verwachsen der Frucht mit der Vor- und Deckspelze (Gerste, Hafer) zustande kommt. Oft fällt dann die Frucht auch mit den Spelzen aus. Der Keim (8, 8a/E) ist größer als bei den Riedgräsern und liegt am Grunde des Samens, aber an der äußeren, gewölbten Fläche des Perikarps (8, 8a), neben dem Nährgewebe (Endosperm En). Der Keimling besteht zunächst aus einem schildförmigen, mit seiner Innenseite dem Nährgewebe anliegenden Körper, dem Schildchen sc oder Skutellum, das auf seiner Vorderseite das in der Mitte angeheftete Keimknöspchen (9/Kn), die Plumula, und das von der Wurzelscheide WS oder Koleorrhiza verhüllte Würzelchen WA trägt. Dem Schildchen gegenüber befindet sich bei vielen Gräsern auf der Vorderseite des Keimlings ein schuppenförmiges Anhängsel, der Epiblast (10 Eb), der besonders bei dem Steppengras Stipa (10) stark ausgebildet ist, während er bei vielen anderen Gräsern (z.B. Roggen, Gerste, Mais) gänzlich fehlt. Er wird auch als rudimentäres zweites Keimblatt gedeutet. Das Knöspchen des Keimlings (9) besteht aus einem sehr kurzen Achsenglied El (Epikotyl) und einigen wenigen (2–4) Blattanlagen Bl. Das Schildchen dient offenbar zum Aufnehmen der Nährstoffe aus dem Nährgewebe. Es zieht sich herunter bis zur Spitze der Wurzelscheide WS oder Koleorrhiza, von der die Hauptwurzel HW umgeben ist. Sie ist charakteristisch für die Gramineen. Auch die dem Epikotyl El entspringenden Nebenwurzeln NW (13) sind von Wurzelscheiden umgeben. Auf der äußersten Wurzelspitze sitzt die Wurzelhaube WH (9) oder Kalyptra, die mit ihren Schleimzellen das Gleiten im Boden erleichtert. Die Knospe Kn ist von der Knospenscheide (KS in 9, 10, 14, 16) oder Koleoptile umgeben. Diese durchbricht mit ihrer harten Spitze beim Keimen den Boden (14, 16/KS), öffnet sich und läßt später das erste Laubblatt (16/1.Lb) hervortreten, das sie als ein farbloses bis mattgrünes, vorher geschlossenes Rohr umgibt. Schildchen, Epiblast, Knospenscheide und Wurzelscheide werden von manchen als Teile des Keimblattes angesehen. Die Deutung dieser Bildungen ist eine sehr verschiedene. Die meisten Gräser besitzen nur eine Wurzelanlage am Keimling und keimen daher mit einer Hauptwurzel HW. Bald (9, 13–16) aber treten – besonders am Epikotyl–Nebenwurzeln NW auf, welche die Hauptwurzel rasch an Größe übertreffen. Das Nährgewebe (11/En) besteht aus großen, mit Stärkekörnern Stk angefüllten Zellen. Nur die äußere Zone besteht aus einer einzigen Zellschicht von Eiweiß führenden Zellen und heißt Kleberschicht k.

## 3. Unterklasse Arecidae (=Spadiciflorae, Kolbenblütige)

Vorwiegend 1geschlechtige unscheinbare Blüten zu kolbenartigem Blütenstand (Spadix) vereinigt, unter gleichzeitiger Verkleinerung und Vereinfachung der einzelnen Blüte. Blütenstand einfache oder verzweigte Ähre oder Kolben (Spadix), die meist von einem auffälligen Hochblatt, der Spatha, umschlossen werden. Blütenhülle 2wirtelig oder mehr oder weniger reduziert. Oberständiger Fruchtknoten, z. T. sogar noch mit freien Fruchtblättern (chorikarp), meist aber coenokarp, enthällt nur wenige bis 1 Samenanlage, bildet durchweg Schließfrüchte, Beeren, Steinfrüchte oder Nüsse, niemals Kapseln. Der kleine Keim liegt meist in einem stark entwickelten Endosperm; seltener fehlt das Endosperm.

## Ordnung Arecales (= Principes) Tfl. 50

### Fam. Arecaceae (= Palmae)

**Bauplan** der Palmenblüte:
Blütenstand gewöhnlich seitenständig, oft großer ästiger Kolben mit vielen, in ihn oft eingesenkten Blüten von holziger, kahnförmiger Spatha Spa (1k) umgeben. Blüte nach der Dreizahl gebaut: 2 x 3 Blätter der Blütenhülle, 2 x 3 Staubblätter, 3 Fruchtblätter, 2 Integumente (1g). Jedes Fruchtblatt nur 1 Samenanlage. (1g, 2–2b, 2e). Embryo E klein, seitlich anliegend (1h). Blüten klein, vielgestaltig: sitzen ohne Tragblatt an unverzweigter, dicker Achse (Kolben,Spadix), die oft von auffälliger Spatha umhüllt wird. Für die Familie bezeichnend sind: Rückbildung der einzelnen Blüte bei gleichzeitiger verwickelter Ausgestaltung des ganzen Blütenstandes.

**Dattelpalme,** *Phoenix dactylifera* 1–1k. Lederige Blütenscheide (Spatha) umhüllt die 2häusigen (diözischen) Blütenrispen (1k). Blüten klein, gelblichweiß, strahlig, aus 3 kleinen äußeren, kelchartigen und 3 größeren inneren, kronartigen Blättchen zusammengesetzt. 6 Staubgefäße (1,1b) in den ♂ Blüten. ♀ Blüten 3 Fruchtblätter getrennt (1f, 1g); auf jedem Fruchtblatt 1 Samenanlage; Griffel kurz (1g). Jede Frucht zu einer stark zuckerhaltigen Beere sich entwickelnd; dünnwandiges Endokarp; großer Same auf der Innenseite gefurcht und hornartiges Endosperm. – **Kokospalme,** *Cocos nucifera.* Meterlange Blütenstände, monoecisch. Windbestäubung. Vom 3fächerigen Fruchtknoten entwickelt sich meist nur 1 Fach (2f). Steinfrucht mit dünner Außenschicht, stark faseriger Mittelschicht oder Mesokarp Mk (2g) und sehr harter Innenschicht, Endokarp Ed „Stein". Same S bildet weißen Kern; eine fleischige Hohlkugel, die zum Teil mit milchiger Flüssigkeit gefüllt ist und in der Wand den kleinen Embryo E birgt (2h). Hohlkugel und Kokosmilch sind das Nährgewebe Endosperm En. Von den 3 Keimlöchern (Kg in 2f) bleiben die unter den unterdrückten Fächern geschlossen; unter dem 3. liegt der Keimling (2f).

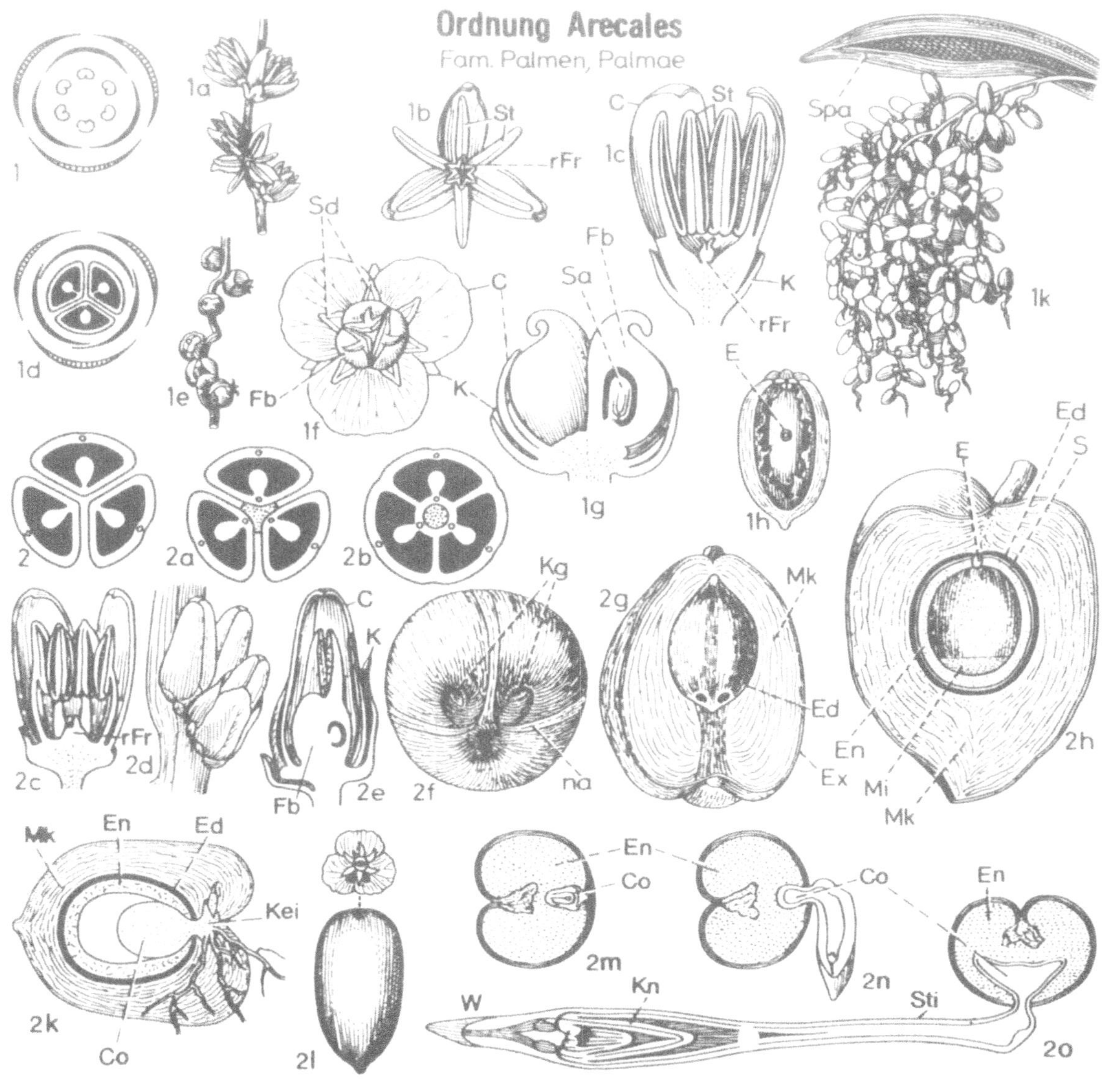


**Tafel 50** – 1 Dattelpalme, Phoenix dactyliphera, Diagramm der ♂ Blüte. 1a ♂ Blütenstand (Teil). 1b ♂ Blüte geöffnet. 1c ♂ Blütenknospe längs. 1d Diagramm der ♀ Blüte. 1e ♀ Blütenstand (Teil). 1f ♀ Einzelblüte geöffnet. 1g ♀ Blüte längs; apokarpe Fruchtblätter. 1h Frucht geöffnet. 1k junger Fruchtkolben mit Spatha. – 2–2b Ovar=Querschnitte: 2 Gynoeceum apokarp (Trachycarpus, Chamaerops). 2a Gynoeceum schwach pseudokarp (Phoenix pusilla). 2b Gynoeceum synkarp (Calamus longisetus). 2c Cocos pulchra, ♂ Blüte längs. 2d dreiblütiger Glomerulus. 2e ♀ Blüte längs. 2f Kokospalme; Steinkern der Frucht von unten, mit den Nähten der 3 Fruchtblätter, davon 2 fruchtbar mit je 1 Keimpore oder Keimgrube Kg. 2g Frucht längs, mit Steinkern, Stein nicht durchschnitten. 2h Frucht mit Steinkern mit Samen längs. 2k keimende Frucht längs; innerhalb des Steines das hohle Endosperm. Keimblatt Co dient als schwammiges Saugorgan des Keimlings E. 2l–2o Keimung der Dattelpalme: 2l Frucht mit abgenommenem Perianth. 2m Ruhender Same quer. 2n u. 2o Keimungsstadien.
C Kronblatt. Co Cotyledon, Keimblatt. E Embryo. Ed Endokarp. En Endosperm. Ex Exokarp. Fb Fruchtblatt. K Kelch. Kei Keimling. Kg Keimgrube, Keimpore. Kn Knospe. Mi Milch. Mk Mesokarp. Na Naht der Fruchtblätter. rFr rückgebildeter Fruchtknoten. S Same. Sa Samenanlage. Sd Staminodium. Spa Spatha. St Staubblatt. Sti Stielchen. W Wurzel.

## Ordnung Arales Tfl. 51

### Fam. Aronstabgewächse, Araceae 1–5a

**Blütenbau**

Blüten klein, vielgestaltig, sitzen ohne Tragblatt an unverzweigter, dicker Achse (Kolben, Spadix), die oft von auffälliger Spatha umhüllt wird. Kolben läuft oft in langen, sterilen Endabschnitt aus. Blüten zwittrig oder eingeschlechtig, sehr verschieden gebaut, dimer oder trimer; Perianth mit 2 ± gleichen Wirteln (1b) oder bis zum Schwinden reduziert (3a, 4, 5a). Staubblätter 4–6 in 2 Wirteln (1, 2, 1b, 2c) oder ± zu einem Synandrium verbunden (3a) oder bis auf 1 reduziert (5, 5a). Fruchtblätter 3–1 mit sehr wechselnder Plazentation (1d, 2d, 3c, 3e) und Zahl der Samenanlagen. Beerenfrüchte.

1. Zwittrige, vollständige Blüten. **Kalmus,** *Acorus calamus 1-1d.* Monokotyler Typus: Lange, schwertförmige Blätter. Zahlreiche Blüten dicht gedrängt am Kolben (1a), der scheinbar seitenständig ist, da sich die grüne Spatha Spa aufrecht in die Fortsetzung des abgeflachten Stengels einstellt und so den Kolben zur Seite drängt. Blüten zwittrig, 3zählig, 5wirtelig.

Der **Kalmus** ist ein Beispiel für vollkommene Ausbildung der Blüten. In dem 3fächerigen Fruchtknoten entspringen die Samenanlagen im oberen Winkel der 3 Fächer auf zottigen Plazenten (1c). Darüber erhebt sich ein Kegel, der die Stelle von Griffel und Narbe vertritt (Ste). Die Samenknospen sehen dadurch sonderbar aus, daß das innere Integument lang röhrenförmig ausgezogen ist und weit aus dem äußeren, das einen lockeren Mantel bildet, hervorragt; beide sind an ihrer Mündung ausgefranst. Das Schnittbild (1c) zeigt noch eins der 6 Staubgefäße St und eins der 6 Perigonblätter P vollständig. Bei uns in Deutschland pflanzt sich der **Kalmus nur** vegetativ fort. Noch vollständige Zwitterblüten mit unscheinbarem Perigon. Blütenformel: P3+3 A3+3 G $\underline{(3)}$

2. Zwittrige Blüten ohne Perianth. **Schlangenkraut** *Calla palustris* 2–2d. Spatha breit, rein weiß (2a). Blüten unscheinbar, zwittrig, ohne Perianth (2c). 6–9 Staubblätter; 1fächeriger Fruchtknoten mit vielen grundständigen Samenanlagen (2d). Alle Blüten im Kolben fruchtbar, oder die obersten sind ♂. Tendenz zu dikliner Ausbildung. Die Infloreszenz läßt 2 Abschnitte erkennen: einen unteren zwittrigen und einen oberen mit rein ♂ Blüten (2b). Werden die Blüten im unteren Abschnitt zu rein weiblichen reduziert, so erhält man Verhältnisse, wie sie für eine 3. Gruppe von *Araceen* charakteristisch sind, z. B. *Dieffenbachia picta.* Hinzu kann noch eine andere Tendenz kommen, die schon bei *Acorus calamus* angedeutet ist, wenn dessen Gipfelblüten rudimentär bleiben. Es kann die Kolbenspitze überhaupt unfruchtbar sein, d. h. die Blüten können dort gänzlich fehlen und nur am Grunde des Kolbens entwickelt sein, wieder in 2 Abschnitten, einem ♂ und einem ♀. Dies zeigt *Arum.*

3. 1geschlechtige Blüten: ♂ Blüten oben, ♀ unten. **Aronstab,** *Arum maculatum* 3–3e. Spadix von blaßgrüner Spatha umhüllt. Blüten in 3 Zonen untereinander: an der Basis des Spadix nur ♀ Blüten, jede nur aus nacktem Fruchtknoten bestehend (3a); darüber sterile ♀ Blüten ub, deren verlängerte Griffel die Kesselfalle oben verschließen und das Entweichen der Fliegen solange verhindern, bis diese die ♀ Blüten bestäubt haben; über den ♀ Blüten stehen noch ♂ Blüten, jede nur mit 3–4 kurzen Staubblättern, die durch endständige Löcher wurmförmige Pollenmassen auswerfen. Jede ♀ Blüte besteht aus einem 1fächerigen Fruchtknoten mit mehreren Samenanlagen (3c). Früchte sind rote Beeren, durch Vögel verbreitet.

Die *Aracee Aglaonema marantifolium* **Wasserkohl** hat reduzierten Blütenstand, d. h. mit erniedrigter Blütenzahl (4). Kolben zum Teil mit Spatha verwachsen und die Zahl der ♀ Blüten verringert, und zwar nur wenige in Form nackter Fruchtknoten, während die ♂ zahlreich am freien Ende des Kolbens sitzen. Stellt man sich vor, daß die Zahl der ♀ Blüten auf 1, ferner der freie Teil des Kolbens und mit ihm die Zahl der ♂ Blüten reduziert wird, so bekommt man die Verhältnisse der folgenden Art.

**Muschelpflanze,** *Pistia stratiotes* 5, 5a. Schwimmende Wasserpflanze; in den Tropen weit verbreitet, mit behaarten rundlichen Rosettenblättern. Kolben mit flaschenförmiger Spatha verwachsen. Unten 1 ♀ Blüte (5a), aus 1 1fächerigen, nackten Fruchtknoten bestehend, mit zahlreichen basalen Samenanlagen Sa: oben mehrere ♂ Blüten aus je 2 verwachsenen Staubblättern (5a) am äußersten Ende des Kolbens.

### Fam. Wasserlinsengewächse, Lemnaceae 6–6k

Bei uns bilden die Wasserlinsen nur selten Blüten, am häufigsten noch die **Büschel-W.,** *Lemna gibba;* die **Zwerglinse** *Wolffia arrhiza* niemals. Die Geschlechtsorgane ragen etwas über die Wasseroberfläche empor: Bestäubung durch Schnecken und kleine Insekten, die gern auf den Wasserlinsen herumkriechen.

**Bau der Wasserlinsenblüte.** Der ganze Blütenstand läßt sich von demjenigen bei Pistia (5, 5a) ableiten. Der Hauptunterschied ist die völlige Reduktion des Kolbens bei *Lemna,* wie sie schon bei *Pistia* eingeleitet ist. Stellt man sich (n. Troll) den Längsschnitt einer Zwischenstufe vor, bei der noch ein Rest des Kolbens KR vorhanden ist (6d), dann sitzt unten am Kolben die einzige ♀ Blüte wie bei *Pistia,* dem Spathaansatz gegenüber, und oben am Kolben befinden sich die 2 auf je 1 Staubblatt reduzierten ♂ Blüten. Denkt man sich nun den angenommenen Kolbenrest KR weg, so bekommt man den wirklichen Längsschnitt durch den *Lemnaceen*-Blütenstand (6e). Obwohl dieser wie eine einfache Blüte mit 1 Fruchtknoten, 2 Staubgefäßen und einer einfachen Blütenhülle aussieht, ist beim Vergleich mit den verwandten Formen die Deutung viel natürlicher, daß die Wasserlinsenblüte nichts anderes als ein äußerst reduzierter *Araceen*-Blütenstand ist. Die Blütenstände der *Araceen* und *Lemnaceen* stehen nicht mehr unverbunden nebeneinander. Sie sind nach demselben Grundplan gebaut, und wir können sie deshalb in einer folgerichtigen Reihe anordnen. Die *Lemnaceen* sind also als reduzierte Form der *Araceen* aufzufassen. – *Wolffia arrhiza,* höchstens mit 1,5 mm Länge die kleinste bedecktsamige Blütenpflanze, hat wie alle Wolffia-Arten keine Wurzel, keine Spatha und nur 1 Staubblatt und 1 Stempel im Blütenstand. –

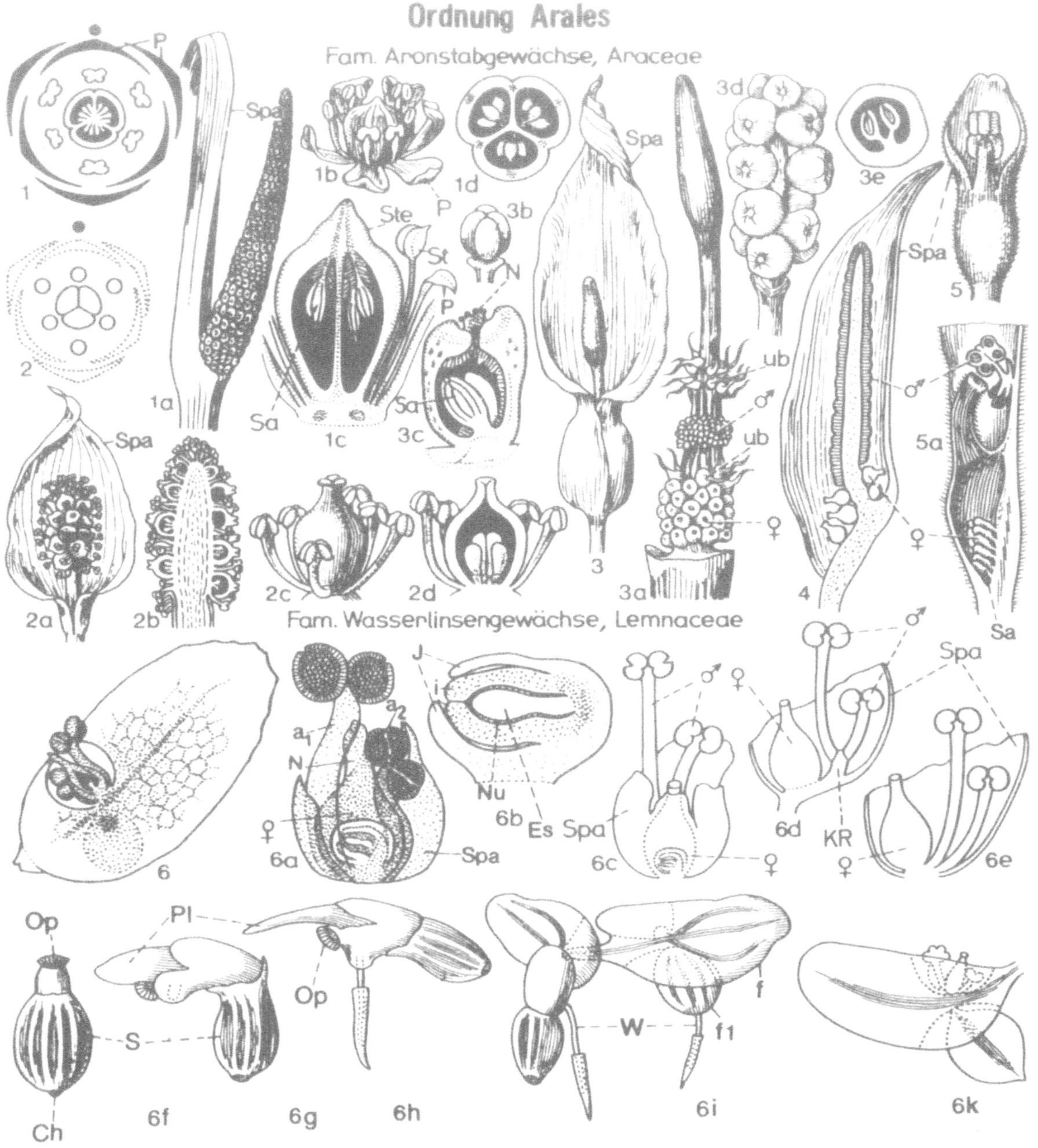


Tafel 51 – 1 Kalmus, Acorus calamus, Blütengrundriß. 1a Blütenkolben. 1b Einzelblüte. 1c Blüte längs. 1d Fruchtknoten quer. – 2 Sumpf-Schlangenkraut, Schweinsohr, Calla palustris, Blütengrundriß. 2a Blütenkolben mit Spatha. 2b Blütenkolben längs. 2c Blüte. 2d Blüte längs. – 3 Aronstab, Arum maculatum, Blütenstand mit Spatha. 3a Blütenstand ohne Spatha. 3b ♀ Einzelblüte. 3c Fruchtknoten längs. 3d Fruchtstand. 3e Fruchtknoten quer. – 4 Wasserkohl, Aglaonema marantifolium, Blütenstand längs. – 5 Muschelpflanze, Pistia stratiotes, Spatha von vorn. 5a Blütenstand längs. – 6 Kleine Wasserlinse, Lemna minor, blühender Sproß von oben. 6a L.minor, Blütenstand herauspräpariert. $a_1$ ältere, $a_2$ jüngere ♂ Blüte. 6b Samenanlage längs. 6c, 6e Blütenstände von Dreifurchige Wasserlinse, Lemna trisulca: 6c total, 6e median halbiert. 6d gedachte Zwischenstufe von 6c u. 6e. 6f–6k Keimung von Lemna trisulca. 6f keimender Same, den Deckel Op gerade absprengend. Ch Chalaza. 6g Keimpflänzchen. 6h Keimpflanze von der Seite. 6i weiter vorgeschrittene Keimpflanze, f Tochtersproß des 1. Gliedes, f1 des 2. Gliedes. 6k Teil einer blühenden Pflanze.

Ch Chalaza, Keimfleck. Es Embryosack. J äußeres Integument. i inneres Integument. KR Kolbenrest (Blütenstandsachse). N Narbe. Nu Nucellus. Op Operculum. P Perigon. Pl Plumula, Sproß. Sa Samenanlage. Spa Spatha. St Staubblatt. Ste Stempel. Sti Stielchen. ub unfruchtbare Blüten.

**Kleine Wasserlinse** *Lemna minor 6–6b.*

Blüten 1geschlechtig, 1häusig, nackt, mit 3 oder 2 ♂, seltener 1 ♂ und 1 ♀ Blüte. Blüten zu einem Blütenstand vereinigt (6, 6a) in einer Tasche am Rande der Glieder innerhalb einer besonderen Hülle, der Spatha Spa, stehend. ♂ Blüten aus 1 Staubblatt bestehend. ♀ Blüten aus 1 flaschenförmigen, 1fächerigen Fruchtknoten bestehend, der am Grunde 1–7, gerade oder ± umgewendete Samenanlagen (6b) enthält. Narbe N kurz, trichterförmig (6a). Frucht 1 bis mehrsamig. Same (6f), dessen Mikropyleteil sich in einen dicken Deckel, Operculum Op umwandelt. Die 2 Staubblätter sind bei ganz jungen Blüten anscheinend gleich, immer aber streckt sich das eine früher als das andere heraus, und zwar das nach der Spitze des Muttersprosses zu gelegene (6). Die ungleiche Entwicklung bestärkt neben anderen Umständen die Annahme, daß es sich um einen ganzen, aus 2 ♂ und 1 ♀ Blüte bestehenden Blütenstand handelt. Dieser läßt sich als Ganzes herauspräparieren (6a), denn es gelingt, die Spatha mit den Blüten herauszudrücken. Die eine ♂ Blüte hat sich aus der Tasche herausgestreckt, die andere ist noch eingeschlossen.
Im Fruchtknoten scheint die Samenanlage deutlich durch (6a); sie ist mit breiter Basis unten angeheftet; das äußere Integument I ist auch auf der unteren Seite kräftig entwickelt (6b). Die seitlich gelegene Mikropyle wird besonders von dem inneren Integument i gebildet; der Nucellus ist fast ganz vom flaschenförmigen Embryosack Es eingenommen.

## Der Generationswechsel bei Sporen- und Samenpflanzen

### ALLGEMEINES

Im vorliegenden Falle versteht man unter „Generationswechsel" den Wechsel verschiedener Entwicklungsphasen innerhalb ein und desselben Organismus, d.h.: Es folgt bei der Entwicklung der Einzelpflanze auf eine geschlechtliche Generation, die man wegen der Ausbildung von Geschlechtszellen oder Gameten (Ei- und Samenzellen) als den Gametophyten bezeichnet, stets eine ungeschlechtliche Generation, der sog. Sporophyt, so genannt, weil dieser sich durch die einfache Abgliederung von einzelligen Gebilden, den Sporen, also auf ungeschlechtliche Weise vermehrt. Der Generationswechsel der Samenpflanzen wurde erst 1851 durch den Botaniker Hofmeister festgestellt, da hier der Gametophyt stark vereinfacht ist und von dem Sporophyten dauernd umschlossen bleibt und ernährt wird, so daß man ihn von außen lange Zeit nicht erkannte. Der Ausdruck Generationswechsel wird weiter beibehalten, da er sich seit einem Jahrhundert eingebürgert hat. Ferner waren 1851 bei den Samenpflanzen ganz bestimmte Bezeichnungen (z.B. Staubblatt, Pollenkorn, Samenanlage, Embryosack usw.) in Gebrauch. Diese Bezeichnungen hält man weiter bei, da sie bereits fest eingeprägt sind.

Um jedoch die in ihren Grundzügen völlig sichere Homologisierung des Generationswechsels der Sporen- und Samenpflanzen zum Ausdruck zu bringen, ist es in der systematischen Literatur üblich, für die einzelnen Blütenteile der Samenpflanzen auch die Namen der homologen Gebilde bei den Sporenpflanzen zu verwenden. Ohne ein gründliches Studium dieses Abschnittes vom Generationswechsel müßten z.B. Bezeichnungen wie Mikrosporen für Pollenkörner, Makrospore für Keim- oder Embryosack, Mikrosporophylle für Staubblätter, Makrosporophylle für Fruchtblätter usw. unverständlich bleiben. Auch eine Reihe von Erscheinungen, wie z.B. das Vorhandensein von Endosperm und Perisperm sowie die verschiedenen Entwicklungstypen des Embryosackes und des Eiapparates sind in einzelnen Verwandtschaftsgruppen der Decksamer so verschiedenartig, daß ihnen systematische Bedeutung zukommt, die in der vertieften Systematik weitgehend berücksichtigt wird. Ferner zeigt uns der Generationswechsel bei den Decksamigen im Vergleich mit den Nacktsamigen, daß in dem vom Sporophyten umschlossenen und ernährten Gametophyten grundsätzliche Neubildungen auftreten.

Wesentlich für den Generationswechsel ist, daß sich keine der beiden Generationen im Kreislauf des Geschehens aus den von ihr erzeugten Keimzellen selber wieder zu bilden vermag. Aus der Verschmelzung der beiden Geschlechtszellen (Gameten) geht vielmehr stets ein Sporophyt und aus einer Spore geht immer wieder ein Gametophyt hervor. Der Übergang vom Gametophyten zum Sporophyten vollzieht sich somit in der Zygotenbildung (Zygote = befruchtete Eizelle), während die Spore die Brücke vom Sporophyten zum Gametophyten bildet.

Der Generationswechsel wird meist von einem Kernphasenwechsel begleitet. Die Reduktionsteilung (auf den Tafeln mit R bezeichnet) findet stets bei der Ausbildung der Sporen und den diesen bei den Samenpflanzen homologen Fortpflanzungszellen statt. Da diese den Gametophyten liefern, sind dessen Zellen alle haploid, d.h. sie besitzen den einfachen Chromosomensatz, was man durch die Benennung Haplont zum Ausdruck bringt. Der Sporophyt dagegen, der bei der Befruchtung durch die Vereinigung der beiden Geschlechtszellen oder Gameten (Eizelle + Samenzelle) entsteht und die verdoppelte oder diploide Kernschleifenzahl erhält und auch beibehält, stellt im Generationswechsel die diploide Phase dar und wird deshalb auch als Diplont bezeichnet. Haplont und Diplont sind auf den Tafeln durch eine punktierte Linie voneinander getrennt.

#### Fortpflanzung und Generationswechsel bei den Farnen

Beispiel: Wurmfarn, Aspidium Filix-mas. Tfl. 52
Auf der Unterseite gewöhnlicher Laubblätter entspringen aus kleinen Erhebungen zahlreiche gestielte Kapseln (6). Sie heißen Sporenbehälter, Sporenkapseln Spk oder Sporangien, da sie bei der Reife aufplatzen und viele kleine einzellige Gebilde, die Farnsporen, entlassen (6). Jede Anhäufung von Sporangien, das Sporenhäufchen oder der Sorus (Mehrzahl = Sori), wird von einem dünnen Häutchen, dem Schleier oder Indusium (6/In), schützend bedeckt.
Die Sporen gehen aus einem sporogenen Gewebe, dem Archespor As hervor (7–11). Dessen Zellen runden sich ab, lösen sich voneinander los und werden als Sporenmutterzellen (11/SM) bezeichnet. Denn aus jeder dieser Zellen entstehen durch zwei unmittelbar aufeinander folgende Teilungen 4 selbständige Zellen, die Farnsporen (13-15). Da die zwei Teilungsebenen aufeinander senkrecht stehen, kommen sog. Vierergruppen oder Tetraden zustande (13, 14).
Die Farnspore keimt am feuchten Waldboden und bildet einen von Chlorophyll grün gefärbten Keimschlauch (16), der sich bald in Zellen gliedert. Durch weitere Zellteilungen entsteht ein etwa linsengroßes, herzförmiges Pflänzchen, das sich dem Boden anschmiegt (17). Man bezeichnet es als Vorkeim oder Prothallium (17/p). Auf seiner Unterseite in der Nähe der Wurzelhaare beobachtet man mit dem Mikroskop kuppelförmige Erhebungen, die Antheridien (17/at). Ein Antheridium (18) hat eine 1schichtige Zellwand und 1 Innenzelle, aus der die Spermatozoidmutterzellen hervorgehen. Bei Zutritt von Wasser öffnet sich das reife Antheridium an der Spitze, und die Spermatozoidmutterzellen werden entleert (19). Aus jeder von ihnen schlüpft je 1 Spermatozoid (20) aus. Sein korkzieherartig gewundener Körper ist in der Hauptsache aus dem Kern der Mutterzelle hervorgegangen, während die vielen Geißeln dem Plasmakörper der Mutterzelle entstammen, von dem ein Rest als ein dem Hinterende anhängendes Bläschen (20) zunächst noch mitgeschleppt wird.
An dem Vorkeim (17) sitzen ferner in der Nähe des herzförmigen Einschnittes flaschenförmige Gebilde, die Archegonien ar. Das Archegonium des Farns ist mit dem Bauchteil in das Prothalliumgewebe eingesenkt. Nur der Halsteil ragt hervor. Dieser umschließt eine einzige Halskanalzelle H (21). Der Bauchteil enthält die Eizelle Ei und die Bauchkanalzelle B (21).
Bei der Reife werden Bauch- und Halskanalzelle zu Schleim, der den Hals oben aufsprengt und hervortritt (22). Hinzutretendes Wasser ist zur Befruchtung notwendig. Durch Schlagen der Geißeln (20) bewegen sich die Spermatozoiden fort und dringen in den Hals des Archegoniums ein (22). Bei der Befruchtung verschmilzt der Kern eines Spermatozoids mit dem Kern der Eizel-

le (23). Die befruchtete Eizelle oder Zygote (1) umgibt sich nun mit einer Zellwand und leitet die Entwicklung des Keimes oder Embryos durch die Bildung einer Basalwand ein. Senkrecht zu dieser entsteht eine zweite Wand (2), weitere Wände kommen hinzu, so daß der Keim in 8 Zellen (Oktanten) geteilt wird. Die eine Hälfte erzeugt den Stamm mit dem Vegetationspunkt Vp und die Blattorgane (Bl 1), die entgegengesetzte Hälfte die Wurzel W1 und den sog. Fuß Fu. Dieser bleibt im grünen Vorkeim eingeschlossen und führt dem heranwachsenden Pflänzchen Nahrung zu, bis sich dieses mit Hilfe neugebildeter Würzelchen selbst ernähren kann (3). Gewöhnlich geht aus jedem Vorkeim nur eine einzige Farnpflanze hervor.
Die beiden Geschlechtszellen bezeichnet man als Gameten oder Keimzellen. Das Ei (Ei in 21 u. 22) wird wegen seiner besonderen Größe als Makrogamet, das Spermatozoid (20) als Mikrogamet bezeichnet. Die Geschlechtszellenbehälter, Antheridien at und Archegonien ar, führen auch die Bezeichnung Gametangien, zum Unterschied von den Sporenbehältern oder Sporangien Spk (6).
Bemerkenswert ist, daß mit der Sporenbildung die Reduktionsteilung (R in 13,14) einhergeht. Bei der Zellteilung löst sich der Zellkern bekanntlich in eine ganz bestimmte Zahl fadenartiger Gebilde auf, die sog. Kernfäden oder Kernschleifen, die wegen ihrer leichten Färbbarkeit auch Chromosomen heißen. Ihre Zahl ist für jede Pflanzen- und Tierart konstant. Bei der gewöhnlichen Zellteilung spaltet sich jedes Chromosom der Länge nach in zwei gleiche Hälften, die sich auf die beiden Tochterzellen verteilen. Die Chromosomen sind die Träger der Erbanlagen oder Gene. Da im Sexualprozeß durch die Verschmelzung von Ei und Spermatozoid die Chromosomenzahl verdoppelt wird, müßte durch die fortgesetzte Folge von Fortpflanzungsakten die Zahl der Chromosomen bald ins Unermeßliche ansteigen und schließlich eine geregelte Kernteilung unmöglich machen. Mit dem Auftreten der geschlechtlichen Fortpflanzung mußte deshalb gleichzeitig eine Einrichtung entstehen, die es ermöglicht, von der doppelten Chromosomenzahl des Verschmelzungsproduktes der befruchteten Eizelle und der daraus entstandenen Zellen wieder zur einfachen Chromosomenzahl zurückzukehren. Diese Herabsetzung der Chromosomenzahl auf die Hälfte erfolgt bei der Reduktionsteilung (R in 13–15). Der Kernphasenwechsel fällt mit der Aufeinanderfolge der geschlechtlichen und ungeschlechtlichen Generation zusammen. Der Sporophyt, die eigentliche Farnpflanze, hält an der von der Zygote her ihm zukommenden doppelten (diploiden) Chromosomenzahl fest. Er stellt die diploide Phase dar und wird als Diplont (1–13 u.14) bezeichnet. Da die Sporen nur die halbe (haploide) Chromosomenzahl haben und den Gametophyten liefern, erweist sich dieser als haploid und wird als Haplont (15–23) bezeichnet. Im obigen Beispiel ist der Vorkeim (Prothallium) der Haplont und die eigentliche Farnpflanze der Diplont.
Die beiden Phasen sind in Tfl. 52–56 durch punktierte Linie getrennt.

**Tafel 52** – Fortpflanzung und Generationswechsel bei den Farnen. Beispiel: Wurmfarn. 1 Zygote. 2 Embryo; Fu Fuß, Vp Vegetationspunkt, Bl 1 Anlage des 1.Blattes, W1 Ursprungszelle der 1. sproßbürtigen Wurzel. 3 Prothallium mit jungem Pflänzchen, dem Sporophyten. 4 Blatt vom Wurmfarn. 5 Blattfieder, Unterseite mit Sporangienhäufchen (Sori). 6 Blattquerschnitt mit Sorus: Spk Sporenkapsel (Sporangium), in Schleier (Indusium). 7–15 Sporangien- und Sporenentwicklung. 7 Sporangienanlage längs. 8 Kapselteil quer. 9 Sporangium nach Bildung des Archespors As: Tz Tapetenzellen. 10 Älteres Sporangium mit sporogenem Gewebe, von zweischichtiger Tapete umgeben: Tz' äußere, Tz innere Tapetenschicht. 11 Sporangium mit Sporenmutterzellen SM, inmitten des Periplasmodiums. Ep Epidermis, Tz und Tz' Tapetenzellen. 12 Aufgesprungene Sporenkapsel mit Anulus Al. 13 und 14 Sporentetrade in 2 verschiedenen Ansichten. 15 Spore in 2 Ansichten. 16 Spore ausgekeimt, junges Prothallium mit Rhizoid Rh. 17 Reifes Prothallium P mit ar Archegonien und Antheridien at. 18-23 Gametangienbildung und Befruchtung. 18 Reifes Antheridium. 19 Entleerung der Spermatozoidmutterzellen. 20 Spermatozoid. 21 Reifes Archegonium; Ei Eizelle, B Bauchkanalzelle, H Halskanalzelle. 20 u. 22 Befruchtung. 23 Spermatozoid hat sich dem Eikern zur Verschmelzung angelagert.

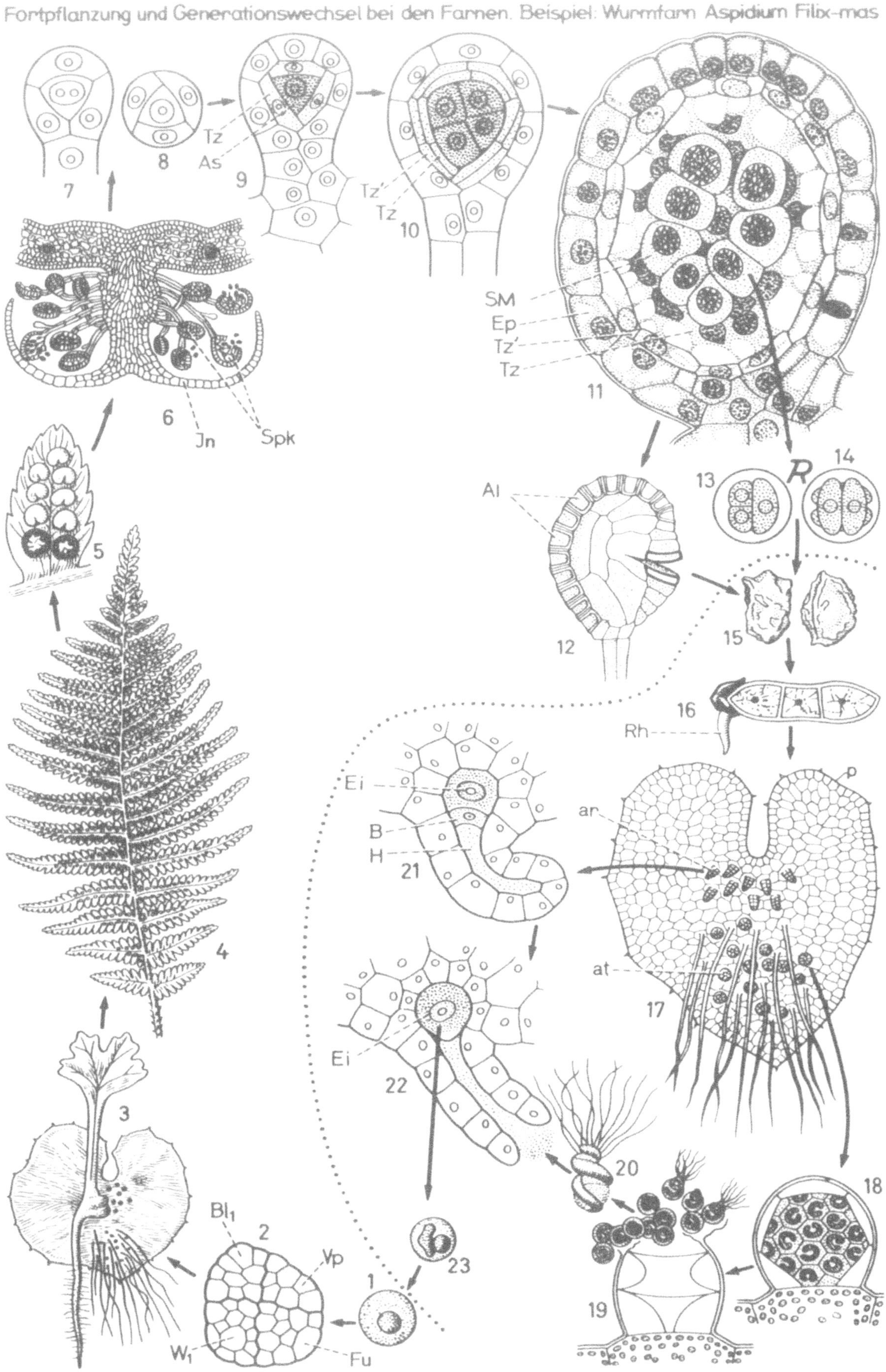
Fortpflanzung und Generationswechsel bei den Farnen. Beispiel: Wurmfarn Aspidium Filix-mas
7
8
9
10
11
Tz
As
Tz'
SM
Ep
6
Jn
Spk
5
4
3
2
Bl1
Vp
W1
Fu
1
23
12
Al
13
14
R
15
16
Rh
17
p
ar
at
18
19
20
21
Ei
B
H
22

## Fortpflanzung und Generationswechsel bei den Bärlappgewächsen.

Beispiel: Schweizer Moosfarn, Selaginella helvetica Tfl. 53

Hier sind die sporangientragenden Blätter, die Sporophylle, zu endständigen Sporophyllständen (3,4) vereinigt. Jedes Sporophyll trägt auf seiner Oberseite nur ein Sporangium, das der Blattachsel entspringt (4). Im gleichen Sporophyllstand treten aber zwei verschiedene Sorten von Sporangien auf: Makrosporangien (4,6,8/MA) mit je 4 großen Makrosporen (4,8), und Mikrosporangien (4,5,7/MJ) mit zahlreichen kleinen Mikrosporen (7). Es herrscht hier Verschiedensporigkeit oder Heterosporie. Bei Wurmfarn und Bärlapp herrscht Gleichsporigkeit oder Isosporie. In den Makrosporangien verkümmern alle angelegten Sporenmutterzellen bis auf eine. Aus dieser gehen 4 große Sporen mit bukkeliger Wand hervor (8). Die Mikrospore von Selaginella (9) bildet bei der Keimung ein Mikroprothallium (10,11), die Makrospore ein Makroprothallium (13,14). Das Keimen der Mikrosporen beginnt schon innerhalb des Sporangiums (7). Sämtliche Mutterzellen bleiben erhalten und teilen sich durch zwei Teilungsschritte (R) in Tetraden oder Vierergruppen (7/MiT). In den Makrosporangien dagegen gehen alle Mutterzellen bis auf eine einzige zugrunde, die sich durch Tetradenteilung in 4 Makrosporen teilt (8). In jedem Makrosporangium sind also nur 4 Makrosporen, die sehr groß sind, da sie viel Reservematerial speichern (8/r rudimentäre Zellen; eine Ma verdeckt).

Die aus den Sporen hervorgehenden Prothallien sind weitgehend reduziert, kein Chlorophyll. Zu ihrer Ernährung dienen die von der Mutterpflanze mitgegebenen Reservestoffe. Das Mikroprothallium verbleibt ganz innerhalb der Spore (10,11). Es entstehen zunächst durch Teilung zwei Zellen, wovon die kleinere (v) den vegetativen Teil des Prothalliums darstellt, während aus der größeren durch wiederholte Teilungen ein Antheridium at entsteht. Dieses enthält im Reifezustand (10) inmitten einer Reihe von Wandzellen eine Anzahl Spermatozoidmutterzellen SpM. Die Wände der Wandzellen werden bei der Reife aufgelöst (11), ihr Inhalt verschleimt und quillt bei Wasserzutritt so stark auf, daß die Sporenhaut gesprengt wird. Hierdurch können die Spermatozoiden, die in Einzahl aus jeder der Spermatozoidmutterzellen hervorkommen, mit Hilfe von zwei Geißeln frei umherschwimmen (12). In der Makrospore (13) teilt sich der Sporenkern in zahlreiche freie Tochterkerne, die sich vom späteren Scheitel des Prothalliums her durch Wandbildung einwärts fortschreitend zu Zellen ergänzen (Vielzellbildung) und das Gewebe des Makroprothalliums bilden (13/p). Dieses verbleibt größtenteils innerhalb der Spore, deren Wand, das Exospor Esp, bei der Keimung gesprengt wird (14), so daß das Prothallium als bleicher Körper herausragt (14). Das Makroprothallium trägt an seinem freien Scheitel drei Gruppen von Rhizoiden Rh und dazwischen eine Anzahl Archegonien ar. Die Befruchtung findet, wie bei dem Wurmfarn, im Wasser statt. Durch Auseinanderweichen der Halszellen wird den Spermatozoiden Zutritt zur Eizelle ermöglicht. Aus der befruchteten Eizelle entsteht ein Embryo E(1), der durch einen stielartigen Anhang, den Embryoträger oder Suspensor Su(1), in das Prothalliumgewebe hineingeschoben wird, das als Nährgewebe dient. Erst die beiden ersten Blattorgane ergrünen und nehmen die Assimilationstätigkeit auf (2).

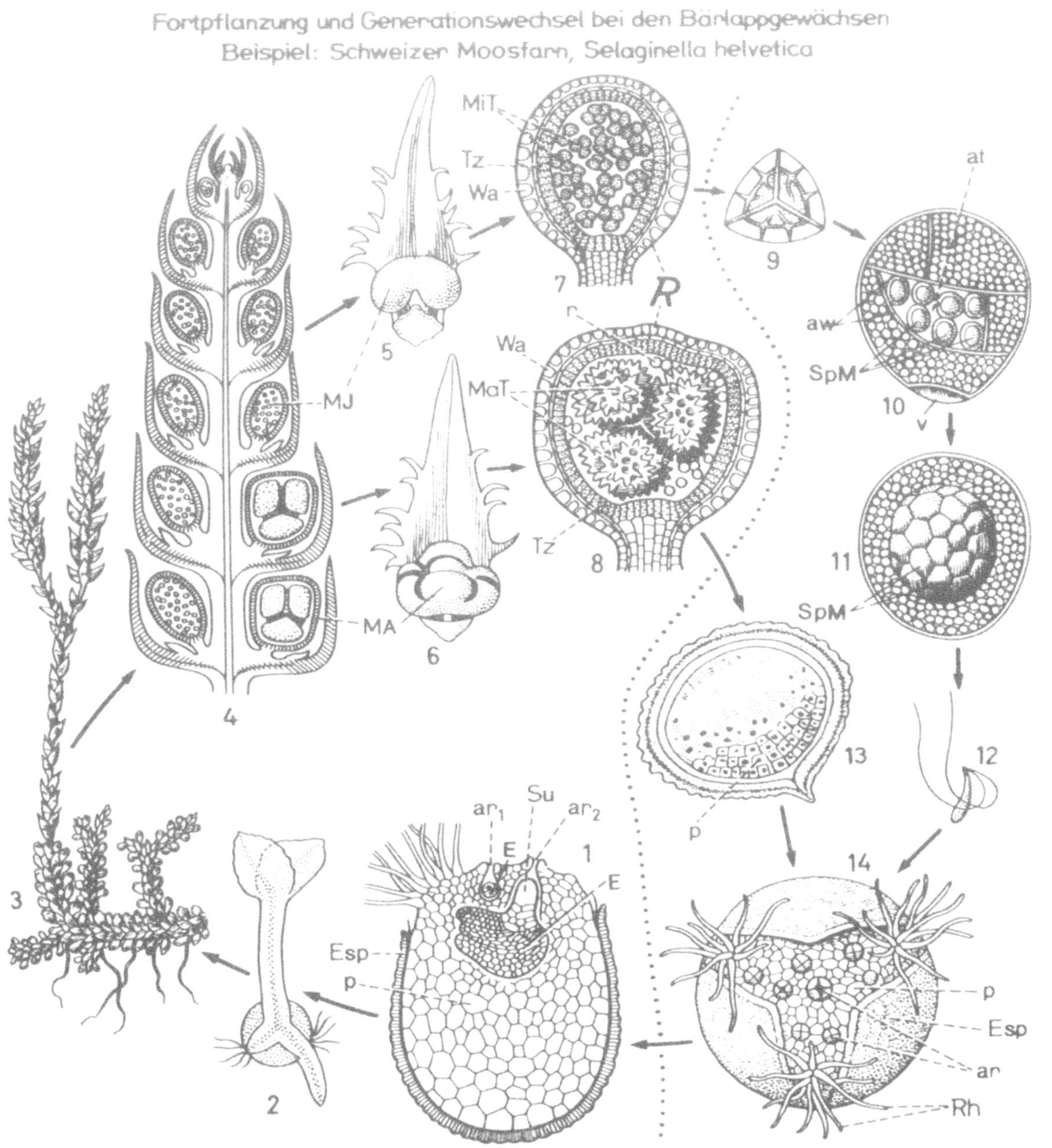


**Tafel 53** – Selaginella. 1 Embryobildung: Makroprothallium längs, Esp Exospor, p Prothalliumgewebe, $ar_2$ befruchtete Archegonien mit je 1 Embryo E, dieser in $ar_1$ erst zweizellig, Su Suspensor (Embryoträger). 2 Keimling oder Embryo. 3 Sporophyt mit 2 Sporophyllständen. 4 Fertiler Trieb mit Blüte. Blütenlängsschnitt mit Makrosporophyllen und Mikrosporophyllen. 5 Sporophyll mit Mikrosporangium MJ. 6 Sporophyll mit Makrosporangium MA. 7 Reifes Mikrosporangium: MiT Mikrosporentetrade, Tz Tapetenzellen, Wa Wandschicht. 8 Reifes Makrosporangium, MaT Makrosporentetrade, r rudimentäre Makrosporenmutterzellen, Tz Tapetenzellen, Wa Wandschicht. 9 Mikrospore. 10 Reife Mikrospore. Mikroprothallium bestehend aus 1 Antheridium at und 1 kleinen vegetativen Zelle v. Die Antheridienwand aw umgibt die Spermatozoidmutterzellen SpM, die der Teilung einer einzigen Zentralzelle entstammen; innerste Zelle mit den abgerundeten Mutterzellen der Spermatozoiden. 11 Mikrospore nach Auflösung der Prothalliumzellwände und Verschleimung der Prothalliumzellen; in der Schleimmasse die Mutterzellen der Spermatozoiden. 12 Spermatozoid. 13 Makrospore mit Prothalliumbildung p. 14 Gekeimte Makrospore: p Prothallium, Rh Rhizoiden, Esp Exospor, ar Archegonien. 1-8 Sporophyt; 9-14 Gametophyt.

## Fortpflanzung und Generationswechsel bei den Nacktsamigen

### Erstes Beispiel: Klasse Cycadinae, Sago- oder Farnplamen. Tfl. 54

Nur 1 Familie: Cycadaceae, Palmfarne.

Im Gewebe des jungen Nucellus (8) fällt eine größere Zelle auf, die Embryosackmutterzelle (Makrosporenmutterzelle). Sie liefert durch 2 Teilungen 4 Zellen (8/MaT), die in einer Reihe angeordnet sind (seriale Tetrade). Mit der Bildung dieser 4 Makrosporen ist die Reduktion R der Chromosomenzahl verknüpft. Nur die Makrospore, die Embryosackzelle Es mit dem primären Embryosackkern, entwickelt sich zu dem Embryosack (14). Der primäre Embryosackkern bildet viele Tochterkerne, die sich auf den wandständigen Cytoplasmaschlauch verteilen (15), der eine immer größer werdende zentrale Vakuole umgibt. Sodann zerfällt der plasmatische Wandbelag in so viele Zellen,als Kerne vorhanden sind,und so entsteht eine Zelltapete (16/Zt, linke Hälfte der Zeichnung). Es entsteht also wie bei Selaginella durch Vielzellbildung ein Makroprothallium. Durch weitere Zellteilungen (16, rechte Hälfte der Zeichnung) bildet sich ein großzelliges Gewebe, das schließlich den ganzen Embryosack ausfüllt (16,17,En). Dieses stark entwickelte ♀ Prothallium füllt sich mit Reservestoffen an und bildet am mikropylaren Pol Archegonien aus (17/ar). Über diesen befindet sich die Archegonkammer (17/Ka). Die eingetiefte Höhlung unterhalb der Mikropyle ist die Pollenkammer (Pok in 18). Jedes Archegonium besitzt eine ansehnliche Eizelle (18/Ei), ferner einen bald vergehenden Bauchkanalkern. Die Halsregion besteht meist nur aus 2 flachen Halswandzellen (Hw in 19). Am Scheitel des Nucellus entsteht durch Auflösung des Gewebes eine Pollenkammer (Pok in 18). Zur Zeit der Bestäubung scheidet die Samenanlage durch die Mikropyle einen Bestäubungstropfen aus (Bt in 18). Dieser fängt die herangewehten Pollenkörner auf, verdunstet und zieht die Pollenkörner in die Pollenkammer, die sich nach außen abschließt und durch Auflösung von Nucellusgewebe mit der Archegonkammer in Verbindung tritt (19). Bis dahin haben die Pollenkörner bereits 1 Prothalliumzelle (10, 11/p) und 1 Antheridiumzelle (at) gebildet. In der Archegonienkammer wächst die Pollenzelle zu dem Pollenschlauch aus, der in das Nucellusgewebe eindringt (19). Gleichzeitig teilt sich die Antheridiumzelle (generative Zelle) at in die Stielzelle w(12) und die spermatogene Zelle sZ. Letztere teilt sich in 2 Spermazellen (sp in 13), in denen je 1 sehr großes Spermatozoid mit einer Spirale von Geißeln entsteht. Die Spermatozoiden schwimmen aus dem aufgeplatzten Pollenschlauch zu den Archegonien (19). Das in die Eizelle eindringende Spermatozoid streift die Plasmahülle samt Geißelband ab, und sein Kern vereinigt sich mit dem Eikern: Befruchtung.

Die Samenbildung. Die Samenanlage mit der befruchteten Eizelle verbleibt am Sporophyten. Hier entwickelt sie sich unter starkem Wachstum allmählich zum Samen (1). Dabei sind drei Teilvorgänge zu unterscheiden: die Entwicklung des Keimlings (E in 1), des Nährgewebes En und der Samenschale Ss.

Embryoentwicklung. Die befruchtete Eizelle entwickelt sich unter starkem Wachstum mit freier Kernteilung zum Proembryo, der nur an seinem unteren Ende viele Zellen ausbildet, von denen abermals nur die unteren Zellen sich zum eigentlichen Embryo ausbilden. Die oberen Zellen verlängern sich sehr stark und werden zum Embryoträger oder Suspensor Su. Durch diese Verlängerung wird die von den Spitzenzellen gebildete eigentliche Keimanlage, der Embryo, in das Prothallium hineingeschoben. In diesem Zustand wird das Prothallium auch als Endosperm bezeichnet, das nunmehr als Nährgewebe dient. Da das Endosperm während der Samenreifung noch an Ausdehnung zunimmt, verdrängt es den Nucellus, von dem nur noch eine trockene braune Haut zurückbleibt. Die Samenschale Ss entsteht aus dem Integument. Dieses differenziert sich während der Samenreife in zwei Zonen (1). Es bildet sich eine harte Innen- und eine weiche Außenschicht. Damit ist die Entwicklung des Samens aus der Samenanlage abgeschlossen. Der Keimling hat meist 2 Keimblätter. Sie verbleiben bei der Keimung im Samen und dienen der Nährstoffaufnahme aus dem Endosperm (1,2/En).

**Tafel 54** — Sago- oder Farnpalmen, Cycadinae. 1 Same: E Embryo, En Endosperm, Ss Samenschale. 2 Keimung: E Embryo, En Endosperm. 3,4,6,7 Japanischer Palmfarn, Cycas revoluta. 4 ♂ Blüte. 5 Staubblatt von unten. Cycas circinalis 6 ♀ Blüte. 7 Frucht- oder Samenblatt mit Samenanlagen Sa (Makrosporangien). 8 Junge Samenanlage mit Makrosporentetrade MaT im Nucellus Nu, J Integument, Es Embryosackzelle (-14). 9-12 Entwicklung des ♂ Gametophyten von Dioon edule. 9 Einkerniges Pollenkorn (Mikrospore): e Exine, in Intine. 10 und 11 Beginn des Pollenschlauchwachstums: p Prothalliumzelle, at generative Antheridiumzelle, vk Pollenschlauchkern, v vegetative Zelle. 12 Die Antheridiumzelle hat sich in die Wand- oder Stielzelle w und die spermatogene Zelle sZ geteilt. 13 Ende des Pollenschlauches von Zamia floridana mit Prothalliumzelle p, Stielzelle w und den beiden Spermatozoiden Sp. 14-17 Embryosack Es mit der Endospermentwicklung bei den Cycadeen (schematisiert). 14 Embryosackzelle mit primärem Embryosackkern. 15 Embryosack mit Kerntapete. 16 Embryosack mit Zelltapete Zt und Endospermgewebe En: die beiden Hälften im verschiedenen Entwicklungszustand. 17 Entwickelter Embryosack mit Endosperm En und Archegonkammer Ka; die Archegonien ar sind ganz von Endospermgewebe En umgeben, im großen Bauchteil je 1 Eizelle Ei. 18 Samenanlage bei Cycadeen (schematisiert). Befruchtung. J Integument, Nu Nucellus, Bt Bestäubungstropfen, darin Pollenkörner, Es Embryosack mit Prothalliengewebe und Archegonien ar, Pok Pollenkammer. 19 Gipfel der Samenanlage von Dioon edule. Ew Embryosackwand, J Integument, Pok wie in 18, Ka Archegonkammer, 2 Pollenschläuche Ps haben bereits ihre Spermatozoiden Sp entlassen, 2 kleine Halswandzellen Hw der Archegonien ar ragen aus dem Prothallium heraus; links Befruchtung bereits vollzogen. 1-8 Sporophyt; 9-19 Gametophyt.

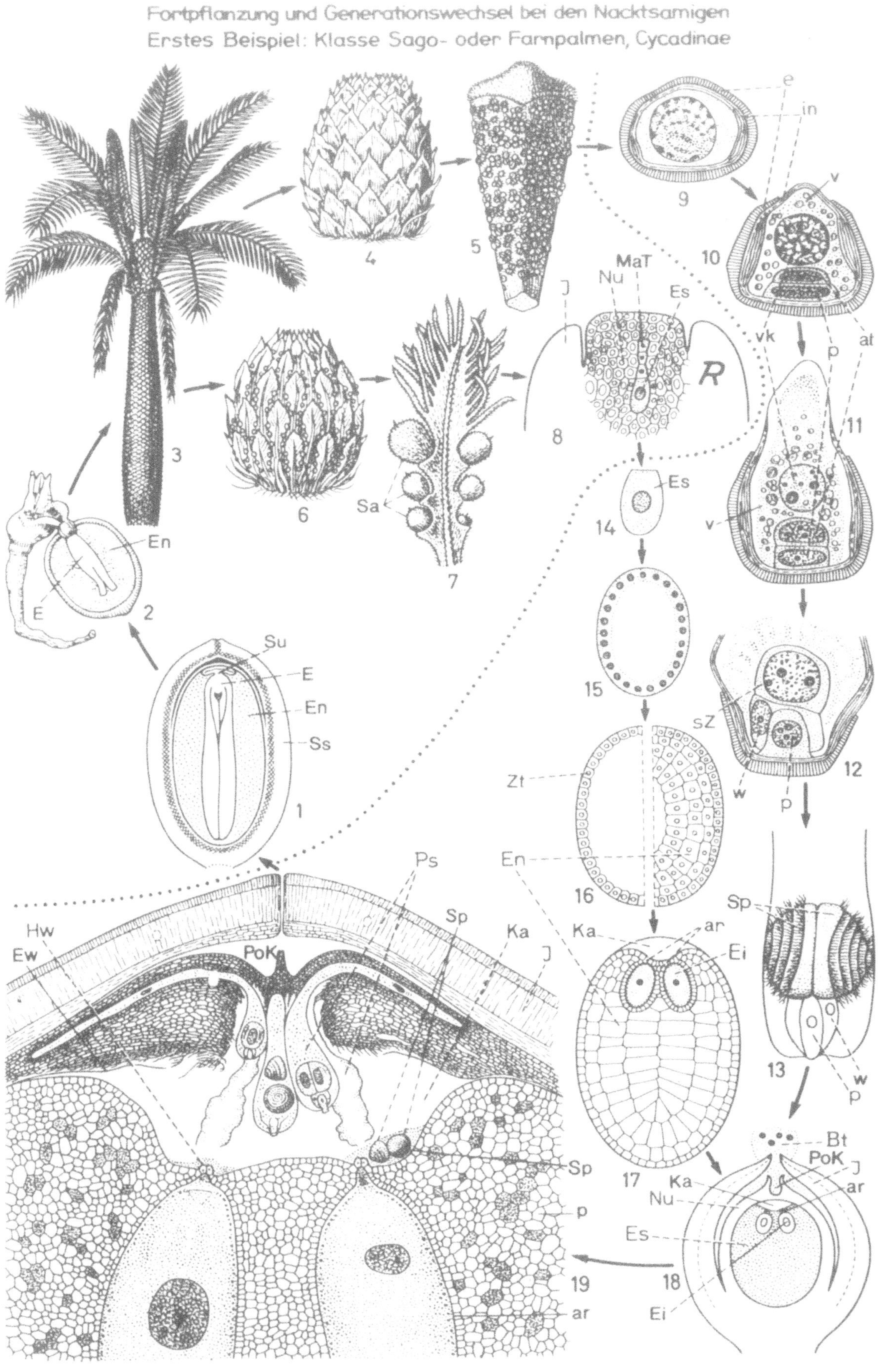
Fortpflanzung und Generationswechsel bei den Nacktsamigen
Erstes Beispiel: Klasse Sago- oder Farnpalmen, Cycadinae
e
in
v
9
10
4
5
MaT
Nu
J
Es
vk
p
at
R
11
8
3
Es
6
Sa
14
v
En
7
E
2
Su
E
15
En
sZ
Ss
12
Zt
w
1
p
Ps
En
16
Sp
Hw
Sp
Ka
Ka
ar
Ew
PoK
J
Ei
13
w
p
Bt
PoK
Sp
17
Ka
J
ar
Nu
p
Es
19
18
ar
Ei

## Zweites Beispiel: Klasse Nadelhölzer, Coniferae Tfl. 55

Blüten 1geschlechtig (5-12). Die ♂ Blüte hat eine Blütenachse (6). Diese trägt am Grunde häutige Blätter (Tragblatt und 3 Hochblätter), und darüber viele gelbe Staubblätter (6). Jedes Staubblatt trägt auf der Unterseite 2 Pollensäcke (7). Die Pollenkörner der meisten Coniferen besitzen 2 Luftsäcke (13), blasenartige Auftreibungen in der äußeren Schicht der Exine e(16) an zwei Stellen von der übrigen Wand des Pollenkorns. Der ♀ Blütenzapfen ist ein reduzierter Blütenstand, der an der Spitze eines Maitriebes entspringt (5,9). Die Zapfenachse ist spiralig mit Schuppen besetzt, die hier zweiteilig sind (10,11). Über einer häutigen, dünnen Deckschuppe Ds erhebt sich die fleischige Samenschuppe Sas, das Fruchtblatt, auch Samenschuppe genannt, da an der Basis jederseits eine Samenanlage Sa sitzt. Die Samenanlagen liegen frei auf der Samenschuppe oder dem Fruchtblatt (Nacktsamige!). Die Samenschuppen wachsen später zu den holzigen Zapfenschuppen heran, in deren Achsel je 2 geflügelte Samen sitzen (3). Fig. 12 stellt eine ♀ Blüte im Längsschnitt dar. Die Samenanlage Sa besteht aus dem Nucellus Nu und 1 Integument J. Im Nucellusgewebe entstehen wie bei Cycas durch 2malige Zellteilung 4 hintereinanderliegende Makrosporen, wobei sich die Reduktionsteilung R abspielt. Von den 4 Makrosporen entwickelt sich nur die größte, der Embryosack Es, durch Zellteilungen zum ♀ Prothallium (19,20/p) oder Makroprothallium, das später im Samen als Nährgewebe (Endosperm) dient (En in 2). Am Scheitel des vielzelligen Prothalliums werden mehrere Archegonien ausgebildet (21/ar). Über der sehr großen Eizelle (Ei), am Grunde des Archegonhalses, befindet sich eine kleine Bauchkanalzelle, die vergänglich ist (B in 22). Jedes Archegonium besitzt eine größere Zahl von Halswandzellen (22). Eine Archegonkammer fehlt. Der Hals der Archegonien mündet in einen engen, das Endosperm in Richtung auf die Mikropyle Mp durchsetzenden Kanal (22). Bei den Coniferen ist das ♂ Prothallium oder Mikroprothallium (14-17) stärker reduziert als bei den Cycadeen (Tfl. 54). Hierdurch wird eine Veränderung des Befruchtungsvorganges bedingt. Das Pollenkorn, die Mikrospore, ist ursprünglich 1zellig (13). Es werden zunächst 1 oder 2, manchmal auch mehr kleine Zellen gegen die Wand hin abgegliedert (14,15). Sie werden als Prothalliumzellen angesehen und gehen bald zugrunde (p in 14-17). Die verbleibende Zelle teilt sich in eine große, vegetative Zelle oder Pollenschlauchzelle (16/v) mit dem Kern vk des Pollenzellprotoplasten, und in die kleinere generative oder antheridiale Zelle oder Antheridiumzelle (16 at), die von der Pollenschlauchzelle umschlossen bleibt. Letztere wächst nach der Bestäubung zum Pollenschlauch aus (17). Die generative Zelle teilt sich sodann in eine Wand- oder Stielzelle (17/w), die bei den Prothalliumzellen liegt, und eine spermatogene Zelle (17/sZ). Letztere erfährt jedoch keine Teilung mehr, sondern nur ihr Kern verdoppelt sich (18/Sp). Diese beiden Tochterkerne oder Spermakerne werden sodann in der ihnen gemeinsamen Protoplasmamasse der Mutterzelle innerhalb des inzwischen gebildeten Pollenschlauches (18, 22/Ps), der durch das Nucellusgewebe zum Archegonium durchwächst, zur Eizelle geleitet. Die Stielzelle w wird auch als sterile Schwesterzelle, Wandzelle oder Dislokator bezeichnet.
Bei dem eigentlichen Befruchtungsvorgang (22,23) dringt der Pollenschlauch durch den Hals des Archegoniums ein und läßt die Spermakerne ($23/Sp_1,Sp_2$) in die Eizelle übertreten. Einer davon verschmilzt mit dem Eikern, der andere bleibt im Eiplasma zurück und wird resorbiert.

Die Samenanlage verbleibt am Sporophyten (1) und entwickelt sich unter starkem Wachstum zum Samen (S).

Der Zygotenkern der Coniferen teilt sich zunächst in 4 Tochterkerne. Diese wandern in das der Mikropyle abgewendete Ende der Zygote. Hier entsteht durch Kernvermehrung und anschließende Zellteilungen ein Proembryo, der aus 4 Stockwerken von je 4 Zellen besteht. Das oberste Zellstockwerk bleibt nach dem Zygotenplasma hin offen. Die Zellen der zweiten Schicht von unten strecken sich nun stark in die Länge. Sie bilden den Embryoträger oder Suspensor. Dieser schiebt

**Tafel 55** — Nadelhölzer, Coniferae (Zapfenträger) 1 Waldkiefer, Pinus silvestris. Samenschuppe Sas, längs, mit reifem Samen S und Embryo E. — 2 Same längs: E Embryo, En Endosperm (Makroprothallium), Ss Samenschale, Su Suspensor. — 3 Same mit Flügelfortsatz. — 4 Keimling mit Keimblättern, Ss Samenschale. — 5 Zweig, blühend und fruchtend. Zahlreiche männliche Blüten sitzen am Grunde von Langtrieben (Maitriebe) an Stelle benadelter Kurztriebe.-6 Fast reife männliche Blüte längs. Die zapfenförmige ♂ Blüte steht einzeln, trägt zunächst einige häutige Schuppenblätter und dann zahlreiche schraubig gestellte Staubblätter mit je 2 Pollensäcken. — 7 Staubblatt (Mikrosporophyll). — 8 Mikrosporophyll längs mit Pollensack (Mikrosporangium), die Reduktionsteilung R bei der Pollenbildung zeigend. — 9 Weiblicher Blütenstand am Ende eines vorjährigen Triebes: an verlängerter Achse sitzen 2erlei Bildungen: Deckschuppen Ds und Samenschuppen Sas. 10. Unterseite von Samenschuppe Sas und Deckschuppe Ds in 10 und 11. An ihrer Basis 2 Samenanlagen Sa. Die Samenschuppe allein ist als ♀ Blüte aufzufassen. — 11 Dasselbe wie 10: Oberseite. Die Samenschuppen wachsen zu den holzigen Zapfenschuppen heran. Der ♀ Koniferenzapfen ist ein Blütenstand; der kleine ♂ Blütenzapfen dagegen stellt im ganzen eine Blüte dar (6). Der Zweig (5) trägt je 2 1jährige, noch grüne, und 1 2jährigen, reifen, sich öffnenden Zapfen. — 12 Deckschuppe Ds und Samenschuppe Sas mit Samenanlage Sa, längs; MaT Makrosporentetrade (Reduktionsteilung R), Es Embryosack, J Integument, Nu Nucellus, Mp Mikropyle. — 13-18 Bildung des ♂ Gametophyten im Pollenkorn und Pollenschlauch der Schwarzkiefer, Pinus nigra. — 13 Reifes Pollenkorn (1zellige Mikrospore). — 14 Pollenkeimung: p vegetative Prothalliumzelle abgegliedert. — 15 Zwei vegetative Prothalliumzellen. — 16 Zwei Prothalliumzellen p verschrumpft. Die übrigbleibende Zelle teilt sich in 1 untere, große sog. vegetative Zelle oder Pollenschlauchzelle v mit dem Kern des Pollenzellprotoplasten vk und in 1 kleinere, von ersterer umschlossene, den Prothalliumzellen anliegende generative oder antheridiale Zelle at. — 17 Nach der Bestäubung wächst die vegetative Zelle zum Pollenschlauch Ps aus, in den der Kern der Pollenzelle vk einwandert. Die generative Zelle (at in 16) teilt sich weiter (wie bei Tfl. 54) in die Wand- oder Stielzelle w, die den Prothalliumzellen anliegt, und 1 spermatogene Zelle sZ. — 18 Ausschnitt aus dem Pollenschlauch: sZ spermatogene Zelle, deren Kern sich in 2 Spermakerne Sp geteilt hat; diese können sich vereinzelt noch zu Spermatozoiden umbilden, werden aber meist ohne Umbildung durch den Pollenschlauch zur Eizelle geleitet. vk Kern des Pollenzellprotoplasten, w Wandzelle. — 19-21 Samenanlage mit Entwicklung des ♀ Prothalliums p. — 20 Vielzelliges Prothallium p. — 21 Mit 2 Archegonien ar. 22 Befruchtungsfähige Samenanlage, längs Schlauchbefruchtung: ar zwei Archegonien, B Bauchkanalzelle, Es Embryosack, Ei Eizelle, J Integument, Nu Nucellus, Po Pollenkörner, Ps Pollenschlauch. — 23 Befruchtung: Ek Eikern; $Sp_1$, $Sp_2$ zwei aus dem Pollenschlauch in die Eizelle eingedrungene Spermakerne. $Sp_2$ hat sich dem Eikern Ek angelagert.

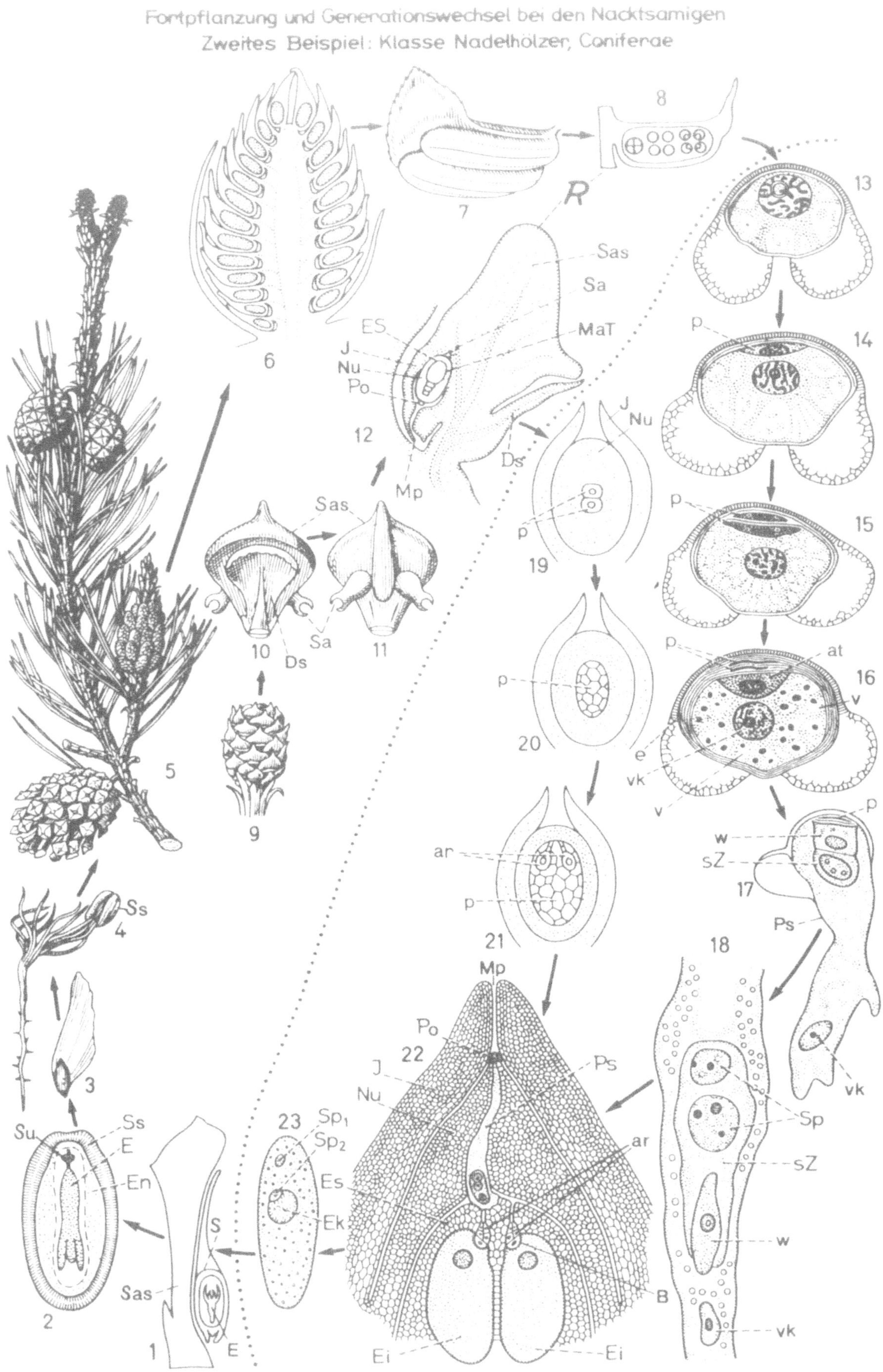
Fortpflanzung und Generationswechsel bei den Nacktsamigen
Zweites Beispiel: Klasse Nadelhölzer, Coniferae
R
Sas
Sa
MaT
ES
J
Nu
Po
Mp
Ds
p
at
v
e
vk
w
sZ
Ps
ar
Sp
Sp1
Sp2
Es
Ek
B
Ei
Su
Ss
E
En
S

den von den Spitzenzellen gebildeten eigentlichen Embryo in das Prothallium, das Nährstoffe speichert. Da es schon vor der Befruchtung ausgebildet ist, wird es meist als primäres Endosperm bezeichnet. In ihm wächst der Embryo heran und verdrängt die nicht in ihn eingehenden Teile des Proembryo, einschließlich des Suspensors. Das Endosperm vergrößert sich während der Samenreifung und verdrängt das Nucellusgewebe bis auf eine dünne Haut. Die Samenschale (2/Ss) entsteht aus dem Integument, das bei den Coniferen vollständig verhärtet. Während der Samenbildung verändern sich auch die ♀ Blütenzapfen, die die Samenanlagen in sich tragen. Schon nach der Bestäubung schließen sich die fortwachsenden Fruchtschuppen, und ihre Ränder verkleben durch Harz. Im ersten Jahr neigt sich der Zapfen nach unten, vergrößert sich aber nicht viel (5). Die Samenschuppen wachsen stark heran und bilden durch Verholzung im zweiten Jahr die festen Zapfenschuppen. Auch die Deckschuppe wächst mit und verholzt. Im Frühjahr des 3.Jahres trocknen die Zapfenschuppen so stark ein, daß sie von der Achse abspreizen. Nun fallen die Samen heraus und werden, da sie einen flügelartigen Anhang besitzen (Tfl. 55/3), vom Winde verweht.

## Geschlechtliche Fortpflanzung und Generationswechsel bei den Bedecktsamigen Tfl. 56

1. Die Pollenentwicklung 9-11. Wie bei den Nacktsamigen Ausgang von einem Archespor (9/sG). Die Weiterentwicklung einer Pollenmutterzelle liefert ein Mikroprothallium, das im Vergleich mit den Nacktsamigen sehr stark reduziert ist (16). Es besteht nur noch aus der Antheridiumzelle oder generativen Zelle (Tfl. 56/16 at). Das einzellige haploide Pollenkorn 16 (Mikrospore), das zunächst nur die vegetative Zelle, den Pollenzellprotoplasten v mit dem Zellkern vk enthält, bildet eine kleinere, linsenförmige generative oder antheridiale Zelle at, die zuerst der Wandung anliegt und von einer dünnen und vergänglichen Membran umschlossen wird. Sie löst sich bald von der Wand los und wird dann vom Plasma der vegetativen Zelle, des Pollenzellprotoplasten v umschlossen. In diesem Zustand kann bereits die Bestäubung stattfinden. Auf der Narbe wächst die Intine zum Pollenschlauch aus, in dessen Spitze sich meist der vegetative Kern des Pollenzzellprotoplasten befindet (vk in 17,18). Dann teilt sich die generative Zelle (at in 17/18) in die beiden Spermazellen (18/Sp), wobei sie häufig ihr Plasma zu verlieren scheint, so daß die Spermazellen nur noch „Spermakerne" zu sein scheinen (18/Sp). Allerdings ist durch verfeinerte Untersuchungen der Nachweis gelungen, daß ihnen doch noch eine selbständige, aber schwer sichtbare Plasmahülle zukommt. Die Pollenkörner sind also zur Zeit der Bestäubung entweder noch 2- oder seltener schon 3kernig. Der Gametophyt ist also stärker rückgebildet als der der Nacktsamigen. Ihm fehlt die Bildung der bei den Nacktsamigen als Prothalliumzellen und als Stielzellen bezeichneten Zellen. So scheint die generative Zelle (at in 16,17) der alleinige Rest eines Antheridiums zu sein.

2. Die Entwicklung des Embryosacks (13-15,19-22). In diesem Vorgang weichen die Bedecktsamigen am stärksten von den Nacktsamern ab. In der jungen Samenanlage (13) fällt eine Zelle durch ihre Größe auf. Es ist die Embryosackmutterzelle Em mit diploidem Kern. Aus ihr entsteht wie bei den Gymnospermen durch 2 Zellteilungen eine seriale Tetrade (14,15). Hierbei erfolgt die Reduktion **R** der Chromosomenzahl. Von den 4 Embryosackzellen gehen 3 zugrunde, und nur die von der Mikropyle abgelegene wächst stark heran (15,19). Ihr Kern, der sogenannte primäre Embryosackkern, teilt sich in 2 Tochterkerne, die nach den beiden Polen des Embryosacks wandern (19). Aus jedem der 2 Tochterkerne gehen 4 Kerne hervor, von denen sich jeweils 3 (21) durch freie Zellbildung in Zellen verwandeln, während von jeder Gruppe 1 Kern frei bleibt. Diese beiden Kerne werden als Polkerne pK bezeichnet (21). Die 3 der Mikropyle benachbarten Zellen bestehen aus 1 Eizelle Ei und 2 sog. Gehilfinnen oder Synergiden (21/Sy). Diese Zellgruppe wird als Eiapparat bezeichnet. Die 3 Zellen am entgegengesetzten Pol werden Gegenfüßlerinnen oder Antipoden genannt (21/An). Die beiden Polkerne pK wandern aufeinander zu und vereinigen sich zu dem sekundären Embryosackkern (22,23/pK), der somit den diploiden Chromosomensatz erhält, zum Unterschied von den Kernen des Eiapparates und der Antipoden.

**Tafel 56** — Bedecktsamige. 1-3 Entwicklung des Samens. — 1 Samenanlage längs. An Antipoden, E Embryo 2zellig, En Endosperm, Es Embryosack, J äußeres Integument, i inneres Integument, Mp Mikropyle, Ps Pollenschlauch. — 2 Samenanlage längs; Bz Basalzelle mit Suspensor Su, dem der Embryo E mit Keimblattanlagen aufsitzt. Zt Zelltapete. — 3 Samenanlage längs; befruchteter Embryosackkern zu Nährgewebe (En triploides Endosperm) ausgebildet und den Embryosack Es ausfüllend. — 4 Ricinus, Same von außen. — 5 Ricinus, Same längs: Ca Caruncula, Co Kotyledonen, En Endosperm, Hy Hypocotyl, Ss Samenschale, W Wurzel. — 6 Ricinus, Keimung: En Endosperm, Hy Hypocotyl, W Wurzel. — 7 Blüte längs: Fr Fruchtknoten, Gr Griffel, K Kelch, C Krone, N Narbe, Sa Samenanlage, St Staubblatt. — 8 Anthere quer.–9 Gelbrote Taglilie, Hemerocallis fulva, Entwicklung der Anthere, quer: Ex Exothecium, Fs Faserschicht (Endothecium), sG sporogenes Gewebe, Sw Schwundschicht, Tz Tapetenzellen. — 10-11 Entwicklung des Pollenkorns: 10 Pollenmutterzelle. 11 Pollentetrade. R Reduktionsteilung. — 12 Hoher Rittersporn, Delphinium elatum, Karpell quer: MN Mittelnerv des Fruchtblattes, Sa Samenanlagen, Vn Bauch- oder Ventralnaht. — 13–15 Samenanlage längs: Entwicklung des Embryosacks Es (Makrospore) aus der Embryosackmutterzelle Em, Reduktionsteilung R. — 16-18 Türkenbund-Lilie, Lilium martagon, Bildung des Gametophyten: in Pollenkorn und Pollenschlauch. — 16 Pollenkorn mit generativer oder Antheridium-Zelle at und Kern vk der vegetativen Zelle v (auch Pollenzellprotoplast genannt), e Exine. — 17 Lilium martagon, Pollenkeimung: Ps Pollenschlauch, at Antheridium- oder generative Zelle, vk Kern der vegetativen Zelle v, des Pollenzellprotoplasten. — 18 Bildung der 2 Spermien Sp, die durch Teilung der generativen Zelle (at in 17) entstehen; e, Ps, vk wie 16, 17. — 19-21 Samenanlage längs: Wachstum der Embryosackzelle Es und begleitende Kernteilungen. — 19 Embryosack Es mit 2 Kernen. — 20 Embryosack mit 4 Kernen. — 21 Embryosack Es mit Eizelle Ei, 2 Synergiden Sy, 2 sich nähernden Polkernen pK und den 3 Antipoden An. — 22-23 Befruchtung bei Lilium martagon. — 22 Embryosack vor der Befruchtung (Bez. wie 21). — 23 Augenblick der doppelten Befruchtung. Samenzelle $Sp_1$ hat sich dem Eikern Ek zur Verschmelzung bereits angelagert; ebenso $Sp_2$ den Polkernen pK. Ek Eikern, An Antipoden, Ei Eizelle, pk Polkerne, Ps Pollenschlauch, $Sp_1$ generativer Kern 1, $Sp_2$ generativer Kern 2, Sy Synergide.

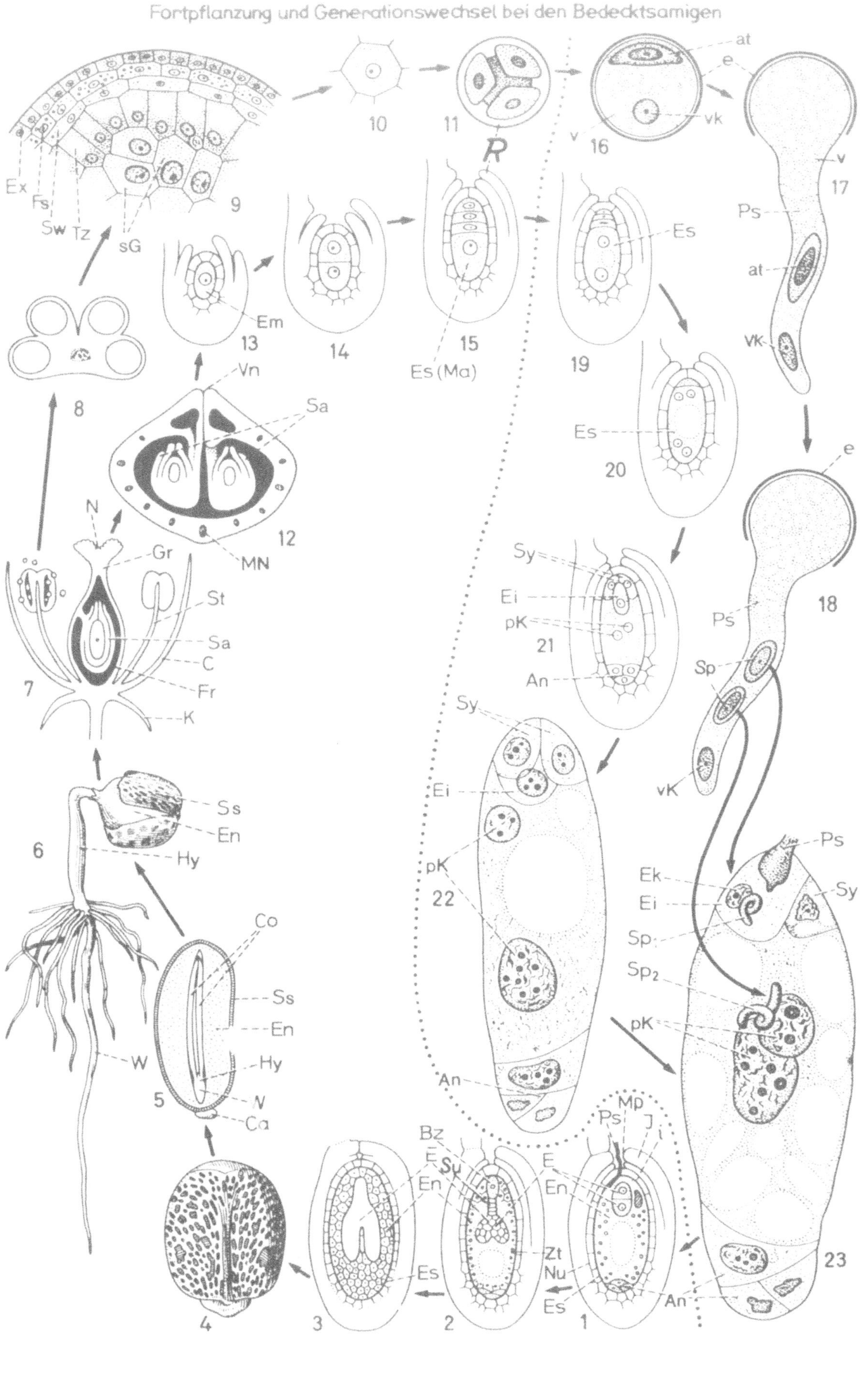
Fortpflanzung und Generationswechsel bei den Bedecktsamigen
Ex
Fs
Sw
Tz
sG
at
e
vk
v
Ps
Em
Es
Es (Ma)
R
Vn
Sa
N
Gr
St
C
Fr
K
MN
Sy
Ei
pK
An
Sp
Ek
Sp2
Ss
En
Hy
Co
W
Ca
Bz
E
Su
Mp
J
i
Zt
Nu

Die Entwicklung des Embryosacks aus der Embryosackzelle mit dem haploiden primären Embryosackkern entspricht der Bildung des ♀ Prothalliums bei den Nacktsamern. Dieses ist aber bei den Bedecktsamigen viel stärker vereinfacht als bei den Nacktsamigen. Ein geschlossener Zellverband mit Archegonien wird hier nicht mehr ausgebildet.

3. Die Befruchtung 23.

Da die Samenanlage bei den Bedecktsamigen durch den Fruchtknoten nach außen hin völlig abgeschlossen ist, muß der Pollen zuerst auf die Narbe gelangen. Hier keimt das Pollenkorn. Der den Griffel durchwachsende Pollenschlauch übernimmt wie bei den Nadelhölzern den Transport der beiden Spermien ($Sp_1$ u. $Sp_2$) bis zu dem Embryosack. Daselbst angelangt, öffnet sich der Pollenschlauch und entleert seinen Inhalt, meist in eine der Synergiden (23/Ps). Das eine Spermium $Sp_1$ wird der Eizelle Ei zugeleitet und verschmilzt mit dem Eikern Ek. Das andere Spermium $Sp_2$ tritt in das Plasma des Embryosackes aus und vereinigt sich mit dem sekundären Embryosackkern pK (23 $Sp_2$), oder, falls die Paarung der beiden Polkerne pK noch nicht stattgefunden hat, mit einem dieser beiden. Die Vereinigung der beiden Spermien mit dem Eikern Ek und dem sekundären Embryosackkern pK bezeichnet man als doppelte Befruchtung. Sie stellt eine wichtige Besonderheit der Bedecktsamigen dar. Die Eizelle wird durch die Befruchtung zur Zygote. Der diploide sekundäre Embryosackkern wird durch den hinzukommenden Polkern triploid und heißt von nun an Endospermkern, da bei der Samenbildung aus ihm das Endosperm hervorgeht (En in 1).

4. Entwicklung des Samens: Embryo und Nährgewebe

Im allgemeinen gilt hier, was schon bei den Nacktsamern gesagt wurde. Auch bei den Bedecktsamern entsteht durch Teilung der Zygote meist ein fädiger Proembryo mit Embryoträger oder Suspensor (2/Su).

Die Endospermbildung erfolgt meist nukleär (Tfl. 56/1-3) Bei vielen Sympetalen wird das Endosperm zellulär gebildet, hierbei sind von Anfang an mit den Kernteilungen auch Zellteilungen verbunden.

Nach der Befruchtung beginnt der sekundäre Embryosackkern sich lebhaft zu teilen (Tfl. 56/1-3). Meistens zieht sich das Cytoplasma des Embryosacks an die Wand zurück, während im Innern eine große Vakuole entsteht (1,2). Hier verteilen sich die zahlreichen, dem Endospermkern entstammenden Kerne und bilden eine Kerntapete (1), die durch Ausbildung von Wänden zu einer Zelltapete wird (Zt in 2). Diese dehnt sich durch lebhafte Zellteilungen allmählich auf den ganzen Embryosack aus. Sie speichert reichlich Reservestoffe und dient als Nährgewebe für den heranwachsenden Keimling. Man bezeichnet es als Endosperm (3/En). Während aber das Endosperm bei den Nacktsamern aus haploiden Makroprothalliumzellen besteht, handelt es sich bei den Bedecktsamigen um ein triploides Gewebe, das sich erst nach der doppelten Befruchtung entwickelt.

Im Gegensatz zu den Nacktsamern ist bei den Bedecktsamern die Endospermbildung an die Befruchtung geknüpft, erfolgt also sekundär. Dieses triploide Nährgewebe dient zunächst der Ernährung des Embryos. Später wird es entweder wieder zurückgebildet oder in ein Speichergewebe des Samens umgewandelt, das der Embryo erst bei der Keimung aufbraucht. Es gibt also Samen ohne oder mit Endosperm. Bei der Bildung des Embryos und Endosperms wird der Nucellus von dem wachsenden und sich mit Nährgewebe füllenden Embryosack verdrängt und fast ganz oder ganz aufgebraucht. Währenddessen beginnen sich die Integumente zur Samenschale umzuwandeln. Aus der Samenanlage entsteht nun der Same. Dieser dient der Verbreitung. Er ist eine im Ruhezustand befindliche junge Pflanze, bestehend aus Keimling oder Embryo, aus dem entwickelten Nährgewebe und aus der das Ganze umhüllenden Samenschale (Tfl. 56/5). Auch der Nucellus kann zur Ernährung des Embryos herangezogen werden. Er bleibt dann entgegen seinem gewöhnlichen Verfall erhalten. Ein solches Nährgewebe nennt man Perisperm. Es kommt bei den Nelkengewächsen als alleiniges Nährgewebe, bei den Piperaceen (Pfeffer), Ingwergewächsen und Seerosengewächsen neben dem Endosperm vor. In allen diesen Fällen bleibt der Keimling meistens klein und wird entweder von dem Nährgewebe umschlossen (Tfl. 56/5), wie dies auch bei den Doldengewächsen der Fall ist, oder er liegt ihm seitlich an, wie bei den Gräsern. Nährgewebelose Samen, die kein oder fast kein Nährgewebe besitzen, sondern die Nährstoffe im Embryo selbst speichern, besonders in den Keimblättern, sind z.B. das Hirtentäschel, die Leguminosen, die Walnuß und die Roßkastanie mit ihren dicken Keimblättern, die den ganzen Samen erfüllen. Bei der Muskatnuß (Tfl. 2) wachsen vom Nucellus faltenartige Gewebewucherungen in das Endosperm hinein und durchfurchen es („ruminiertes" Endosperm).

Wir können hinsichtlich der Ausbildung des ♂ Gametophyten bei den Farnen, Nacktsamern und Bedecktsamern eine in dieser Reihenfolge zunehmende Reduktion des Prothalliums und seiner Organe verfolgen. Neuartig ist die bei den Samenpflanzen auftretende Bildung des Pollenschlauches. Diese Erscheinung sowie die Verlagerung der Verbreitung von den Sporen der Sporenpflanzen auf die Samen der Samenpflanzen sind wahrscheinlich als Anpassungserscheinung bei dem Übergang vom Wasser und Feuchten zum trockenen Land aufzufassen.

Die Entstehung der Embryosackzelle bei den Samenpflanzen, der sogenannte primäre Embryosack, erfolgt innerhalb des Nucellus aus einer noch mit diploidem Kern ausgestatteten Embryosackmutterzelle. Auch diese liefert, genau wie die Makrosporenmutterzelle der Farne, bei ihrer mit Reduktion der Chromosomenzahl verknüpften Teilung, eine Tetrade (Tfl. 55/12; Tfl. 56/13-15), wovon nur 1 Zelle, die Embryosackzelle Es, zur Weiterentwicklung gelangt. Der Embryosack entspricht somit der Makrospore der heterosporen Farnpflanze.

Homolog sind demnach: Embryosack der Nacktsamigen und Makrospore der heterosporen Farnpflanzen (Selaginella); ferner das Makroprothallium im Embryosack der Gymnospermen, das sogenannte primäre Endosperm und das bereits rückgebildete Makroprothallium in der Makrospore der heterosporen Farnpflanzen.

Während sich die Gymnospermen von den Farnpflanzen ohne besondere Schwierigkeiten ableiten lassen, ist eine nähere Homologisierung des ♀ Gametophyten der Bedecktsamigen mit dem der Nacktsamigen nicht sicher durchführbar. Jener ist viel stärker rückgebildet als dieser, der noch ein vielzelliges Prothallium mit typischen Archegonien entwickelt. Der Embryo der Bedecktsamigen (Tfl. 56/21,22) hat zwar noch seine ursprüngliche, zelluläre Natur, aber es sind der Embryosackzelle bestimmte Gruppen kleinerer Zellen eingelagert: am mikropylaren Pol 3 haploide Zellen, der Eiapparat mit Eizelle und 2 Synergiden, am entgegengesetzten Ende des Embryosacks die 3 haploiden Antipoden, während die 2 restlichen haploiden Kerne zum diploiden sekundären Embryosackkern verschmelzen. Man versucht zwar theoretische Deutungen dieser Einrichtungen, die aber wegen des Fehlens von sicheren Anhaltspunkten unklar bleiben.

Bei der durch die Befruchtung angeregten Teilung des sekundären Embryosackkerns (Endospermkern) wird der Embryosack allmählich mit einem Gewebe angefüllt, das dem Endosperm der Gymnospermensamen homolog ist und wie dieses Reservestoffe für den Keimling speichert. Zum Unterschied von den Gymnospermen wird aber bei den Angiospermen die Endospermbildung unterbrochen. Sie beginnt schon mit der Ausbildung von Eiapparat und Antipodenzellen, wird aber erst im Anschluß an die Befruchtung fortgesetzt: fraktionierte Endospermbildung. Hinzu kommt, daß auch der ♂ Gametophyt bei den Bedecktsamigen stärker rückgebildet ist als bei den Nacktsamigen, da die Bildung der bei den Nacktsamigen als Prothalliumzellen und als Stielzelle bezeichneten Zellen hier unterbleibt. Das Mikroprothallium der Bedecktsamigen besteht nur aus der Antheridiumzelle. Der generative Kern ist vermutlich der letzte Rest des verbliebenen Antheridiums, während am ♀ Gametophyten höchstens der Eiapparat dem Archegonium sowie die Antipoden und Polkerne – vielleicht auch schon das 8Kernstadium – dem Prothallium homolog sein dürften. Zu diesen Unklarheiten kommt noch die ganz neuartige Erscheinung der doppelten Befruchtung. Durch die Vereinigung des einen spermatogenen Kernes mit dem sekundären Embryosackkern entsteht zwar auch ein Endosperm, das ebenfalls der Ernährung des Embryos dient. Während es sich aber bei dem primären Endosperm der Nacktsamigen um haploide Makroprothalliumzellen handelt, entsteht bei der Befruchtung des diploiden sekundären Embryosackkerns durch einen haploiden spermatogenen Kern des Pollenschlauchs ein triploides Endospermgewebe, also eine ganz andersartige Bildung. (Siehe auch Hinweis im Vorwort!).

## Literatur


1. H. Baillon, Histoire des Plantes, 1867–1895
2. Ehrendorfer, Systematik und Evolution. In Straßburger, Lehrbuch der Botanik 1971
3. Eichler, Blütendiagramme, 1874–1954
4. A. Engler, Syllabus der Pflanzenfamilien, 12. Aufl. 1964
5. Firbas, Lehrbuch der Botanik für Hochschulen 1971
6. Hegi, Illustrierte Flora von Mitteleuropa 1906–1964
7. Lotsy, Vorträge über Botanische Stammesgeschichte 3. Bd., 1911
8. Mevius, Taschenbuch der Botanik 1963
9. Möbius M., Mikroskopisches Praktikum für systematische Botanik, Bd. I, 1912
10. Schmeil/Seybold, Lehrbuch der Botanik Bd. I, 1958
11. Troll W., Organisation und Gestalt im Bereich der Blüte 1928
12. Troll W., Praktische Einführung in die Pflanzenmorphologie 1956
13. Troll W., Allgemeine Botanik 1959
14. Vogel St., Blütenbiologische Typen als Elemente der Sippengliederung. Dargestellt anhand der Flora Südafrikas 1954
15. Walter H., Einführung in die Phytologie. Grundlagen des Pflanzensystems 1960
16. Warming/Möbius, Handbuch der systematischen Botanik
17. Wettstein v., Handbuch der systematischen Botanik 1911
18. Weber Hans, Botanik. Eine Einführung für Pharmazeuten und Mediziner 1962

## Namen- und Sachverzeichnis Lateinisch

## Deutsch

Fam. Brassicaceae (= Cruciferae), Kreuzblütler S. 80 – Fam. Capparaceae (= Capparidaceae), Kaperngewächse S. 80 – Fam. Resedaceae, Resedagewächse S. 80, Abb. 28, S. 81

5. Ord. Salicales, Tfl. 24, S. 83
Fam. Salicaceae, Weidengewächse S.82

6. Ord. Begoniales, S. 82, 83
Fam. Begoniaceae, Schiefblattgewächse S. 82

7. Ord. Cucurbitales, Tfl. 25, S. 85
Fam. Cucurbitaceae, Kürbisgewächse S. 84

Überordnung Malvanae: Ord. 8 u 9 S. 86

8. Ord. Malvales (= Columniferae), Tfl. 26, S. 87
Fam. Malvaceae, Malvengewächse S. 86 – Fam. Tiliaceae, Lindengewächse S. 86 – Fam. Sterculiaceae, Sterkuliengewächse S. 86

9. Ord. Thymelaeales, (Syst. Stellung sehr unsicher) S. 86

Überordnung Ericanae (= Sympetalae pentacyclicae): Ordnung 10–12, S.88–91

10. Ord. Ericales (= Bicornes) Tfl. 27, S.89
Fam. Pirolaceae, Wintergrüngewächse S. 88 – Fam. Ericaceae, Heidekrautgewächse S. 88 – Fam. Empetraceae, Krähenbeerengewächse S. 88

12. Ord. Primulales, Tfl. 28, S. 91
Fam. Primulaceae, Schlüsselblumengewächse S. 90

**5. Unterklasse Caryophyllidae, S. 92**

1. Ord. Caryophyllales, Tfl. 29, S. 93 u. Tfl. 30, S. 97
Fam. Caryophyllaceae, Nelkengewächse S. 92 – Fam. Chenopodiaceae, Gänsefußgewächse S. 95 – Fam. Amaranthaceae, Fuchsschwanzgewächse S. 96 – Fam. Phytolaccaeceae S. 96 – Fam. Portulacaceae, Portulakgewächse S. 96 – Fam. Nyctaginaceae, Wunderblumengewächse S. 96 – Fam. Cactaceae, Kakteen, S. 96

2. Ord. Polygonales, Tfl. 31, S. 99
Fam. Polygonaceae, Knöterichgewächse S. 98

3. Ord. Plumbaginales, S. 98
Fam. Pumbaginaceae, Grasnelkengewächse S. 98

**6. Unterklasse Asteridae (= Sympetalae tetracyclicae), S. 100**
Überordnung Lamianae: Ordnung 1–6, S. 100–115

1. Ord. Gentianales (= Contortae + Rubiales z.T.) Tfl. 32, S. 101
Fam. Gentianaceae, Enziangewächse S. 100 – Fam. Apocynaceae, Hundsgiftgewächse S. 100 – Fam. Asclepiadaceae, Schwalbenwurzgewächse S. 100 – Fam. Menyanthaceae, Bitterkleegewächse S. 100 – Fam. Rubiaceae, Labkrautgewächse S. 103

2. Ord. Dipsacales (= Rubiales z.T.) Tfl. 33, S. 105
Fam. Caprifoliaceae, Geißblattgewächse S. 104 – Fam. Valerianaceae, Baldriangewächse S. 104 – Fam. Dipsacaceae, Kardengewächse S. 104

3. Ord. Oleales (= Ligustrales) Tfl. 34, S. 107

4. Ord. Polemoniales (= Tubiflorae z.T.) Tfl. 35, S. 109
Fam. Polemoniaceae S. 108 – Fam. Convolvulaceae, Windengewächse S. 108 – Fam. Cuscutaceae S. 108 – Fam. Boraginaceae, Rauhblattgewächse S. 108 – Fam. Hydrophyllaceae S. 108

5. Ord. Scrophulariales, Tfl. 36, S. 111 u. Tfl. 37, S. 113
Fam. Solanaceae, Nachtschattengewächse S. 110 – Fam. Scrophulariaceae, Rachenblütler S. 110 u. 112 – Fam. Orobanchaceae, Sommerwurzgewächse S. 110 – Fam. Lentibulariaceae, Wasserschlauchgewächse S. 110 – Fam. Plantaginaceae, Wegerichgewächse S. 110

6. Ord. Lamiales, Tfl. 38, S. 115
Fam. Verbenaceae, Eisenkrautgewächse S. 114 – Fam. Lamiaceae (= Labiatae, Lippenblütler), Taubnesselgewächse S. 114 – Fam. Callitrichaceae, Wassersterngewächse S. 114

Überordnung Asteranae (= Synandrae, Campanulatae): Ord. 7 u. 8, S. 116–119

7. Ord. Campanulales, Tfl. 19, S. 117
Fam. Campanulaceae, Glockenblumengewächse S. 116 – Fam. Lobeliaceae

8. Ord. Asterales (= Compositae, Korbblütler), Tfl. 40, S. 119
Fam. Asteraceae (= Compositae = Tubuliflorae) S. 118 – Fam. Cichoriaceae (= Compositae = Liguliflorae) S. 118

**II. Klasse Monocotyledoneae, Einkeimblättrige Decksamer S. 120**

**1. Unterklasse Alismatidae (= Helobiae), S. 120**

1. Ord. Alismatales, Tfl. 41, S. 121
Fam. Alismataceae, Froschlöffelgewächse S. 121 – Fam. Butomaceae, Schwanenblumengewächse S. 121

2. Ord. Hydrocharitales, Tfl. 42, S. 123
Fam. Hydrocharitaceae, Froschbißgewächse S. 122

3. Ord. Najadales, Tfl. 43, S. 125
Fam. Scheuchzeriaceae, Blumenbinsen S. 124 – Fam. Potamogetonaceae, Laichkrautgewächse S. 124 – Fam. Zosteraceae, Seegräser S. 124 – Fam. Zannichelliaceae, Teichfadengewächse S. 124 – Fam. Najadaceae, Nixkrautgewächse S. 124

**2. Unterklasse Liliidae, S. 126**

1. Ord. Liliales (= Liliiflorae), Tfl. 44, S. 127
Fam. Liliaceae, Liliengewächse S. 126 – Fam. Amaryllidaceae, Narzissengewächse S. 128 – Fam. Iridaceae, Schwertliliengewächse S. 128 – Fam. Agavaceae S. 129 – Fam. Dioscoreaceae (Yamsfamilie.) S. 129

2. Ord. Orchidales (= Gynandrae = Microspermae) Tfl. 45, S. 131
Fam. Orchidaceae, Orchideen S. 130

Überordnung Bromelianae: Ord. 3 u.4, S. 132, 133

3. Ordnung Bromeliales
Fam. Bromeliaceae, Ananasgewächse

4. Ord. Zingiberales (= Scitamineae), Tfl. 46, S. 133
Fam. Musaceae, Bananengewächse S. 132 – Fam. Zingiberaceae, Ingwergewächse S. 132 – Fam. Cannaceae, Blumenrohrgewächse S. 132 – Fam. Marantaceae, Marantagewächse S. 132

Überordnung Juncanae (= Junciflorae, Cyperales i. weiteren Sinn): Ordnung 5 u.6, S. 134–137

5. Ord. Juncales, Tfl. 47, S. 135
Fam. Juncaceae, Binsen- und Simsengewächse S. 134

6. Ord. Cyperales, Ried- oder Sauergräser, Tfl. 48, S. 137
Fam. Cyperaceae, Ried- oder Sauergräser S. 134

Überordnung Commelinanae (= Farinosae i. weit. Sinn): Ordnung 7–10, S. 138–140

7. Ord. Commelinales (Zimmerpflanze Tradescantia)

8. Ord. Eriocaulales

9. Ord. Restionales

10. Ord. Poales (= Glumiflorae), Süßgräser, Tfl. 49, S. 139

**3. Unterklasse Arecidae (= Spadiciflorae) S. 140**

1. Ord. Arecales (= Principes), Tfl. 50, S. 141
Fam. Arecaceae (= Palmae), Palmen S. 140

2. Ord. Cyclanthales

3. Ord. Arales, Tfl. 51, S. 143
Fam. Araceae, Aronstabgewächse S. 142 – Fam. Lemnaceae, Wasserlinsen S. 142

4. Ord. Pandanales
Fam. Pandanaceae, Schraubenbaumpalmen – Fam. Sparganiaceae, Igelkolbengewächse – Fam. Typhaceae, Rohrkolbengewächse.

GPSR Compliance

*The European Union's (EU) General Product Safety Regulation (GPSR) is a set of rules that requires consumer products to be safe and our obligations to ensure this.*

*If you have any concerns about our products, you can contact us on ProductSafety@springernature.com*

In case Publisher is established outside the EU, the EU authorized representative is:

Springer Nature Customer Service Center GmbH
Europaplatz 3
69115 Heidelberg, Germany

**Batch number: 10615097**

Printed by Printforce, the Netherlands